生态果园必读

杨洪强 编著

中国农业出版社

内 容 提 要

果园是一个生态系统，依据生态学原理建设生态果园，进行果园生态化生产，有利于促进果园生态、经济和社会效益的全面提高。本书作者在多年从事果树科研和教学实践的基础上，通过广泛吸收和总结国内外先进生产经验与学术成果，系统介绍了生态果园的基本内涵与建设原则、生态果园的规划与构建、生态果园的基本模式、果园间作套种与生草栽培、果园建设的生态工程技术、果树树种与品种选用、果园适地适树与壮苗定植、生态果园土肥水管理、果树整形修剪、果树促花控果与保叶防衰、生态果园中的畜禽养殖技术、生态果园的病虫害控制技术以及果园仿生栽培与生物多样性保护等技术内容。

本书内容丰富系统，技术先进，通俗易懂，理论与技术相结合。适合广大果农、从事果树和生态科技的工作者以及相关专业的学生、对果树与生态学感兴趣的人员阅读参考。

前 言

由于片面追求经济效益，常规农业在实现大幅度增产的同时，也使得蓝天碧水越来越少，农产品质量不断下降，资源浪费和环境破坏日益严重，农业可持续发展受到严重威胁。为促进资源、环境与经济的平衡发展，保护环境，改善人类生活质量，推动社会和经济的可持续发展，许多国家和地区积极探索并实施了有机农业、生态农业、生物农业、自然农业、绿色农业、无公害农业等新型农业发展模式。

有机农业能够有效解决资源与环境问题，但由于完全排斥化肥和农药的使用，目前推行起来有许多障碍。生态农业在于促进资源和环境保护以及农业的协调发展，其目标与有机农业一致，但生态农业并不完全排斥化肥和农药的使用。因此，结合我国的实际情况，应当以生态学的原则为指导，通过发展生态农业，进行农业生态化建设，逐步发展有机农业。具体到果树生产，就是开展果园的生态化建设，构建生态果园，建立一个结构完整、功能完善、能量流动和物质循环通畅的果园生态系统。

实际上，果园本身就是一个生态系统。在生产力水平较低、果园生产尚处于自然经济状态时，外部投入少，果品产量低，输入与输出的物质和能量总量相近，系统在低流量近平衡态运转。随着生产技术和商品化发展，果品产量不断提高，果园向外输出的物质和能量增加。为弥补物质和能量供应的不足，人们给果园施肥和灌水，但在生产力不够发达时，果园依然入不敷出，系统出现轻度失衡。进入果园商品化生产盛期，果品产量进一步提高，果园物质和能量输出量激增；为维持系统平衡，人们通过向果园大量投入化肥、农药等石油产品，提高了输入系统的物质和能量，从而暂时维持住了高额产出。但是，由于生物的复杂性和果实成分的多样性，输入与输出的物质成分和比例难以吻合，结果导致果园能量流动和物质循环受阻、系统失衡、果实品质下降、资源浪费、环境恶化等问题。出现这样的问题，主要在于人类对果园系统的强烈干预，破坏了果园土壤持续的生产能力和果园系统的生物多样性，改变了系统与果实内的物质平衡。要解决这一问题，需要真正把果园当作一个生态系统来看待、来管理，运用生态学的理论指导果树生产，通过果园生态系统的自我调节，维持果园的生物多样性与协调性，使果园物质与能量的输入与输出能够保持平衡。

一个完整的生态系统包含有动物、植物、微生物等多种因素。常规果园生产系统是一个单纯的植物生产系统，动物和微生物等因素的作用没有得到足够重视。建设生态果园，需要强化动物和微生物的作用，需要本着循环高效、永续利用的原则，科学配置植物、动物和微生物种群结构，构建完整的“生物链”，并按照增加生物多样性、促进资源要素经济利用、维持相对稳定的果品输出等原则，建立起生态合理、经济高效、环境优美、能量流动和物质循环通畅、能够可持续发展的果园生产新体系。

生态果园是一个能够可持续发展的生产系统。建设生态果园要坚持以土壤改良和地力培肥为中心，以果树生产为主体，积极发展养殖业，并通过沼气发酵将种植和养殖业联系起来；同时，在果树行间和田边地角广种牧草，逐步使整个果园被多层绿色植被所覆盖。还要综合发展林果业、畜牧业、草业，走以草养畜、以畜积肥、以肥沃土、沃土养根、养根壮树、壮树丰产的发展道路，构建起以果、牧、草、沼为主线的果园生态经济系统，使果园步入草多—畜多—粪多—地肥—树壮—果优产量高—综合效益好—果园物质能量返还充足的良性循环轨道。并在此基础上，根据生态位原理（生态要素在生态体系中的地位和作用）和物质能量循环转化规律，不断增加生态果园的生产环节，延伸和充实食物链，完善废弃物分解还原链，构建果品加工链，逐步为果园引入更多、更高效的生态元（物种），构建起以果牧草沼为骨架、多种辅助产业相匹配的一个复合生态经济系统，从而形成更高层次的物质能量循环转化体系。

生态果园是以果树生产为主体的生产系统，果树栽培是生态果园建设中的主要工作和任务。栽培的主要内容是在选择良种和“适地适树”的前提下，“培肥沃土、沃土养根、养根壮树、壮树促花、促花控果、控果保叶、保叶防衰”，并辅以修剪等措施，调节优化树体结构以及生长、结果和物质分配的关系。但果树栽培要服务于果园生态建设与果品高产优质和高效，要按照可持续发展的原则组织生产，建立以有机肥为主的施肥制度，推行果园土壤培肥与生草管理，采取四季修剪，实行节水灌溉，加强花果管理，合理负载，协调优化生长、结果和物质分配的关系，增强果树自身抗性，保证枝叶健壮生长，防止叶片和树体早衰，同时，积极发展仿生栽培，并注意保护果园的生物多样性等。

本书是作者在多年教学和科研实践的基础上，吸收国内外大量文献编著而成。希望通过对生态果园的系统介绍，能够对果树生产、果园环境改善和果品安全等有所助益，也希望对果树和生态农业的科研和教学能够有参考作用。但由于水平所限，未必能够如愿；不妥之处，敬请智者批评指正。

杨洪强

2009年10月于泰山

目　录

第一章 生态果园的基本内涵与建设原则

生态果园是在生态学和系统学原理指导下，通过植物、动物和微生物种群结构的科学配置，以及园区光、热、水、土、养分和大气资源等的合理利用而建立的一种以果树产业为主导、生态合理、经济高效、环境优美、能量流动和物质循环通畅的一种能够可持续发展的果园生产体系，一个结构完整、功能完善、物质输出多样、生物多样性丰富的综合生产系统。这个系统能够自我调节、自我控制，无需大量农药化肥等外来投入，就能够持续、稳定、高效地输出多种农产品。在这个系统内，各组分相互协调，有益和有害生物和谐共存，经济效益、社会效益和生态效益得到了统一和提高。

一、建设生态果园的必要性

果树产业在国民经济发展中占有举足轻重的地位，促进果品生产发展是促进农民增收、农业增效和农村脱贫致富的重要途径之一。

在一定时期内，依靠农药、化肥等高投入的常规果树生产方式给农民带来了较高的经济效益，但随着农药、化肥投入的进一步加大和生产资料价格的提高，这种生产方式已经难以使果园生产效益进一步提高；同时，常规生产方式对环境与果品安全的危害越来越严重，果树产业的可持续发展已经受到严重威胁，因此，改变传统认识、改进和变革常规果园生产方式已变得越来越迫切。

1. 常规果园生产方式的弊端

果园是一个人工生态系统，系统内的生物本应该丰富多样，系统内外物质和能量应能够良性循环。但是，常规果园生产只注重对土地的使用和单一经营，轻视对果园土壤的养护、资源的统筹和综合经营，人为地割断了生态与经济的内在联系，破坏了生态平衡。同时，常规生产过分看重果品产量、果园经济效益和当前利益，而忽视生态环境、果品质量和果园的长远利益。常规生产方式是以牺牲环境资源为代价换取眼前经济发展的经营模式，它已造成了一系列严重后果。

（1）*果园生态资本存量锐减* 生态资本是能够带来经济和社会效益的生态资源和生态环境，主要包括自然资源总量、环境质量与自净能力、生态系统的使用价值以及能为未来产出使用价值的潜力等内容。农业生态资本指生物界在能量转化和物质循环过程中形成的一种可再生的生物质能。农业生态资本存量是在一定条件下能够转化为经济产品的可再生的生物资源和物质的库存量，它是人类生存和一切经济活动的物质基础。果园生态资本存量是果园体系下的农业生态资本存量，它是果树生产可持续发展的物质基础。

在果园常规生产中，由于缺乏合理规划布局，致使对果园土地盲目开发、片面利用，造成资源配置不合理，不少果园缺乏必要的防护林和排蓄水工程，生态系统脆弱，抵抗自然灾害的能力低下；同时，果园食物链逐渐由复杂多样向简单化演变，果园物种单一，许多果园生态组分简单，生态系统恶性循环。尤其是土壤微生物和天敌种群，由于生态因子改变和化肥农药的大量使用而日益减少，导致果园生态系统的物质循环和能量流动受阻，土壤有机质含量低，保水保肥性能差，果园生态资本存量锐减。此外，由于土壤长期采用清耕的管理方式，给果园留下许多空白的生态位（生态要素在环境中的时空位置），造成光、热、水、土、气资源严重浪费；同时，清耕带来的土壤裸露加剧了水土流失和天敌昆虫栖息环境的破坏，导致果园病虫害更加猖獗和果园生态环境恶化，等等。

（2）果园生态平衡受到破坏　常规果园为了维持高产，过量施用化肥，破坏了土壤结构，加速了次生盐渍化，使土壤生产能力日益下降，而为了维持眼前的生产，愈益依赖于化肥，如此反复的恶性循环，导致土壤生态环境恶化。常规果园为了防治有害生物，还大量使用化学农药和除草剂，这虽然暂时控制住了病虫草的危害，保住了产量，但也杀灭了天敌，破坏了自然界动物区系及昆虫、微生物与植物之间的生态平衡，有害生物抗药性逐渐增强，最终导致不少果园病虫草害频发，并形成药剂投入增加与害虫发生严重的恶性循环。而且，化学农药的大量使用还使果园残毒增多、有害物质富集和生态平衡破坏，这不仅导致产量和品质下降，还危害果品安全质量，威胁人类自身安全。同时，化肥、农药、除草剂、生长调节剂等投入的增加和有机物料投入的减少，使果园能量输入由主要依赖有机能量转向依赖无机能量的投入，破坏了土壤团粒结构，污染了果园生态环境，给果园埋下了严峻的生态隐患。

（3）果园可持续发展的基础遭到破坏　乡镇工业尤其是水泥、化工、造纸、砖瓦厂等中小工业企业的发展，使果园周围环境污染日益严重。但常规果园生产对此重视不够，致使粉尘、废水、废渣、废气等污染物不断侵入果园生态系统，直接危害果树正常生长发育和果品安全生产，甚至使整个果园报废。常规生产对果园水土保持也不够重视，许多果园缺少必要的防护林和水保设施，致使土壤冲刷严重，土层变薄，果树根系裸露，而且土壤养分随水土流失而被带走，导致土壤沙化、地力衰退等。此外，常规果园的经营模式由于主要依赖不可再生能源和资源的投入，使果树生产成本不断提高，经济效益不断降低，收益递减现象日趋明显，导致保障果树生产可持续发展的环境资源基础遭到破坏。

2. 促进果树产业可持续发展的需要

可持续性发展需要保持资源的供需平衡和环境的良性循环，目标是确保人类及其后代能在地球上继续生存与发展。可持续性发展包括生产可持续性、生态可持续性、经济可持续性和社会可持续性。生产可持续性要求能在较长时间内维持一个较高的产出水平；生态可持续性指生产所依赖的自然资源的可持续利用和生产所影响的生态环境的良好维护；经济可持续性指在经济上可以自我维持、自我发展，生产要能够赢利；社会可持续性要求生产要维护生产、经济、生态可持续发展所需要的农村社会环境的良性发展。常规果树经营模式的弊端迫使人们探索和寻求一种适于我国国情的、能够可持续发展的果园经营新模式。

这种可持续发展的果园经营新模式追求果树产业的经济持续性和高效性，而经济持续性和高效性必须以果树产业的生态持续性和稳定性为基础、为前提。没有果树产业的生态持续性和稳定性，就没有果树产业的经济持续性和高效性。果树可持续发展的实质和基本特征就在于生态与经济协调的可持续发展，即生态持续性和经济持续性的高度统一。要保障果树产业的可持续发展，就要用生态持续性和稳定性来保证果园经济的持续性和高效性，使果树生态经济系统的运行切实地转移到生态与经济协调发展的轨道上来。

生态果园以生态学、生态经济学原理和可持续发展理论为指导，综合运用系统工程方法和现代生态农业技术，对传统果园的单一生产系统进行生产链加环和食物链延伸，对果园的生物种群结构进行优化配置，使果园生产系统在生态上合理、经济上高效、环境上优美，能量流动和物质循环畅通并不断扩大。生态果园是一个生态持续性与经济持续性相统一的生态经济系统，是新型的现代果园经营模式，它可以促进果树产业的可持续发展。

3. 改善果园生态环境，提高果品质量安全性

生态果园主要利用果树本身的抗性（如栽培抗病虫品种、利用抗性砧木等）防治病虫害，或利用天敌、微生物制剂取代农药，或以套袋、诱杀板、捕虫灯等物理方法防治病虫害，并以有机肥料取代化学肥料，从而减少农药在环境中的累积，减少肥料流入河流、湖泊、水库等而引起富营养化等。生态果园注重将有机废弃物充分发酵后作为有机肥料再施于果园，这可改良土壤性质，降低化学肥料用量，避免果园废弃物对环境造成污染；生态果园讲求混作、间作、轮作，土壤覆盖比较完全，可避免雨水直接冲刷，而且使用有机肥能够增加土壤渗透力及保水力，可有效防止水土流失。

来自生态果园的果品未必比来自常规果园的果品更有营养，但在生态果园，杀虫剂、除草剂、杀菌剂及化学肥料使用大量减少，产品较为卫生安全。生态果园主要通过有机肥向果园供给营养物质，果树所吸收的养分与主要施用化肥的果园不同，其果实风味和口感会好一些，至少不会因化肥施用不当而出现异味。

4. 突破国际果品贸易的“绿色壁垒”

进入 21 世纪，国际市场更加一体化，尤其是中国加入 WTO 后，国家关税和配额对农产品进口的调配作用越来越小，而且国际市场更加关注农产品的生产环境、种植方式和内在质量。同时由于一些发展中国家或地区经济的起飞，在诸多领域已经成为发达国家激烈的竞争对手。为了摆脱竞争，某些发达国家利用世界日益高涨的绿色浪潮，筑起非关税的“绿色壁垒”，限制或禁止外国商品的进口，以达到其贸易保护主义的目的，果品生产与贸易也面临同样的问题。

所谓“绿色壁垒”，又称“环境壁垒”，它是指一种以保护生态环境、自然资源和人类健康为借口的贸易保护主义措施。设置绿色壁垒的方式主要是制定较高的绿色标准，并严格执行，以阻止国外商品进口。如日本和欧盟国家多次借口中国农产品中有害物残留超标或生产方式有损环境和人类健康，而对从我国进口的农产品进行严格限制，使以日本和欧盟为主要出口国的农民遭受惨重损失。实际上，随着人们对环境的日益关注，一些已经订有标准的国家正不断提高标准，另一些原来尚未制定标准的国家也相继制定标准，因而使这一类的技术性标准越来越高，内容越来越丰富，也越来越普及。这对于出口国来说，尤其是对发展中国家，必将成为市场准入的极大限制。

在当前国际贸易中，绿色壁垒已成为最重要的壁垒之一。不采取积极的措施以应对绿色壁垒，在国际市场上就会寸步难行。生态果园的生产方式有利于保护生态环境、自然资源和人类健康，因此，通过发展生态果园，可生产出更符合国际市场需求的果品，提升我国果品的国际竞争能力，突破“绿色壁垒”，促进果品出口，提高经济效益。

5. 提高果园整体效益

现代农业生产不仅追求经济效益，还要关心生产的生态效益和社会效益，注重农业生产的整体效益提高，发展生态果园有助于实现果园“生态效益、社会效益、经济效益”的有机统一，全面提高果树生产的整体效益。

保护和改善生态环境是由生态果园的特点所决定的，生态果园比常规果园有更高的生态效益。来自生态果园的果品质量安全、优质、无污染，有益于人们吃好、吃的安全、吃的有营养，社会效益显著；发展生态果园可提高农民收入和种田积极性，使广大农民摆脱贫困，尽快走向富裕，有利于促进农业经济的发展；生态果园的生产比常规农业生产需要更多活劳动投入，可以吸纳和消化农村富余劳力，缓解就业压力，维护社会稳定。此外，发展生态果园可以有效地保护自然资源和生态环境，维护了子孙后代的利益，因而具有良好的社会效益。

来自生态果园的产品无污染、安全、有营养、卫生，具有较高的价值，更符合现代消费者的需求，消费者愿意为此支付较高的价格。而发展生态果园成本并不高，生态果园注重使用果园自己转化的有机肥和病虫害的生物防治与生态控制，农药化肥使用量大量减少，虽然劳动力投入有所增加，但总体生产成本并没有增加。此外，通过发展生态果园可产生出有机果品，而有机果品市场前景广阔，价格高，经济效益显著。

6. 提高农民收入，帮助贫困地区脱贫致富

生态果园生产和建设需要投入较多劳动力，多数环节与我国传统农业有相通之处，便于我国的广大农民操作。我国一些地区，特别是山区、边远、贫困地区等欠发达地区，农民收入低，还没有摆脱贫困，但这些地区生态环境优越，劳动力资源丰富，并且一直沿用传统的方式进行农业生产，极少使用或不使用化肥和农药。在这些地区建设生态果园相对比较容易，通过发展生态果园可将这些地区“欠发达的劣势”转变为市场竞争的优势，促进当地脱贫致富。

二、生态果园的基本内涵

生态果园是以果树生产为主导，以生态学和生态经济学以及可持续发展理论为指导，按照生物共生、能量多级传递和物质循环再生的原则，设计和建设的能够保持生态系统多样性、稳定性、高效性和高生产力以及促进生态环境逐步优化的一种新型果园。它是综合运用现代生态农业技术和工程方法对果园生物种群结构进行优化配置后而构建的产出多样、生态合理、经济高效、

环境优美、能量流动和物质循环畅通并不断扩大的果树生产新体系，是一种有利于促进果树丰产、稳产、优质、低耗、高效和可持续发展的经营模式。

1. 果园是一个开放生态系统

果园内各生物和非生物要素之间在人类的干预下构建成了一个完整的有机整体，在这个有机整体中，通过果实的采收与输出等，不断向外输出物质与能量，同时通过对光、热、水、土、养分和大气资源的合理开发与利用，也不断向系统内输入物质与能量，而只有当输入与输出的物质与能量保持平衡时，果园系统才能够稳定与正常运转，因此，果树生产系统实质上是一个以果实输出为标志的开放的生态系统。

在农业生产力较低、果品生产尚处于自然经济状态时，人们向果园系统的投入少，果品产量也低，输入与输出的物质与能量总量相近，系统在低流量近平衡态运转。随着生产力的提高和农业生产的商业化发展，果品产量不断提高，果园输出的物质和能量增加，为弥补果园物质能量供应的不足，人们有意地对果园进行施肥和灌水，但在生产力不够发达时，果园系统依然入不敷出，出现土壤养分亏缺、有机质含量下降、树体营养物质积累减少，系统中物质循环与能量转化轻度失衡。但随着生产力提高并进入商业化生产盛期时，果品产量进一步提高，果园物质和能量输出量激增；为维持系统平衡，人们通过向果园大量投入化肥农药等石油产品等方式，提高了输入系统的物质和能量，从而暂时维持住了高额产出，但是由于生物的复杂性和果实成分的多样性，输入物质的成分比例难与输出的相吻合，结果导致果实品质下降、系统代谢失调、资源浪费、环境恶化等问题。

出现这样的问题，主要在于向果园输入与输出的物质和能量不协调，系统不能真正维持平衡。系统真正平衡的维持依赖于系统内生物的多样性与协调性，需要系统的自我调节，而人类的强烈干预会破坏土壤的持续生产力和系统的生物多样性，改变系统与果实内的物质平衡。要解决这一问题，需要真正把果园当作一个生态系统来管理，运用生态学的理论指导果树生产，建立生态果园。若在果树生产中忽视果园的生态特点，损害生态系统，必然会导致园区水、光、气、热、养分和土资源利用率降低，生态组分简单化，资源配置劣化，有益微生物和天敌种群减少，园地水土、肥分流失严重，土层变薄，地力衰退，整个园区生态环境恶化。同时，果树抗御各种病虫害和自然灾害的能力减弱，果树正常生长发育和果品生产就会受到难以估量的影响。

2. 生态果园是优化的生态系统

生态果园根据生态位原理，对传统果园单一的果树生产系统进行生产链加环和食物链延伸，对植物、动物、微生物等多种生物种群进行科学配置，在时空多维结构上建立最优化的生物种群结构和复层立体生物群落，以期最大限度地提高园区内光、热、水、土、气资源的利用率，最大限度提高果园生态资本存量和获得单位面积上最大的生物量。

生态果园通过充分利用自然界植物、动物、微生物循环转化规律，对价值较低的初级光合产物和其他有机物进行多次循环利用和转化增值，使前一生产过程的产物或废弃物成为下一生产过程的原料，并转化成为经济价值较高的产品，将一些不能直接为人、畜、禽利用的有机物转化成为可以利用的食物或饲料，从而实现经济效益的多次增值，使系统内的物质能量高效循环转化，并消除农村的有机污染。

生态果园既不同于自给自足的封闭式循环的传统果园，也不同于完全依靠外界能量投放的现代果园。生态果园的投入以系统内的有机物质为主而以系统外的无机物质为辅，因而降低了生产成本；生态果园输出由“单一食品”转变为“多种商品”，提高了果品的商品率和经济效益。因此，在生态果园，系统内外的能流、物流、信息流的流通渠道不仅畅通，而且能流、物流、信息流的数量和性质都发生了深刻变化。

生态果园建设的目标是使果园生态经济系统内的能流、物流、信息流、价值流在各组分间的流动和转运达到稳态、有序、高效、持续，使系统内的能量转化效率最高、物质循环规模最大、信息传递畅通无阻以及经济价值增值显著，并最终实现生态持续性、稳定性与经济持续性、高效性的高度统一，使整个生态果园步入生态与经济良性循环的可持续发展轨道。

3. 生态果园是传统农业与现代科技的结合

生态果园吸取了传统农业农牧结合、用地与养地结合、用有机肥和豆科牧草维持地力长盛不衰和精耕细作的精华，生态果园还充分吸收现代农业集约化、高效率和高科技的优点，它是对传统农业精华和现代农业科技进行组装配套而形成的果树生产技术新体系。

生态果园是建立在现代生态学基础之上的一种可持续发展的系统，它坚持走以草养畜、以畜积肥、以肥改土、沃土育果的发展道路，主张用牲畜粪便和豆科牧草维持地力长盛不衰，主张通过畜牧业的发展保障果园有机肥供应，主张果园肥料的全面有机化以及用富足的有机肥为果园培植富足的生态资本存量等，并进而构建生产力水平较高的可持续发展的生产体系。

生态果园坚持采用以农业和生物防治为重点的病虫害综合防治策略，比如，通过改革耕作制度、改进栽培管理技术和选栽抗病虫品种等途径，充分发挥果树的抗性优势，达到有效控制有害生物的目的；同时，利用天敌资源和病原微生物资源，以虫治虫、以菌治虫、以菌治菌，利用生物源农药消灭果树病虫；只有在农业防治、生物防治、物理防治和生物源农药难以控制病虫害的情况下，才适量使用低残毒化学农药。

三、建设生态果园的思路和原则

1. 建设生态果园所要遵循的基本原理

生态果园是一个结构合理的开放性有机整体，设计和建设生态果园需要遵循以下几个基本原理：

（1）系统论原理　生态果园实质上是一个人工生态系统，它是生物有机体（植物、动物、微生物）与其生存的自然环境相互作用或潜在的相互作用所形成的统一体，是由生产者、消费者和分解者及其构成的生物链所形成的网络，其最基本的特点是结构的有序性、系统的整体性和功能的综合性。一个完整的生态系统，其生物链是健全的。但常规果园主要以生产者（果树）为主，常常缺乏消费者（动物）和分解者（微生物），或消费者和分解者的功能弱化，结构不完善，生物链不能很好地衔接起来，致使果园系统的生态功能不能正常发挥，效益不能正常表达，可持续性受到影响。建设生态果园就需要通过一定措施，构建成分多样、功能健全、结构完整的一个生态系统。

（2）食物链原理　在自然生态系统中，一般食物链层次多而长，并组成了食物链的网络。而在果园生态系统中，食物链往往短而简单，这不仅不利于能量转化和物质的有效利用，也降低了生态系统的稳定性。为此，建设生态果园要根据食物链原理组建食物链，将各营养级上因食物选择所废弃的物质作为营养源，通过混合食物链中的相应生物进一步转化利用，使生物能的有效利用率得到提高。比如，以果牧结合为核心，将第一性生产与第二性生产有机统一起来，并通过食性选择，引入牧草和动物，使食物链加环，使生物能多层次利用，经济效益提高。

（3）互作用原理　生态果园是多种成分相互联系、相互制约、互为因果而综合形成的统一有机整体，每一成分的表现、行为、功能及其大小都或多或少受到其他成分的影响。在生态果园建设中，应利用各种生物种群的相生相克原理，组建合理高效的复合系统（如立体种植、混合养殖等），在有限的空间和时间内容纳更多的生物种，生产更多的产品。在物种搭配时，除了考虑光能利用、养分和水分需求等因素外，还应注意生物的他感作用，充分利用共生相克关系，调整有益和有害生物种群结构及比例，使不同种群形成互利共生或相互制约的关系，增强果园系统的自我调节能力和稳定性。同时，注意利用生物种间的相克关系控制果园病虫草害。

（4）*生态位原理* 简单讲，生态位是生态要素（主要是生物种群）在生态环境中的空间和时间位置。在常规果园中，人们因过分追求果品产量而使果园物种单一化，从而产生较多的空白生态位。根据生态位原理设计合理的间作、套种、混播、多层栽培、立体种养的生物群落，可使果园生态系统种群多样、结构稳定、功能高效，使有限的光、热、土、水、肥、气和养分等资源得到充分利用。例如，在果树行间套种豆科牧草，如圆叶决明、百脉根、白三叶等，一方面可作为畜禽饲草，另一方面也可割后压埋于果园内，改良土壤结构，增加土壤有机质；另外，豆科牧草根系强大，又有根瘤菌着生，可以固氮，提高土壤肥力。果树冠下高湿和弱光条件是食用菌生长发育的良好环境，可以通过栽培喜湿耐阴的食用菌而填补冠下空白生态位，而且食用菌所使用过的废基料可以作为果园的有机肥，食用菌释放大量的 CO_2 可促进果树的光合作用，二者互补互利，相互促进。

（5）*循环再生原理* 生态系统是一个包含多因素的有机整体，平衡状态的生态系统是一个能够循环再生的体系；循环是大自然生生不息、延续不止的生态动力，再生是实现系统内的自组织、自调节的关键步骤。这个体系，通过复杂的“食物链”和“食物网”，使一切可利用的物质和能量都能得到充分利用；在这个体系中，没有真正的废物，每一种生物的废弃物都可以成为另外生物的食物。

生态果园是在一个区域范围内以果品生产为主要内容的工程设计，是一个高度开放和合理协同的生态经济系统。它是在优化大系统的基础上，通过综合开发以及内部结构的优化完善和有效调控而形成的生态与经济良性循环的环状结构，其中包括为适应自然环境变化而配置的耕作方式、种养制度以及物种和品种选择等。在生态果园建设时，要利用循环再生原理，通过养殖畜禽和引入微生物，将其中被人为排除、隔断或阻滞的物质循环恢复和疏通起来，综合利用资源，减少农业污染的产生、迁移、转化与排放，提高产品在生产和消费过程中与环境的相容程度，降低整个生产活动给人类和环境带来的风险。同时，使养分尽可能在系统中反复循环利用，实现无废弃物生产，提高营养物质的转化及利用效率。

此外，"边缘效应"原理、群落学上种群间相居而安的原理、强化生态系统中生物学过程的原理、生态系统动态演替导向原理、因地制宜地进行区域性生态建设原理、限制因子作用原理等也是生态果园建设所要遵循的基本原理，这里不再赘述。

2. 建设生态果园的基本思路

（1）构建完整的果园"生物链"　一个完整的生态系统包括动物、植物、微生物等因素，在常规果品生产中，动物和微生物没有得到足够重视。建立生态果园，需要强化动物和微生物的作用，需要本着循环高效、永续利用的原则，结合具体情况建设一些配套工程，构建起一个完整的"生物链"。在这个生物链条中，要重点增加动物和微生物环节。动物环节包括禽、畜、蚯蚓、昆虫等，可以直接增添，也可以通过增加植物的多样性，间接增加动物种类；微生物的作用则可以通过建沼气池、堆肥腐熟、青贮氨化、增施微生物肥料和拮抗菌等方式得以实现。

生态果园是个多因素、多层次、多结构、多功能的地域综合体。构建生态果园要从果园生产系统的综合性、协调性、动态性、实践性特点等出发，坚持以生态系统、经济系统、技术系统的综合优化为重点，以追求生态效益、经济效益和社会效益的综合最大化为目标，以自然条件、经济条件、社会基础的地域差异为依据，以实践检验和信息反馈为动力，不断修正、充实和提高的果园生产系统各要素的功能，逐步完善生态果园的结构。

建设生态果园要在以果树生产为主体的前提下，以土壤改良和地力培肥为中心，把果园生草和养殖作为开发的重点和突破口，并通过沼气发酵的纽带作用将果园种植和养殖连接起来；同时，在果树行间和田边地角广种牧草，逐步使整个果园被多层绿色植被所覆盖。尤其是果树栽培、果园生草和畜禽养殖等要综合发展，坚持走以草养畜、以畜积肥、以肥沃土、沃土养根、养根壮树、壮树丰产的发展道路，使果园步入草多—畜多—粪多—地肥—树壮—果优产量高—综合效益好—果园物质能量返还充足的良性循环轨道，逐步构建起以果、牧、草、沼为主线的果园生态经济系统。并在此基础上，根据生态位原理和物质能量循环转化规律，不断为果园引入更多、更高效的生态元（物种），增加生态果园的生产环节，延伸和充实食物链，完善废弃物的分解还原链，构建农产品加工链，使果园多种产业相匹配，将果园逐步发展成为一个循环高效、物种更齐全、结构更合理、功能更强大、效益更持续、环境更优美的生态系统。

（2）促进果园生态资本存量的递增　农业生态资本广泛存在于“植物库”、“动物库”、“土壤库”之中。“植物库”是贮存植物光合作用所形成的生物质能的场所，如森林、果树、牧草、农作物等绿色植物；“动物库”是贮存光合初级产物经食物链转化而成的生物质能的场所，如家畜、家禽、鱼类和野生动物等；“土壤库”是贮存光合初级产物经动物、微生物转化和分解后所形成的生物质能的场所。贮存在土壤中的生物质能是土壤生物学肥力的重要标志，也是土壤生态资本存量的主要来源。土壤生态资本存量包括有机质含量、土壤微生物群落的种类和数量、常量元素和微量元素含量、土壤理化性质、土壤通透性、保水保肥性能、微小软体动物（如蚯蚓等）的种类和数量等。贮存于果园"植物库"、"动物库"、"土壤库"中的生物质能统称为果园生态资本存量。

生态果园是一种可持续农业形式，其系统结构和功能的稳定性、持续性是源于果园生态资本存量的非减性和递增性。果园生态资本存量的消长、盈亏和动态变化是衡量该系统的生态与经济能否持续的重要标志。生态资本存量在"植物库"、"动物库"、"土壤库"中的积累和贮存的数量越多，果园生态经济系统的结构越稳定，功能越健全，生态与经济的持续性越强。"生态赤字"就是指生态资本存量出现亏损，生态资本存量轻度亏损，导致生态经济系统失衡；重度亏损，导致生态经济系统崩溃。

生态资本存量是果树产业可持续发展的物质基础和前提条件，也是果农获得高效、持续、稳定的经济利益的主要源泉。果树产业的经济持续性依赖于果树产业的生态持续性，生态持续性则依赖于果园生态资本存量的非减性和递增性，其中生态资本存量的递增主要体现于生物多样性的保存与增殖。为此，建设生态果园必须运用多项技术和管理措施，着力培植和丰富"植物库"、"动物库"、"土壤库"中的生态资本存量，用富足的生态资本存量和优美的生态环境确保果园生态经济系统的高效、有序、稳态、持续运行。

3. 建设生态果园的技术原则

（1）因地制宜原则　植物是生命体，每种植物都是历史发展的产物，是进化的结果，它在长期的系统发育中形成了各自适应环境的特性，这种特性是难以动摇的。建设生态果园要遵循这一客观规律，在最适宜的地方建设最适宜的果园、栽种最合适的树种或品种，合理选配果树与间作物种类，避免种间竞争，避免种群不适应本地土壤和气候条件，借鉴本地自然环境条件下的种类组成和结构规律安排果园生物种类，根据各地的具体情况来选用适当生态技术及确定本地区的生态工程模式，从而建设最适宜当地实际的生态果园，取得最大的综合效益。

（2）*生物多样性原则* 生态群落内生物种类越多、数量越庞大，种群依附关系越复杂，种群就越稳定。生态果园树冠下富集了多种多样的植物、昆虫和微生物，形成了多样性的生物种类，并依其在生物链中的作用（生产者、消费者和分解者）维系着系统内物质与能量的代谢，形成了彼此共生和互生的长期依赖关系，构成了稳定的生态群落。在果园中，植物、藻类和光合细菌是第一生产者，种类和数量越多，对光能的利用率越高，相当于向果园输入的能量越多，它们的增加会带动消费者和分解者的增加，最终向土壤输入的物质和能量也会增加。

按照生态学"种类多样导致群落稳定性"原理，要使生态果园稳定、协调发展，就必须充实果园的生物多样性。其中，物种多样性是群落多样性的基础，它能增强群落的抗逆性和韧性，有利于保持群落的稳定，避免有害生物的入侵。为维持生物多样性，在构建完整生物链的前提下，必须重视果园动物（包括各种昆虫、蚯蚓和线虫）和微生物的作用，在选择优良果树和品种前提下，积极引入其他植物和各类小动物微生物，实行果园生草或长期免耕栽培，使果园生物丰富多种多样。

（3）*物质平衡原则* 果品的输出依赖于果园生态群落流向土壤的物质和能量及果树本身同化积累的物质和能量，物质和能量输入与输出的平衡是维持果园持续性生产的基础。在常规生产中，向土壤的输入主要依赖施肥浇水等人为投入，生态型果园土壤的物质补充则主要依赖生态群落。同时，在生态系统发育过程中，生态群落向趋于稳定性（饱和性）发展，这使得系统本身物质和能量流动具有趋于稳定性的特点，因此，生态型果园不应无限追求单位产量，而应维持相对稳定的果品输出。

(4) 资源多级利用与循环再生原则　物质和能量在系统内流动，资源多级利用，上一级废料为下一级的资源，整个系统内资源能够循环再生。比如，果园间作牧草—牧草养殖畜禽—动植物残体与排泄物进入沼气池—经沼气发酵形成肥料—肥料还田用于果树和间作物的生长。

(5) 资源要素经济利用原则　生态果园要求保证系统内光、热、水、气、土和养分等资源要素的经济利用。比如，为提高光能利用效率，需要树上枝叶层与树下植被分层截留，而且枝叶截留与植被截留比例要与果实物质成分的构成比例及维持地上部光输入与地下部物质输入的比例相适宜。果树生长发育需要适宜的生态环境，应当通过设置防护林、增加植被覆盖率、保障水分的正常输入等来满足果树的生态需要。水是许多地区果树生产的限制因子，为实现水分的经济利用，应进行果园地面覆盖（如覆草）以控制水分蒸发，同时限制地上部水分输出（如通过控制枝、叶、果的数量减少水分蒸腾散失），或根据根冠通讯理论与轻度胁迫原理，在果园实行调亏灌溉或隔行交替灌溉，以及采用滴灌、喷灌、渗灌方式进行定量化补水。果园地面覆盖有多重效用，如覆盖的植被残体可转化为土壤有机质，促进微生物活动，增加系统 CO_2 浓度，有利于提高光能利用。此外，为提高土壤利用效率，还需要加强果园水土保持和实行果园间作。

(6) 生物的生态位原则　每一种生物在多维空间中都有其理想的生态位，而每一种环境因素都给生物提供了现实生态位。理想生态位与现实生态位之间往往存在差异，这种差异一方面促使生物去寻求、占领和竞争良好的生态位，另一方面也迫使生物不断地适应环境，调节自己的现实生态位。在自然生态系统中，随着演替系列向顶极群落的发展，其生态位数目逐渐增加，物种向多样化发展，空白生态位逐渐被填充，生态位逐渐饱和，从而构成了复杂稳定的生态系统。而在半人工或人工生态系统中，由于人们追求某种单一经济目标而使物种出现单一化，从而产生了较多的空白生态位，这不利于生态平衡，不利于发挥资源的最佳效益。

生产性果园本身是一个人工生态系统，在果园建立初期，果树未成林，大部分土地裸露，易发生水土流失，还易使经济价值不高或有害的杂草生长；如果在裸露土地上种植大豆、花生、生姜等经济作物，将能够填充果园空白生态位，这不仅可以充分利用土地资源，提高光能利用率，防治水土流失，改善生态环境，还可增加经济效益。在生态果园建设过程中，要充分运用生态位的原理，同时也要注意防止生态位的重叠。

（7）经济效益、生态效益、社会效益相统一的原则　追求经济效益、生态效益和社会效益三者综合效益的最大化是建设生态果园的重要目的。在这三种效益中，生态效益是发展的基础，生态效益和社会效益直接影响到经济效益，实际上，生态效益是长远的经济效益，社会效益就是广泛的经济效益，要获得最优的综合效益，就必须保证经济效益、生态效益和社会效益三者之间相协调、相统一。因此，在建设生态果园的过程中，必须合理利用和优化配置水、土、温、光和生物资源，必须扩大绿色植被以保持和改善生态环境，还要统筹发展种养加、产供销等，使劳动力资源得到充分利用。同时，努力提高农产品的商品率和提供无污染、安全、优质营养的生态食品，使经济效益、生态效益和社会效益有机结合同步提高。

四、建设生态果园的技术途径

1. 提高果园的物种丰富度，充实生态位

物种丰富度是指群落中所含的物种的数目。按照生态学原理，有更高植物物种丰富度的群落会有更高的初级生产力，而且当生态系统经受剧烈的环境变化时，物种间生态位差异可以使不同物种“分摊风险”，因此，丰富度高的系统对外界条件变化有

更强的“弹性”，而丰富度低的系统对干扰的抵抗力比较弱。

生态位是各物种在生态系统中所占据的位置，物种丰富度越低，空白生态位就多。传统果园管理实行土壤清耕制，果园生产单一化，园内留有很多空白生态位（即生态位空虚），不仅浪费土地资源，还会引发水土流失、尘土飞扬、蒸腾增大、天敌锐减等一系列生态问题，这会制约果园生态资本存量的积累，严重影响果树产业的可持续发展。因此，建设生态果园需要根据果园物种的生态特性，充分利用时间变化和垂直空间和时间变化的生态位，努力提高果园物种丰富度，实行果、牧、草、沼等复合经营，走果牧结合、果草间作、以草养畜、以畜积肥、以肥沃土、沃土壮树的发展道路，最大限度地填充生态位和提高资源利用率，从而推动果树产业的可持续发展。建设生态果园还要努力在时空多维结构上科学合理地构建复层立体生物群落，对果园实行全面绿色覆盖，尽可能使整个时空多维结构被茂密的绿色植物的叶面积所占据。

在同一生境中同时存在多个物种时，要尽量选留生态位有差异的物种占据相应的生态位，从而既提高覆盖率，减少漏光率，最大限度地提高光能利用率，又使复层立体生物种群在形态、生理、营养、株龄、株型、时间上有一定差异，形成多物种、多种群在多维生境生态位中共生互利、相居而安、和谐一致的高效、有序、稳态、持续的复层立体生物群落。而在培植复层立体生物群落时，既要充分利用现有的生态位，又要不断开拓潜在的生态位；既要不断引入新的生态元（物种），又要不断除去有害生态元（物种），更要用高效性生态元（物种）代替低效性生态元（物种）；生态位既不能空虚，也不能重叠。

2. 构建高效的物质能量循环转化体系

常规果园生产效益之所以低下，一是果园生态位空虚，没有形成转化太阳能的庞大网络，光、热、水、土、气和养分资源浪费严重，光合初级产物十分有限，果园能量转化受阻；二是果园内的物质循环利用体系尚未建立或不健全，物质循环再生率低，大批来之不易的光合初级产物不经利用就白白丢弃，使果园物质循环功能受阻。

建设生态果园需要通过建立复层立体生物群落，将更多的太阳能转化为生物能，从而使系统内的生物物质和生态资本存量大量聚集，为果园生态系统的物质循环和能量转化奠定良好的物质基础；而通过物质能量循环转化体系的建立，既为人类提供大宗优质经济产品，又通过内部物质良好循环和再生而减少系统对外部养分输入的依赖，并使土壤生物肥力和养分自给率大幅度提高。

3. 合理布局和优化果树树种和品种

果树（植物库）自身属于自然资源再生产的生态产品。衡量该产品生态贡献（生态价值）的唯一标准是农业生态资本存量的多寡。果树（植物库）自身的农业生态资本存量则是由果树的再生量和果品质量决定的，果树再生量大，果品质量高，显示果树（植物库）自身的农业生态资本存量富足；果树再生量小，果品质量差，显示果树（植物库）自身的农业生态资本存量欠缺。

每种果树都有其独特的区域适应性，对其生长环境的生态因子都有其独特的要求。产于最佳生态区的果品和产于非最佳生态的果品，无论是产量还是质量都有很大差距，而且市场价格也悬殊极大。因此，在建设生态果园时，要加强果树生态特异性研究，认真做好新品种和引进品种的区域生态适应性试验，按照适地适树原则，合理布局果树产业，在最佳生态区建设生态果园。品种结构是影响果树自身农业生态资本存量的另一重要因素，较为丰富的名、特、优果树品种比较容易转化为农业生态资本。在建设生态果园时，一定要实施名牌战略，选育和栽种适生、适市而又能周年均衡供应的、高经济附加值的名、特、优、新、稀果树品种，逐步将众多的果园建设成为生产高档珍品和名品的生态果园。

4. 果牧结合，以牧促果

有机肥是增进地力、促进农业可持续发展的关键因素之一，畜禽养殖可为果树提高优质有机肥；同时畜禽可以转化果园牧草，将植物材料“过腹还园”培肥土壤；畜禽养殖还在植物生产体系中增加动物因素，丰富果园生物多样性。因此，果牧结合、以牧促果是果园生态系统能量多层次利用、物质循环再生、经济效益逐级增值的中心环节，是促进果树产业可持续发展的精髓和核心，也是维持农业生态资本存量非减性和递增性的关键。没有果牧结合、以牧促果，就没有果树产业的可持续发展。

因此，建设生态果园必须果牧结合、以牧促果。实行果牧结合，在果园生态经济系统内增加草食畜这一食物链后，既可将系统内外的光合初级产物——饲草，转化成为可供人类直接食用的高级经济产品，增加果农的经济收入，又可年复一年地向果园返还足量的优质粪肥，为果园生态经济系统的“土壤库”培植富足的农业生态资本存量，确保果树产业的可持续发展。

5. 改良土壤，培肥地力

常规果园生产过多依赖化肥、农药、农机动力等的外来投入，果牧比例失调，有机肥投入少，大多数果园的土壤“营养不良”，“土壤库”中的农业生态资本存量严重亏损。为促进果树产业可持续发展，需要构建果、牧、草复合经营模式，利用草类与畜禽排泄物改良土壤质地，提高土壤肥力，为果园的“土壤库”培植富足的农业生态资本存量。

多年生豆科牧草具有较强的生物固氮、富集养分、提高土壤有机质含量和土壤肥力水平、增加土壤微生物种群的种类和数量、提高土壤多孔性、通透性和保水保肥性能、改善土壤团粒结构、抑制杂草滋生的作用，因此，提倡通过行间套种多年生豆科牧草的方式培肥果园地力。而果树行间套种的多年生豆科牧草又是优质高蛋白饲草，可以用来饲养牲畜，促进养殖业的发展。养殖业则在为人类提供高级经济产品的同时，不断向果园土壤返还经无害化处理的大宗优质粪肥，促进果树肥料有机化，使果园“土壤库”中的生态资本存量越积越多。

6. 综合应用各类农业技术

果树生产系统是个综合性的生态经济系统，建设生态果园需要农、林、牧、副、渔各业兼顾，需要抓住果、牧、草、加工之间的内在联系，综合应用各类技术，促使生物学、农学、经济学、工学之间的相互渗透。

生态果园构建需要生物种群配置技术、太阳能利用率提高技术、水资源开发利用技术、立体农业技术、果牧结合的多层次循环利用技术、果园有害生物综合防治技术、配方与精准施肥技术、坡地果园径流聚集技术、沼气发酵和利用技术、果品采收后商品化处理技术、果品深加工技术、果品贮藏、保鲜技术等多种技术，而且只有将这些技术构建起综合技术体系并付诸实施，才能确保果园经济系统稳态、有序、高效、持续地运行。

7. 发展仿生栽培， 保护生物多样性

仿生栽培是模仿生物自然规律和法则栽培植物的方法，与果园生产有关的规律和法则蕴藏在果园生物之间以及生物与环境构成的生态系统中。这可以通过模拟果园生物个体内在的生长发育规律以及果园生物与外界环境形成的生态关系进行栽培，如根据果树发育阶段多、周期长特点进行集约栽培，模拟野生果林的结构和组成进行密植和综合经营，模拟生态系统物质循环合理增肥，根据植物异株克生进行合理间作、轮作、套作等。仿生栽培有利于促进农业生态资源的合理利用、果园生物类型和品种的多样化和保护生物多样性。

生物多样性指一个区域、国家乃至整个地球多种多样的活有机体（包括动物、植物、微生物）有规律地结合在一起的总称，或指生物及其与环境形成的生态复合体以及与此相关的各种生态过程的总和。生物多样性的意义在于维持生态平衡，是人类赖以生存的最基本的条件；生物多样性的复杂化，可以增强生态系统的抗逆性。在生态果园实行间作和套种的合理布局，可以充分利用时间、空间，提高生物多样性，也可以避免由于大规模单一栽培而诱发的特定病虫害的蔓延，增强生态系统的抗逆性。同时，生物多样性高的系统具有较强的恢复能力，而一个物种非常稀少的系统则非常缺乏恢复力。另外，在物种多样的环境中，生态系统保持相对平衡，天敌的作用将得到很好的发挥，而且物种间的生存竞争可提高生物自身的生存和发展能力。因此，在建设生态果园时，要努力保护和提高果园生物与环境的多样性。

综上所述，生态果园建设主要通过改革传统的果园耕作制度，提高果园的物种丰富度，优化配置生物物种和品种结构，充实生态位；实施果牧草复合经营，加强土壤管理，培肥沃土、沃土养根，着力培植和丰富果园生态系统内的绿色植物、各类动物和微生物；发展仿生栽培，提高生物与环境的多样性，努力构建复层立体生物群落，实行果园全绿色覆盖，最大限度地提高太阳能和其它资源的利用率。当在同一果园同时存在多个物种和品种时，要尽量选留生态位有差异的物种和品种占据相应的生态位。同时，在充分利用现有的生态位时，要不断开拓潜在的生态位，在不断引入高效新物种的同时又要不断除去低效或有害物种。此外，还要通过建立物质能量循环转化体系，在为人类提供大宗优质的农产品时，促进内部物质的循环再生，减少对外部养分等物质输入的依赖，提高土壤生物肥力和养分自给率，并综合应用各类农业技术，构建与果树可持续发展相适应的综合技术体系，为果树生产的可持续发展奠定基础。

第二章　生态果园的规划与构建

生态果园是一个结构完整、资源配置合理、生产集约、产出多样、产品品质优良、能够持续发展的高效人工生态经济系统。建设生态果园需要根据地域特点、产业状况和生态学原理，通过合理规划与功能分区以及生态工程技术的集成应用和果园生产经营的多样化，对现有果园的内部结构和食物链网进行优化或重构。

一、生态果园的规划

果园规划是果园建立前的总体设计，包括园址选择、栽植设计、防护林设置、灌排系统安排和水土保持规划，以及经营规划、用地计划、建设投资预算和经济效益预测等。生态果园是一个生物多样、物质和能量良性循环的生态经济系统，在生态果园的规划布局、园地建设和栽培管理等诸环节上必须考虑果园生态工程建设、果粮间作、种养结合、果园废弃物的处理、资源的高效利用等问题，以及果园综合化和现代化经营。

1. 生态果园规划原则

(1) 因地制宜原则　我国地域辽阔，地形复杂，环境多样，气候千差万别；同时我国各地经济发展不平衡，生产习惯和传统多种多样，农民的素质也千差万别等。这样多样的立地条件和复杂的社会经济现状决定了各地的生态果园及其经营模式要多样化，绝不可能用一个或数个模式规范全国的生态果园。应紧紧围绕当地的自然、社会和经济条件选择种植的作物品种、养殖的动物种类、生态果园的类型等等，因地制宜原则进行规划设计。

（2）生态高效原则　果园生态系统是多种成分相互联系、相互制约、互为因果的一个统一有机整体，每一成分的表现、行为、功能及大小均或多或少受其他成分的影响。规划生态果园要在优化果园系统的基础上，通过生态系统内部结构的进一步完善和有效调控，建立生态与经济良性循环的人工生态经济系统。建设生态果园要遵循生态工程学的整体、协调、自生及再生循环等理论，按预期日标调整复合生态系统的结构和功能，连接不同成分和生态要素，构建完整的生态链，形成互利共生网络，分层多级利用物质、能量、空间和时间，促进系统良性循环，以达经济、生态和社会的综合效益。

（3）生态工程技术集成应用原则　生态果园是一个综合经济系统，不是依靠单一技术就能建立起来的，需要集成应用多种生态工程技术，这包括为适应自然环境变化，改进耕作方式与种植制度以及选择相应品种的技术；为促进果园生态系统的良性循环，开发与利用资源再生、高效利用及少（无）废弃物生产的接口技术；根据生态位差异原理，设计果园高效间作套种、多层种植和立体种养的生物群落技术；利用生物共生相克关系，调整益害生物种群结构及比例，生物防治与减轻环境污染的技术；根据物质与能量多层次转化、多途径利用的要求，重建优化食物链网的技术等。在生态工程技术集成中，要注意需汲取我国传统农业技术精华并通过与现代农业技术有机结合，因地制宜地引进并优化组装。在注重技术先进性的同时，更要重视技术的适用性、技术间的协调性和整体效果的协同性。

（4）资源可持续性利用原则　果园生产是一种自然资源开发

利用的过程，在生态果园规划中，要特别重视果园生态系统中的物种多样性、产业的多样性以及用地构成的多样性，要根据资源特点选择适宜的主栽果树品种和生产模式，养地用地相结合，种植养殖相配套，通过物质循环及其能量多级利用，提高生产效率，并实现资源的可持续利用。

（5）产业化经营原则　生态果园需要一定规模，需要多部门、多行业、多环节的配合与协调；同时生态果园的果品和其他农产品除了供应传统的市场外，还有其专门的市场，如何将产品成功地打入这个特有的市场，就需要有产业化经营的思路。如采取公司加农户、土地反租倒包、公司租赁经营、农民以协会或合作社的形式经营等产业化的经营模式。在生态果园建设中，必须根据第一、二、三产业的协调发展要求，使得种养加、产供销一体化，选择有市场竞争力的果树品种，建设相应的分级、包装、运销基地，开辟生态农业旅游、休闲场地，实现果园产业化经营。

2. 规划的主要依据

制定规划要遵循生态学和生态工程原理，因地制宜地设计和布局，规划内容要符合当地自然、社会、环境条件。规划时首先需要详细调查果园的生产历史（如最近三年来土地的使用状况、有关的生产方法、使用物质、果品收获及净化方法、果品产量以及目前的生产措施等整套资料）、当地的种植和养殖习惯、农民的技术水平、气候条件、土地情况、周边环境、资源状况、社会经济条件及地区行政管理方式等。在掌握了果园基本状况的基础上，要本着多层利用、多种种植、合理轮作、种养结合、循环再生进行总体设计，要按照利用健康的土壤和健康的植物生产健康的食品从而保障人类健康的思想，围绕环保、健康、安全进行规划。

果树是多年生作物，一经定植，就在一地长期生长、多年结果，生态果园规划时必须周密考虑树种、品种特性，权衡长、中、短期效果，兼顾当前利益与长远效益。果品生产是一种集约化、专业化、商品化生产，在建园时必须综合当地生态条件和栽培技术水平，选择最适宜的地方栽培最适宜的树种和品种；要充分利用先进技术和手段，建立高标准果园，以适应现代化生产的需要；要认准市场和社会发展与人们的消费趋势，发展市场前景看好的名特优新稀果树良种，要兼顾经济效益、生态效益和社会效益。生态果园生产属于商品和产业化生产，必须保证果园具有一定规模，具体规模大小应根据立地条件、投资强度、市场状况、交通条件、加工能力及产供销服务体系等因素来确定。最好由县、乡或大型农场统一规划建园，集中连片种植，分片管理。

3. 规划的主要内容

规划内容包括：生态果园的规模和面积、果园的功能分区、果园土壤培肥方案、病虫草害防治方案、土壤耕作方式、日常管理模式、生态环境保护计划（包括园区水土流失控制、天敌的栖息地和保护带建立、生物多样性保护和植树种草等的计划）、养殖计划和畜禽生活环境（圈舍、围栏、野外觅食和活动空间）设计、全过程质量管理计划（内、外部质量控制、内部跟踪审查）、废弃物（包括畜禽粪便和植物材料）的处理与循环利用计划、果园经营模式、果园保障措施（如技术保障、资金投入等）、农产品的检查认证与营销策略等。

要根据果树良种对外界环境条件的要求，选择交通便利、近于水源、光照充足、土层深厚的地段建园，做到适地适树。生态果园的规模和面积因地、因户而异，少的可不到1公顷，多则可达数公顷或数十公顷，通常在我国以2～3公顷比较合适。但从综合经济效益考虑，生态果园规模可适当大一些。具体规划时要根据果园规模和立地条件，在园地周围配置防护林；在相对高度较高的山体上建园，应在园地顶部保存涵养林，不宜全面开发；在园地迎风面需设置防风林带，以减轻强风对果园的侵害。还要根据地形特点和果树种类，按照水土保持要求，搞好园地的基础建设，进行梯田化或仿生化建园，最大限度在降低园地的水土和养分流失。为排洪防涝和蓄水抗旱，还要建设完善的排蓄水系统。

建园时采取挖大穴、施大肥、选大苗定植；定植后逐年扩穴改土，为果树根系的伸展创造一个疏松、肥沃的土壤环境。整形修剪要根据果树的生长发育特性和立地条件，因树因地制宜，积极培养通风透光、层次分明的丰产树形。果树行间套种绿肥，培植有机肥源，提高园区光能和土地资源利用率，调节园区微生态环境，防止水土流失，改良熟化土壤。改变传统清耕法，推行计划生草栽培和旱季树盘覆盖。积极挖掘和培植有机肥源，优先使用有机肥料；根据果树的生长发育规律和需肥特性、肥料对品质的影响以及肥效的持续性等，因地因树制宜，适时适量施肥，注重肥料的配比和微量元素的施用。制定花果管理措施，维持生长与结果的协调关系。实行病虫害综合防治，强化农业防治，注重保护天敌。

发展畜禽养殖业，实行种养并举，注意保障果园禽畜的青饲料供应。兴建沼气池，建立起果树与畜禽之间的良性生态循环。具体规划时，要首先确定畜禽数量、沼气池数量和果园规模三者的关系，做好果园中畜禽养殖区域的规划布局、畜禽养殖场的设置、畜禽种类和品种选择、畜禽的饲养方式、畜禽饲料来源、畜禽疫病防治、畜禽排泄的处理和利用等规划。建沼气池前，应勘察好场点，充分利用好地形和地物，做到牧—沼—果“三联通”，还要统筹考虑沼液、沼渣的处理和利用等。

4. 生态果园的功能分区

根据规模和立地条件，生态果园的功能区一般可分为果树种植区、牧草种植区、畜禽养殖区、园区道路、生态住宅和庭院生态经济区、环园防护林网、水源和排灌系统等多个功能分区。

（1）果树种植区　果树种植区是生态果园的主体，是果农获得经济效益的主要源泉，一般应占园区总土地面积的90%以上。在该区需要选择适宜当地条件而又具有较高经济价值的名、特、优果树品种，按照宽行距、窄株距的原则栽植。

根据果园面积和地势的不同，可将果树种植区规划分成若干作业小区，每个作业小区就是一个基本管理单位。划分作业区时，要求同一区内的气候、土壤、品种等保持一致，集中连片，以便于进行有针对性的栽培管理。划分的作业区要能够减少或防止果园水土流失，能够减少或防止果园风害，便于果园运输及机械化管理。

条件一致性强、坐落在平地上的果园，小区一般设为长方形，长边为果园的行向，南北向延伸，有风害的地区，小区长边应与风害方向垂直。山地果园地形复杂，土壤、坡度、光照等差异较大，一般以山头或坡向划分小区，小区间以道路、防护林、汇水线或分水岭为界，小区要等高设置，即小区长边与等高线平行。为了栽培管理和营销的方便，原则上一个小区内只栽种一个品种。

（2）牧草种植区和畜禽养殖区　牧草种植区布设在果树行间，留足清耕带（最好覆草）后，在果树行间全部种草，实行果草间作；种草面积按果树种植区面积的80%计，不另外占用土地。

畜禽养殖区布设在生态住宅和庭院生态经济区的下风一侧，可利用种植区的边角或空隙。养殖规模和占地面积根据生态果园规模大小而定，一般养殖区约占园区总土地面积的2%左右。养殖区附近要有充足的水源和方便饲料与粪肥运输的通道。规模较小的生态果园区也可在果园附近另设畜禽养殖区。

（3）园区道路　园区道路布设根据生态果园规模大小和地形地貌确定，应尽量减小占地面积。小型生态果园可以不设园区道路；中型生态果园可按十字形或一字形布设园区道路；大型生态果园应在园区内分设主干道和生产路，并使其形成合理的园区道路网络。主干道路应直接与外界公路或码头相通，与园内各功能区相连，并以最短路程贯通或环绕全园；主干道路宽 3～5 米，便于大型汽车行驶。生产路与主路和各功能区相连，横贯于各小区之间，宽 2～3 米，便于小型机动车行驶。

在道路布局上，要求运输方便，布局合理，运输距离短，造价低，并与各功能小区的规划布局相协调。山地果园的生产路一般沿等高线设置于山腰或山脚，坡度不超过 12°；平地果园的生产路按一定距离的间隔沿垂直于树行的方向设置。生产路设置应与排灌沟及防护林系统配合，不能修在汇水线上。园区道路一般占园区总土地面积的 5%左右。

（4）防护林网与庭院经济区　果园防护林系统可以调节果园的生态小气候，调节温、湿度的平衡，防风固土，减轻霜冻，为果树的生长发育创造良好的生态环境。沿海滩涂果园林带，对减弱台风、海风的危害有重要作用；山丘坡地果园林带，可以保持水土；配植的蜜源或绿肥植物，还可以开辟肥源、增加果园收入。小型生态果园四周栽植带刺绿篱还可以防外人入园，中型或大型生态果园需在其四周布设环园防护林网。环园防护林网一般不占园区土地面积。

山地果园防护林设置要充分考虑水土保持问题，主林带应规划在山顶、山脊以及山的亚风口处，与主要为害风的方向垂直；副林带与主林带垂直构成网络状，副林带常设置于道路或排灌渠两旁。平地果园的主林带也要与主要为害风的风向垂直，副林带与主林带相垂直，主副林带构成林网；平地果园的主、副林带基本上与道路和水渠并列相伴设置。在防护林带靠果树一侧，应开挖至少深 100 厘米的沟（最好与排、灌沟渠的规划结合），以防其根系串入果园影响果树生长。防护林最好比果树早2～3年栽植，最迟也应与果树同年栽植。

生态住宅和庭院生态经济区：规模较小的生态果园可以不设该区；规模较大（比如2～3公顷以上）的生态果园，可在园区中心位置布设生态住宅和庭院生态经济区，作为经营者生活栖息和生产运筹中心。该区约占园区总土地面积的2%左右。

（5）水源和排灌系统　灌溉系统由水源和灌溉渠（管）等构成。水源包括河水、井水、水库和塘坝水等。地下水丰富的地区，应在果园的适当位置打一口深水井，以满足生产、生活用水需要；有水库和河塘水的地区，可用抽水机将水引入果园，以满足生产用水需要；在缺乏地下水和河塘水的地区，可在果园内或果园周边的适当地段，或修建规模适中的地下水窖（如北方），或修建规模适中的贮水塘（如南方），拦截与贮存地表和坡面径流水，以满足果树应急用水需要。经济条件较好的生态果园，可在果园内埋设地下供水管道，将水引向园区的各个部位，对果树实行滴灌。山地果园可在较高位置修蓄水池，尽量利用自然落差进行自流灌溉。灌溉渠（管）要与道路并行设置，如果主管与支管都高出地面，可实现自流灌溉。最好采用管道输水，以减少水的渗漏。也可以施行地下灌溉，即将有孔输水管道埋在地面以下40～60厘米，把灌溉水直接送入果树根系分布层，借助毛管作用自下而上湿润土壤供果树根系吸收。

山地梯田或坡地果园的排水系统，对于维持梯地的牢固、减少水土流失等具有重要的作用。平地果园通过排水渠及时排出园中积水，对于维持果树生长良好的土壤环境，促进土壤中养分的分解和根系的吸收等具有重要意义。山地果园的排水系统包括拦洪沟、排水沟、背沟以及沉砂凼等。拦洪沟是建立在果园上方的一条较深的沿等高线方向的深沟，作用是将上部山坡的地表径流导入排水沟或蓄水池中；排水沟主要设置在坡面汇水线位置上，以使各梯田背沟排出的水汇入排水沟而排出园外，通常利用自然沟，或对自然沟简单改造；背沟修筑在梯田内侧，汇聚梯面的地表径流，排入排水沟；背沟内每隔 5 米左右挖一沉砂凼或在沟中筑一土埂，以沉砂蓄水。平地果园的排水系统主要防止积涝，由园内设置的较深的排水沟网构成，一般呈井字形排布；盐碱地果园，为防止土壤返盐，排水沟可适当深一些。

排灌系统要根据果园地形地貌设置，尽量不占用过多耕地。

二、不同地域的生态果园建设

我国地域辽阔、地形复杂、生境多样，不同地域之间气候条件各异，经济发展水平千差万别，各地建设生态果园不能千篇一律，照搬照抄。要根据各自的地域特点和经济发展水平，抓住重点，因地制宜地开展生态果园建设。

1. 丘陵沟壑区生态果园建设

丘陵沟壑区生态果园主要出现在我国黄土高原中南部丘陵沟壑区，该区土层深厚，光能资源丰富，热量资源基本上能满足果树生长发育需要，昼夜温差大，有利于光合作用产物的积累，具备果品高产、优质的环境条件。该区适宜多种落叶果树栽培，尤其是苹果，已形成了以退耕还林（草）和以苹果等经济林为主的农业生产体系。丘陵沟壑区虽然塬面多平坦，但地形破碎，沟壑纵横，田块面积小，受冲刷严重，切割深，坡度陡，土壤有机质含量低，水资源奇缺，植被稀少，生态环境脆弱，水土流失严重，经济落后，整个系统处于生态和经济双重失调之中，尤其是干旱少雨和土壤瘠薄，是制约该区果树生产的主要因素。

在该区建设生态果园，要改变不合理的耕作措施及生活方式，以改土培肥为中心，加强土地整理，重点控制土壤风蚀和水蚀，防止水土流失；要着力培植富足的农业生态资本存量，积极开展以果、牧、草、沼为主线的复合经营；还要广修地下水窖，拦截和贮存地表径流水，满足果树生长发育对水分的需要。目前该区在传统单一果园经营模式下，引入养殖和沼气系统，将各种经营模式进行耦合，已形成了果畜沼复合经营模式系统，如渭北"五配套"生态果园。

2. 丘陵浅山地生态果园建设

丘陵浅山区土地资源比较丰富，海拔较低，光、热资源适中，饲草资源相对丰富，水资源基本能满足果树生长发育需要，是发展果树生产比较理想的地区。但该区平地较少，坡地较多，土壤肥力水平不高，存在水土流失现象。地块不平和土壤瘠薄是制约该区果业发展的两个主要因素。

在该区建设生态果园，要重点治理好坡面和沟道，改变地形状态，提高水分入渗率；进行土地平整，修建高标准的水平梯田，减少地表径流；随坡修筑水塘，拦截和贮存坡面地表径流水，满足旱季果树用水需要；配置防护林，改善果园生态环境；果园生草种草，增施有机肥，培肥地力，实施果、牧、草、沼复合经营。

3. 山地生态果园建设

该区土地资源比较丰富，气候凉爽，光能资源适中，热能资源和水资源基本能满足果树生长需要，饲草资源丰富，适于发展生态经济型林果业和畜牧业。但该区平地极少，多为缓坡地或陡坡地，易受雨水冲蚀，水土流失较为严重；地形复杂，地块较小；土中沙砾较多，土壤瘠薄，保水保肥性能差；交通不便，经济落后，果农文化素质较低。水土流失、土壤瘠薄和交通不便是制约山地果树生产发展的主要因素。

山地生态果园建设要因地制宜地，不囿于构建规范化的生态果园，重点发展栽培较为粗放的干果类果树和木本粮油植物；要根据地形、地貌，加强水土保持工程建设，搞好土地整理，修建水平梯田或大鱼鳞坑，严防坡面地表径流发生；加深土层，培肥地力，对土壤进行局部改良；随坡修筑贮水塘，拦截和贮存坡面地表径流水，满足旱季果树用水需要；果园建设要与畜牧业等有机结合，充分利用果园空地、附近坡地的牧草，或者利用园地中各种禾本科草类发展草食类家禽、家畜。

4. 平原区生态果园建设

平原区土层深厚，土壤肥沃，气温较高，热量资源丰富，光能资源适中，水资源充足或基本能满足果树生长需要；交通方便；劳动力基本满足需要，果农文化素质较高；经济条件较好，适于发展鲜果类果品生产。但该区土地资源短缺，容易出现果粮争地，有的地方还有一定程度的环境污染和土壤盐渍化问题。

平原区生态果园建设重点是因地制宜地确立与区位资源相适应的经营模式；搞好土地整理和土壤改良，进行果园生草和培肥沃土，为果树生长发育创造良好条件；选好与市场需求相适应的畜禽种群，加强疫病预防和防治，努力提高经济效益；保障清洁水源，合理布局供水排水系统，在搞好节水灌溉的同时，还要防止果园积水和土壤盐渍化。

5. 城郊区生态果园建设

该区邻近城市，市场发育程度较高，信息畅通，交通极为便捷；土层深厚，土壤肥沃，光热资源充分或适中；地域之间的水资源差异较大，南方城郊水多，北方城郊基本能满足果树生长发育需要；果农文化素质较高，经济发达。但该区土地资源匮乏，劳动力不足，农田立体污染严重。

在城郊建设生态果园要确立与区位资源和市场需求相适应的经营模式；搞好生物种群的优化配置，选配适销对路、高产、优质的果树和畜禽种类和品种；搞好基础设施建设，建成具有超前性的标准化生态果园；果园生产与休闲文化相结合，因地制宜地发展旅游观光型生态果园，提高果园经济收益。

三、建园环境选择与评价

生态果园环境选择主要依据环境质量、气候、土壤、水源和社会因素等，其中以气候和环境污染情况为优先考虑的重要条件。环境选择必须以较大范围的生态区划为依据，选择最适宜果树生长的气候区域，在灾害性天气频繁发生，污染严重，而且目前又无有效办法防治的地区不宜选择建园。

1. 环境清洁安全

生态果园要保证生产出的产品安全优质。生物和环境是一体的，污染物能够借助大气、土壤和水分进入果实，在被污染的环境中不可能生产出安全优质的果品，因此，保障环境清洁安全是生态果园建设的首要条件。

生态果园应选在空气清新、水质纯净、土壤未受污染、没有粉尘和酸雨，具有良好农业生态环境的地区，尽量避开繁华都市和工业区集中的地方；果园河流或地下水上游没有排放有毒有害物质的工矿企业，灌溉水源应是深井水或水库等清洁水源，尽量避免使用污水或塘水等地表水灌溉；园地本身天然有害物质（如重金属）含量低，未长期施用含有毒有害物质的工业废渣改良过土壤；果园距主干道路 50 米以上；附近没有污染源对果园环境构成威胁，尤其是上游或上风口不得有排放有毒有害物质的工矿企业。

建园之前，必须对果园及附近的大气、土壤和灌溉水进行严格检测，有毒有害物质含量不得超过国家规定标准（表 2.1～表 2.3）。

表 2.1　无公害水果产地农田灌溉水质量指标

（GB/T 18407.2—2001）

项　目	指　标	项　目	指　标
氯化物，mg/L　≤	250	总铅，mg/L　≤	0.1
氰化物，mg/L　≤	0.5	总镉，mg/L　≤	0.005
氟化物，mg/L　≤	3.0	铬（六价），mg/L　≤	0.1
总汞，mg/L　≤	0.001	石油类，mg/L　≤	10
总砷，mg/L　≤	0.1	pH 值　≤	5.5～8.5

表 2.2　无公害水果产地土壤质量指标

（GB/T 18407.2—2001）

项　目	指标（mg/kg）		
	pH<6.5	pH6.5～7.5	pH>7.5
总汞　≤	0.30	0.50	1.0
总砷　≤	40	30	25
总铅　≤	250	300	350
总镉　≤	0.30	0.30	0.60
总铬　≤	150	200	250
六六六　≤	0.5	0.5	0.5
滴滴涕　≤	0.5	0.5	0.5

表 2.3　无公害水果产地空气质量指标

（GB/T 18407.2—2001）

项　目	指　标	
	日平均	1h 平均
总悬浮颗粒物（TSP）（标准状态），mg/m^3≤	0.3	
二氧化硫（SO_2）（标准状态），mg/m^3≤	0.15	0.5
氮氧化物（NO_2）（标准状态），mg/m^3≤	0.12	0.24
氟化物（F），$\mu g/(dm^2 \cdot d)$ ≤	月平均 10	
铅（标准状态），mg/m^3≤	季平均 1.5	季平均 1.5

此外，要采取措施切断有毒有害物进入果品的途径。生态果

园与进行常规生产的果园、菜园、棉田、粮田等要保持百米以上的距离，或在两者之间设立物理屏障，防止常规生产园的病虫害及污染物传播到生态果园，这包括通过大气、灌溉水、土壤渗透或其它媒介的传播。

2. 气候和土壤条件适宜

果园气候因素包括温度、降水、光照等，能否适宜果树生长取决于这些因素的综合情况，比如栽培苹果的最适宜区要求年平均气温 8～12℃、年降水量 560～750 毫米、1 月中旬平均气温 －14℃以上、年极端最低温度－27℃、夏季（6～8 月）平均气温 19～23℃、大于 35℃的日数少于 6 天，夏季（6～8 月）平均最低气温 15～18℃、6～9 月份月平均日照时数 150 小时以上。栽培苹果应选择符合上述条件的地区。气候因素中温度更重要，每一个树种都有其最适宜的温度要求。

土壤条件包括土层厚度、理化性状、土壤微生物、水、肥、气、热等多种因素，其中土壤酸碱度、含盐量往往会成为限制因子，每一个树种都有其最适宜的 pH 值范围和盐碱程度，要在最适宜的条件下栽树建园。

3. 地势与坡向坡度适宜

山地和丘陵地地形复杂，尤其是山区，气候和土壤变化人，有垂直分布的特点，栽植果树需考虑海拔高度、坡度大小及坡段坡向等。北方山地栽植，海拔高度一般不宜超过 700 米，南方可利用山地气候的垂直差异，选择适合果树生长的地段栽植，例如，云南蒙自地区，梨树栽种在海拔1 500～2 000米地段，四川下川东山地海拔 500～1 000米的中山区，气候温和，日照充足，空气和土壤都较干爽，是梨树的主要分布区。

在坡地槽谷或坡地中部凹地、平地地势低洼地方，冬春季由于冷空气下沉，往往形成冷气湖或霜眼，物候期早的树种品种极易遭受晚霜危害，相反，在坡地上部、平地地势较高的地方，由于形成逆温层，温度反而偏高，霜害很少发生。早熟品种不但果实早熟，而且花期也早，如在辽宁省兴城，辽伏、甜黄魁等早熟苹果品种花期比红富士、新红星等晚熟品种约早1周。为了避开晚霜危害，早熟树种或品种应栽植在坡地上部、平地地势较高地方，不要栽在洼处，切忌栽在槽谷中。尤其是桃、杏、樱桃等，低洼谷地，冷空气沉积，易遭受晚霜袭击，特别是花期，冷空气会严重影响开花，造成落花落果；如果地下水位高，土壤黏重，还会引起流胶病，导致树势衰弱。

山地的东、南、西、北坡一年四季中所接受的光照时数及热量不同，湿度和风量也不同。一般南坡、东南坡、西南坡，所获得太阳光热量大。北坡、东北坡，西北坡，则较冷凉。一般南北坡气温相差在2.5℃左右，10厘米深的土温相差在1.4～1.9℃，80厘米深处南坡比北坡高4～5℃。南坡光照充足、气温偏高，早熟树种品种果实成熟期可进一步提前，果实色泽、品质也好，能抢占市场，售价高，效益好。东坡和西坡次之；在北坡，果实成熟期推迟，果实品质也不及南坡，栽培早熟品种会失去早熟的意义，因此，早熟品种最好栽培在南坡。但南坡温、湿度变化较大，水分蒸发量大，融雪、解冻比北坡早，因此必须加强水土保持。尽管山地地势非常复杂，南、北方气候差异悬殊，但在中纬度的低山区，北坡水分蒸发量少，土壤墒情好，植被密生，土质较肥沃，土层较深厚，也能栽培葡萄等果树。

坡度不仅是果树生长的重要环境条件，也影响其他环境因素，比如表土的含水量会随坡度增大而降低。同一坡向不同坡度，温、热、水分分布都有差异，如在南坡，10°坡的太阳直接辐射量为平地的116%，20°坡为130%。坡下低洼地冷空气沉积，坡顶则寒冷，不易栽培果树。适宜栽培果树的斜坡地坡度在5°～15°。

4. 尽量避开重茬地

重茬地土壤有害物质（包括前茬果树的分泌物、病菌害虫残余、农药及其它农用化学物质残留等）比较多、营养物质匮乏且严重不均衡、微生物群落结构改变、有害生物如线虫、病原菌等泛滥，严重抑制后茬果树的生长发育。桃、苹果、核桃重茬现象比较突出，尤其桃树，最忌连作，对后茬苹果、樱桃、李等植株生长量的抑制也可达到50%。苹果茬地不宜再种苹果和梨树；梨茬地一般也不宜栽苹果。杏、李重茬现象比较轻，对后茬桃、苹果、梨等影响不大，但改种樱桃，樱桃生长会受到明显抑制。樱桃茬地不宜再栽樱桃、杏、苹果、葡萄和桃；葡萄茬地可以改种梨、桃、李，但不能改种杏、苹果和樱桃，有关内容可参考表2.4。建生态果园应当尽量避开果园重茬地。

表 2.4　前茬果树对后茬果树生长量的抑制程度

后作＼前作	无花果	桃	梨	苹果	葡萄	柑橘	枇杷	核桃
无花果	1	3	2	5	6	4	7	8
桃	4	1	8	2	5	6	3	7
梨	1	7	3	2	4	8	5	6
苹果	7.	2	4	1	6	8	3	5
葡萄	1	6	7	3	2	4	8	5
柑橘	1	7	4	2	8	3	5	6
枇杷	8	5	6	2	1	7	3	4
核桃	6	4	8	3	2	7	5	1
平均	3.6	4.4	5.3	2.5	4.3	5.9	4.9	5.5

注：生长量最小为1，生长量最小为8。（引自中国农业百科全书·果树卷，1993）。

5. 因地制宜、适地适作

只有在最适宜的地方栽种最合适的树种或品种，果树生长才会最好（包括病虫害最轻），管理才最容易，才不至于因管理问题造成环境和果品污染，因此，园地选择要做到“因地制宜、适地适树”。“适地适树”有两重含义，一是选择最适宜的生态条件作为园址，二是为既定的园地选择最适宜的树种或品种。建园选址需要明确果树树种和品种特性及当地的气候条件和土壤特点，如在冬春气温偏低的地区或干旱地区，应当选择靠近大的水面的地方，这样可以调节气温和湿度，能在一定程度上减轻霜冻和旱害；山地缓坡、丘陵地带，光照充足，昼夜温差较大，不易遭受霜害，利于提高果实品质；沙荒、河海滩涂，甚至轻盐碱地，只要规划合理，改良土壤，正确设置排灌系统，选择适宜的树种或品种，也可以栽培成功。如沙荒地栽培扁桃、阿月浑子；轻盐碱地栽培葡萄、枣；河滩、海涂沙地栽梨树；水田畦埂种植柑橘等。

6. 环境与土壤肥力评价

（1）环境质量评价　首先要检测园地环境的大气、土壤和灌溉水中的所有污染物浓度，依据有关标准（表 2.1～表 2.3）对园地环境现状进行评价。评价应在区域性环境初步优化的基础上进行，同时不应忽视生产过程中的自身污染。一般采用单项污染指数与综合污染指数相结合的方法进行评价：

(i) 单项指数法

污染指数　　$Pi=Ci/Si$

式中

Pi——环境中污染物 i 的污染指数；

Ci——环境中污染物 i 的实测数据；

Si——环境中污染物 i 的评价标准。

$Pi<1$——未污染，适宜建设生态果园；

$Pi>1$——污染，不适宜建设生态果园。

(ii) 综合污染指数法

大气采用几何均数指数法，计算如下：

$$I=\sqrt{(Ci/Si)_{max}\left[-\frac{1}{k}\sum_{s-1}^{k}(Ci/Si)\right]}$$

式中I为大气质量指数，k为污染物项数，Ci为实测值，Si为标准值，$(Ci/Si)_{max}$为最大污染物单项指数。

大气质量分级标准，1级：I＜0.6，清洁；2级：0.6≤I＜1.0，尚清洁；3级：1.0≤I＜1.9，中污染；4级：1.9≤I＜2.8，重污染；5级：I≥2.8，极度污染。具1，2级大气的栽培区可作为生态果园建设基地。

为全面反映各污染物作用，突出高浓度污染物对环境质量的影响，土壤和水质质量采用内梅罗污染指数法，进行评价，综合指数（$P_{综}$）为：

$$P_{综}=\sqrt{((Ci/Si)_{max}^{2}+(Ci/Si)_{ave}^{2})/2}$$

式中式中Ci为实测值；Si为标准值，$(Ci/Si)_{max}$——土壤（水）污染物中污染指数最大值，$(Ci/Si)_{ave}$——土壤（水）各污染指数的平均值。

水质分级标准为1级：P≤0.5，清洁；2级：0.5＜P＜1.0，尚清洁；3级：P≥1.0，受污染。1，2级水可作为生态果园用水。(下面的标红地方分级界限重叠)

土壤分级标准，1级：P≤0.7，安全；2级：0.7＜P≤1.0，尚清洁，警戒级；3级：1.0＜P＜2.0，轻污染；4级：2.0＜P≤3.0，中污染；5级：P＞3.0，重污染。1，2级土壤可作为生态果园用土。

此外，园地环境质量评价时还要考察附近有没有污染源，要求园地周围不得存在对果园环境构成污染威胁的农药厂、化肥厂、冶炼厂、造纸厂、煤矿、铁矿、屠宰场、垃圾堆放与处理场、大型医院、大型燃煤锅炉等污染源。

(2) 土壤肥力评价　生态果园应当建立在土壤肥沃、土层深厚、有机质含量高、质地疏松、营养丰富、坡度不大、没有特殊障碍（如地下水位过高、土壤含盐量过高、pH 不适宜、1 米土层内存在石板或粘板层）的地方。园地的土壤肥力需要在检测各项指标的基础上，根据各因素的重要性进行综合评价，生态果园的土壤肥力建议达到 1～2 级指标（见表 2.5），同时要增施有机肥，积极培肥地力，保证果品生产的持续进行。

表 2.5　果园地土壤肥力分级

分级	pH	有机质%	全氮毫克/千克	速效磷毫克/千克	速效钾毫克/千克	阳离子交换量厘摩尔/千克	质地	含盐量%
1	6.0～7.0	＞2.0	＞1.0	＞15	＞150	＞20	轻壤	＜0.2
2	5.5～6.0，7.0～7.5	1.0～2.0	0.8～1.0	10～15	100～150	15～20	砂壤、中壤	0.2～0.3
3	4.5～5.5，7.5～8.5	0.5～1.0	0.6～0.8	5～10	50～100	8～15	砂 土、重壤	0.3～0.5
4	＜4.5，＞8.5	＜0.5	＜0.6	＜5	＜50	＜8	黏土、砂石土	＞0.5

四、果园土地整理与土壤改良

土地和土壤是生态果园建设的基础。果树栽培地可有一定坡度，但果园小区内的田块要平整，土壤要适合果树等种植。因此，生态果园栽种果树之前，要对园区土地进行严格整理和改良，包括平整土地、土壤消毒、消除残枝败叶和树桩残根、土地耕翻晾晒，以及增施有机肥，改善土壤结构，提高土壤水分渗透能力和蓄水能力，减少地表径流，提高土壤肥力等，必要时在定植穴内换土。

1. 土地和土壤的特性

土地是指地表某一地段的自然综合体，包括地质、地貌、气候、水文、土壤、植被等全部自然地理要素以及人类活动对它们作用的结果。土地是自然综合体，具有一定的空间范围，是一种重要的自然资源和资产。土地也是自然历史的产物，是人类生活和生产的场所，具有自然属性（资源特性）和社会经济特性（资产特性）。土地的自然属性指自然形成的土地固有的特性，如空间特性（土地的外形、“三维”空间）及土壤、植被、水文、地质等的特性。这些特性对评价土地的生产能力、配置各业生产用地、正确解决和处理土地开发利用和环境因素之间的矛盾等，均具有重要意义，对农业生产和建设也都有直接的影响和作用，并进而影响土地利用的效益。土地的社会经济属性指土地作为社会土地关系的客体表现出来的特性，即在土地自然力的基础上，土地被人类社会利用、改造过程中表现出来的特点。

土壤一般是指地球陆地表面具有肥力、能够生长植物的疏松表层。它是地球表面上的附着物，是土地的一部分，具有如下特性：

(1) 土壤的理化性质　土壤具有疏松性、结构性、透水性、持水性、水分移动性、透气性、吸附性等独特的物理特性，这些特性决定了土壤中物质的运移和能量的转化，为植物根系的发育和高等及低等生物的定居提供了相对有利的条件，同时在环境保护、地下水水质保持等方面起到不可替代的作用。

土壤区别于岩石的最重要的化学特性，是在土壤剖面的上部，特别是在腐殖质聚层积，累积了由植物、土壤动物和微生物多年生存和死亡的产物经转化产生的大量有机质。这些物质是土壤微生物生命活动的基础，对土壤肥力的高低有重要影响。土壤胶体是土壤中化学性质最为活跃的物质，由无机胶体和有机胶体物质组成。无机胶体主要由土壤次生矿物或粘土矿物组成，有机胶体主要是腐殖质。由这些成分复杂的有机、矿质和有机-矿质化合物组成的土壤胶体物质颗粒，通常带负电，具有从溶液中吸收和代换盐分离子的能力。不同土壤具有不同的酸碱度，用 pH 值表示，它是土壤肥力的一项指标，大部分果树需土壤 pH 5.5～7.2 才能正常生长。

(2) 土壤的肥力特性　土壤肥力是土壤能连续地、适时地供给并协调植物生长所需的水分、养分、空气、温度、扎根条件和无毒害物质的能力，是土壤中多种肥力要素（水、肥、气、热等）性质的综合反映，也是区别于自然界其他任何物质实体的本质特征。土壤肥力水平是土壤物理肥力、化学肥力和生物肥力相互联系、相互影响，共同作用的结果。

土壤物理肥力是土壤为植物生长发育提供所需物理条件的能力。物理肥力取决于土壤结构状况，土壤结构与土壤团粒结构的性质密切相关。土壤团聚体是土壤结构的基本单位和土壤肥力的物质基础；土壤团聚体的稳定性对土壤肥力、质量和土壤的可持续利用等有很大的影响，而土壤有机质是形成土壤团聚体的主要结合物质；有机质胶结物质含量增加，有利于形成更多的水稳性团聚体。

土壤化学肥力是土壤为植物生长发育提供所需化学养分和条件的能力，同时它对土壤物理和生物过程以及养分循环具有促进作用。

土壤生物肥力是生活在土壤中的微生物、动物、植物根系等有机体为植物生长发育所需营养的贡献，主要指微生物通过提高土壤的生物活性，改善土壤的物理、化学性质等来影响土壤的肥力；土壤微生物的多样性越大、数量越多，土壤的团粒结构越好，容重越小，孔隙度越大，土壤的通气、透水及供应养分的能力也就越强。

土壤肥力也分为自然肥力、人工肥力、有效肥力和潜在肥力。自然肥力是指土壤在各种自然因素作用下形成的肥力；人工肥力则是在前者的基础上，经过人类生产活动而形成的土壤肥力；有效肥力是指水、肥、气、热都能够发挥作用，满足当前作物生长发育需要的能力；而潜在肥力则是指土壤中某些肥力因子，在当前条件下没有发挥作用，一旦条件适合就会发挥作用。

土壤肥力高的土壤一般土色较深，土层深厚，土质疏松，易于耕作；土壤不易淀浆，土壤裂纹多而小；一次灌水，可保持6～7天适宜湿度；有夜潮现象，干了又湿，不易晒硬；荠菜、红头酱、鹅生草、黄梅菜和蟋蟀草等生长多，有田螺、蚯蚓、大蚂蝗等；保肥力强，供肥足而长久，或潜在肥力大等。

（3）土壤的生物活性　土壤是一个活的生态系统，在土壤里除了盘根错节的植物根系及其脱落物外，还有大量的土壤微生物、蚯蚓及其它低等土壤生物，它们是土壤生命活力的所在。土壤中大量生物的存在，使土壤具有明显的呼吸作用，存在着旺盛的新陈代谢。土壤生物的相互作用促进了土壤肥力的发展，比如，低等生物的固氮作用使土壤具有了肥力，而植物的生长促进了土壤腐殖化过程和养分的富集过程，从而使土壤肥力进一步提高。土壤不仅是生物的栖息地，也是生物作用的对象，还是地球生命诞生与进化的温床。土壤巨大的表面及复杂的多孔多相体系，对于生命的产生与进化至关重要，如细菌与粘粒结合，可使细菌在极端严酷的条件下存活。土壤是生命活动的产物，没有生物就没有土壤。从这个角度讲，“土壤是活的，是有生命的”。

2. 土地整理

平地果园土地整理时，可在建园前将有机肥和绿肥或秸秆切碎，按所需数量均匀撒在地表，再用深耕机全园翻耕50厘米；也可沿定植行中心线挖出宽、深均为80～100厘米的壕沟，暴露一段时间后，分层压绿回填，每米壕沟至少压埋50千克绿肥或植物秸秆，在表层土壤中混入一些堆肥或厩肥。如果果园土壤偏酸，应在回填时混合一些石灰或酸土改良剂；如果果园土壤偏碱，在回填时可混合一些酒糟或碱土改良剂；如果为钙质土壤，则需要土壤中混入适量的硫磺粉。回填完后要将定植行堆成高垄，使土壤沉实后仍可保证地面的平整。不论什么类型的土壤，都应当大力增施有机肥，而不能用工矿废渣等有毒有害物质改良土壤。

在海涂或水田中建园，应将定植行筑成长高畦，其间挖出深沟，以降低地下水位，增加有效土层厚度。海涂盐渍地建好果园后应引淡水多次漫灌园区土壤，通过洗盐降低土壤盐分含量；或者在沟穴底下部60厘米处埋30～40厘米厚的杂草（压实后约5厘米厚），以吸附并阻断上返盐分。果园建成后，为降盐改土应在定植前种植一季短期耐盐或吸盐力强的先锋作物，例如田菁、咸草、大米草、大麦、棉花等。

山地果园土地整理主要是在建园时修筑水平梯田，这可以保持水土，加厚土层，方便管理，为果树生长发育创造适宜的立地环境。梯田一般坡度在15°以下的山坡地修筑，可以建成较宽的梯面，梯壁不太高，土石方需要量不大。但随着坡度加大，山坡变陡，修筑梯田的成本大大增加，修建难度也大大提高，修成的梯田坎高梯面窄，不便果园管理。修筑得比较完善的梯田其梯壁高度不超过3米，牢固、内向倾斜60°～70°，梯面宽应在3～4.5米，梯面外高内低，内倾5°～7°，横向平整并保持0.3%～0.5%的比降，梯面外沿边埂高10厘米，宽20厘米，梯面内侧背沟宽30厘米，深20厘米，比降0.3%～0.5%，有沉砂凼。

在土地整理最后，应立即按设计的行距在梯面或坡面上划出定植行中心线，并在中心线两侧划出壕沟边线，挖出80～100厘米深、100厘米宽的定植壕沟，分层压埋绿肥，并在表层回填混入腐熟有机肥的土壤。回填完毕后，将定植壕堆垒，形成高出地面约20～30厘米的垄。

3. 土壤消毒

生态果园土壤消毒主要依靠热力技术，如土壤暴晒、施肥发酵等。土壤暴晒技术是“在已经准备好种植作物的潮湿土壤上（一般要求含水量在60%～70%），于炎热的季节（夏季）用塑料薄膜覆盖土壤4周以上，以提高土壤温度，杀死或减少土壤中有害生物”的一项技术。它的主要原理是应用经热灭菌的作用，杀死土中有害生物。

土壤曝晒可引起土壤理化性质变化及起到防治土传有害生物的作用，比如，曝晒后土壤中的铵态氮、硝态氮、镁离子、钙离子浓度增加，土壤导电性增加，土壤结构改善，团粒结构增加；土壤中的芽孢杆菌、荧光杆菌、青霉菌、曲霉菌、木霉菌等有益微生物的种群数量增加，而土传有害生物种群数量降低，发病率减少，如线虫的螺旋属等的种群数量减少，发病率降低。该技术的重点是塑料薄膜的覆盖，可在种植前用塑料薄膜将地面完全平铺覆盖，也可于栽植后对果树树干周围的土壤覆盖加温消毒。

在气温比较高的地区（如亚热带）应用单层膜（膜厚度60～80毫米）覆盖土壤足以消灭土壤有害生物。在暖温带地区，需要使用双层膜覆盖，覆盖后可提高温度3～10℃。田间应用黑色膜覆盖，同时结合热水处理土壤（在10～20厘米的土壤中，灌进15～20℃的温水），能使土壤温度提高到56～60℃，可进一步提高消毒效果。在薄膜下的土壤施上未腐熟的有机肥，靠有机物的腐熟发酵进一步增温，或薄膜下的土壤中埋设电热线，通过电加热进一步增温，或使用能吸收红外线的热塑料膜，土壤覆膜结合土壤施入高效低毒杀菌杀虫剂，均可进一步提高消毒效果。但使用土壤暴晒加温消毒技术对气候条件有一定的要求，夏季气温比较低的地方不太适宜；由于该技术要求土壤湿润，需要增加额外的灌溉水，在缺水的旱作区应用也有局限性。

深翻换土等方式也能起到土壤消毒的作用。深翻换土，即在定植穴内进行深翻，把定植穴内0.5立方米的土壤挖起移走，换好土填入定植穴，然后栽植果树。

土壤消毒之后微生物总量会减少，所以，土壤消毒之后，在增施有机肥的同时必须配合增加有益微生物，这样一方面可以对抗病原菌，另一方面可以促进土壤有机物分解，增加土壤“活力”。土壤增施有机肥之后，除了有益微生物大量繁殖之外，病原菌及病虫害也会存在和增殖，这不仅造成作物的病害，同时也会招来飞虫与蚊蝇。因此，在土壤施加有机物的同时，必须配合添加有益微生物以对抗病原菌，使有益微生物占上风，其中有些有益微生物会围绕在根表面周围，成为“根圈菌”。“根圈菌”能够分泌出各种有机物，如氨基酸、低分子糖类、低分子核酸、生长激素及各种酵素等等，这些有机物对植物生长发育和提高作物产量和质量有显著的效果。有些有益微生物会侵入根部组织内，在根部细胞内繁殖，成为“菌根菌”。“菌根菌”不会破坏根部组织，却能与根细胞交换物质，共存共荣，提高根部活力，增强根系吸收力和自然抗病力。

土壤有益微生物主要有固氮菌群、硝酸菌群、溶磷菌群、酵母菌群、乳酸菌群、光合菌群、放线菌群和生长菌群。VAM 真菌（泡囊丛状菌根真菌）是一种可与果树发生有益共生的内生菌根真菌，施用 VAM 真菌是给土壤增加有益微生物的有效技术。重茬地果树栽植时，在果树根际直接接种 VAM 真菌，可减轻果树再植病的发生，促进果树的生长和结果。也可在果树栽植前，先种植豆科植物如小冠花、三叶草和苜蓿，这些豆科作物是 VAM 真菌的寄主，种植这些作物，可以促进土壤内 VAM 真菌的发生、发育和大量繁殖；同时还可固定氮素，增加土壤肥力，果树定植后不易发生土壤病害。特别是在土壤消毒的基础上再接种 VAM 真菌，效果更好。

4. 土壤改良

(1) 土壤改良的基本原则　土壤改良的核心是提高土壤水、肥、气因子的稳定性。有机肥或其它有机物均可提高土壤保肥保水性，是土壤中的稳定因子，所以，果园土壤改良必须增施有机物，稳定土壤环境条件。

我国果园多在山区、丘陵或沙滩地，改良任务非常艰巨。但果树只要有一部分根系处于良好的土壤条件下就能够满足整个果树的需要，因此，土壤改良要以局部改良为主，要将有限的有机物质用于土壤局部改良。可采取穴贮肥水、沟肥养根、富足表层等措施，使局部根系处于最适宜条件。

表面裸露的土壤，表层土壤透气好，养分释放快，有效养分含量较下层高，但水肥等条件不稳定。在生长季进行多次中耕除草，会多次破坏表层土壤结构及吸收根，使表层根不能正常发挥作用。生产中需要养护好表层土壤，保持表层土壤温度和湿度相对稳定。养好表层最好办法是实行地面覆草或覆膜，配合滴灌、喷灌或渗灌效果更好；也可以实行行间生草、行内覆草，绿肥收割后覆盖树盘，进行多年免耕管理。但要注意目前我国多数果园土壤有机质含量较低，山区丘陵果园有效土壤层浅，若仅注意养好表层根，会导致树体抗逆性差，易于早衰。因此，还要养好中层根，以利于稳定和维持树体长势。在养好表层和中层根系的同时，还要打破土壤下层的障碍层，防止果园积水等。

（2）深翻熟化 果园土壤改良主要通过深翻改土进行。深翻结合增施有机肥，即土壤深翻熟化，是最常用的果园土壤改良方法。通常山丘果园活土层以下是半风化的母岩（“酥石硼”），果树根系向深层土生长困难，而深翻可以显著加厚活土层，促进“酥石硼”熟化，使根系得以下扎，增强其抗旱能力，植株生长发育良好。平原冲积、洪积或滩涂地块通过深翻可以打破底层的黏板层，有利于改善土壤通气和排水状况，减少根系窒息，防止深根作物雨季黄叶，减少果树早期落叶。深翻结合施入有机肥或埋入作物秸秆等，可以增加土壤有机质含量，提高腐殖化强度。

果园深翻方法有扩穴深翻、隔行深翻、全园深翻等。幼园在幼树栽植后，每年在定植穴（沟）外挖环状沟或平行沟，沟宽70厘米左右，沟深60厘米上下，直至全园翻通；成龄树宜全园深翻，每年深翻株行间一侧，深度30～40厘米，2～3年全园土壤全部深翻。

土壤深翻分春、夏、秋季三个时期。春季深翻在开春撒施有机肥后进行，此次翻的宜浅，春季干旱，风大地区不宜进行，以免引起土壤失水过多。黏重土宜春翻，以提高地温。夏季深翻在临近雨季时进行，此时发根高峰尚未到来，深翻后可促进发根，并增加山区、丘陵地雨季蓄水量，有利于抵抗秋旱。秋季深翻一般在 8 月下旬至 9 月份结合秋施基肥进行，翻的深度宜稍深些。因为此时正值秋季发根高峰，环境条件适于根系大量发生，深翻时切断的根愈合能力强，发出的根系功能强，利于树体吸收大量养分，提高贮备水平。

(3) 客土改良　对于过于黏重或砂质土，通过黏土砂土相掺，取长补短，可把原来含砂量过多或过黏重的土壤调剂成砂黏适宜的壤质土，这能有效地协调耕层土壤的水、肥、气、热状况。砂土掺黏，增施优良黏土矿物还可提高土壤的阳离子代换量，从而提高保肥力。比如，在北方质地粗的果园土壤中，可掺入阳离子代换量高的黏土；在南方以高岭石为主的土壤，阳离子代换量低，可掺入富含蒙脱石、蛭石的土壤等，25 吨蒙脱石的阳离子代换量相当于 100 吨的高岭土。

在土壤过于贫瘠、过于黏重或土层过浅时，客土是有效的改良方法。生产上最有效的客土方法即压土，尤其在山岭薄地、沙质贫瘠地块，压土具有“以土代肥”的良好作用，若压覆含有某些矿物的土壤则肥效更好。河滩沙地压土以压覆较黏重的土壤为宜，如果结合增施有机肥，可显著提高土壤保肥持水能力。在黏重土壤，宜压覆粗骨沙土，以提高其通透性。压土时间一年四季均可，但一般安排在冬闲时进行。而且冬季压土土壤风化、沉实时间较长，利于翌春生产管理。果园压土前，一定先刨一下，以保证新压土和原土层能够融合在一起，上下没有间隔。压土量在山丘地一次不要超过 15 厘米厚、沙地不要超过 10 厘米厚，每公顷在 300～375 吨。若一次压土过厚，会影响根系呼吸，往往造成烂根，引起树势衰弱，严重时造成死树。一次压土效果可持续 3 年左右，之后可再行压土。

(4) 山地果园土壤改良　在山区、丘陵地，果园地势不平、土层薄，土壤砂石多、质地较粗，保肥蓄水能力差，水土流失较重。山地土壤改良的中心工作是结合水土保持做好深翻熟化，防止水土流失，向下扩大根系集中分布层，增大土层厚度，提高土壤肥力。

深翻熟化下层土壤是诱使根系向下扩展的主要措施，可在挖树穴、修梯田和挖鱼鳞坑时进行，在挖树穴时把表层熟土放在树穴上方，把心土放在树穴下方，回填树穴时，把表层熟土和树穴周围的表层熟土填在树穴内。修梯田和挖鱼鳞坑时，最好能深翻到 60～100 厘米，至少在树穴周围要深翻到 60 厘米深，使土壤疏松，无石块。深翻时，如能结合施入一定数量的有机肥料，则会显著地改善土壤理化性状，提高土壤肥力。

对土层浅的山地实施“放闷炮”能明显加厚土层，改善土壤结构，提高土壤肥力，增加土壤的蓄水保水能力。“放闷炮”在秋季采果后进行，具体在离树干 2 米处，呈对角选 3 个不同方向，挖直径 6～8 厘米，深 100 厘米的炮眼（树冠较大时，可适量增加炮眼数；树冠较小时，可挖两个；水平沟栽植的，可在株间挖一个炮眼），放入适量的炸药进行爆破，一般每个炮眼 0.3～0.5千克炸药，以能松动土壤又不飞散为宜，排炮后挖出大块母岩，把熟土和有机肥混合后填入炮坑内，整平地面。

（5）盐碱地土壤改良　多数果树要求中性到微酸性土壤，土壤中盐类含量不能超过 0.3%，在盐碱地栽植果树必须进行土壤改良，措施如下：

设置排灌系统：改良盐碱地主要措施之一是引淡洗盐。在果园顺行间隔 20～40 米左右挖一道排水沟，一般沟深 1 米，上宽 1.5 米，底宽 0.5～1.0 米左右。排水沟与较大较深的排水支渠及排水干渠相连，使盐碱能排出园外。园内则定期引淡水进行灌溉，达到灌水洗盐的目的。当达到要求含盐量（0.1%以下）后，应注意生长期灌水压碱，并进行中耕、覆盖、排水，防止盐碱上升。

深耕施有机肥：有机肥料除含果树所需要的营养物质外，并含有机酸，对碱能起中和作用。有机质可改良土壤理化性状，促进团粒结构的形成，提高土壤肥力，减少蒸发，防止返碱。有机肥还可缓冲盐害。

地面覆盖：地面铺沙、盖草或其他物质，可防止盐碱上升。

营造防护林和种植绿肥作物：防护林可以降低风速，减少地面蒸发，防止土壤返碱。种植绿肥植物，除增加土壤有机质、改善土壤理化性质外，绿肥的枝叶覆盖地面，可减少土壤蒸发，抑制盐碱上升。实验证明，种田菁一年，在0～30厘米土层中，盐分可由0.65％降到0.36％，如果能结合排水洗碱，效果更好。

中耕除草：中耕可锄去杂草，疏松表土，提高土壤通透性，又可切断土壤毛细管，减少土壤水分蒸发，防止盐碱上升。

此外，施用石膏等对碱性土的改良也有一定作用。

(6) 沙荒及荒漠土改良　最典型的为黄河故道地区的沙荒地，其组成物主要是沙粒，沙粒的主要成分为石英，矿物质养分稀少，有机质极其缺乏。导热快，夏季比其他土壤温度高，冬季又比其它土壤冻结厚；地下水位高，易引起涝害。因此，改土措施着重改良下层的沙性提高保水肥力，可均匀地掺加粘土及有机肥；开排水沟，降低地下水位；深翻熟化，打破淤泥层，并增施有机肥或种植绿肥；再就是营造防护林，减轻风蚀；也可试用天然土壤结构改良剂，如魔芋淀粉等，增加土壤稳定性。

(7) 黏重土壤的改良　在我国长江以南的丘陵果园多为红壤土，土质极其黏重，容易板结，有机质含量少，且严重酸性化。改良的技术措施是掺沙客土（一般每1份黏土掺2～3份沙），或者在土壤深翻的基础上，增施较粗的有机物（如秸秆、细碎树枝之类），以使下层有更多的孔隙，改善其透气性，同时增施有机肥和广种绿肥，提高土壤肥力和调节酸碱度。黏土改良尽量避免施用酸性肥料，而应多施磷肥和石灰，如750～1 050千克/公顷；还应采用免耕、少耕或生草方法等进行土壤管理。

五、果园生态链的构建与调控

自然生态系统由生产者、消费者、分解者组成，只有在这三者构成完整高效的生物链后，系统才能够良好运行。建设生态果园要在保证植物、动物、微生物的协调共生的前提下，利用农业生态技术，构建高效果品生产链、牧草生产链、草食畜食物链、分解还原链等，使常规果园形成完整的自然生态系统；同时为保障生态果园的稳态、有序、高效、持续的运转，还需要“人”来协调生物之间的相互关系。

1. 常用农业生态技术

（1）自然资源立体利用技术 该技术是根据资源立体分布的不同、农业生物对环境资源需要的差异以及生物的相生相克原理，将不同生物种群配置到同一立体空间的不同层次上，使在有限的空间和时间内容纳更多的生物种，充分利用单位空间和单位时间内的光、温、水、肥、气等资源，以达到提高资源利用效率的目的。包括立体种植（例如，果粮间作、果菜间作等）、立体养殖（例如，家畜、家禽和鱼种的分层养殖）和立体复合种养（例如，果树—家禽形式、果树—鸭—鱼等形式）技术。

（2）食物链加环技术 生态系统中物质的循环和能量流动是通过生产者、消费者和分解者（微生物）的生命活动过程及取食关系完成的。在农业生态经济系统的结构链中，通过合理配制生产者、消费者、分解者，增加高效低耗及促进物质循环利用的环节，可以使资源得到充分利用，生产更多经济产品，产生更大效益。

食物链加环即在原有食物链的一定部位，加上一个或数个营养级，形成格局更复杂的食物链。例如，果园增加养殖环节，养蚯蚓喂鸡、用鸡粪养猪等，就是运用了食物链加环及生物能多层次利用的原理而使养殖业的内容更加丰富，经济效益更为显著；

再如，向果园引入天敌可抑制果园害虫而减少果品损耗，引入蜜蜂可促进授粉，提高产量。也可以进行食物链“解链”，即在一些特定的污染环境条件下，由于有害物质会沿食物链富集，如果达到危害人类健康时，通过食物链“解链”可防止或减少这种趋势。

（3）*接口技术* “接口”指的是生态系统中不同生物链条之间交换物质、能量和信息的汇集场所，“接口技术”是连接不同产业或不同组分之间物质循环与能量转换的连接技术，它将原来不构成循环关系、又互不相关的两条或多条结构链通过适宜的配置连接起来，形成一个闭路循环的结构网。例如，秸秆转化饲料技术、粪便发酵和有机肥生产技术等，通过饲草和有机肥的相互提供将种植业和养殖业连接起来。

“接口技术”主要包括肥料技术、饲料技术、能源技术、加工技术和贮藏技术等。肥料技术包括积造、增施有机肥、生物肥或有机无机复混肥，扩大秸秆还田面积，播种绿肥，推广配方施肥、测土施肥、精准施肥技术，实行间作、轮作、套种等；饲料技术是通过青贮、氨化、发酵、膨化、机械加工等措施，将秸秆、粪便、加工废弃物等转化成畜禽饲料；能源技术是充分利用太阳能、风能、地热能、生物质能等清洁能源和再生能源，推广沼气、太阳能暖房、太阳能热水器、秸秆气化等技术，改善用能结构。

（4）*有机废弃物的处理和资源化利用技术* 有机废弃物的处理技术主要有畜禽粪便无害化处理利用技术、氧化塘污水净化利用技术等。有机废弃物资源化技术指采取一定措施加速废弃物中物质和能量的循环，使废弃物转化为有应用价值的资源和新产品的技术。例如，秸秆通过粉碎、氨化、青贮等方法转化为饲料和鸡粪通过发酵加工成饲料的技术，秸秆直接或通过发酵还田技术、有机废弃物堆沤制作肥料的技术，有机废弃物通过直接燃烧、沼气发酵、生物质气化等转化为能源的技术等。

（5）*有害生物的生态防治技术* 有害生物生态防治技术是主

要以改良农业优势生物或品种及改进它们的栽培饲养技术为主要手段，利用农业优势生物的抗性和有害生物的天敌，调控农业生态系统使之向对农业优势生物有利而对有害生物不利的方向发展，有效地控制有害生物，实现农业持续增产和保护环境等多方面的效益。简而言之，就是利用生态系统中各种生物之间相互依存、相互制约的关系和某些生物学特性来防治有害生物。例如，利用轮作和间混作等种植方式控制病虫草害，利用天敌防治有害生物，利用害虫的习性诱杀害虫。通过调整播种及收获时间，打乱害虫食性时间或错开季节以减少危害。

（6）环境问题的生态治理技术　该技术是以生态学原理作指导，针对当地水土流失、土壤侵蚀、土壤沙化、盐碱化等环境问题，采取以生物方式为主、多种措施并用的策略，对其主要形成因素加以调控治理的技术。主要有水土保持工程技术、生物与工程措施相结合的小流域治理技术、果园生草技术、地面覆盖技术、农林间作技术、盐渍化土壤改良技术等

2. 果园生态链的构建

（1）果品生产链的构建　果树是生态果园的主体和基础，是对果园实行绿色覆盖的重要组成部分，也是各个生态果园获得最佳经济效益的主要源泉。果树既有良好的生态效益，又有良好的经济效益，而且随着时间的推移，其生态经济效益越来越显著，所以，一定要将果品生产链作为重中之重来建设，这包括以下内容：

①优化配置树种和品种　果园树种和品种是果树科技含量的主要载体。为使生态果园获得最佳生态效益和经济效益，要选择具有较高经济价值的名、特、优、稀、新果树良种，实施名牌战略，着力发展经济附加值高的珍品名果，努力提高科学技术在果业增长中的贡献率。同时，要“因地制宜，适地适树”，依据果树的生物学特性根据当地气候和土壤特点配置树种和品种。一个

果园要以一个果树树种为主，其余为辅，同一树种早、中、晚品种搭配好；远离城市或建在山区的果园，应以耐贮藏运输的梨、苹果、石榴、柑橘、山楂、核桃、板栗、柿、枣等为主；建立在城郊的果园，以供应鲜果为目的，要适当考虑树种品种的多样化。同时，要注意为主栽品种配置授粉树，一般授粉品种占10%～20%左右。新建果园的树种和品种选配要多调研、多评价、多搞区域适应性试验，力求做到一次性到位。老果园要尽快通过高枝换头，更新品种。

②整地改土，保持水土　我国果树生产多年来一直按照“上山下滩，不与粮棉争地”的原则发展，而荒山、河滩的水土流失问题比较严峻；同时山上时常干旱缺水，而河滩地旱季干、雨季积涝，水分供给不稳。我国每年降雨量季节差别很大，暴雨和长期无雨的现象时常发生，而暴雨常造成土壤侵蚀、崩塌、滑坡、泥石流等，即使条件比较好的地区，也需要通过整地改土保持水土。因此，在栽植果树苗木前必须平整土地、修筑梯田或挖大鱼鳞坑，以控制水土重力运动，防止坡面径流，并富集天然降水，改善果园的土壤水分状况。

③培肥沃土　土壤是人类赖以生存和发展的基本资源和生态条件，是农业生产的基础。土壤结构和营养水平直接影响到果树生长发育和产量与质量的形成。培肥土壤的目的就是创造良好的土壤空间，长时期维持土壤高肥力，使果树根系在最适宜的条件下健壮生长，通过养根壮树，达到持续丰产、稳产、优质的目的。根据果园和劳动力的实际情况，可在栽前对土壤局部进行培肥改良。具体做法是在定植点深挖1米×1米×1米左右的树穴，穴底铺厚度为40厘米左右的秸秆、杂草、嫩枝叶和土杂粪等有机物料，有机物料上覆盖30厘米左右由熟表土和腐熟有机物按2∶1掺合而成的肥沃培养土，然后灌水、堆积、腐熟1个月以后再定植。

④定植大苗壮苗　要求苗木健壮，品种纯正，根系发达，枝

粗节短，芽饱满，嫁接口愈合完好，无检疫性病虫害；选择3～4生大苗，实行大苗建园。在定植时把各条根理直、理顺，在植穴内各个方向均匀地、略斜向下方分布，用熟表土掩埋根系，填土至一半时，将苗木轻轻地向上提一下，把根拉直，扶正植株，再填土用脚踏实；上部20厘米可回填生土，土填至以根颈部（即苗圃地的苗木根系与地面交界处的部位）与地面相平，用脚踏实，并灌足定苗水。

⑤实行规范化和标准化管理　标准化管理有利于果树生产的产业化发展，全面提升果品质量和生产效益，增强果品市场竞争力。目前，我国各级农业行政主管部门和一些大型农业企业先后对各类果树制定了操作性很强的国家标准、行业标准、地方标准、企业标准及其生产技术规程，对果品生产实行全程质量监控和推行规范化、标准化生产。各个生态果园都要严格执行国家农业标准及其生产技术规程，建设标准化的生态果园，更多地生产出符合国际、国内两个果品市场需要的优质高档果品，努力增加产品经济附加值。

（2）牧草生产链的构建　在果园主层次种群行间套种多年生豆科牧草副层次种群，对果园地面实行绿色覆盖，既可防风、固沙、固土，改善生态环境，并为害虫天敌提供良好的栖息场所，又可通过多年生豆科牧草改良土壤，培肥地力，还可为畜牧业提高大宗优质饲草，促使畜牧业持续快速发展。牧草是果牧结合的纽带，也是改变耗粮型牧业结构的重要手段。牧草生产链的构建可为果园生态经济系统步入良好循环轨道奠定稳定的物质基础。

①牧草品种的优选　我国牧草种类繁多，各生态果园要根据项目实施区的区位资源特点和所确立的经营模式，从众多牧草中筛选出适合当地条件、动物适口性好、品质优、产量高又不影响果树生长的品种，栽种在果树行间和田边地角。最好选栽多年生豆科牧草，豆科牧草是一种既产草又肥地，属用地和养地结合的牧草；也可采用多年生豆科牧草和多年生禾本科牧草按一定比例

进行混种。多年生豆科牧草品种很多，具体选栽哪个品种要因地而异。凡有外源性饲草资源的果园，也可在果树行间套种药材，用土贝母、黄芩等药用植物覆盖果园，以期获得更大的生态经济效益。

②果树与牧草的匹配　果树主层次种群是生态果园主要生产性层次，是获得经济效益的主要源泉。为了填补潜在的生态位和提高光、热、水、土、气资源的利用率，可在果树行间套种牧草，使其形成复合的绿色植物生产链。但要注意两者的地位和作用是不同的，前者是主体，后者是补充，层次要分明，不能本末倒置，喧宾夺主。果园种草指在行间种草、株间清耕，而不是全园种草，尤其是幼龄果树，由于树体小、根系浅，全园种草后易导致草类与果树争水争肥，影响果树正常生长发育。种草带和清耕带的宽窄视果树株行距、树龄和树冠大小而定，一般幼龄果园留出 60～80 厘米的清耕带后全部种草，以后随着树龄增加和根系扩展，清耕带的宽度应逐步扩大，成龄果园最后可拓宽至 150 厘米左右，同时注意对株间所留清耕带最好进行覆草。

③牧草的播种与管护　多年生豆科牧草可在春、秋两季抢墒播种，最好配置移动式喷灌设备以确保全苗。多年生豆科牧草种子细小，播种时宜浅不易深，一般为 0.6～1.5 厘米。播后一周出苗，但由于幼苗十分脆弱，遇旱极易枯死，故应强化苗期水、肥管理，及时灌溉，确保土壤湿润。还要及时清除恶性杂草，并追施促苗肥以抚育幼苗茁壮成长。

④牧草的科学刈割　多年生豆科牧草长到 40～60 厘米时就可以进行刈割，割时留茬高度在 10～15 厘米，以利再生。一般一年牧草刈割 2～3 次，灌溉条件好或雨量充沛的地区可多割一次。刈割后每 666.7 米^2 追施尿素 5～6 千克，施后及时适量微喷，切忌大水漫灌。为使昆虫天敌栖息环境少受破坏，应力戒全园牧草一次性皆割。科学的刈割方法是采用隔行分期刈割法，使

栖息在多年生豆科牧草上的昆虫天敌在刈割牧草时有就近转移栖息场所的外部条件。

（3）草食畜禽食物链的构建　多年生豆科牧草通过光合作用形成的初级产物（牧草），通过草食畜禽这一“转化器”可将其转化成为供人类直接利用的高级经济产品，如肉、蛋、奶，同时又可向果园返还果树生长发育所必需的优质粪肥，促使果业生产能够持续、快速发展。畜禽养殖是果园能量多层次利用、物质循环再生、经济效益逐级增值的中心环节，也是实现果园综合经营和生态化生产的关键，没有畜禽养殖就难以建立起真正的生态果园。

①草食畜禽种群的品种选配　牧草生产链产出的初级产物是饲草，食物转化链中的畜禽选配应定位在草食畜禽。各生态果园要根据自身的经济实力和养殖经验，选择优良畜禽种和品种，本着从简到繁，从低到高的原则稳步发展。在初始阶段，可以饲养高产优质的鸡等禽类或兔子等小型动物，在资金和经验积累到一定程度后，可根据市场需求改养猪、牛等中大型动物或特种经济动物，以期获得更高的经济效益。

②畜禽规模的量化　畜牧业在生态果园建设中虽然占有特殊重要地位，但生态果园的畜禽规模仍要适度。规模过大，果牧关系失调，导致果树种植户变成养殖专业户，改变了生态果园的性质；规模过小，生态经济系统功能受阻，生态果园的发展由于缺少充足的有机肥源而受到制约，光合作用初级产物（牧草）得不到转化而浪费资源。畜禽规模的确定，必须坚持草与畜禽同步发展、以草定畜禽的原则。畜禽饲养规模要与牧草地面积相匹配，要保证草畜平衡，如能从系统外补充部分饲草资源，畜禽养殖规模方可适当扩大。

（4）分解还原链的构建　生态果园果、牧、草复合经营模式形成后，每年向果园输入大宗优质粪肥。这些粪肥不能直接施给果树，需要通过分解还原链对其进行再利用或无害化处理。

①沼气的发酵和利用　沼气发酵是在厌氧条件下，利用微生物将人畜粪便、秸秆等生物质能经液化、酸性发酵、甲烷发酵三阶段降解成为可溶性碳、氮化合物，同时产生甲烷可燃烧气体的过程。农业和生活废弃物，如杂草、秸秆、粪便等在沼气池经过厌氧发酵后，产生沼气，可变废物为能源，解决农村因能源短缺而破坏生态的问题；同时，通过沼气发酵可使废弃物无害化，并把粪便中大部分的寄生虫卵杀死，改善农村卫生条件；而且沼渣可用来培养食用菌、蚯蚓、蝇蛆，也可返还果园用于培肥育果。沼液是优质无公害肥料，返还果园后可改土、培肥、育果；有鱼池的生态果园，沼液还可排入鱼池，加速水体浮游生物繁殖，为鱼类提供优质蛋白饲料。

沼气的发酵和利用是生态果园能量转换、物质循环和有机废弃物综合利用的中心环节，也是联系初级生产者、初级消费者和分解者的纽带。它对生态果园的能源建设、肥料建设、净化环境和保护果农健康具有重大意义。各生态果园可根据规模大小，在园区内建造容积适中的沼气池，一般为10米^3。南方地区由于气温高，产气量大，容积可稍小一些。北方地区冬季寒冷，最好建造一座集种植、养殖、厕所、沼气池于一体的塑料大棚日光温室，并将沼气池全部埋入畜圈地下，以解决北方沼气池因冬季气温低而不产气的难题。沼气池类型很多，最常见的有土圆仓型沼气池、三合一型沼气池和水压式沼气池。

②废弃物的酵解和无公害处理　生态果园内产出的人畜粪便、植物秸秆和其他有机废弃物通过堆积酵解，使其在细菌、真菌、放线菌等微生物的作用下发酵、腐熟、分解、还原，并杀灭虫卵等有害生物，实现粪便的无害化处理。利用蝇蛆、蚯蚓等低等动物分别处理粪便、菜叶、瓜皮、垃圾等物质，也可达到粪便处理的目的。食用菌大多以植物残体中有机碳水化合物为碳素营养，许多农业废弃物都可以作为食用菌生产的原料，如果树枝叶、杂草等；食用菌的正常生长不仅要求有一定的碳源，同时还

要求有一定的氮素，而禽粪是良好的氮源。通过食用菌生产，能够把这些废弃物充分利用。

3. 生态果园的维护与调控

自然生态系统是由生产者、消费者、分解者组成的三元结构。然而有了人类以后，“人”在生态系统中占据特殊的生态位，于是就形成了生态系统的四元结构，即生产者、消费者、分解者和调控者。在人工或半人工生态系统中，人的调控作用起决定作用。生态果园属于人工生态系统，不仅需要植物、动物、微生物的存在，更需要“人”作为调控者来协调这些生物之间的相互关系。果园生态系统结构和功能的基本模式越远离自然生态系统，就越是需要人为调控。因此，人在生态果园的构建和运行中起着“主宰者”的作用。

生态果园的维护和调控是指以生态学、生态经济学为指导，以生态与经济协调的可持续发展为目标，在充分挖掘果园内部资源潜力的基础上，通过果园生态经济系统内部和外部反馈回来的生态信息、经济信息、市场信息、社会信息，及时分析和掌握生态果园运行中出现的新情况、新问题，并从宏观和微观两个层次及时对其做出调整，使果园生态经济系统的运行始终处于最佳状态。

（1）果园生物多样性的维持和调控　自然生态系统的生物种群是自然界长期自然选择的结果，系统内生物物种多，食物链和食物网复杂，系统对不良环境就有较强的抵抗力，系统的自然稳定性也强。在人工生态系统中，人们按意愿种植或养殖优势种群，抑制和排除其他物种，因而系统内的生物种群单一，食物链简单，破坏了自然界的多物种格局和生态平衡。一旦外来因素（如虫灾、风灾等）超过了种群的弹性极限，人工生态系统就可能“崩溃”。

生态果园是人工生态系统，要避免传统果园物种单一化而给系统稳定性带来的不利影响。生物多样性是果园生态经济系统稳定性和持续性的基础，在生态果园建设和管理时，要不失时机地引入适合当地环境的、具有高价值的生物物种，在时空多维结构上不断充实和优化物种结构，提高物种丰富度，扩大生态位，使果园生态系统的物种结构始终处于丰满、兴盛状态。

食物链是生态系统中物质循环和能量转化的基本营养结构，也是维持系统稳定性和持续性不可缺少的重要环节。为此，在管理生态果园时，要根据区位资源特点、市场信息、经济实力和技术水平，在优化现有食物链生物种群结构和数量配比的基础上，适当延长食物链，逐步在现有食物链中加接生产环和功能加强环(如增益环、减耗环、解链环等)，甚至把一些彼此不存在营养关系的生物种群接入食物链，使其形成一个食物网络结构。这样既可提高物质能量循环转化效率，又能够增强生态果园的稳定性和持续性。

(2) 果园生态系统平衡的维持和调控　果园生态系统内生物与生物、生物与环境之间，通过不断的能量转换和物质循环，以保持系统的动态平衡。系统内各组分既相互依存又相互制约，只要任何一个功能组分发生变化都会引起其他功能组分的变化而导致系统的动态失衡。为此，在管理生态果园时，要及时发现和把握系统内各功能组分的动态变化规律，及时地通过人为调控，将系统内的物种种类、数量、配比调整到科学、合理的状态，使其形成新的动态平衡，以维持系统的稳定性。

人们进行农业生产的目的是最大限度地从系统中获取农产品，但过度地从果园获取果品和畜禽产品将导致系统入不抵出，破坏生态系统输入和输出的平衡，对生态系统造成不良的后果。当果园输出过大时（如畜禽数量增加迅速、果品产量大幅度提高等)，应适当降低果园产出量，并及时向果园系统投入大量的辅助能。比如，当土壤肥力下降时需要及时从其他系统引入有机肥并施入土壤；当畜禽规模增大，果园牧草不足时，要及时减少畜禽数量并引入饲料，从而维持果园生态系统输入和输出的平衡。

(3) 果园物种规模消长调控　在市场经济条件下，任何产品的市场价格都处于不断变化之中，单一品种的生产必然会受到价格的影响而屡遭困境。在生态果园系统内，虽然多物种和多种群的共存是维持生态系统稳定性所不可缺少的，但各个物种的规模和数量需要随着市场价格的变动而不断地进行调整。如果根据自然生态系统中物种季节性演替和物种群体规模随环境条件变化而消长的规律，合理安排和布局生态果园内物种的规模和数量，将有助于解除价格波动对生态果园的困扰。实际上，对生态果园来说，物种规模和数量的“稳定”是相对的，“变化”是绝对的。生态果园经济效益的高低最终决定于经营者能否及时捕捉到市场变化的信息，并果断地调控果园内物种规模的消长，使之产生更多、更好的适销对路产品。

(4) 果园生态稳定性的维持与调控　生态果园生态稳定性调控的核心是如何确保农业生态资本存量的非减性和递增性，尤其是土壤生态资本存量的非减性和递增性。为此，在建设和管理生态果园时，要通过提高果园绿色覆盖面积、通过复层植物群落组合的不断调整和优化、生物种群结构的调整和优化、生产链加环、食物链延伸、雨水富集、改土培肥、物质能量循环转化利用体系的完善等多项生态农业技术的运用，使贮存于“植物库”、“动物库”、“土壤库”内的农业生态资本存量越积越多，从而为生态果园的生态稳定性奠定稳固的物质基础。

(5) 果园经济稳定性的维持与调控　影响生态果园经济稳定性的因素主要是果品的产量、质量和市场。一般来说，追求最大的经济效益是农业生产的主要目标，但在果品产量出现明显大小年、产品质量参差不齐、市场需求大起大落时，果园系统的经济稳定性就会变差，平均经济效益往往就会下降。为此，各个生态果园经营者要保证果园高产稳产、产品质量稳定，同时不断引进和保存具有一定生态位和经济价值的生物物种，并根据市场信息及时调控物种种群结构与规模，实现产品与价格消长互补。此外，还要不失时机地引栽经济附加值更高的珍品名果，引入经济附加值更高的珍禽名畜，并综合运用多项先进科学技术，努力提高适销对路产品的产量和质量。最后，还要学会运用各种营销手段，把生态果园的产品推向国内外市场。

第三章　生态果园的基本模式

生态果园模式是指按照生态农业的要求，根据当地自然资源、生态环境和经济发展优势，通过调整果园内生物（植物、动物、微生物）种群组合、数量配比、时空分布和技术组装配套等，而形成的能够发挥果园的系统功能，促进果园可持续发展的生态系统格局。它是果园生产各种要素的最佳组合方式，是具有一定结构、功能和效益的实体，是果园资源永续利用的具体方式。生态果园模式的具体类型很多，从技术的角度，可归纳为：以沼气为纽带的果园模式、果园立体种植模式、果园种养复合模式、观光果园模式等。

一、以沼气为纽带的果园模式

沼气是有机物质在厌氧条件下经多种微生物协同发酵产生的可燃烧混合气体。以沼气为纽带构建生态果园，可以将种植业、养殖业、加工业以及废弃物综合利用有机地结合起来，连通果园循环与再生路径，形成一个完整的果园生物链，使果园系统内能量能够多级利用，物质能够良性循环，从而能够达到果园高产、优质、高效、低耗与可持续发展的目的。

1. “果—牧—沼” 模式

（1）南方“猪—沼—果”模式　南方“猪—沼—果”模式是

最为典型的“果—牧—沼”模式，它是通过沼气建设将果树生产和生猪养殖结合起来，从而达到系统内能源、饲料、肥料良性利用的一项农业生产经营模式。通俗地说，就是利用人畜粪便入池发酵，发酵产生的沼气用于做饭和照明，产生的沼渣沼液作为肥料施于果树和果园间作的蔬菜或牧草，牧草用来喂生猪，猪粪再入池发酵。

总体设计：建设“猪—沼—果”生态果园首先根据果园面积确定需肥量和生猪养殖规模，再根据养猪数量选定沼气池容积和建池数量。一般是按每户一个2 500～3 500米^2 果园、一口 6～8 米^3 沼气池和长年存栏 4～6 头猪的比例进行匹配；果园面积可以按该比例扩大。沼气池、厕所、猪舍三者的位置要统筹考虑，做到三结合（图 3.1），使人畜粪便自流入池，以减轻劳动强度，保证清洁卫生。也可根据农户的具体情况，搞庭院经济，如养鱼、种植经济作物等，或发展其他养殖业替代生猪生产。

沼气池的设计：沼气池建设要进行科学规划，建池场地应地

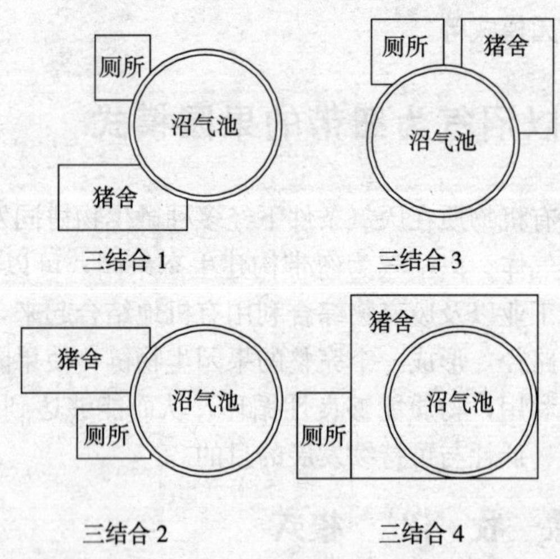

图 3.1　沼气池、厕所、猪舍三结合布置示意图

基好、地下水位低、背风向阳、位置适宜，离厨房的距离一般不超过 30 米。选用国家统一规定的标准池型，如强迴流沼气池池型，该池下半球为半椭球体或半球体，上半球为削球体，横剖面为圆形，顶置式半环型水压酸化池，容积 1.5～2 米^3；粪料直接进入主池，草料投入水压酸化池内发酵，其酸化液通过限压回流管和回流冲刷管回流入池。沼气池进料和出料管采用直管斜插式分别呈 60°、75°安装在对称位置上，进料管口与猪舍、厕所的粪沟连通，出料管与出料间连通。回流冲刷管与水压酸化池、厕所粪槽连通，仰角 30°～45°，其下端高出水压酸化池底面 10～15 厘米。沼气池的施工必须经过县以上农村能源部门培训合格的沼气技工进行，确保建池质量。施工完毕后，必须对池体和管路进行试压检验，试压不漏水。

猪舍的设计：猪舍要建在向阳、不积水、水源充足、水质好的缓坡地，坐北朝南或坐西朝东南，偏东 12°左右，用水、进料、管理等方便。猪舍的南向长度一般为猪舍屋檐高的 3 倍，猪舍之间的距离为屋檐高的 3～5 倍；猪舍前后墙中央各设置一个宽 120 厘米、高 100 厘米，距地面 90～100 厘米的通风窗，保证舍内通风采光、保暖干爽。按一头妊娠哺乳母猪需 5.5 米^2、公猪 10.5 米^2、断乳仔猪 0.5 米^2、肥育猪 0.9～1.1 米^2 的标准，确定猪舍建造面积和养猪头数。按每头成年猪 1.2 米^2 的标准，在猪舍前方建运动场。猪床地面用混凝土浇筑，水泥砂浆抹平，地势高出沼气池水平面 10 厘米以上，并向沼气池进料口倾斜 5%坡度。猪舍外围建排粪和污水沟道，沟宽 15 厘米、深 10 厘米，沟底呈半圆形，向沼气池方向呈 2%～3%的坡度倾斜。

厕所的设计：厕所要紧靠沼气池进料口设置，厕所蹲位地面标高要高出沼气池水平面 30～40 厘米以上。蹲位面积一般为 1.5～2 米^2，用马赛克或釉面砖贴面。蹲位粪槽或大便器应尽量靠近沼气池进料口和水压酸化池的位置，粪槽用瓷砖贴面，坡度大于 60°，回流冲刷管安装位置合理。

果园设计：在河滩地、平地建园，地下水位应低于 1 米以上，否则应挖沟起垄建高畦。在丘陵地或山地建园，应选择坡度 25°以下的缓坡或坡地，并根据坡地坡度的大小，需要进行等高作梗、挖壕或建等高梯田；15°～25°坡地，以作等高梯田为宜，梯面宽度和梯壁高度由坡度大小和果树品种要求确定。果园地形要坐北朝南，西北东三面环山，南面开口，冷空气能自行排出；果园温度、湿度、降水、光照和土质等条件要良好。在果园内要设置道路和排灌系统，方便果园管理和排灌水的要求。同时，要营建果园防护林，并采取水保措施，减轻水土流失。

沼气池的管理：沼气池不漏气后可投料使用，首次投料以人、畜、禽粪便为主，稻草等农作物秸秆投入水压酸化池内；首次投料装料总量占主池容积 90%以上，如暂时原料不足，应加水至标定液面线（平水压酸化池底部）。以控制沼气池设计的贮气箱容积和零压水位，以确保沼气正常使用。首次投料的接种物投放量不得少于主池容积的 20%；接种物应是富含沼气微生物的物质，这类物质通常包括沼气池内的沼渣、沼液、粪坑沉渣污泥、塘泥、城镇污水沟以及酒厂、食品厂、屠宰厂的污水、污泥等。接种物的多少和质量将直接影响到沼气池启动的快慢和产气效果，当接种物不足时，可将发酵原料，例如牛猪栏粪，分层与接种物混合预沤，预沤后做接种物。沼气发酵过程中要做到勤出料、勤进料，每隔 5～7 天应对发酵料液搅拌一次。要按“冬浓夏淡”的原则，保持适宜的料液浓度，一般夏季保持 6%、冬季保持 12%左右。冬季还要注意在池表面覆盖稻草、塑料地膜等，以提高池温。严禁向池内投入辣蓼、石灰、薄膜以及其他对发酵有抑制作用和难分解的原料，保持料液酸碱度，一般控制 pH6.8～7.5 为宜。同时还要注意沼气池日常使用管理的安全工作，避免沼气中毒和爆炸等事故的发生。

猪舍的管理：注意“小猪怕冷，大猪怕热”，一般哺乳仔猪猪舍的适宜温度为25～30℃、生长猪的为20～23℃、成年猪的为15～8℃。猪舍相对湿度保持在65%～75%；在高温情况下，应采取降温措施，保持相对湿度为40%～70%。猪舍周围种树遮阴，高温季节地面定时洒水，加设避光设备，降低猪群饲养密度，寒冷季节栏内增加垫草，门窗加盖草帘，提高猪群饲养密度。每群以10～12头为宜。及时通风和清扫栏圈、清除粪尿和残食剩水，保持栏舍的清洁干燥，并定期消毒；消毒可采用福尔马林、苛性钠、石灰水、漂白粉等药物的水溶液定期喷施。

果园的管理：在幼龄果树行间多茬套种蔬菜、饲草或绿肥作物，进行合理间作。根据果树树种、品种特点，结合施肥，每年早春或秋季进行深翻改土或扩穴施肥；扩穴在滴水线外进行，按30厘米宽×30厘米深呈环状开挖。根据果树的生长特性科学施肥和灌溉，使土壤水分保持田间持水量的60%～80%，有条件可采用喷灌、滴灌等先进技术。适时修剪，保证营养生长和生殖生长平衡。加强果园综合管理，预防果树冻害和病虫害，注意抗旱排涝。

果树沼肥施用：沼肥包括沼液和沼渣。将沼肥施于果树，可以提高果品品质，增加产量，同时还能增强果树长势，提高果树的防冻和抗病虫害能力。将沼肥施于果树必须根据不同果园采用适宜的施肥方法，幼树以树冠投影外缘为起点，向外呈环状开施肥沟，一般沟深10～35厘米、宽20～30厘米。每年施肥要错位开穴，并逐年向外扩展，以增加根系的吸收范围。对成龄树可成辐射状开沟，并轮换错位，开沟不宜太深，以免损伤根系，施肥后覆土。一般在11月上旬，将沼肥与秸秆、枯饼混合堆沤腐熟后，埋入树冠滴水浅外施肥沟内，落叶果树每株4～6千克，常绿果树每株6～10千克。对新植幼树园，在果树生长期，每隔半个月追肥一次，用以增强果树长势，加快成园。通常情况下，在果树萌芽抽梢前10天和新梢抽生15天后，可用60%浓度的沼肥作追肥；在果树的开花期、果实膨大期和冬季清园3个时期，可以在晴天的早晨、傍晚或阴天，用喷雾器将稀释后的沼液喷施果树叶面，用以保花保果，防止冻害；在果树虫害多发期，可以在沼液中添加适量的农药、洗衣粉进行喷施，用以减轻虫害。沼肥从出料管抽取，随取随用，果树大量用肥季节，可采用大出料方式提取。用沼液作叶面追肥时，要突出喷施叶背面，喷施量要根据树势和不同果树品种确定。

（2）“猪—沼—果”模式“三建三改” 王立刚等（2008）以南方“猪—沼—果”生态农业模式典型地区——四川省苍溪县为例，通过对标准建设模式和非标准建设模式农户的定点调查与监测，确定了“猪—沼—果”标准模式建设内容为“三建三改”，即每个试验户建1口沼气池、建1个标准化果园、建1个微水池和改厨房、改厕所、改猪圈（见表3.1）。此标准模式在生猪饲养、果树种植、土壤肥力和增加农民收入等方面具有非常显著的效果。

表3.1 “猪—沼—果”模式标准建设内容

（王立刚 等，2008）

项目		具体建设内容
三建	沼气池	1. 池型为点盖式圆筒形沼气池，池型结构采用混凝土整体浇注，池容积按8米^{3}规格设计 2. 沼气池、厕所、猪圈“三结合”，实现自动进料，圈、厕、厨功能独立，位置相对分离 3. 安装提料器，实现半自动出料 4. 沼气灶具及关键配件采用正规厂商提供的合格产品
	微水池	1. 设计容积100米^{3}以上 2. 微水池通过PVC管道与果园连通 3. 微水池周边配建护栏，入水口建沉沙池
	果园	1. 果园面积0.1公顷以上，尽可能靠近沼气池 2. 种植优良果树、蔬菜品种 3. 用滴灌装置或水泵将沼肥输送到果园，实现沼液自动喷灌

（续）

项目		具体建设内容
三改	厨房	1. 建成省柴节煤炉灶，厨房内的炉灶、水池、碗柜布局合理，整洁卫生 2. 建成与省柴节煤灶联为一体的沼气灶台 3. 厨房内墙面用砂灰抹平，贴150厘米以上的瓷砖墙裙 4. 地面硬化，铺水泥地面
	猪圈	1. 建设20米^2，层高280厘米圈舍 2. 圈栏用12厘米砖砌筑或用预制混凝土件安装 3. 圈舍开设通风窗、采光窗，安装自动饮水器，达到通风、采光、卫生的要求 4. 圈舍内地面铺石板或用水泥硬化，并向沼气池进料口方向倾斜5%
	厕所	1. 改建水冲式厕所，安装陶瓷人便器，配备水冲设备，达到整洁、卫生、无蝇、无蛆、无臭的要求 2. 厕所有门，相对独立 3. 厕所内墙面用水泥抹面，贴高度不低于180厘米瓷砖墙裙

（3）河南孟州生态果园模式　孟州市位于河南省西北部，丘陵、平原、滩区各占三分之一，属温带大陆性季风气候，具有发展苹果种植业的自然优势。张全国等（2002）结合当地实际，提出了以农户土地资源利用为基础、以沼气为纽带、以太阳能为动力、以牧促沼、以沼促果、果牧结合的孟州生态果园模式。该模式以一个3 335米^{2}左右的成龄苹果园为基本生产单元，每单元配置一座8～10米^{3}沼气池、一座10～20米^{2}太阳能猪舍、一眼水井或可蓄水20～40米^{3}水窖和一幢小型的简易看护房构成。

沼气池是生态果园系统的核心，一般建在果园一角的背风向阳处，位于太阳能猪舍的地下；沼气池全部采用粪便连续厌氧发酵工艺，启动时一次完成投料，运行时自流进出。太阳能猪舍为砖木结构（如图3.2所示），主要由太阳能温室、微型沼气地炕、猪舍、蔬菜区等部分组成。其猪舍的前拱架用竹木（或用钢筋水泥砌成）搭成，冬季用塑料薄膜覆盖，并依靠微型沼气地炕辅助供暖；夏季用葡萄、丝瓜等绿藤类植物遮阴，降低猪舍的温度。而在猪舍的南墙外部（猪舍皆为东西方向坐落）栽培一些蔬菜，形成太阳能日光温室蔬菜区。在果园中配套水井（或蓄水窖），除供沼气池及人畜生活用水以外，还可保证果园的灌溉用水，防止关键时期缺水对果树发育的影响。果园盖看护房，既可住宿，又可就近利用沼气为燃料生火做饭，还可用作储藏室或器械室，极大地方便了生产和生活。

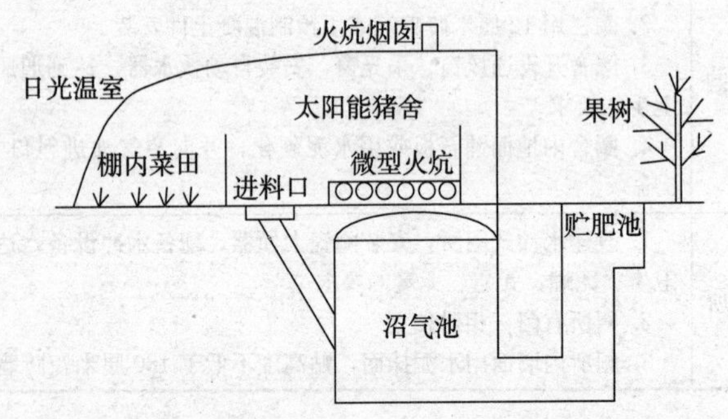

图 3.2　孟州生态果园太阳能猪舍结构示意图
（张全国 等，2002）

2."果—牧—沼—草" 模式

该模式通过沼气池将种草、养畜禽、栽果树连接起来，使果园立体空间形成复层植物群落，最大限度地提高了光、热、水、土、气资源的利用率。其运行方式是在果树行间种草，行内覆草，饲草喂养畜禽，畜禽粪便入沼气池酵解，沼气供果农照明、做饭、取暖，沼渣、沼液返还果园肥地，其循环关系如图 3.3。

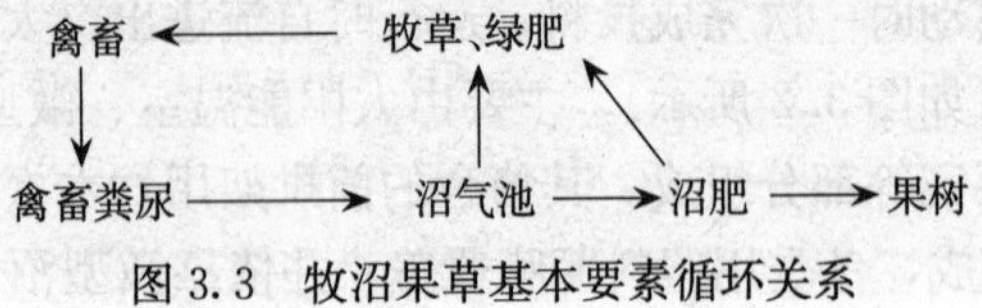

图 3.3　牧沼果草基本要素循环关系

这种模式通过果园行间种草起到保墒肥地防止水土流失的作用，同时又为家畜提供饲草，促进了养殖业的发展，光合作用初级产物得到转化利用。果园养禽畜可为果树提供优质有机肥，降低化肥投入量，还为沼气池发酵提供了原料。禽畜产生的粪便和果园其他有机废弃物经过沼气池酵解和无害化处理，变废为宝，既为果农提供廉价、清洁的沼气能源，使农村环境得到净化，又为果树提供大宗优质肥料，改良土壤，促进果树生长发育，还能够防治果树病虫害。

以苹果园养猪为例，果牧沼草生态果园模式总体设计是：以五口之家、0.33 公顷（5 亩*）苹果园为基本单元，每单元在苹果园建造一座体积为 8～10 米^3 的沼气池，沼气池要具备旋流布料、气动搅拌、进出料口分开的特点；在沼气池上修一座猪舍，猪舍面积 10～20 米^2，要能够满足年存栏 5 头、年出栏 10 头猪的需要，猪舍设置还要便于猪粪尿水流入沼气池；果园行间种植豆科绿肥，在北方，可选白三叶草，种草时间以春季 4 月中下旬至 5 月底，秋季 8 月份为宜，具体时间以当年的降雨情况而定，种草之后应适当施磷肥，以利于草的生长，当草的高度达到 30 厘米左右时，及时刈割，割草用于养畜禽（如养猪），畜禽粪尿经沼气池允分发酵后形成沼肥，再施于果树，从而形成良性高效的循环体系。

3. “果—牧—沼—草—窖” 五配套模式

“五配套”模式是解决干旱地区用水，促进农业持续发展，提高农民收入的重要模式。该模式以农户土地资源为基础，以果树生产为主体，以太阳能为动力，以新型高效沼气池为纽带，形成以农带牧，以牧促沼，以沼促果，果牧结合，配套发展的良性循环体系（图 3.4）。其运行方式是在果树行间种草，行内覆草；

---

* 亩为非法定计量单位，全书同。

饲草喂养畜禽，畜禽粪便进入沼气池发酵；沼气供果农照明、做饭、取暖，沼渣、沼液返施果园肥地；在果园内或周边低洼地段建一个地下水窖，拦截和贮存地表径流水，除供人、畜用水外，还满足沼气池、配药和果树灌溉用水需要。

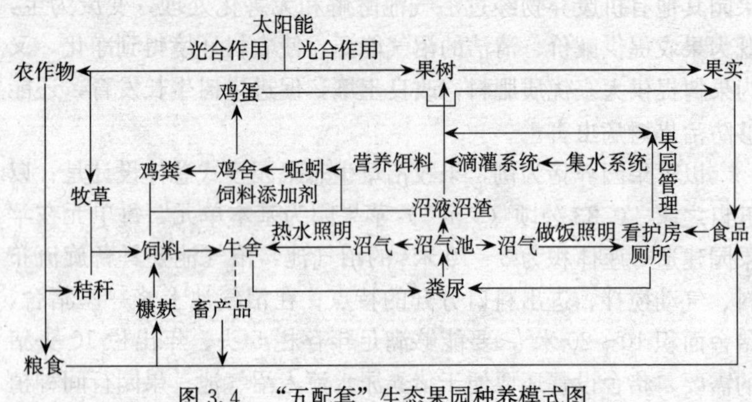

图 3.4 “五配套”生态果园种养模式图

（王惠生，2006）

“五配套”模式总体设计是，每户以一个面积 0.33 公顷（5 亩）果园为基本单元，在庭院或果园建一个 8～10 米^3 的沼气池、一座 10～20 米^{2}猪圈或鸡舍（养猪 4～6 头的，养鸡 20～40 只）或 40 米^2 的牛圈、一眼 80～100 米^3 蓄水窖、一套节水滴灌保墒系统。实行人厕、沼气、猪圈三结合，圈下建沼气池，池上搞养殖，除养猪外，圈内上层还放笼养鸡，形成鸡粪喂猪、猪粪池产沼气的立体养殖和多种经营系统（图 3.5）。

新型高效沼气池是生态果园的核心，起着联结养殖与种植、生活用能与生产用肥的纽带作用。沼气池一般建在果园一头的背风向阳处，既方便使用和管理，又有利于提高池温和增加产气量；沼气池建在太阳能猪舍的地下，全部采用粪便连续厌氧发酵工艺，启动时一次完成投料，运行时自流进出。

在果园养猪、养鸡，是实现以牧促沼，以沼促果，果牧结合的前提。户均养猪 3～5 头，既可以满足一口 8 米^3 沼气池所需

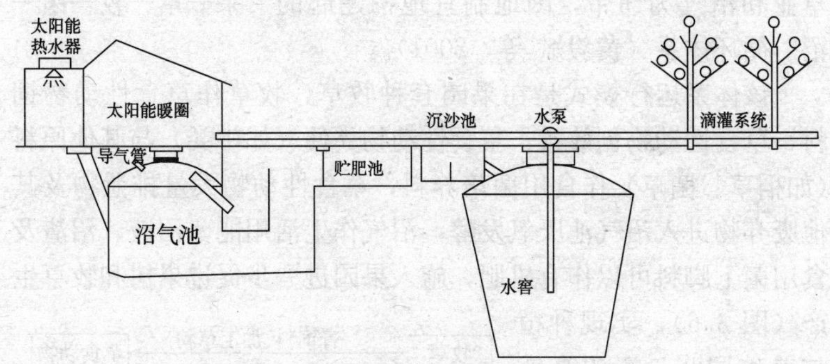

图 3.5 “五配套”生态果园模式示意图

（邱凌，2001）

的发酵原料，又可以代替化肥，提高土壤的有机质；鸡不但能捕食果园内的多种害虫，还可产粪、产蛋、产肉。鸡粪可以喂猪，猪粪入沼气池产沼气，实行多层次利用，促进果牧结合。在农户庭院或果园内配套卫生厕所，可消除粪便污染，减少蚊蝇孳生，改善农村环境卫生条件，改变农户宅院“脏、乱、差”的状况。

果园猪舍最好依附山地台阶建筑，或其它地方，保证猪舍地面高于沼气池进料口，使粪尿能够自动流入沼气池。猪舍坐北朝南或坐西北朝东南，以有利于冬季避开寒风保持温暖，而夏季吹进东南风保持凉爽；其次猪舍内地面要高于舍外地面并保持一定坡度，有利于舍内干燥和粪尿自流。

干旱缺水地区要在果园内配套新建水窖，水窖除供沼气池、园内喷药及人畜生活用水外，还可在缺水时期提供果树灌溉用水。有条件的果园，可配套节水滴灌、渗灌和保墒设施，这不仅节水还可扩大灌溉面积。在果园应当种草覆盖，以起到保墒、抗旱、增草促畜、肥地改土的作用。

4. “果—牧—沼—草—菌” 模式

该模式的典型实例是我国南方“红壤山地生态果园”，它是在丘陵山地，以小流域治理为单元、以果树生产为主体、以山地草业和沼气为纽带，因地制宜地构建起的“果—草—牧—菌—沼”循环体系（黄毅斌 等，2001）。

该体系运行模式是在果园套种牧草，牧草作草食性动物饲料，草食性动物创效益，草食性动物粪便（如牛粪）与其他原料（如稻草、菌草）作食用菌培养料，草食性动物大量排泄物及其他废弃物进入沼气池厌氧发酵，沼气作生活用能，沼液、沼渣及食用菌下脚料可以作有机肥，施入果园进一步促进果树和牧草生产（图 3.6），实现种植与养殖同步，资源高效利用，避免环境污染。同时，果园种草可有效防止水土流失，增加绿肥产量，改善果园小气候，促进生态平衡，提高资源利用率和劳动生产率。

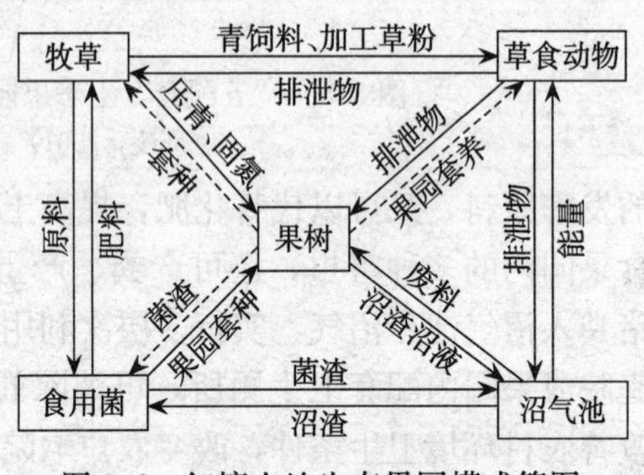

图 3.6　红壤山地生态果园模式简图
（黄毅斌 等，2001）

“红壤山地生态果园”建设的重点是修筑梯田、改良土壤、套种牧草和牧草合理利用等。修筑果园梯田时要根据山地坡度确定梯面的宽度，梯面坡度小于5°，在暴雨、多雨地区采用内斜式梯面，在梯面、梯埂、梯壁、路面等种草，实行进行全园绿色覆盖。果园梯面以套种圆叶决明、平托花生等豆科牧草为主，肥力较高的果园可适当搭配禾本科牧草；梯埂则选用南非马唐、百喜草等；梯壁采用当地自然植被修剪方式做成，或人工种植百喜草、圆叶决明形成覆盖；道面选用耐旱耐踏的百喜草或宽叶雀稗绿化。果园要连续施用牧草、沼渣、菌渣以改良土壤。

套种的牧草品种可选择以保水改土为主的圆叶决明、印度豇豆、平托花生、百喜草和以养畜为主的黑麦草、南非马唐、羽叶决明、白三叶、鲁梅克斯等。在牧草品种搭配上主要注意豆科与禾本科的搭配及热带与温带种的搭配，一般豆科牧草种于树冠滴水线之外，禾本科牧草种于果园的梯埂或两株果树的中线范围。套种的牧草为草食性动物提供青饲料，以饲养奶牛为例，每0.2公顷果园套种的牧草可满足1头奶牛的食用，1头牛日均产干粪3千克，1千克干牛粪可用于栽培15.5米^{2}蘑菇。奶牛产生的牛粪可直接用作食用菌栽培料或果园有机肥；多余的牧草、秸秆、食用菌下脚料和人畜粪便等投入沼气池，通过发酵生产沼气和优质有机肥。牧草与沼渣可替代木屑栽培食用菌，以30％草粉＋30％沼渣替代木屑栽培毛木耳，木耳产量比对照显著提高。

5.“果—牧—沼—草—菌—鱼”模式

该模式与“果—牧—沼—草模式相似，由于增加了鱼和食用菌两个生物种群，使食物链和生产链得到加环和延伸，进一步提高了生态经济的综合效益。其运行方式是在果树行间种草，行内覆草；饲草喂养畜禽；畜禽粪便入沼气池酵解；沼气供果农照明、做饭、取暖；沼液排入鱼池，加速水体浮游生物繁殖，为鱼类提供优质蛋白饲料；沼渣培养食用菌；菌糠和池泥返施果园肥地。

6.“果—牧—沼—鱼”模式

该模式（图3.7）以养殖（猪、牛）为龙头，以沼气建设为中心，把果树生产与渔业养殖产业联结起来，利用鱼塘和果园环境为猪禽提供栖息场所，在果园内建设沼气池，人畜粪便进入沼气池发酵，产生沼气供农户作燃料和照明，沼液、沼渣返回果园和鱼塘作有机肥料和饲料，形成生物种群多样化和食物链结构合理的生态系统，

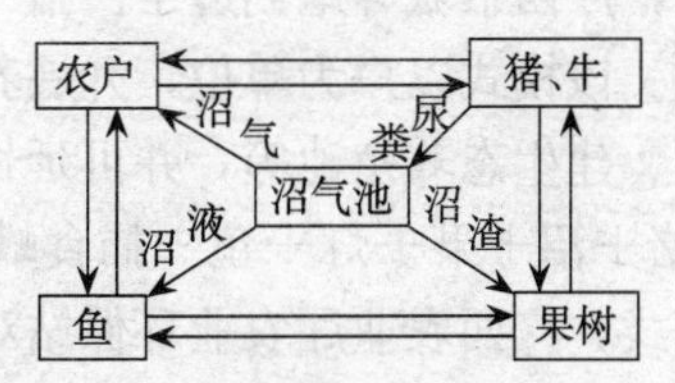

图3.7“果—牧—沼—鱼”模式
（何华勤等，2004）

使资源有效利用及保护生态环境。

7. “果—牧—沼—鱼—鸭” 模式

我国福建在利用农田池塘和山地进行立体种养时，形成了“猪沼果鱼鸭生态模式”（戴春山，2001），该模式技术要点如下：

（1）鱼鸭混养　选择交通便利，水质清新，水深1.5米左右的田间池塘进行鱼鸭混养。鸭栏建造在池埂或塘边田中，一面朝向池塘一面，另三面用栅栏围住，鸭栏面积根据养鸭数量确定，一般要保证平均每只鸭有0.3～0.5米^{2}的活动场地。

（2）鱼鸭混养比例　每亩池塘养蛋鸭80～100只，早春投放14厘米以上大规格鱼400～600尾，其中鲢鱼和鳙鱼等肥水鱼占60%左右。鱼鸭混养时，通过鸭子的活动增加了池中溶氧量，鸭子吃掉池中对鱼类有害的生物，鸭粪又能肥水，鱼鸭共存，相互有利，但应注意放养鱼种规格要大，以免被鸭吃掉。

（3）鱼猪结合　猪舍建在池埂上，每667米^{2}鱼池养猪1～2头，做到养猪积肥，肥水养鱼。

（4）猪粪水进沼气池　猪粪水进入沼气池产生沼气，提供燃料，沼液通过管道流入池塘养鱼，也可作果树根外追肥；沼渣用作种果肥料。

8. “果—牧—沼—鱼—灯” 模式

在开展“养殖＋沼气＋种植”三位一体生态农业实践的基础上，广西恭城等地创造了“猪—沼—果—灯—鱼”五位一体的模式。该模式以户为单位，开展养猪、种果树、建沼气池、挂诱虫灯、建生态养殖池等，并可延长生态链和增加生态技术，形成了“猪＋沼＋果＋灯＋鱼＋捕食螨＋水果套袋＋黄板”完整的生态模式，广西农业厅农业环保站对该模式进行了规范，总结出了如下技术要点：

（1）模式构成与布局　该模式一般由养猪、沼气池、养鱼、果树、诱虫灯、捕食螨、水果套袋、黄板、生物有机肥、生草栽培等要素组成，并按照物质和能量合理循环流动原理布局，即：常年种植柑橘和沙田柚等芸香科果树的农户，每农户建一个6～8米^{3}沼气池，与猪舍、厕所配套连通；在果树园中嵌入生态养鱼池，鱼池上设置诱虫灯，鱼池内养殖的水葫芦，建可常年饲养4～6头生猪的圈。模式运作时，猪的排泄物进入沼气池发酵形成沼气，沼气作为农户生活用能，沼肥用于果树和养鱼，诱虫灯诱杀果树害虫并作为养鱼的食料，鱼池内养殖的水葫芦进入沼气池做沼气池原料；在果园应用天敌捕食螨、挂黄板等进行害虫防治，并进行水果套袋等。

（2）*沼气池的构建与使用技术*　在农村能源技术人员指导下，于猪舍下建一个6～8米^{3}的沼气池，人畜粪尿等发酵原料经过一个进料管道被冲入沼气池，在发酵后，最终通过一排渣口排出。采用水压式沼气池，水压式沼气池主要由发酵间、储气间、进料口、出料口、水压间和导气管等部分组成。充分利用人畜粪便、养鱼池的水葫芦下池发酵，沼肥用于农作物施肥、养猪、养鱼等。

（3）*猪舍及生态养猪技术*　猪舍面积6～8米^2，建于沼气池上，出粪口对住沼气池的入料口，粪便等排泄物直接进入沼气池。猪舍按照冬暖、夏凉、通风、向阳，经济实用，便于生产的要求建设。农户常年饲养4～6头生猪，选养良种猪和优质饲料饲养，并在饲料中合理添加沼液，缩短养殖周期，提高产量，降低成本。

（4）*果园施用沼肥与果实套袋*　果园采用无公害标准化生产技术管理。根据果树的施肥需要，适时施肥。苗木每隔15天左右施沼液肥1次，每棵每次约1～2千克。幼树采用开沟挖渠办法施用沼肥做基肥，每株每次施沼液400千克或沼渣15千克；挂果幼树，春梢多、幼果少的，暂时不宜施沼肥。对成年果树，据果树各个阶段不同需要来施肥，以产定肥，基肥为主，按每生产1 000千克鲜果需氮 4.5 千克，磷 2 千克，钾 4.5 千克，利用率 40%来计算施肥量。

根据不同水果品种和套袋目的等选择不同材料特制的专用袋。在套袋前先用无公害农产品或绿色食品允许的杀菌、杀虫剂对果实进行 1～2 次喷洒，待药液干后即可进行套袋，一般当天喷药，当天完成套袋。套袋时，撑开袋口，将幼果悬于袋中间，用绑线固定在果柄上，要确保袋口全封闭至雨水不能渗入。

(5) 诱虫灯使用技术　诱虫灯有频振式诱虫灯、白炽灯、沼气灯等，以沼气灯诱虫养鱼的综合效果最好。在鱼苗放入池中 15 天 后安装诱虫灯，每 18 米^2 的鱼池配置 2 盏诱虫灯，一盏直接挂于鱼池中心上方 1 米左右，诱杀的作物害虫直接落入鱼池中喂鱼；另一盏吊挂于果树上，灯底高于树冠顶端 0.3～0.5 米，灯下套上“接虫袋”，将“接虫袋”中的害虫拿来喂鱼。

可采用梅花式、棋盘式、自由式等方式布灯，灯距 80～100 米，每盏诱虫灯杀虫面积控制在 2～3 公顷。诱虫灯一般采用悬挂安装，采用横担式、杠杆式、三脚架式、吊挂式等方式。电源线选用线径 1.0 毫米铜芯线或不低于 2.5 毫米的铝芯线。所有电线接头、接口，必须用防水绝缘胶布密封包扎好。接通电源后，人畜不得触摸诱虫灯的高压电网。雷雨天大风天不开灯。切断电源后，才能检修和维护诱虫灯。一般天黑开灯，每晚开灯 2～4 小时。当杀虫灯电网上粘有过多害虫尸体时，应首先切断电源，然后及时清除。

(6) 鱼池及生态养鱼技术　鱼池应建在能解决养鱼所需水源、电源的适宜地点，如果园、庭院、房前屋后、田间地头等，以在果园中最为理想。建池地点不宜选择在离果园超过 100 米以上的地方。大规模养殖时，连在一起的养鱼池不应超过 3 个。

要根据诱虫灯控制杀虫的距离，合理设置生态养鱼池之间的位置，各养鱼池之间的距离应大于 50 米。一般单个养鱼池水面面积要达到 18 米^2 以上，深度 1.2～1.5 米，砖体砌成；鱼池形状可据地形和需要各异，一般为长方形，长宽比 2∶1，设上、下排水口。鱼池上排水口离池顶 20～30 厘米，池底从池边向池中央以 15°坡度均匀下挖成“V”状，下排水口用 7 厘米 PVC 管从“V”底接出池外。池底铺水泥、池壁水泥批灰确保不渗漏水。池底要构建鱼窝，可用瓦筒、竹筒或砖等。新建好的鱼池要用清水泡池 2 次，每次 7 天。之后，每平方米鱼池用 75～100 克生石灰化水趁热全池泼洒或每立方米水体用漂白粉 20 克或每立方米水体用强氯精 5 克消毒。如无药物，可对干池进行太阳暴晒。

一般养殖价值较高的土塘角鱼等。放鱼前 5～7 天加沼肥1～1.5 千克/米^2 培肥池水。每平方米鱼池放养鱼苗 80～100 尾，鱼苗要体健无病，个体在 4 厘米以上。放鱼苗时必须确认鱼池消毒药物的毒性已完全消失，并用 30 克/千克的盐水浸浴 5～10 分钟再连盐水一起下池，或用 1‰的高锰酸钾药水浸泡 3～5 分钟。然后把鱼苗放入清水中用煮熟的鸡蛋蛋黄或相应膨化饲料投喂后再放入鱼池。

鱼苗入池后 15 天内以本地塘角鱼饲料为主、以沼肥为铺，每天投喂 2 次，投喂的饲料量为体重的 3%左右。待鱼苗习惯水池后，按照鱼池水质状况，增大投入量。当诱虫量明显不能满足鱼的喂养要求时，可适当辅助选用优质的塘虱料喂养，喂料应定时、定位、定量、保质。当鱼苗长到 10 厘米以上后，逐步添加沼液喂养，一周不超过一次，每次不超过 500 克/米^2。动物的下脚料、福寿螺（捣碎）等也可用来喂养塘角鱼。养殖 70—90 天，单尾鱼重达 70～100 克时可捕获上市。捕捞时应捕大留小继续养殖，而且可投放第二批。

为给鱼池遮荫，可在周围搭棚种植瓜豆类等作物，或在池面养殖占 1/3～1/2 水面的水葫芦。水葫芦除可遮荫和净化水质外，还可作为鱼的辅助食料以及养猪的饲料；水葫芦过多时，还可捞出作为沼气池的原料。鱼池一般 10～15 天换掉 1/3 的池水，换水时，先排后放，进水水温与原池水温不宜超过 2℃。水质以绿豆色为好，透明度控制在 20～40 厘米之间。

（7）捕食螨释放技术　捕食螨以防治柑桔红蜘蛛为主。释放捕食螨的果园应采用生草制管理，当果园草过长时要适当刈割，但不得使用除草剂。释放捕食螨前 20～40 天，要对柑桔全园进行 1～2 次全面彻底的病虫害化学防治，最后一次“清园”防治，要根据所用农药的药效期长短和释放捕食螨的具体时间而定。农药药效过后，当柑橘每叶害螨虫（卵）小于 2 头（粒）时释放捕食螨；晴天应在下午 5 时后释放，阴天可全天释放，雨天不宜释放。一般每年释放一次，每株柑橘释放一袋（300）头。

释放捕食螨时，将装捕食螨的纸袋上方一角剪除 1～2 厘米，撑开成一开口，保持开口朝上，用图钉或铁丝将捕食螨袋固定在不被阳光直射、树干中下部树杈处，并使捕食螨袋与树干充分接触，同时捕食螨袋开口不接触树干。捕食螨出厂后应尽早释放，一般不超过 7 天。如不能及时释放，应在 15 度下贮存，不宜将装有捕食螨的纸袋放在阳光下曝晒。

捕食螨释放 30 天内不宜使用任何农药，30 天后可根据具体情况喷施对捕食螨杀伤性小的农药，如印楝素、浏阳霉素、吡虫啉、果圣、代森锰锌、阿维菌素、大生 M-45 等。在达到防治效果的前提下，严格控制农药使用量、使用次数。捕食螨释放后 1～2 个月达到最高防治效果，此时，捕食螨虫口增多，体呈红色，要十分注意鉴别，避免误当红蜘蛛而喷药杀灭。

（8）黄板诱杀技术　黄板主要诱杀蚜虫、白粉虱、美洲斑潜蝇等害虫。使用时将纤维板或硬纸板裁成 1 米×0.2 米的长条，涂成为橙皮黄色，再涂上一层黏油（用 10 号机油加少许黄油调匀），挂在行间，每公顷挂放 300 片左右；当黄板上黏满害虫时，需及时重涂黏油（一般可 7～10 天重涂 1 次）。

二、果园种养复合模式

该模式是在果园内放养各种经济动物，以野生取食为主，辅以必要的人工饲养，从而生产更为优质、安全的多种农产品的一种农业生产形式。主要有“果基鱼塘”、“果园养禽”、“果园养畜”“果园养蚯蚓”等以及它们的复合模式。该模式的主要技术包括林果种植和动物养殖以及和种养搭配比例等,配套技术包括饲料配方技术、疫病防治技术、草生栽培技术和地力培肥技术等。

1. 果基鱼塘

“果基鱼塘”模式是在鱼塘周围种植果树，在塘中养鱼，利用残次果喂鱼，同时将含有鱼类粪便等有机物的池塘底泥用作果树的肥料的一种农业经营模式。“塘上种果，塘中养鸭，塘下养鱼，塘边养猪”也是“果基鱼塘”模式，在该模式中的残次果可以被猪、鸭、鱼所食用；鸭、鱼的粪便进入底泥为果树提供养分；猪的排泄物，一方面可以作为果树肥料，另一方面又可用来生产沼气。

2. 果园种草养禽

该模式运行方式是在果园生草、果树行间散养家禽（鸡、鸭、鹅等），家禽在果园内采食青草、草籽和昆虫，禽粪返施果园肥地。禽类食粮很大，喜欢啄食果园内的金龟子、吉丁虫、蝼蛄、蛴螬、地老虎及多种害虫的幼虫，果园散养家禽不仅节省饲料，还可抑制和清除杂草，减轻害虫危害，减少农药使用量，又可产出高品质、高市价的禽肉和禽蛋，而且禽粪中含有氮、磷、钾等是果树生长所需要的营养物质，也是优质有机肥，可改良土壤，培肥地力，促进果树的生长发育，还可以用来喂猪，形成一个“果树结果—禽类啄食园中虫草—禽粪肥园养树滋草—树荫为禽类避雨挡风遮阳”的完整生态链。该模式简单易行，管理方便，省工省时；同时果园中空气新鲜，水源清洁，可增强鸡群体质，避免和减少禽病的互相传染，降低死亡率。

该模式下种植的草类应是禽类（如鸡）喜食的牧草品种，如黑麦草、菊苣、紫花苜蓿、三叶草、百麦根等。牧草种植要实行禾本科与豆科牧草混种，一年生和多年生牧草兼有，同时还要种植一些禽类喜食易食的叶菜类牧草。禽类种类和品种应根据禽类的适应性和市场需求确定，要选择适应性强、耐粗放、行动灵活、抗病力和觅食能力强的本地种类和品种。果园中的放养场地土质以沙壤为佳，要根据禽类多少和果园面积搭建一些避雨棚，要保证园内有清洁、充足的水源；放养密度与规模要适宜，注意禽类的调教、管理与疾病防治，严防禽类中毒；还要注意牧草的管理与利用，合理轮牧，及时补种牧草，增强草地保养和恢复。

3. 果园养畜

（1）果园养猪　一头猪相当于一座“微型肥料厂”，可以消耗秸秆、杂草、鸡粪等，也能为沼气池提供优质填料。果园猪舍最好依附山地台阶或其他高燥的地方，猪舍按照坐北朝南或坐西北朝东南方向布置，这样有利于冬季避开寒风保持温暖，夏季吹进东南风保持凉爽；猪舍内的地面要高于舍外地面并保持一定坡度，以便于保持舍内干燥和粪尿自流。果园养猪最好与沼气池建设相配套，猪舍地面要高于沼气池进料口，保证粪尿能够自动流入沼气池。

果园养猪要防止猪只农药中毒，农药使用需严格执行安全操作规程，喷施农药应注意风向，避免喷入或飞入猪栏，避免喷洒猪体。农药使用期间（包括残留期）必须检查猪栏，严防猪只串出。不能用喂猪的饲具配制农药，也不能用配制农药的器具喂猪，农具和饲具必须分开保管。禁止饲喂被农药污染的水、饲料、牧草、树叶等，只有超过毒物残留时间（一般 7 天）的牧草、树叶等方可饲喂。

(2) 果园养兔　家兔有喜阴凉透风、居所干燥、喜静怕噪的习性，果园大都远离居民的闹市区，闲杂人少，空气新鲜，格外宁静，非常适合养兔，加之感染疾病的机会少，对家兔的生长和繁殖十分有利。果园中各种树叶、杂草多，又可在行间隙地套种饲料菜、豆科饲草，饲料容易收集。果园养兔本小利大，每只成龄母兔，一年可繁殖 25 只左右。如果用笼圈结合养兔法，10 米^2 可养成兔百余只，又不用专人及大量时间，即可增收 2000 元。兔粪尿既是肥料又是无公害的农药，每只兔 5 个月可生产大约 45 千克优质有机肥，其肥效高于大粪，其速效性仅次于化肥；兔粪还可杀死根蛆等地下害虫，发酵后的兔粪尿浸泡过滤后，用于根外追肥，可杀灭蚜虫、蓟马、红蜘蛛等多种害虫。

在果园采叶割草喂兔时，要避开在农药喷洒期采剪果树枝叶和果园牧草，以防止农药污染和残留。提倡采用诱虫灯、黄板、扑食螨等防治有害生物，这可有效地防止果叶的农药污染和残留。注意在果叶、草料供应充足的季节，选择晴天，采剪一些果叶和草料晒干，储藏起来，待遇到冬季果叶和草料供应不足，或喷洒农药期间果叶不能采剪的情况时使用，以调节饲草余缺。果园须种植一些既适宜本地生长又适合喂兔的冬季牧草及农作物，如黑麦草、红花草、串叶松草、苦荬菜、甘蓝、胡萝卜等，以弥补冬季和早春季节青绿饲料的不足。果园养兔除了以果树叶及杂草为主要饲料外，还应适当添加精料，尤其是在冬季，草料的适口性较差，就更加需要精料的搭配，如豆粕、麦麸、玉米粉、米糠、豆渣等掺入其它矿物质元素，以满足兔的正常生长需要。

4. 果园养蚯蚓

蚯蚓能够将树叶、秸秆等转化为优质有机肥，是一种高效"生物发生器"，500 克品种优良的蚯蚓每年可消耗掉大量秸秆，生产 400 千克左右的蚯蚓粪。蚯蚓粪颗粒均匀、无臭无味、不招引蝇虫，是上好的有机肥料。蚯蚓本身是畜禽和水产的优质饲料；蚯蚓作为重要的蛋白质原料，可以入药，还可做餐桌上的美味佳肴。此外，蚯蚓可消除农药残留，具有“土地净化器”的作用；还可以疏松土壤改善土壤结构。

蚯蚓喜温、喜湿、喜暗、怕光，非常适合在果园树盘内饲养。而饲养蚯蚓操作简便、费用少，不需要将饲料机械粉碎，只需把饲料堆垛起来，洒上水，保持一定温度和湿度，放养蚯蚓即可。杂草、枯枝、落叶、秸秆、造纸和酿酒废渣、水果皮、菜叶及生活垃圾等，均可作为蚯蚓的饲料。饲料的酸碱度以中性为佳，过碱可用磷酸二氢铵调整，过酸可用2%石灰水或清水冲洗调整。饲料切忌混入人粪尿、化肥和农药等有害物质。蚯蚓良种可选用进农6号或日本大平2号和北星2号等

一般说来，蚯蚓的活动温度为5～30℃，10℃以下活动迟钝，5℃以下处于休眠状态，0℃以下会冻死。因此，冬季应将养殖层加厚到40～50厘米，饲料上面覆盖杂草，上面再盖塑料薄膜的措施增温。也可利用发酵物生热的做法，即在养殖床底铺一层20厘米厚的新鲜马粪，也可以掺部分新鲜鸡粪，粪的含量在50%左右，踏实后上面铺一层塑料膜，塑料膜上面放蚯蚓和饵料。夏天，当蚓床温度升至32～34℃时，要早晚喷水降温，控制在30℃以下。

5. “果树—食用菌—蚯蚓—家禽”模式

该模式是在猕猴桃、葡萄等藤本果树的棚架下或其他果树的树冠下培植食用菌—食用菌菌渣返还果园（为蚯蚓的聚集和繁殖提供营养源，还可改土培肥）—蚯蚓的繁衍和活动（为家禽提供优质蛋白饲料，还可改善土层的水、肥、气条件，还向土壤排放优质蚓粪）—家禽粪便返还果园肥地。该模式下果树树高冠宽，树冠下有1～2米可以利用的空间，该空间层具有自然郁闭度、散射光、低风速、低气温、高湿度和相对稳定的特殊生态位，可

为食用菌栽培和蚯蚓栖息繁衍提供较为理想的场所和生境；食用菌菌渣富含蛋白质，既是果树的优质肥料，又是蚯蚓的优质食料；蚯蚓的大量繁殖，为家禽提供高蛋白饲料，其蚓粪返施果园后又可改土培肥；家禽养殖为人类提供肉、蛋等高级经济产品，其粪便返施果园还可改土培肥，一举多得。

三、观光果园模式

观光果园是集果品生产、休闲旅游、科普示范、娱乐健身于一体的新型果园。它以果园景观、果园周围的自然生态及环境资源为基础，通过果树生产、产品经营、农村文化及果农生活的融合，为人们提供游览、参观、品赏、购买、参与等服务；它以果品生产为基础，通过对园区规划和景点布局，突出果树的新、奇、特，展示果园的韵律美和自然美，促进果品生产与旅游业共同发展，提高果园的整体产出效益；它将生产、生活、生态与科普教育融为一体，用知识性、趣味性和参与性去实现果树生产的商业效益。

1. 观光果园的功能

(1) 生产功能　生产果品仍然是观光果园的主要任务，但在观光果园内一般采用高度集约化的生产方式，资金投入比较大，管理要求科学，技术和设施的现代化程度高，选用的果树品种珍稀，产出的果品质量优异。

(2) 休闲游憩功能　观光果园将果树生产、自然风光与社会人文景观融于一体，给游客提供了一个具有田园气息的户外开放空间，使人们能够享受到乡野风光及大自然的乐趣。观光果园除具有城市公园、风景区、森林公园等共同的旅游休闲功能外，还具有农耕、果园文化景观及典型的参与性活动等更为丰富的游憩功能，能够满足市民多种多样的休闲游憩需求。

（3）生态功能　观光果园属于一种植被类型和绿地体系，能够调节空气温湿度、净化空气、保持水土、涵养水源，还能减少风害、降低噪音、改善区域环境。观光果园在建设中，通过合理规划设计以及大面积地种植花、草和树木提高了其绿化美化环境的效果。此外，观光果园的经营者为了生产安全果品而大力提倡有机农业，免除对农药和化肥的使用，有利于保护环境。

（4）经济功能　观光果园和一般果园一样，经营者充分依托现有果园从事果品生产，收获并销售果品，从中获得经济收入。果园与旅游结合后增强了果园的经济功能，这体现在：一是通过集约化生产为市场提供了大量的名特优新果品，提高了果品价值；二是作为旅游业开发产生了可观的旅游收入，还带动了餐饮、交通、加工等行业发展；三是果园观光中让游客采摘，还可降低生产成本，增加收入，拓宽旅游空间。

（5）科普与文化教育功能　观光果园是一个农业科学知识以及果树新、奇、特品种和技术的展示平台，经营者通过最新农业科技成果的运用，将新品种、新技术、新器械的基本知识传授给游客，让游客在游玩过程中学到一些科普知识。同时，观光果园为游客参与农业、了解农产品生产过程、体验农村生活创造了良好的机会，尤其为青少年了解农村、农业，认识社会与自然提供了良好的平台，使农村特有的文化、民俗、技艺得到很好的继承和发扬，创造出具有特殊风格的农村文化。此外，通过参与果园管理及采摘活动，游客在尽享采摘快乐的同时，培养团结协作、吃苦耐劳精神，获得果树方面的科普知识，提高文化素养，陶冶情操，享受丰收喜悦。

2. 观光果园的类型

（1）采摘观光型果园　这是我国大中城市附近常见的观光果园类型。主要对现有的果园进行适当改造，增添生活和娱乐设施，使果园具有观光休闲、采摘品尝、果品销售功能，当果实成熟的时候，吸引游客直接入内，享受自己采收果实的乐趣。这可在果园内合理布设供游人休息的亭、廊、桌、凳等；将部分果树更换为观赏价值更高的植物，设立观赏区、休闲区、生产实践区、采摘品尝区等，提高游客的参与性和趣味性。在采摘园要采用生态管理模式，尽量使用生物农药和有机肥料，生产出安全、营养、无污染的绿色食品，满足游人对绿色食品的需求心理。

(2) 景点观光型果园 这是观光果园的主体形式。可通过农业和旅游规划，在不同地域设置观光景点，按照一园一色、一地一品的要求和特点建园。景点观光果园从品种选择到树体管理，都要都力求新、奇、特、美。这类果园表现手法主要是运用整形修剪技术，创造出各种奇特的树形艺术形态，提高树体的观赏价值；运用各种嫁接手法，在同一棵树上嫁接不同品种，培养出一树多果的自然景观；运用果实套袋贴字技术，让果实长出“游客您好”、“恭喜发财”、“欢迎光临”等喜庆字样；运用人工授粉、水肥控制技术，培养出色泽艳丽的特大果。景点观光型果园又可分为果树品种展示园、果树栽培技艺展示园、果树生产体验园、果树盆景园等类型，这些几种类型的果园面积不大，但小巧玲珑、特色鲜明。

果树品种展示园集中展示“新、奇、特、优”的果树新品种或果树新类型，如在北方地区通过修建园艺设施展示北方少见的荔枝、杨梅、芒果、枇杷、菠萝、柚子、龙眼等，它使游客在兴致勃勃地游历南国风光的同时，还品尝到新鲜的热带水果；在南方地区则可栽植当地稀有的红枣、山楂、柿子等，使没有到过北方的人也能够欣赏和品尝到北方的果实；还可展示刚刚培育、引进或新开发的稀有奇异果树品种，如红梨、钙果、蓝莓、百香果、人参果等。

果树栽培技艺展示园主要展示果树栽培技术，包括嫁接、修剪等的技艺。可采用不同的修剪方法，将果树培育或修剪成与常规生产栽培不同的树形，比如，将传统的球形苹果树冠，修剪成篱笆形、树篱形，反过来把藤本的葡萄、猕猴桃修成无架的自立树形。还可应用不同的嫁接技术，将不同种类、不同品种的果树嫁接在一起，如在李树上嫁接桃，在白色梨品种上嫁接红色品种的梨，将红色、绿色和黄色的苹果品种嫁接在同一苹果上，或在同一株果树上嫁接花色和花期不同的品种等，不仅有趣味，还可寓教于乐。

果树生产体验园主要利用果树栽培技艺、果园特色以及傍依的田园风光，吸引城市游客体验果树生产的辛苦和乐趣，让游客亲自或者在果农指导帮助下进行果园灌溉、施肥、授粉、疏花疏果、修剪整形、嫁接整枝、艺术果设计、果实套袋、贴字、采摘等生产活动。这类果园需要事先准备好丰富的生产资料、适宜的劳动条件、多样的生产工具和富有创意的劳动回报等。

果树盆景园是我国传统的园林艺术珍品，它是在盆栽果树的基础上，继承和发扬中国传统树桩盆景的造型艺术，用不同的整枝手法，如弯枝、引拉枝、盘枝等，使树形按栽培者的意愿完成，经过艺术加工处理，形成观赏价值很高的艺术品。将盆景作为观光果园中的一个专类园，会丰富观光果园的内容，给广大游客带来更多的艺术享受。

以上这些类型的观光果园可分别设立，并配设农家乐等项目，也可几种组建在一个区域构成综合性观光果园。综合性观光果园一般规模比较大，园区成片分布，功能和项目多样、景观优美、设施齐全，通常设置有专门果树科技成果展示区、农业科普教育区、果树生产参与区等多个分区。

（3）景区依托型果园　这种类型主要依托现有景区开展旅游活动，不必建设太多的旅游服务设施及进行景观改造。通常在景区主干道两侧，通过选择适宜本地气候、土壤条件的桃、李、杏、樱桃、石榴、大枣等优良品种，设置果树栽植带而建成；也可通过改造景区附近的生产性果园或在景区附近直接建设而成。这类果园与其它景区互为补充，互相提供客源，协同发展。通常还根据不同树种和品种的生物学特性，在园内运用大棚栽培、延迟栽培等科技手段，使果园三季有花、四季有果，延长可观赏期。

3. 观光果园规划设计原则

（1）因地制宜，突出特色　规划设计从果树开发历史渊源、传统文化以及自然人文景观出发，根据果树区域分布特性，结合当地资源优势，选择适生的优良品种，突出果园环境、人文景观和果树的品种特色等，形成独具一格、个性鲜明的生态观光果园。同时要在调查研究的基础上，划分客源市场和目标市场，有针对性地推出系列特色经营项目，满足不同人群的观光需求。

（2）保护生态环境，保持生物与景观多样性　良好的环境不仅是生产绿色果品的前提和基础，也是吸引游客的条件和保障；只有环境优美、生物和景观丰富多样的果园才有更高的观赏价值。因此，观光果园开发建设要以保护自然环境、保持园地的生物多样性，建立良性循环的生态系统为首要条件，注意正确处理果树开发、景点建设与生态环境可持续发展的关系，注意现有果树、水体、林带的保护利用，切忌滥砍乱伐，大兴土木，要把对植被的破坏和对环境的污染减少到最低程度。游客多种多样，游客观光需求千差万别，观光果园的品种选择、景观资源配置等必须突出丰富性、多样性的特点。

（3）果品生产与观光旅游相结合　观光果园虽然是果品生产与观光旅游相结合的产业，但它是在生产性果园的基础上发展起来的，仍然以果品生产为主，观光旅游处于从属地位。因此，观光果园的开发建设要在满足果品生产的前提下，营造果树景观，同时对果园渠系、道路、挡土护坡等生产设施进行相应的景观艺术处理。果品生产与旅游观光要共同发展、相互促进、相互带动。

（4）文化艺术与科学性相结合　我国果树资源丰富，栽培历史悠久，果树生产具有极强的地域性、季节性与可识别性，并融入了丰富的文化内涵，而营造文化和进行科普教育也是观光果园的重要功能。因此，在规划设计时要深入挖掘果树生产、果园景观和当地乡土风情，提炼当地的人文资源，通过名诗、名画、雕塑等艺术手法，高度体现果文化和浓厚的地域特色，达到科技与文化、景观与情感的交融，提升园区的文化品位。还要把果园的一草一木都变成知识的载体，并将其系统化、人性化，使游客能得到全方位的果树知识及果品文化的熏陶，要尽量提高园地规划设计的科技含量，尽可能运用传统农艺精华和现代高新技术。同时，在科学管理的前提下，兼顾果树生产的艺术欣赏性，把果品当作工艺品来生产，使其科学性和艺术性充分得到体现，突出果园的美感。

4. 观光果园规划设计程序

规划设计的一般程序是资源调查与评价、确定目标与发展战略、总体规划（包括园区布局、景观规划、解说系统设计等）、规划方案的实施评价与管理等。

（1）基础资料收集和分析　主要包括果园所在区域的农业和经济发展现状、人文、地貌与资源条件、社会人口现状，果园所在地的自然条件（包括气候、日照、水文、降雨量、土壤状况、地形地貌、环境污染程度等）、果园周边环境及旅游资源、主要道路、车流人流方向，果园内环境、湖泊、河流、水渠分布状况，各处地形标高、走向等，已有相关的规划成果，现场踏勘工作所获得的现状资料。

（2）目标定位与发展战略　在对基础资料调查-分析-综合的基础上，对园区自身的特点做出正确的评估，确定园区的性质与规模、主要功能与发展方向；确定规划目标，并以目标指导景观规划；同时提出园区发展战略，确定实现园区发展目标的途径，并在景观规划过程中对目标进一步凝练。

（3）园区布局与土地利用规划　确定果树产业在园区中的基础地位，重点围绕果树栽培、生态环境保护、果园生物防治、果树良种繁育、果品加工等规划，同时提高果园观光旅游、休闲度假、餐饮住宿等在园区中的作用，使园区产业布局既符合果树生产要求也符合旅游服务要求。园区功能布局要与产业布局结合，充分考虑游客观光休闲的要求，确定功能区，划定接待服务区、果品展示区、观光采摘区、生产区范围，完成园区功能布局图。合理确定园林绿地、建筑、道路、广场、生产用地等各项用地的布局，确定各项用地的大小与范围，并绘制用地平衡表。对不同土地类型的各个地块做出适宜性评价，合理利用土地，取得最大的经济效益。

(4) 景观的规划设计与实施　景观规划设计强调对园区土地利用的叠加和综合，通过对物质环境的布局，设想出园区景观空间结构的变化和重要节点的景观意想。包括基础服务设施规划、游憩空间规划、植物景观配置规划、道路系统规划、水电设施规划等。景观规划与设计的实施是景观系统规划设计的进一步细化，是对总体方案做的进一步修改和补充，并对重要景观节点进行详细设计。通过规划实施完成园路、广场、水池、树林、灌木丛、花卉、山石、园林小品等景观要素的平面布局图，同时在完成重要景观节点详细设计的基础上进行施工设计。

(5) 解说系统的规划设计　解说系统规划设计内容包括软件部分（导游员、解说员、咨询服务等具有能动性的解说）和硬件部分（导游图、导游画册、牌示、录像带、幻灯片、语音解说、资料展示栏柜等多种表现形式）两方面的内容，其中牌示是最主要的表达方式。完善解说系统规划设计，向旅游者进行科普教育，增加游客对悠久的农耕文化和丰富的自然资源的知识，如生态系统、农作物品种、文化景观、以及与其相关的人类活动的了解。

(6) 景观规划的评价与管理　结合园区原有现状以及目前客源市场、果园建设的环境影响、果园经济与社会效益的分析，对规划设计方案的适用性、投资风险、环境与经济等进行评价。同时为保证各项工作的顺利进行，需建立职能完善、灵活高效的管理机制，建立符合现代化农业企业制度要求的运营体制以及与果树生产和旅游开发相适应的经营管理模式。

5. 观光果园规划内容

观光果园规划内容包括观光果园的发展战略与目标定位、果园建设指导思想及原则、园区空间布局与土地利用、园区功能分区及景观意向、园区游憩系统的布置、园区环境保障机制、规划与设计的实施方案、观光果园的效益评价、观光果园的组织与经营管理等。下面就观光果园规划设计的基本内容介绍如下：

（1）*果园布局和景点规划*　观光果园以果树资源为基础，园区布局应充分考虑果园的立地条件、果园的规模、果园的功能定位等因素，根据相应环境要求，合理布局各区，如生产区、示范区、设施栽培区、观光休闲区等，也可把整个园地划分为若干个大区或分园，如苹果园、梨园、桃园、李园、梅园、杏园、葡萄园、猕猴桃园等，大区下还可划分若干个小区，小区是果园规划和景观设计的基本单位，其面积大小依地形地势和功能需要而定；此外，还可规划出果树苗圃、采穗圃等小区。

园区布局要充分考虑到各区的独立与完整性，还要注重各分区之间的联系，这不仅包括各区便捷的交通联系，也包括各景区景观内涵的联系（如按春夏秋冬四时组景构成的时间序列景观等）。通过果园分区构建大集中、小分散的异质性斑块，在整体上展示果树的群体美。而在各小区内，主要按照树种或品种成行成列布局，构成井然有序、脉络清晰的景观；同时在其中合理交叉种植一些其他品种或树种，营造一种有交替、渐变、节奏韵律感的空间，使景观在多样变化中保持统一。

景观布局要突出观光果园的立体化与园林式风格，以果树和自然景观为主，景点设计与果树配置交相辉映，使园内四季花果飘香，景观错落有致，最大限度地让人们在自然清新的氛围中自由自在地漫步，尽情享受真实、朴素的自然美。果园立体化布局要充分利用乔化果树、矮化果树、藤本果树、草本果树的树形和高差，设计多层次的立体绿色空间，形成丰富的轮廓天际线，构成良好的视觉形象；同时要充分地利用地形和空间，配以草坪、地被以及其他特色农作物，创造新的景观基质，丰富立体景观层次。

突出园林式风格，要根据果树生产特点和当地自然条件，参照风景园林形式合理布局，比如，在山地主要选择自然式园林布局，而在平原（地）主要选择规则或混合式园林布局。自然式园林讲究顺其自然，具有师法自然的艺术特征，其地形处理手法是“得景随行”、“自成天然”，再现自然地貌。规则式园林是以建筑所形成的空间为园林的主体，在平面规划上有明显的中轴线，追求几何图案美，处理手法是将水平面、倾斜面和竖直面有机结合，其剖面均由直线组成，在平原地区，由不同标高的水平面及坡度平缓的倾斜面组成；在山地及丘陵地，由平面、倾斜面和竖直面组成大小不同的台地，并以台阶联系。混合式园林是将自然式园林与规则式园林的特点用于同一园内，二者比例大致相等。

观光果园中的亭台楼阁、小桥流水、荷池鱼塘、休闲绿地、农家小院等景点和休闲娱乐场所景点设置要因地制宜地，一般可在最高的山顶上规划观景亭，用以眺望农村田园风光；在最低区可利用现有水面规划一定面积的荷池鱼塘和水榭，人们可以在池塘周围挂满葡萄、猕猴桃的棚架下观鱼和垂钓，还可以在池塘边的树林下进行野外烧烤和尝果品茶，尽情品味大自然带给人们的珍果佳肴。还可在果树丛中规划乡村人家，即农家乐，人们可以在此领略农村风土人情和乡风民俗，亲自体验农家生活。

（2）水体、建筑与道路规划　水体规划要与果园排灌系统相结合，果园灌溉以蓄为主，蓄引结合，要通过多种渠道拦截地表径流，引水入地，资金雄厚的果园应规划喷灌、滴灌等节水灌溉设施。同时，根据果园地形特点可适当规划一些水体和明渠，营造“小桥流水人家”、“泉水叮咚响”的意境。渠道和水体可设置为自然式和规则式。自然式水体轮廓为自然曲线，驳岸以自然石岸为主，以再现湖、河、池、渠、瀑等水体的自然形式。规则式水体讲究规整，其轮廓为几何形，以圆形和矩形为主，采用规则式驳岸，水景的主要类型有整形水池、壁泉、整形瀑布、水渠运河等，可用古代神话与喷泉作为水景的主题。

园内建筑包括生产性建筑和园林性建筑，在满足果品生产、休闲、娱乐、餐饮等基本功能的前提下，园内建筑以小为佳，尽量不占用好地。园林建筑包括游息性建筑、服务性建筑、管理性建筑，这些建筑要按无障碍标准建设，并应尽量选择在位置适中、交通方便、风景优美的地方。园林性建筑可按照自然式或/和规则式设计，自然式园林建筑为静态或动态的均衡布局，以主要导游线构成的连续构图控制全园；规则式园林建筑采用中轴对称均衡的布局，多以主体建筑和次要建筑群所形成的主、副轴系统控制全园。

观光果园的道路规划应根据规模大小、地形地势和整个园地布局以及旅游观光线路设置主干道、机耕道、作业道和观光步道。主干道贯穿全园，与接待中心、办公楼、果园、观光景点连接，各区还应规划作业道和游道供游人漫步、游玩。观光步道路面和广场要完全硬化。自然式园林中的空旷地和广场为自然形式，园路的走向、布列多随地形布置；规则式园林中的空旷地和广场的轮廓多为几何形式，以对称的建筑群或广场、林带、绿墙合围出广场空间。园路有直线形、折线形或几何曲线形。

（3）果园植物的选择与配置　果园植物包括各类果树和其他景观植物。果园植物的选择与配置要在保证生产优质果品的前提下，重点突出果树景观，兼顾植物多样性。考虑乔化、矮化、藤本和草本果树的有机结合，进行立体设计。主栽果树应早、中、晚熟合理搭配，延长观光、采摘周期。同时，以少量名贵花木点缀其间，以体现植物群落的多样性，力求四季树姿优美，常年花果飘香。

植物选配要因地制宜，适地适栽。根据立地条件，选栽抗性强、经济价值高的果树，优先选择当地乡土树种，体现地方特色；同时引植名、优、特、稀、新树种，拓宽观光者的知识面，增加果园竞争力。园内所有植物应挂上标牌，标明科、属、种、产地、分布及栽培特点等，开展各种形式的科普宣传教育活动。

在保证主栽果树的前提下，尽量搭配观赏价值高的果树种和品种。比如，桃品种中的菊花桃、桃花仙子、白山碧桃、红叶桃、绯桃、红垂枝、洒红桃、红寿桃、满天红和黄金美丽等，杏品种中的陕梅杏、辽梅杏和重瓣山杏等，这些果树先开花后长叶，花色艳丽、花形别致，景观效果非常明显，可与其它果树搭配，也可用于建立专类观赏区。此外，四季橘、伏令夏橙、代代等柑橘品种常年花果并存，色、香、味、形俱佳；龙须枣、茶壶枣、辣椒枣、柿蒂枣、胎里红和蛤蟆枣等，以及美人指、紫天鹅和黄金指葡萄、磨盘柿、黑柿和五九香梨等果形果色各异；重瓣白石榴赏食兼用、重瓣红石榴花形美丽，墨石榴植株矮小、果皮紫黑，黄石榴花冠红艳、果皮米黄，花边石榴红瓣白边，以及终年呈紫色的紫叶李、红叶桃、红叶梨，叶片淡紫色的冬红苹果等，都有较高的观赏价值。枝形奇异的龙爪枣，类似垂柳的飞雨垂枝桃、垂枝杏、垂枝李、垂枝国光苹果、垂枝鸭梨、垂枝山里红等，株形紧凑、枝叶密生的芭蕾苹果和紧凑型梨等，这些果树树形奇特，有极强的观赏价值，也可用于观光果园的植物配置。

植物的配置形式有自然式、规则式、混合式和廊架式等。自然式就是果树在观光园中呈现自然状态，按照一般生产果园的栽植方式栽植，如桃园、苹果园、梨园、山楂园等自然配置形式，没有一定的规律性；或者按照自然山区果树的生长状态，种植无固定的株行距，果树形态大小不一，尽现山区果树生长的自然之美。规则式是果树在种植时按照一定的要求，整成绿篱的形式，或者株行距相等成片种植成一定的规模；也可将果树修剪成奇特的形状，如将苹果树整成篱形、松塔形或动物形等，增加果树的观赏性。混合式是规则式与自然式相结合的形式，它既有一般果园种植形式，也有奇特的果树造型，是观光果园常用配置形式。廊架式主要以葡萄、猕猴桃等藤本果树组合成各种形式的廊架，如许多园区人口处设计游廊、棚架，与各种山石配合在一起的圆弧、拱门，道路两旁设计的直线形、折线形篱架，以及独立式、组合式棚架等（姚连芳 等，2007）。

6. 观光果园果树景观设计

（1）株型设计　整形修剪是果树优质高产的主要技术措施，也是观光果园果树造型的主要手段。在满足果树生产的基础上，对同一类果树可同时选用多种树形，并安排在毗邻的地块，构建半自然半人工的园林景观。比如，苹果选择纺锤型、开心形、疏散形、折叠扇形、网架式；梨树整成主干形、“Y”字形、网架式、水平台阶式；葡萄整形成独龙干或双龙干形、个字形、伞形、篱壁式、折叠扇形、架式走廊等，再把这些果树按其生态需求，一行一列呈线性展开，构成一种具有节奏韵律感的园林景观，既可满足生产，又能供游人观赏。

还可利用果树丰富多彩的花色、果色，通过嫁接将多品种或树种组合在一起，增加果树的科学性和观赏价值。比如，将嘎啦系、元帅系、富士系、青苹系等多个苹果品种嫁接组合在同一株树上，将毛桃、油桃、蟠桃、油蟠桃等不同花色、果色、果形和成熟期的桃树组合在一个树上等，使一株树上既有花又有果，从幼果到成熟果，呈现独特的观赏价值。也可用钢筋等材料做骨架，制成立柱、三角锥等多种几何体，让葡萄、猕猴桃等藤本果树攀缘，自然成型，如龙如凤，生动活泼，可作为特殊景点置于园区的入口处，或是点缀在园区的休闲绿地中，或是以门廊、长廊的形式布局在道路两旁，形成夏可遮阴，冬可透阳的生态长廊（卿平勇 等，2006）。

（2）花和叶的设计　花是观光果园果树景观设计的一个重要元素，应把握好花的花期和花色。北方主栽果树如苹果、桃、杏、李、梨的花期主要集中在3月下旬至4月上旬，葡萄、猕猴桃的花期略晚一些，大约在4月下旬至5月上旬，花期大约持续3个月时间。据此把花期不同的果树品种相邻布局，延长赏花的时间，构成蜂飞蝶舞的景象；也可以把同一花期的果树品种相邻布局，体现果树斑块镶嵌的图案美。对于花色，可把各种花色的果树相邻相间布局，构成五彩缤纷的花海；也可把同一种花色或渐进色的果树品种搭配在一起，利用它们之间的色彩和饱和度的微差，形成一种层次渐进、富有节奏韵律感的园林景观。此外，还可在园中适当配置一些具有独特观赏价值的果树，如菊花桃、人面桃、芭蕾苹果等用作行道树。

果树叶片设计主要在于叶色和叶形，重点体现成叶期的特点。成叶期因叶色微差，可形成深绿、墨绿、浅绿、草绿等，把它们布局在一起，构成一组渐近色，在蓝天白云的衬托下，形成一种具有渐变调和的园林景观；也可把叶子颜色和叶形差别大的果树相邻布局，产生对比效果。还要特别注意秋叶颜色的运用，如柿树红叶，把红、黄、橙、绿不同颜色的果树进行布局，形成层林尽染、霜叶红于二月花的景观（卿平勇 等，2006）。

（3）果实的设计　果实是观光果园果树景观设计的核心部分，应从果实的颜色、形状、成熟期来把握。果实的颜色与花的颜色因欣赏角度而不同，先花后叶的果树如梨、桃等以艳丽的色彩构成花的海洋，具有整体美；而果实主要以绿叶为背景而呈现其个体美。在设计中，可把不同颜色、同一成熟期的果树相邻布局，展现五彩斑斓的景象；也可把近似色的果树相邻布局，构成一种层次渐近、富有节奏韵律感的景观。特别要突出罕见颜色的果树布局，如红色的梨、或蓝或黑的李子等，具有更大的吸引力和魅力兴趣。果实的形状极为丰富，可以把同一系列的果树品种相邻、相间布局，通过比较，突出各种果品的特色。如把李子的各个品种布局在一起，可使游客欣赏到各种不同形状的果实。另外，也可在园区中布局具有独特观赏价值的果树，如磨盘柿、茶壶枣、柱形李、扁形桃，充分展示果实的形态美。各类果树果实的成熟期相差很大，从5月到11月均有鲜果成熟，若加上设施栽培措施，园中春夏秋冬均可呈现硕果挂于枝头的园林景象。设计时，可考虑把不同种类的果树，如桃、杏、李、梨、葡萄、猕猴桃、苹果，按成熟期早晚混交布局，构成一个以时间序列为主的景观。另外，还要考虑到同类果树品种的成熟期，合理布局极早熟、早熟、中熟、中晚熟、晚熟、极晚熟品种，营造季季有鲜花，月月有鲜果的果树季相景观（卿平勇 等，2006）。

（4）季相设计　果树从萌芽到落叶，从开花到结果，春花、夏叶、秋果、冬姿，构成了具有时间序列的园林景观。可根据不同果树的生物学习性，设置春、夏、秋、冬4种季相景区来充分体现果园的季相景观。季相景区面积不宜过大，主要布局在各个节点以连接各景区和景点，构成时间和空间的序列景观。春景区可将各种花色的果树集中布局在一起，再适当配置春季开花的植物，体现万紫千红的春景。夏景区宜选择高大乔木果树，合理搭配一些在此期间成熟的品种，如早熟苹果、晚熟桃、杏等，构成既可遮荫，又可观果品果的景区；在此区还可用一些藤本果树搭建各种廊架，供人们休憩尝果，也可设置鱼塘，放养金鱼、并种植莲花等一些水生植物，供游人赏荷观鱼。秋景区主要体现秋果和彩叶，在此区可把同类果树品种集中布局在一起，构成大面积的色彩美。冬景区主要体现果树的树形美和枝条美，要把不同树形，如卵圆形、球形、圆形的果树布局在一起，充分展示果树的形态美。另外，在观光果园中，应适当配置一些果树的设施栽培，延长观光时段，做到月月有鲜果，隆冬观桃花的景象（卿平勇 等，2006）。

四、“围山转”与生态经济沟模式

“围山转”与生态经济沟模式都是在山区根据海拔、地形、地貌等条件，通过合理布局种植和养殖业而建立起的以林果栽培为主体立体农业模式，如在山顶栽防护林、山腰种果树、山下建菜园等。

1. "围山转" 生态农业模式

(1) "围山转" 生态农业模式特征　"围山转"生态农业模式利用环境组分的差异和不同生物种群自身的特点，依据山体高度不同因地制宜布置等高环形种植带，例如河北在丘陵山区创造的"山上松槐戴帽，山坡果林缠腰，山下瓜果梨桃"，再如重庆大足县的"山顶松柏戴帽，山间果竹缠腰，山下水稻鱼跃，田埂种桑放哨"，广东省的"山顶种树种草，山腰种茶种药，山下养鱼放牧"，以及河北省的"松槐帽，干果腰，水果脚"等都是依据当地的资源状况和农民长期实践总结归纳出来的"围山转"型立体农业模式的形象表述。

"围山转"模式合理地把退耕还林还草、水土流失治理与坡地利用结合起来，恢复和建设了山区生态环境，发展了当地农村经济。建设"围山转"生态农业，要根据纬度和海拔高度而选择等高环形种植带的果树和作物种类，重点考虑是果树和作物对当地条件的适应性以及它们水土保持能力。例如，在半干旱区，选择耐旱力强的沙棘、柠条、仁用杏等经济作物建立水土保持作物条带等。另外，要注意在环形条带间穿播布置不同收获期的作物类型，以便使坡地终年保存可阻拦水土流失的覆盖作物等高条带。建设坚固的地埂和地埂植物篱，也是强化水土保持的常用措施。该模式的配套技术主要是等高种植带园田建设技术，适应性作物类型选择技术，地埂和植物篱建设工程技术，多种作物类型选择配套和种植、加工技术等。

(2) "围山转" 生态农业模式实例　"围山转"模式起源于河北唐山市的迁西、迁安两县，该市位于燕山脚下，山地、丘陵约占全市面积的 70%，土壤主要为棕壤、褐土。该市在片麻岩和花岗岩山区的山顶部和25°以上的陡坡，采取穴状、块状、鱼鳞坑、水平沟等整地方式，栽植油松、侧柏、刺槐等水土保持林和薪炭林；在山腹坡度25°以下的缓坡地上栽种果树，营造水土保持经济林；在山脚修谷坊、闸沟垫地，种植水果经济林或速生丰产的防护林（白吉庆，1995）。

种果树时首先按等高距5～6米的距离，沿水平线开挖深、宽各1米的水平沟，并把挖出的表土，放在上沿，生土放在下沿，回填时从上沿取土，把表土、杂草等填入沟内，生土在外沿筑埂。水平沟台面达到2米宽，在台面内侧留深30厘米、宽50厘米的排水沟，排水沟与山体沟谷相连接。水平沟保持1/1000比降，并在外沿用生土修高25～30厘米的坝埂，以利于排水同时防止沟面的水土流失。第二年春季再在水平沟台面栽植主栽果树，一般每个水平沟台面栽植一行果树，株矩为1.5～2米，树种为苹果、桃、山楂等，其中栽种板栗株距2～3米；同时在沟沿按照株距4米栽植生长快、结果早的桃树，采用矮秆、小冠的独龙干或双主枝整形法，树干向外延伸，以免影响主栽果树的生长。一般桃树第三年开始结果，几年后待主栽果树有收益时，刨掉桃树。栽后的前几年树下可种植小麦、花生、大豆、谷类作物，在果树结果前，靠农作物增收，以短养长；当果树进入结果期后，树下空闲地可种植绿肥作物；果树进入盛果期后，一般树下不宜种植任何作物。同时建设配套工程，如在水平沟坡面上栽植紫穗槐；道路环山而建直至山顶；山顶建水囤，使层层水平沟能浇水；电通至山下水源保障动力供应等（张建平 等，1999）。

2. 生态经济沟模式

（1）生态经济沟的特征　生态经济沟是指在一定条件下的小流域内，依据生态学和生态经济学原理，通过工程措施的科学配置以及生物措施的优化组合而建立起的以林果为主体的农、林、牧、副、渔合理布局与配套的生态经济系统。

小流域既有山坡也有沟豁，水土流失是突出问题，植被破坏则是问题的关键。生态经济沟建设是按生态农业原理，实行流域整体综合规划，从水土治理工程措施入手，突出植被恢复建设，依据沟、坡的不同特性，发展多元化复合型农业经济。在实施水土保持重点工程措施的前提下，在平缓的沟地建设基本农田，发展大田和园林种植业。在山坡地实施水土保持的植被恢复措施，因地制宜地发展水土保持林、用材林、牧草饲料，并等高种植经济林果，综合发展林果、养殖、山区土特产和副业等多元经济。需要的配套技术包括水土流失综合治理规划与工程治理技术、等高种植和梯田建设技术、地埂植物篱技术、保护性耕作技术、适应植物选择和种植技术、土特产种养和加工技术、多元经济经营管理技术等。生态经济沟在不同地区有不同的表现形式，在太行山主要以“松柏盖帽、干果树缠腰、鲜果粮抱脚”结构为基本形式。

（2）生态经济沟的建设　进行生态经济沟建设，要以小流域为单元（面积宜在20公顷以上），全面规划、综合治理，合理安排土地利用比例及林种结构，要以林果为主，农林牧、果药杂、种养加、多种经营、立体开发相结合（比如在太行山区，经济林要占到50%，防护林和用材林占40%，其它占10%左右，土地利用率达到80%以上）。采取先上后下，先坡后沟，沟坡兼治，因害设防，工程措施与生物措施相结合的方式，从山顶到山坡、沟谷形成比较完整的水土保持体系。

生态经济沟的建设通过小流域治理完成，即以小流域为治理单元，在全面规划的基础上，合理确定农、林、牧各业用地比例，正确布设各项水土保持设施，山、水、林、田、路综合治理，坝、库、渠综合建设，综合运用工程措施、生物措施和农业技术措施，使从坡到沟、从上游到下游能够形成完整的水土保持群防体系，从而控制水土流失，保障农、林、牧、副共同发展。在小流域治理过程中，要根据不同的地形地貌和水土资源状况，合理布局农、林、牧各业的结构以及空间的数量与排列，协调当前经济和长远生态目标间的矛盾。工程措施要以土地整治为主，重点修建水平梯田、截水沟、水头梗和挖鱼鳞坑，同时在坡地直下的水沟隔距修建沉沙坑等；生物措施以林草建设为主，实行用材林、经济林和牧草相结合，特别是要在地坝边或工程周围种植灌木林或保留杂草，以减弱流水冲刷。

小流域工程治理面积要达到70%以上，在沟谷上、中部能修梯田的全部修成水平梯田，下部暂不能造梯田的，修成谷坊坝、小塘坝，以拦洪截泥沙和淤地、蓄水。在坡岭，要从上到下因地制宜地建鱼鳞坑、拦洪式水平沟等。生物措施要以发挥最好的生态效益和美化环境、达到最高的经济效益为原则，因地制宜，乔灌草、封造管结合，以林果为主，农林牧、果药杂配套。在河滩植杨、柳树等，在沟坡种干鲜果树和药用林，在山顶坡面实行松柏刺槐等针阔叶树混交等。通过工程措施和生物措施的综合治理，形成从山顶到沟底的三道防线：一是乔灌草混合的人工林地，功能是拦截降水、涵养水源、保持水土，防止土壤侵蚀；二是鱼鳞坑、台田、水平拦洪沟、林业条田、水平梯田及其林果树木，这可以拦截坡面径流；三是沟谷中梯田、林地、谷坊坝、小塘坝拦泥蓄水。这样一截再截，一缓再缓，从而达到“土不下山坡、清水沟里流”的良好效益，生态环境逐步走向良性循环(李根用 等，1997)。

第四章　果园间套与生草栽培

间作与套种是指在一块地上按照一定的行株距和占地的宽窄比例，种植两种或两种以上的作物。一般把几种作物同时期播种的叫间作，不同时期播种的叫套种；在同一块地，不规则地混合种植两种以上不同种作物，称为混作。合理间作、套种与混作可充分利用植物间的互利互补关系而组成合理的复合群体，并使该群体既有较大的总叶面积，又有良好的通风透光条件和多种抗逆性，达到趋利避害和充分利用土壤和光热资源的目的。果园间作、套种与混作主要在果树行间实行。

果园生草栽培是在果园株行间选留原生杂草，或种植非原生草类、绿肥作物等，并加以管理，使草类与果树协调共生的一种果树栽培方式，也是果园间作套种的一种模式。果园生草与合理间作套种，有利于改善果园生态环境和促进果园持续稳产增收。

一、间作套种的原理和功能

1. 间作套种的原理

（1）*作物生长特性的差异*　每种作物的形态、生长周期、所利用的营养空间均不同，将不同作物有机组合一起，不仅可利用果园空间资源，还可充分利用土壤养分与水分资源，比如，当深根作物与浅根作物一起栽植时，深根作物可将深层土壤中的养分和水分提升至表层土壤，而供浅根作物利用。

生长特性不同的作物有机组合一起，互利互惠，相互促进。比如，枣树与小麦间作，枣树树体高大可起到麦田防护林的作用，能够防止干热风对小麦抽穗灌浆的影响；而小麦施肥浇水不仅给枣树补充了肥水，小麦蒸腾蒸发的水分到枣树的冠层，也为枣树生长创造了湿润的环境，这不仅有利于枣树和小麦生长，提高枣树单株产量与品质，还可提高果园总产出和综合效益。

（2）驱避和诱引昆虫　在自然界中，有些植物本身会发散出强烈的香辛气味，使得昆虫或线虫不敢靠近，有驱避害虫的效果，比如大蒜、除虫菊、薄荷、雏菊、万寿菊、香草、艾菊等。将这类植物与其它作物间作或混作时，可以驱避害虫。例如，红皮洋葱种于苹果树旁，可减轻蚜虫的为害；大蒜、韭菜、洋葱的气味对果树害虫亦有驱避效果。

当两种或两种以上植物一起生长时，可利用副作物来诱引主作物的害虫寄生，分散对主作物的为害，或者以害虫天敌的食源植物做为副作物，来增加天敌族群数量，以减低害虫的为害程度。例如，在桃园种植向日葵，可吸引桃蛀螟齐集于向日葵上，而被集中消灭。

（3）植物相生相克关系　植物相生相克指某些植物的根、茎、叶、花、果等能产生某些生物化学物质，并释放到环境中去，从而对周围其他生物的生长发育产生抑制或某些有益作用，在生态学上也称异株克生。例如，黑核桃的叶子分泌物含有胡桃醌，可抑制其他植物的生长；苹果、梨能从果实、枝叶中释放出气态乙烯，可使周围植物叶片枯萎、提早落叶和果实提早成熟等。

利用植物的相生相克作用可以指导合理间作套种与混栽。比如，秋季在果园播种毛苕子，翌年春夏毛苕子可覆盖裸地，使杂草难以生长；在葡萄园里种上紫罗兰，彼此能够“友好共存”，结出的葡萄香味浓且甜。按照植物的相生相克关系，有些作物不宜搭配在一起。例如，柏树与橘树都具有相克现象，不能种在一起；许多植物不能与核桃为邻；苹果和杏相邻生长远比樱桃相邻适宜等等。

各种作物都能分泌某些特殊物质，这些特殊物质对某些病虫具有一定的防治和驱避作用。掌握各类作物分泌物的特性，通过合理搭配、间套，利用其互补作用能够达到防病驱虫的目的。例如，大蒜和土豆间作，可以抑制土豆晚疫病的蔓延。

2. 间作套种的功能

间作、套种与混作，能够改善生态环境、促进生态平衡，可明显降低果园系统内的风速，大大减少沙尘暴，这对果树、间作物授粉结实极为重要。果园间作增大了田间植被覆盖度，增强了植物蒸腾作用，尤其是果树吸收土壤深层的水分，提升到上层，蒸腾到田间，再加之防风保湿作用，使系统内空气湿度提高，并可使 7～8 月份高温季节的气温降低 1～2℃，而在早春和晚秋提高 1～2℃。由于提高地面覆盖率，果园间作也可改善果园土壤的温湿度。

微生物群落也因间作而改善。据调查结果，果粮间作系统内的动物种类数量要比单作麦田有所增多，尤其是蜂类、螳螂、瓢虫增加显著，而害虫如大袋蛾、尺蛾、小麦吸浆虫、粘虫、麦蚜等有所减少。害虫的减少与天敌数量增加有关，由于间作作物的繁茂生长，果粮间作系统内杂草的种类和数量均比传统果园明显减少。

二、果园间作套种原则

1. 充分利用果园资源

一般果树树体高大，根系分布较深，能够占据地面上层空间和利用深层土壤的营养与水分，而粮油和蔬菜等农作物相对矮小，可以利用近地面空间和浅层土壤营养与水分。果树在大面积结果前，一般与小麦、土豆、玉米、瓜果类蔬菜、苕子等间套；大面积结果后，则与耐荫的叶类蔬菜和耐荫的饲用和肥土作物进行间套作，这样才能够充分利用果园空间，提高资源利用率。

果园间作套种时，间作物生长期要短，养分和水分吸收较少，大量需肥、需水的时期和果树错开；植株要矮小或匍匐生长，不影响果树的光照条件；能提高土壤肥力，病虫害较少。幼龄果园定植的头 1～2 年一般种植瓜类、葱蒜类、豆类作物，也可以种植花生、马铃薯等；3 年之后最好种豇豆、小豆、绿豆或花生。

2. 果树与间作物互利互惠

果园间作套种时，一些作物通过水分和养分竞争及其特殊的分泌物会限制果树的生长，例如，核桃叶分泌的核桃醌滴入土中对苹果根系生长有抑制作用，黄瓜根系分泌的芳香酸会抑制根系对养分的吸收。但植物间的相生相克关系对防除果园有害生物有良好作用，比如，黑麦秸秆渍水后释放出的酚类物质会抑制藻类生长，荞麦释放的阿魏酸和咖啡酸等可抑制杂草生长，长柔毛野豌豆对果园杂草也有很好的抑制作用；毛苕子当年秋播，翌年春夏便可覆盖果园裸地，使杂草难以生长；石蒜鳞茎中的毒性生物碱不仅抑制果园杂草的生长，还能有效地预防田鼠、鼹鼠、地老虎、蝼蛄等的危害；夏至草对果园害螨有明显防治效果等。某些小麦品种能够改善有益微生物的土壤环境，将有害真菌菌落限制在一个低水平上，曾有人报道果园间作的小麦可作为一种覆盖作物对果树有益。因此，果园间作时须考虑植物间这种异株克生关系，保证果树与间作物能够互利互惠。

间作物之间也相互影响，比如，马铃薯与茴香、向日葵与豌豆、冬油菜与豌豆、芹菜与菜豆、洋葱与莴苣、韭菜与莴苣它们之间的分泌物互相抑制。一些田间杂草，如狗牙根、阿拉伯高粱、鸡脚草、俯仰马唐、小糠草、牛尾草、黑麦草和蓝茎冰草等等，它们产生的异株克生化合物不利于其它物种种子的萌发和幼苗的生长发育，这些关系在果园间作套种时也需要考虑和利用。

3. 果园间套应注意的问题

果园间作套种要注意病虫害发生情况以及植物间的相互关系。除草莓外，果树之间一般不宜间作、混栽，比如，苹果园不宜混栽桃、杏、李、梨等树种；如果这样混栽，不仅在果树结果后发生拥挤、郁闭，还会使果园病害虫更加猖獗。不合理间作有时会为害虫提供完整的食物链，致使其相互危害，例如，苹果园间套番茄、辣椒、油葵、白菜等作物后，害虫种类会更加多样化。

果园间套作物要相对矮小。常用间作物有豆科作物、甘薯类和蔬菜类等，其中豆科作物有大豆、小豆、花生、绿豆、红豆等，这类作物植株矮小，有固氮作用，能提高土壤肥力，与果树争肥的矛盾较小，尤其是花生，植株矮小，需肥水较少，是沙地果园的优良间作物。甘薯、马铃薯前期需肥水较少，对果树影响较小，后期需肥水较多，对幼旺树可促使果树提早结束生长，但由于后期生长繁茂，会影响果园光照。蔬菜类作物需要大量肥水，尤其是间作浇水多、收获晚的晚秋菜，易使果树新梢徒长，不利于果树越冬。

平原、沙地果园间作一般实行大行距、小株距，南北成行，行距为树高的 3～5 倍，大致 10～20 米，株距 3～5 米。在山区果园间作时，一般果树栽在土层比较厚的梯田边缘或壕顶外侧，而在梯田面上种花生、地瓜、大豆、小麦等。当梯田壁较高、或间作的果树不是很高大时，一般每一梯田栽一行，株距可大些；当梯田壁较矮、或间作的果树树冠很高大时，一般隔一梯田栽植一行果树。

间作物一般仅限于栽培于果树行间、果园空地或缺株的隙地，要与果树保持一定距离。初定植的幼树至少要留出1米方圆的树盘，树盘以外的地方种植间作物。密植园株间距离小，可做1米宽的树畦，在畦外边种植间作物。随着树体长大，间种面积逐渐缩小。在行距3～4米的条件下，至多能间种3年，待树冠覆盖率达70%以上时就不能再进行间作。

为防止连作障碍，果园间作物须合理轮作倒茬。轮作制度要因地制宜，例如，在山西晋东南地区采用“马铃薯→甘薯→谷子→马铃薯”、辽宁辽西地区采用“花生→豆类→谷子或稷子→花生或绿肥→谷子→大豆→甘薯→花生或绿肥”模式，而浙江橘园中采用“蚕豆→绿豆或印度豇豆→蚕豆”模式，山东果园则采用“花生→甘薯→豆类→花生或甘薯”等模式。在土壤瘠薄的山区幼龄苹果园，采用绿肥、谷子、大豆、甘薯、花生等相互轮作，可提高土壤肥力。

三、果园间作套种模式

多数果树结果比较晚，为了充分利用环境资源，多数幼龄果园都进行间作或套种，尤其是栽培枣树、核桃、板栗、梨树等的果园。果园间作、套种与混栽着重于果园垂直空间资源的开发利用，目的主要在于提高光能和土地利用率，防风保土，改善生态环境，抑制杂草生长和增加有益生物的多样性。

果园间套与混作是以自然仿生学、生态经济学原理为依据，将高大果树与低矮作物互补搭配而组建的具有多生物种群、多层次结构、多功能、多效益的人工生态群落。间作、套种与混栽是生态果园建设的重要内容，主要模式有果粮间作、果菜间作、果药间作、果草间作、果菌间作等。

1. 果粮间作

果粮间作比较普遍，适用于果粮间作的果树一般树体高大、对当地自然条件适应性强、高产、优质、高效，如梨、苹果、山楂、李、杏等；适用于间作的作物是矮秆作物、夏熟作物或生长后期对肥水要求不严格的秋熟作物，如麦类、豆类、瓜类、薯类及一些中药材、蔬菜等，豆科作物最好。果粮间作的果树树形一般采用自然纺锤形。

果粮间作模式由果树和作物在系统内占地比例和产量、效益决定。以果为主的间作模式，果树株行距为2～2.5米×5～6米以下，树高3米左右；幼树期留出宽1米左右的果树清耕带，果树行间种植作物；随树龄增加，间作面积逐年减少，盛果期少间作或不间作，以保证果树产量。以粮为主的间作模式，果树株行距2～2.5米×10～15米，树高3米左右，间作作物占地面积应在90%以上，盛果期作物面积应占85%以上，永久性间作，要保证作物增产或不减产。果粮并重型间作模式，果树株行距为2～2.5米×7～9米，树高3米左右，间作作物占地面积在盛果期应保证60%～80%，永久性间作作物、果树均比单作时有所减产，但系统内总产量最高，总效益最高。

（1）枣粮间作套种　枣粮间作是立体农业的典范。枣树枝疏叶少，透光性好，枣树发芽晚，高峰生长期短，与粮食作物主要生育期交替进行，两者互不影响还充分利用资源提高效益。如枣树和小麦间作，小麦播种出苗后，枣树已落叶；春天小麦返青、分蘖和生长时，枣树叶还没有萌发，不影响小麦对阳光的需要。枣树根系密度低，不分泌有毒物质，几乎不影响粮食作物生长；而且枣树根系分布层与粮食作物不同，两者争水争肥矛盾较小，还能提高土壤深层营养元素的利用。间作时枣粮还能够相互促进，如间作小麦，小麦施肥浇水时能促进枣树生长，而当小麦抽穗灌浆时，枣树开始生长，这时小麦怕干热风，枣树可起到防风作用。同时，较大规模的枣粮间作林网和其它林网一样，具有改善农田小气候的生态效应。

目前各地采用的枣粮间作模式多种多样。在立地条件差的沙土地间作，一般以枣为主，行距适当减少，株行距为 2～3 米×8～10 米；在土壤条件一般的平原地区间作，枣粮兼顾，株行距 2～3米×10～15 米；土地条件较好的平原地区间作，通常以粮为主，行距适当加宽，株行距为 2～3 米×15～20 米。山地由于地形、土壤情况、灌溉条件不同，枣农间作方式应有所变化。土层浅薄、土质较差、缺少灌溉条件，粮食作物难以获得较高产量的地方，应以枣树为主，株行距可适当加密，一般株距以 2～2.5 米，行距 8～18 米为宜；土层较厚、土质良好、地势比较平缓有灌溉条件的地区，可参考平原地区的间作模式。确定枣粮间作时的枣树行距还要考虑树冠大小和树的高度，当枣树为大冠、树高为 5～6 米时，行距一般为 15～20 米；枣树为矮冠形，树高 3～4 米时，行距为 10～15 米。

枣粮间作枣树要以南北行向为主体，在常有风害的地方，可每隔 100～200 米加设一些与主体行向相垂直的间隔行，以提高树行的防风护田效应。枣树的高度会影响行间光照，从枣粮间作地的总经济效益来看，树高高度 5 米左右较理想；枣树间作适宜树干脚高、树冠较稀疏的树形，干高以 1.3～1.5 米为宜。间作时应选择适宜当地生长的优良枣品种，如适宜在平原地区栽培的赞皇大枣、晋枣、骏枣、金丝小枣、灰枣、梨枣、相枣、鸡心枣等，适宜在山区栽培的赞皇大枣、骏枣、晋枣、灰枣等。

不同生长期的间作枣园以及枣树冠下和行间的空间、光照和土壤因素有很大差异，间作的前几年，冠下可选择浅根、低矮又耐阴的作物，如早熟的豆类作物、药材、草莓等；行间间作夏收作物以小麦、油菜、草莓等为好，秋作物以花生、豆类、瓜菜为宜。枣粮间作在肥水管理上与纯农田不同，为了充分发挥间作效益，必须加强肥水管理，并对冠下和行间的肥水管理有所侧重。枣树冠下肥水管理要以枣树需求为主兼顾作物的所需，冠外行间应以农作物需求为主，兼顾枣树。

(2) 果园套种杂粮　果园也可间作小杂粮，小杂粮可选大豆、矮秆谷子等，主要在幼龄果园进行。比如桃园间作，果园以3×4米株行距定植，定植时留出1米行间保证幼树生长，其余3米种植小杂粮；第二年树留出1.5米行间，其余2.5米行间种小杂粮；第三年树留出2米行间，果树和小杂粮各占地50%；第四年不再间作。

间作杂粮果园在行间整平后，每667米^{2}撒施优质农家肥3 000千克，加过磷酸钙40千克，拌匀后做底肥。在华北地区，大豆和矮秆谷子在6月上旬播种，矮秆高粱播种期4月20日左右；为保全苗要浇底墒水，播深3～4厘米，播后隔日镇压。注意避免重茬，大豆不能与豆科作物及葵花重茬，谷子前茬以玉米、豆类、小麦等为好。有水浇条件的果园可间作物两种两收，即一季冬小麦一季夏播作物，收割小麦后，播种矮秆夏播谷子、夏播黄豆、红小豆和毛绿豆等，或在麦收前畦埂上套种矮高粱、大豆和谷子等。

(3) 果园套种花生　花生也适合果园间作，尤其是幼龄果园。花生是经济价值比较高的豆科油料作物，间作花生可以短养长、用养结合，提高资源综合利用率。间作花生的果园一般选择早熟、高产、耐阴、植株中等的花生品种。播种前在树冠滴水线外留出2.0～2.5米的花生播种带，整地、起垄，做2个行距60厘米左右，在畦面上覆盖地膜，两边用土埋严、压实。于“五一”节前后，在膜上打孔播种，播种穴距18～20厘米，播深3～5厘米，每穴3～4粒。播后10天左右，发现地膜捂苗时，将苗从播种孔拨出，并用湿土盖严。开花到结荚期喷药防病灭虫2～3次，遇干旱及时顺垄沟浇水或喷灌。通常幼龄果园由于土壤熟化程度低，根瘤菌源缺乏，需要增施有机肥，最好结合花生种拌根瘤菌。

(4) 果薯间作套种　果园还可间作套种薯类作物，如果树行间种植甘薯，操作时依据行间可利用面积的大小，位置关系决定甘薯和果树的比例。果薯间作时，多数选择新建果园，或改造换优的老果园；甘薯种在果树树冠范围以外，并留出果树管理活动面积，起垄采取顺果树长行方向，垄距70～80厘米，垄高25厘米左右；在封垄前中耕除荒，极端干旱下浇水抗旱。

2. 果菜间作与套种

果菜间作适合幼树果园及尚有行间空隙的成龄园。在水浇条件好的果园，可以套种韭菜、菠菜、油菜、番茄、大葱、胡萝卜、茄子、芹菜和萝卜等蔬菜，但苹果、桃等果园不宜套种秋季需水多的大白菜，不然果树易发生越冬抽条或加重腐烂病发生。在旱地和浇水比较困难的果园，一般套种秋萝卜、茄子和辣椒等需水少的蔬菜。有坝台地堰的梯田果园，可充分利用地堰空间，套种窝瓜、黄瓜和豆角等藤蔓蔬菜，但不得让藤蔓爬到果树上遮光。果菜间作的果园不得使用残留残效期长的剧毒农药，蔬菜收获时与施农药时间要有足够的安全期。以下是几种果菜间作套种的实例：

(1) 果园套种春冬瓜　冬瓜能覆盖果园地面，抑制杂草发生，瓜叶绒毛还可防蚜虫、螨类危害。果树间作春冬瓜不影响果树正常生长，易管理，效益高，是果园间作套种的理想模式。间作用冬瓜可选早熟或中熟品种。果树行距超过2米时，可间作2行冬瓜；小于2米时则间种1行。播种前按瓜行开沟，深宽均为40厘米，每666.7米^{2}沟施含磷矿粉50～100千克的腐熟圈肥3000～5000千克、饼肥50～80千克，施后将沟填平，灌水造墒。播前用55℃温水烫种10分钟，并不断搅拌，之后置于30～32℃下催芽，当芽长0.50厘米时播种，播后覆土厚度1.5～2.0厘米。在冬瓜第1片真叶出现时松土提温；第4～5片真叶出现时，每666.7米^{2}穴施腐熟饼肥80千克，然后浇水促蔓。瓜蔓50～60厘米时整枝留2蔓，其余侧蔓去掉。中熟品种长到70厘米时拉蔓整枝，严格控水。在幼瓜长到鹅蛋大时穴施人畜粪尿，并浇水膨瓜。当早熟品种长到2.50千克左右、中熟品种长到4千克左右时及时摘瓜。

（2）葡萄园套种土豆和黄瓜　在行距2～3米的幼龄葡萄园（5年生以下）可间作土豆和黄瓜。用于间作的土豆要选抗病、高产优良品种，如“荷兰薯”的脱毒种薯。在华北地区，一般于4月中旬在葡萄行间播种两垅土豆。土豆播前要切成大块，用草木灰或滑石粉拌匀，切口干燥后开沟穴播，穴距33厘米，每穴播1～2块土豆，出苗后，及时除草、松土，促进根系生长发育；在苗高20厘米时进行第一次培土，土豆开花后进行第二次培土。

7月上中旬，土豆收获，葡萄采摘上市，正值果园空闲期，此时在葡萄行间播种两垅黄瓜。黄瓜品种可选用津春四号等。注意栽培黄瓜前先整地、每666.7米^{2}施腐熟鸡粪2 000千克，旋耕、做80厘米宽小畦，浇足底墒水，干爽后播种。每666.7米^{2}播量200克，播深2～3厘米，行距60厘米，穴距30厘米。出苗后及时中耕，在3～4片叶时定苗，5～6片叶时扎架绑蔓，初花期蹲苗，结瓜期保持土壤湿润，瓜条长到20厘米、单瓜重130克左右时，可以采摘上市，9月下旬拉秧。

（3）葡萄园套种大白菜　行距1.5米以上、南北走向、采用篱架式栽培的葡萄可套种大白菜。在行间整出宽1.2米、高20厘米的畦，每666.7米^{2}施土杂肥3 000千克，磷矿粉500千克。在“白露”节气播种，10月1日移栽定植；每畦两行，行距70厘米，株距40厘米，666.7米^{2}栽2 000株左右。定植后立即浇水，2日后进行沟灌，灌后即排水，不要淹畦面，做到畦面湿润。每5～7天浇一次腐熟的人畜粪尿，前期需大肥水，保持地表湿润；中后期需做到既不缺水也不能多水，施肥不脱节，适当加大施肥量，每隔7～10天在菜株外叶边缘施下1千克肥液。中耕除草可与灌溉、施肥结合进行，一般中耕3～4次，到大白菜外叶渐大盖住畦面时，须根布满了表土层，即停止中耕。

（4）苹果园套种辣椒　间作用辣椒品种可选簇生类的干椒品种，如天鹰椒，该类品种抗病高产，喜温暖、湿润，怕强光和酷热，根系分布范围较小，株形紧凑，适宜作果树的间作物。间作时要求果树株行距3米×4米，南北行向，在行间间作。果树栽种第1年，给果树留出1.2米宽的营养带，在营养带外可栽植8行天鹰椒；第2年和第3年营养带宽度分别增为2.0米和2.4米，天鹰椒则减至6行和5行。天鹰椒于1月下旬浸种催芽、播种育苗。幼苗长至4叶1心时分苗，定植前10～15天低温炼苗，当幼苗长至10片叶左右时即可定植。定植前每667米^{2}施入优质农家肥3 000～4 000千克，饼肥80～100千克，磷矿粉50～80千克，于4月中旬选晴好天气铺地膜后带土定植幼苗，定植后及时灌水促进缓苗。当天鹰椒植株长至13～14片叶、株顶出现花蕾时，需打顶以增加有效侧枝数目。5～9月追施3次腐熟的人畜尿液，10月下旬天鹰椒果实成熟，可采取割秧法进行采收。割秧后将株秧捆成小捆儿挂晒，晒至椒果手摇籽响时进行摘椒。

（5）山地柿园套种西瓜　在幼龄柿园的行间每666.7米^{2}施1 000千克有机肥，然后深翻整平，做成1.5米宽的高畦，用水浸透畦面。西瓜品种选用郑杂5号和新红宝等，3月上中旬催芽、播种。播后立即盖上地膜，边缘用泥土压紧压实。待大部分种子子叶露出地面以后，用竹片撑起地膜；在苗长出3片真叶时，抽去竹片，拉平地膜，并用刀划口将苗露出，同时间苗。在此期间每666.7米^{2}应追施30～50千克饼肥。在主蔓长到20～30厘米时将向不同方向生长的蔓转向一侧，当蔓长到50～60厘米时，绕根转1圈，然后仍将主蔓拉向同一方向。瓜选留后，应做好人工辅助授粉工作，还应追施饼肥，每666.7米^{2}施50～80千克。

（6）苹果和梨园套种生姜　生姜为耐阴植物，要求中等强度的光照条件，与苹果或梨树间作套种，可利用苹果或梨树为其遮阳，有利生姜生长。生姜种植在苹果或梨树树盘以外的行间，在整地和开沟播种时，一般不会损伤梨树的根系；苹果和梨树为深根性作物，生姜为浅根性作物，二者在养分利用上无明显的矛盾。同时，生姜为需肥、需水量大的作物，而充足的肥水不仅可保持生姜的正常生长，还能相对提高果园土壤肥力，有利于苹果或梨树的生长发育。生姜间作果园以 1～3 年生苹果或梨树为主，间作时首先要留出树盘，给果树生长发育以足够的营养面积（一般与树冠大小相等）；冬季在果树行间深翻地，第二年春季将土地整细整平；在播种前按行距 40～50 厘米开沟，施入足量基肥，一般 667 米^2 施腐熟有机肥2 000～3 000千克；间作的生姜播种期以 4 月上、中旬为宜，栽培密度以行距 40～50 厘米、株距 15～20 厘米为宜，覆土 4～5 厘米厚；生姜的收获期在 8 月以后，生姜必须经过夏季的高温干旱季节。因此，如有条件一定要做好生姜的覆盖和喷水浇灌工作。

3. 果菌间作与套种

食用菌生长发育需要遮阴，生长季内果树叶幕能为食用菌遮阴；食用菌（如香菇）培养基的 80％为木屑，果树冬季修剪下来的树枝粉碎后可用来制作食用菌的培养基，果园行间栽培食用菌的培养料使用完毕后，直接还田，能够给果园增加大量有机肥，改善土壤结构，提高土壤腐殖质含量和土壤的肥力。果菌间作是很好的生态模式，一般选择离村庄较近、土质较好、排灌两便、运输方便的果园。实例如下：

（1）桃园套种香菇　一般选择通风良好、不涝、不干旱、土壤不黏重、枝叶覆盖面积 70％以上而且管理方便的桃园。播种香菇前在桃树的行间做出宽 40～60 厘米、深 10～15 厘米畦床，并做好培养料。培养料木屑应来自壳斗科、榆科等硬杂木，桦木、蔷薇科果树等软杂木亦可；培养料中木屑 78.7％、麦麸 19.7％、石膏粉 1.5％、50％可湿性多菌灵 0.1％；将木屑、麸、石膏粉按比例拌匀后用多菌灵水拌干料，使含水量达到60%为止。之后对培养料高温灭菌，灭菌后装入已消毒的编织袋内，温度降至30℃以下后播种。

播种时选择品质优、耐高温、产量高的菌种，在地温平均达到5℃以上时（2月底至3月底），将菌种掰成玉米粒大小，按照每667米^{2}200千克用量开始播种。畦床在播种前用白灰消毒，采取混播加表播的方式播种，即将2/3的菌种混拌到培养料里，留1/3做表面盖种。播种时畦床铺上地膜，边铺边播，培养料厚9～10厘米，用木板耙耧平，盖上表面菌种，撒均拍实，放上稻草，然后将塑料薄膜回折盖好，覆土2～3厘米。保持培养料温度最高不超过18℃和通风透气。8月初可大量出菇。

（2）葡萄园套种香菇　选择背风向阳、地势高，排水良好，靠近水源，沙质壤土或腐殖土的地块，在秋季或春季整地做畦，畦宽60厘米，深10～15厘米。在3月末4月初，畦底覆膜，用1.5米宽的地膜，在畦内加料和菌种，每平方米用5袋菌种，菌种掰成小块，一半混于料中，一半撒于料面，压实后，料面再撒上用2%石灰水浸泡过的稻草，合上薄膜，在薄膜缝隙间每隔1米塞上一个稻草把，以利通气，然后盖土2～3厘米或其它覆盖物保温。春末夏初，当外界气温达到15℃时将菌坨移至葡萄架下码放，码放高度1米左右。两边要留出水槽，遇干浇水，逢涝排水。小菇发育最适宜温度15℃左右，适宜湿度85%，光线以散射光为主，如遇强光，适当加盖草帘遮荫。当香菇直径5厘米左右时即可采收。

（3）栗树底下栽栗蘑　栗蘑又称“灰树花”，是一种野生食用菌，其外形美观，肉质柔软，味如鸡丝，有“野山参”之称。栗蘑要求土壤pH值5～6.5，生产最适温度22～28℃，适宜湿度80%～95%，生产场地不得雨涝积水。栗蘑生长过程中需保持空气新鲜和较强的散射光，但要避免阳光直射，光强度一般在200～1 000勒克斯。栽培栗蘑时选地势高、向阳、排灌方便的砂质土壤地块；栽培床为东西走向，长 2.5～3 米，宽 0.45～0.55 米，深 0.25～0.35 米，床间距 0.8～1 米。栽培床挖好后，先灌一次大水，水渗后撒一薄层石灰消毒，回填土 0.02 米，然后排放菌袋，码放要紧密，横平竖直。菌袋码好后，回填土，略超过菌袋即可，然后用 0.5 米宽的编织袋沿坑壁四周围好，并在床面上撒一层小石子，防止栗蘑出土后沾泥土。按照栽培床的东西向插建北高南低的架，搭上塑料和草帘，以调温、保湿，防风沙和阳光直射。当菌柄和伞盖背面刚出现多孔现象，伞盖周边发黄或发黑时，应及时采收，采收前 2～3 天不要浇水，一年可收获三茬。收获一茬后要浇 2～3 次大水，水要把菌袋浸透，出菇后按照幼菇管理方法进行管理。

（4）*梨园套种平菇*　梨果采收后，利用梨树间的空行可种植一季平菇。菇床长 8～10 米，宽 1.2 米，坐北朝南；床土要精细整理，去除杂草，翻耕 15～20 厘米，使床土上虚下实、手捏成团、落地即散。床面四周要做成高 4～5 厘米的围埂，菇床周边还要开好排水沟。一般每 10 米^2 畦床需 100 千克的平菇原材料（这其中包括棉籽壳 93 千克，石膏粉 2 千克，生石灰 3 千克，过磷酸钙 2 千克），并配用多菌灵溶液（100 克兑水 130～140 千克），多菌灵与原料充分拌合后上堆；上堆后覆盖薄膜，保持 5～7天，期间翻堆拌合 2 次；待料降温至 20℃左右时，播菌种，菌种用量为每 100 千克原料 10～12 千克。

菌种类型和品种要根据播期选择，9 月份播种选常温型菌种，10 月份播种选耐低温型的菌种。菌种的菌丝要白浓、健壮、无黄水，上下内外均须布满菌丝，并要注意无杂菌、无菇蕾。播前畦床要浇水透墒，分三层间隔撒播或穴播，下层播量略少，上层播量要大，要利于菌丝快速布满料面，抑制杂菌污染。播种后，将床面拍紧，然后盖膜，膜面再覆盖稻草。播种 10 天后揭开床膜两头，检查有无杂菌感染，并适当透气。20～25 天后，膜内温度超过 28℃，要揭膜通风。菌丝布满后，要用竹弓拱好薄膜，并注意保墒、促菇蕾形成。菇蕾生长5～7天即可采收。头菇采收随即清理菇床，停水2～3天，再覆膜促二茬菇生长。

（5）葡萄、草莓、蘑菇间作套种　葡萄根系深广，草莓和蘑菇根系浅，它们的吸肥层次不同；葡萄喜光，草莓和蘑菇耐荫，可充分利用土地、空间、光能，它们非常适合间作。江苏省滨海县农民，在篱架栽培的幼龄葡萄园行间，于10月上旬栽植草莓，翌年2～4月采收草莓；草莓采收后（4月下旬～5月上旬）播种蘑菇，7月初～9月中旬采收蘑菇，7月上旬～9月下旬采收葡萄，获得了高产高效。具体做法如下：

葡萄和草莓均选择早、中、晚熟品种搭配栽培，草莓在同一园内（相对集中）按不同成熟期以一个主栽品种再配置不少于3个授粉品种。蘑菇选用高温型蘑菇新品种。10月初在葡萄篱架行间，结合翻耕整地施入腐熟有机肥4 000～5 000千克，复合肥50千克，过磷酸钙100千克；同时均匀撒施多菌灵（或利用太阳能通过深翻晾晒）以对土地消毒；在雨多潮湿地区做成高畦或高垄，少雨高燥地区做平畦。10月上旬在畦上栽植草莓，行距20～25厘米，株距15～20厘米。草莓栽植后，当日均温度降至3～5℃时覆膜、扣棚。

早春给葡萄追施1次腐熟人粪尿，开花前约7天追施氮磷复合肥，同时叶面喷施0.3%的硼砂，浆果长到黄豆粒大时，叶面喷施0.3%磷酸二氢钾加0.1%尿素液，采收前4～5天追施和喷施速效磷钾肥。草莓在顶花序即将现蕾时、顶果开始采收时、采果盛期各追施1次氮磷钾复合肥每667米^{2}20千克；初花期叶面喷施1次0.3%尿素液和2次0.2%磷酸二氢钾。盛花期喷施0.3%硼砂1次。蘑菇采收三批后应及时追肥。

4. 果药间作套种

果园间作中药材应根据果树树龄、树冠情况和果树的物候期等因素合理选择品种。选用的中药材应是本地的特优、地道药材；品种以耐阴性、浅根性的矮秆药材为主，尤其是树冠及树叶较稠密的成龄果树，可种植半夏、天南星等喜阴湿环境的药材。幼龄果园尚未封行，可在行间栽培1～3年收获的喜光药材，如黄芩、板蓝根、桔梗、丹参、远志等。间套后要加强田间管理，互促互利，控制矛盾，以确保果药双丰收。实例如下：

（1）葡萄套种黄芩　在光照充足的葡萄行间，选肥沃、疏松、排水良好的黑沙土、沙质壤土，于4月中下旬播种黄芩，每666.7米^{2}用种量1kg；以直播为宜，行距15～20厘米，播深1.5厘米。当苗高4厘米时间苗，苗高8厘米时定苗，株距8～10厘米。株高6～8厘米时，每666.7米^{2}追施人畜粪尿100千克，封垄前开沟施入饼肥50千克/666.7米^2，开花期叶面喷施三次沼液或草木灰提取液。干旱时及时浇水，雨季注意排水。除留种子植株外，应该在晴天上午将花枝剪掉，以集中养分长根。用作采种的地块，于开花前多施肥，促进花朵旺盛，结籽饱满，随熟随采。

（2）果园套种天南星　天南星，又名虎掌南层，味苦辛，性温，有毒，有燥湿化痰、祛风定惊、消肿散结之功效，是名贵的中药材。天南星种植在果园里，它的毒性能够很好地控制鼠、兔、害虫对果树的根部、树干及果实的危害。天南星一般多生长在阴坡湿润的树林中，喜温和湿润气候，耐寒，以肥沃含腐植质较多的壤土或沙质壤土种植为好。天南星怕旱又怕涝，黏性过重和排水不良的地方不宜栽种。

果园套种天南星时，选择好地块后，每666.7米^{2}施5 000千克马粪或羊粪等农家肥，然后平整土地，在果树行间打成50～80厘米的畦田，畦田应一头较高一头稍低（以利排水）。于秋末将采回的天南星种子放在阳光下微晒，使其水分蒸发，待籽粒松散后抖出，趁湿播种。播种行距12～15厘米，插后覆土、镇压、浇水，约15天即可出苗。次年农历谷雨至立夏期间，幼苗长到

10厘米时移栽。或在秋末10～11月采种时，选取中、小块茎，放窖内或屋内细沙土中埋藏保存，次年农历谷雨前后栽种。按行距20厘米，株距15厘米开穴，穴深4～6厘米，每穴放茎块1个，芽头向上，覆盖细土3厘米，后浇水。每666.7米^{2}需块茎30～50千克，可产成药500千克。

（3）果园套种桔梗、丹参　在当年新栽果园沿果树行预留70厘米空带，第二年预留100厘米空带，第三年预留120厘米空带，按果树行间打好畦，施好肥，深耕25厘米，细耙整平，保墒待播。

桔梗可在春季也可在冬季播种；冬播在11月中上旬，春播在3月中旬至4月中旬，按行距21～24厘米开沟，每666.7米^{2}播量1.5～2.0千克，覆土2～3厘米。春播可进行种子处理，将种子放入50℃的温水中，搅拌至水凉后浸7～8小时；捞出用湿布包上，保持其温度5～30℃，每天早晚用温水冲滤1次，待种子萌动时播种，播种后最好用柴草或地膜覆盖保墒。

丹参也分为冬、春播种，春播时先把种子用凉水浸泡1小时后，用细沙拌匀放入盆内，并保持一定湿度。或在地面覆盖催芽，待破白后在大田条播，行距25厘米，深度2厘米，种后覆盖保墒，苗齐后除去覆盖物。

5. 果树之间的间作与套种

由于相互抑制、病虫害严重和管理不便等问题，木本果树之间不宜混栽。果树之间的间作与套种主要指在木本果树和藤本果树园内间作草莓。

（1）木本果树套种草莓　木本果树有遮荫降温作用，有利于减轻高温季节酷热对草莓幼苗生长的抑制。在苹果、梨、柑橘等果园行间栽种草莓，管理容易，效益高，能达到以短养长的目的。间作草莓时，一定要给果树留出充分的清耕带，并按照各自的栽培要求加强管理，果树进入结果期后应停止间作。但草莓不宜在桃园中间作，主要因为桃蚜可传播草莓病害，草莓黑霉病也危害桃树；桃树的根系较浅，分布面广，呈圆盘状；桃的发枝量大，物候期早，花期与草莓有一定交错，两者对肥水的需求高峰期和管理也有一定矛盾和影响。

（2）葡萄园套种草莓　葡萄和草莓都是生长周期短的浆果，栽种时期基本相同；草莓第二年即可收获，葡萄旺盛生长前草莓已采收完，两者生育期错开，有利于合理安排劳力。葡萄根系深广，草莓根浅，需氮时期和吸肥层次不同。葡萄修剪较重，且发芽较晚，不影响草莓通风透光，草莓又具一定的耐阴性，栽植密度可与露地相同。但草莓宜在篱架葡萄园的行间间作，棚架葡萄由于遮光严重且管理不便，不适宜间作。春香、达娜等草莓品种不耐高温曝晒，在葡萄园内间作更为适应。

葡萄园间作草莓时，葡萄的管理重点是适当留蔓与定枝，及时绑缚新梢，及时抹芽除去副梢和卷须，避免枝叶郁闭，改善通风透光条件，对结果新梢及时摘心，确保坐果和树体健壮。草莓的管理重点是早栽早发早熟，及时防治病虫害，追肥做到少而勤。江苏镇江等地曾在3月下旬定植巨峰葡萄苗，4月中旬在行间栽植草莓繁殖母株；以采果为目的间作草莓时，10月下旬葡萄秋施肥后，在行间深翻土壤，培土起高畦（15～20厘米），畦宽1米，栽双行草莓；11月下旬除草追肥后覆盖地膜，翌年2月中旬把植株提出膜外，5月初开始采收。

（3）猕猴桃与草莓间作套种　猕猴桃喜温、喜湿、怕旱、忌涝；草莓喜光、耐阴，应选择温暖、湿润、疏松、排水良好、腐殖质丰富的微酸性砂壤土进行猕猴桃与草莓间作。平地、丘陵、河滩、缓坡地均可栽植，土壤pH值要求在5.5～6.5。间作园选在交通便利的城市郊区，或工厂矿山人口集中、水源充足没有污染的地方。间作园地块要深翻细整，合理计划好排水沟，做到旱能灌溉，涝能排水。

猕猴桃、草莓均选用早、中、晚熟品种搭配栽植。猕猴桃宜在秋季或早春栽植，一般在地势较高的地块采用平畦栽植，而在地势较低地块采用高畦栽植。猕猴桃栽植株行距宜为2米×4米，栽植前做1米宽栽植畦，两边沟宽20厘米；栽后设立支柱建架，支柱高2.5～2.8米，两支柱间距离宜在5～6米，其上拉6～7道10～12号铁丝。猕猴桃栽植前应于栽植畦上挖好深1米、宽0.8米见方的定植穴，定植穴内按照每667米^{2}施钙镁磷肥100千克、过磷酸钙1.5～2千克（或每株施农家肥30千克）施足基肥。猕猴桃种苗应无病虫害，根系发达，须根多，茎秆健壮，芽体饱满。猕猴桃雌雄株的比例以8∶1较好，雌雄株距离不超过8米，亦可在雌株上高接雄性品种或人工授粉。

猕猴桃一般采用“T”形架整形，即在定植当年对植株距地面80～100厘米处实行定干，抹除全部副梢。翌年萌发后选留两个强壮新梢插杆缚引，使其生成为主蔓，让两主蔓呈“V”形整枝，在主蔓上每隔40～50厘米培养结果枝。猕猴桃冬季修剪时间一般在12月上旬至翌年2月前，冬季修剪包括疏枝和短剪。夏季修剪主要是摘心和疏枝，剪除基部徒长枝，疏除过密枝条；可在6月底至8月下旬对枝条进行摘心，促使藤蔓长粗，徒长性结果枝、果枝长到8～10片时应及时摘心，并将过长的营养枝进行剪梢。猕猴桃喜湿润土壤，对干旱抵抗力较差，特别夏季高温干旱，注意及时灌水，灌水时可结合施肥进行；入冬前应灌水1～2次。定植第二年后，于秋季或春季沟施基肥，沟深30～40厘米；5～8月间，可追施尿素或稀薄人粪尿2～3次，或叶面喷施0.3%～0.5%尿素液2～3次，或株施复合肥0.1～0.25千克。为提高果实商品价值，避免大小年，应及早对猕猴桃疏花疏果；疏果最好在花后两周内完成，疏除侧果、畸形果和小果，一般每一果枝留3～4个果。

草莓栽植畦设在两猕猴桃栽植畦之间；栽植前，结合耕翻每667米^{2}施有机肥3 500～4 000千克或饼肥2 500千克，厩肥或饼肥均应腐熟，并在草莓栽植畦正中间修一个20厘米宽的沟。草莓秧苗应无病虫害，新根较多，具有3片以上正常叶。随起随栽，需要从外地或远距离运输秧苗的，栽前用水浸一浸根系，让根系吸足水分；宜在阴天栽植，栽植株行距为15～20厘米×20～25厘米。定植缓苗后待新叶长出，结合浇水，每667米^{2}施复合肥15千克。在果实始熟期、膨大期各追施1次0.3%磷酸二氢钾或0.3%尿素。从开花期到浆果成熟期需多次浇水，应看土浇水，土壤干旱时应及时浇灌，每次浇水时应浇透；临近收获时，适当控制浇水。对草莓要定期摘除植株下部老叶、黄叶、病叶，以利于株间通风透光，减少病虫害，开花结果期间及时摘除抽生的匍匐茎，以减少养分消耗，促进开花结果，提高产量。

猕猴桃对病虫害的抗性较强，很少受到病虫危害，但由于环境条件的变化和栽培管理不当及品种抗性差异有时会受到日烧病、溃疡病和线虫等病虫为害。发现溃疡病可用50%退菌特50倍液或10波美度石硫合剂涂茎。防治日烧病应加强田间管理，适当修剪，枝叶不能过稀，夏季高温时要适当灌水。草莓病虫害防治与普通栽培防治一样。

猕猴桃的果实成熟后无落果现象，采收后有一段后熟期，便于贮藏和分批采收上市，有利于鲜果的销售和加工。采摘草莓时应在露水干时或傍晚采摘，避免在中午时采摘，晒伤的浆果、露水未干或下雨时摘下的浆果均容易腐烂。采摘时用手摘断果柄，不要损伤花萼，采摘过程应轻摘轻放，采摘时顺便剔除畸形果、病虫果，及时包装，及早上市出售。

6. 果树与绿肥间作

（1）间作绿肥的意义　绿肥是以新鲜植物体就地翻压、异地施用或经沤制、堆腐后用作肥料的栽培植物。绿肥是一种优质有机肥源，具有易栽培、成本低、产量高、肥效好的特点。果园间作绿肥能增加土壤有机质，改善土壤理化性状，而且各种豆科绿肥生有固氮根瘤菌，能增加土壤氮素，有效培肥果园土壤。绿肥生长快，间作绿肥能够充分利用果园土壤，增加果园绿色覆盖面积，减少水分蒸发，保持水土，防止杂草丛生，并能改善果园小气候。果园间作的绿肥除了可直接翻埋之外，还可以作为覆盖物铺于行间，这样在冬季可保暖防冻，在旱季可保墒抗旱。间作绿肥能够增加果园生物多样性，可为害虫天敌提供栖息场所和食料，提高果园病虫害生态控制的能力，并可招揽蜜蜂为果树传粉。绿肥也能控制部分移动性高的昆虫、病菌孢子及能随风飘流的杂草种子的传播。绿肥茎叶茂盛，再生力强，植物体营养丰富，养分易消化，适口性好，是优良饲料。

(2) 绿肥种类和品种选择　绿肥吸水吸肥能力强，后期生长迅速，易与果树争肥争水和遮光，因此，绿肥品种选择必须因地制宜，根据本地区的具体条件，合理地选用合适的品种。在我国南方，如广东等地，由于夏季气温高、热辐射强，易使幼树灼伤，选用高秆的山毛豆、木豆及田菁等，除可作为绿肥外，还可作幼树的临时遮荫物。在北方，如山东等地，大部分土壤砂性重，冲刷量大，间作伏花生，效果则很好。在长江中、下游广大地区，伏天高温干旱，间作高秆绿肥，易形成闷热的小气候条件，也易出现争水、遮光的问题，需要选种矮生、半矮生及爬地型的早熟豆科绿肥，如乌豇豆、乌毛豆、绿豆等较为合适。紫云英耐旱性差，适宜种在水分条件好的果园；黄花苜蓿耐旱性强，可种在较干燥的果园；爬地木兰耐寒性低，只能在闽南、两广等地种植；紫穗槐等耐酸性弱，主要适合在北方果园种植。

不同果区的果园，适宜种植何种绿肥都要经过选种试种。可供果园筛选种植的绿肥种类有很多，比如草木樨、白三叶草、紫花苜蓿等，它们的特点见表4.1。注意间作绿肥要与果园生草栽培相结合。

表 4.1　果园常用绿肥简介

种类	特　性	播　种	压青或刈割
草木樨	两年生和一年生的豆科作物，抗旱、耐寒、耐碱性强，是山丘果园的好绿肥。每 667 米^2 产鲜草 2 000～2 500 千克	春、夏、秋季均可播种	春播的一年半内可收 4 次
白三叶	多年生豆科植物，喜温，较耐湿，耐寒，耐热，在－20℃时能安全越冬；不耐旱，在年降水量 600 毫米以下而又无灌溉条件时，生长量小，覆盖率低；喜微酸性的砂壤土和壤土，不耐盐碱。再生性好，耐践踏。有主根但入土不深，侧根发达，主要分布在土壤表层以下 20～50 厘米。根上有许多根瘤，有较强的固氮能力。茎长 30～60 厘米，匍匐地面，茎的每节能生出不定根。覆盖高度一般 20 厘米左右	种子细小，播种时要求整地，春播或秋播均可	株高 20 厘米以上时刈割，一年可刈割 2～4 次
紫花苜蓿	多年生草本豆科植物，适应性强，喜温暖半干旱气候，耐寒、耐旱、耐盐碱，不耐涝。主根粗壮，根系发达，入土达 3～6 米，能充分吸收土壤深层的水分。对土壤要求不严格，但适宜于排水良好的砂壤果园。每 666.7 米^2 产鲜草 2 000～3 000 千克	秋季或春夏播种，每 666.7 米^2 播 0.75～1 千克	第 1 年秋割 1 次，第 2～4 年每年割 3～4 次，可利用 3～5 年
沙打旺	极耐旱、耐瘠薄。改土效果好，适合沙荒和幼龄果园。春季播种，一次播种可利用 3～5 年，但第一年生长缓慢，一般每 666.7 米^2 产鲜草 2 000～3 000 千克	春季播种	第 1 年割 1 次，第 2～4 年每年割 2～3 次
田菁	为一年或多年生豆科高秆绿肥，适应性强，耐涝、耐瘠、耐盐碱，根系深，是改碱肥地的优良绿肥作物。一般每 666.7 米^2 产鲜草 1 500～2 000 千克。茎秆大而有空隙，为防止影响果园通气透光和茎秆木质化应及时收割	6 月下旬至 7 月中旬播种，每 666.7 米^2 播 1.5～2 千克	花蕾至初花期留茬 20～30 厘米刈割，20 天后再割一次压青

（续）

种类	特　　性	播　种	压青或刈割
柽麻	为一年生豆科绿肥作物。对土壤要求不严格，耐旱、耐瘠、耐酸、耐盐碱，喜高温。属高秆绿肥，茎秆易木质化。但茎秆木质化早，茎叶比高。植株前期生长快，每666.7米^{2}产鲜草2 000～2 500千克	5～7月条播，每666.7米^{2}播2～3千克	初花期前后割青翻压，可刈割2～3次
花生	又称落花生，地果子等，主要栽培于山东、河南、安徽等地，其中以山东最普遍。抗旱能力较强，最适宜于沙质土壤。植株矮小，横伏地面生长，保土保水性能好，是沙性果园的较好绿肥	4月下至5月初，点播	由于播种量大，成本高，宜采后埋青
毛叶苕子	为越冬性蔓生豆科作物。耐寒性强，喜湿润，耐阴、耐旱，不耐涝，不耐盐碱，产草量高，茎叶鲜嫩，易腐烂，适宜于排水良好的果园，可种在行间或株间。播种时可施用天然磷矿粉，“以磷增氮”，促使根壮、苗旺	秋季播种，每666.7米^{2}播2.5～3千克	晚春至初夏（初花期）是割青覆盖的最适宜期
多变小冠花	多年生豆科植物。适应性很强，耐寒，耐旱，也很耐瘠薄，耐阴，耐践踏。主根较粗壮，侧根发达，密生根瘤，有很强的固氮能力。产草量大，生长很快，容易长得很旺盛	可种子繁殖，也可经根蘖和茎段扦插繁殖	一年可刈割2～4次
紫花豌豆	耐旱、耐瘠、耐酸能力都比较强，分枝多，产草量高，但繁殖系数低，栽培成本较高	秋季或早春播种	晚春至初夏（初花期）压青或刈割
绿豆	适应范围广，种植面宽，其中小绿豆植株矮小，抗逆性差，产量也较低；大绿豆植株较大，长势旺，生长期长，生长快，产草量较高。喜高温，耐旱、耐瘠、不抗寒，枝叶鲜嫩，易腐烂。一次播种，一次收获	春夏播种，每666.7米^{2}播2千克左右	播后60天左右（盛花期）可以压青或刈割
乌豇豆	一次播种，一次收获，生长快，产草量高，年内可多作多收。枝叶鲜嫩，易腐烂。喜高温多湿，有一定抗旱力	春季或夏初秋播种	播后50天左右（盛花期）刈割

（3）绿肥播种　绿肥要不误农时及时播种。在我国南方，如果冬季绿肥播种太晚，越冬前苗小根浅，易受冻害；如果播种过早，冬前长势过旺，蹲苗时间短，根系生长差，地上部生长强，不利于越冬，越冬后也不易返青。据试验，紫云英的播种期在9月中下旬到10月中下旬最为适宜。在同一地区，苕子要较紫云英早播5～10天，黄花苜蓿要较紫云英迟10～15天播种。果园夏季绿肥的播种时间，不像冬季绿肥那样严格，但在适宜播种期间，适当提早播种，可以增加刈割次数，提高产量。不能多次刈割的绿肥，如乌豇豆等，提早播种，可争取一年播两季，以提高绿肥产量。

（4）间作套种密度　合理密植，充分利用幼龄果园的行间，往往是果园间作绿肥成败的关键因素之一。间作太密，绿肥旺盛生长期，吸水吸肥能力强，很易与果树争水争肥；如果种植太稀，没有充分利用空间，影响绿肥产量。因地制宜、合理密植，是提高绿肥产量、有利果树生长的重要环节。一般绿肥和绿肥之间距离要适当密一些，绿肥和果树之间的距离要稀一些，以防绿肥生长影响果苗。山东果区夏季间作伏花生采用“一二三，三二一”间作方式，即在树苗为一年生的果园，行间间作三行伏花生作绿肥，二年生苗的果园，行间间作二行伏花生，三年生苗的果园，行间间作一行伏花生，四年生苗的果园，退出绿肥。

（5）根瘤接种与施肥　豆科绿肥最大的特点是能与根瘤菌共生，可以固定空气中的氮素。根瘤多少对固氮数量影响很大。为了确保绿肥共生固氮菌的发达和旺盛，对新垦果园，在播种时可进行根瘤菌接种。在绿肥接种菌种时，绿肥品种和菌种必须对号，如羽扇豆需要与一般豆科植物所不同的根瘤菌种，往往需要用人工培养，其它豆科绿肥往往也有类似的情况。因为根瘤菌种种类很多，它们各有自己的寄主，所以在拌种时要特别注意这个问题。如果一时找不到合适的菌种，可以取一些种过这种豆科绿肥，并生长得较好的土壤进行拌种。

绿肥一般都有较强的耐瘠性，有的还与固氮菌共生，具有一定的固氮能力。但为了确保绿肥高产优质，仍然要施肥。绿肥生长能力强，对肥料反应敏感，小量的肥料可以换取更多的绿肥，尤其是施磷肥，对提高绿肥根瘤的固氮能力，提高绿肥产量及品质都有显著的效果。一般播种前以磷、钾肥作基肥，每 666.7 米^2 施 20～30 千克天然磷矿粉和 20～30 千克草木灰，促进绿肥的生长和固氮作用，取得“以磷增氮”的效果。有的新垦果园，土壤过瘦，仍然要以有机肥作底肥。在苗期要追施稀薄的人粪尿等。对于冬季绿肥，除施基肥外，还要施越冬肥和返青肥。越冬肥主要用草木灰，它可提高冬季绿肥的越冬效果，是一项有效的抗寒保苗措施。翌年开春，绿肥逐步返青，这时施稀薄粪便，可取得“以小肥换大肥”的良好效果。

（6）*病虫害防治与抗逆管理* 果园绿肥病虫较多，如紫云英的菌核病、黄花草子的炭疽病等病害和豆莞青、豆夹螟、蓟马等虫害。如果发现有菌核病和炭疽病时要马上拔去病株，并加以消毒。如发现虫害时要及时加以防治，也可与果树病虫防治结合进行。在许多果区，常常因土壤表层“抬土”现象而使幼小的冬季绿肥根系离开地表死亡，有的因寒风、低温及霜冻等造成冻害，防冻抗寒是种好冬季绿肥的重要措施之一。防冻首先从播种开始，如选择合适的播种期以及进行低沟浅播等；其次，在越冬前要适当盖草或盖谷壳、麦糠、豆叶等，覆盖要均匀、及时；第三，施草木灰，提高幼苗本身的抗寒能力。

（7）*刈割与翻压* 绿肥要及时刈割，适时翻埋。对于可以多次刈割的绿肥，除了作临时遮荫用外，应及时刈割，否则会使绿肥长得过高过老，一方面影响果树生长，另一方面绿肥发生木质化，影响品质。有些绿肥，如乌豇虫、速生绿豆等，生长期短，一般在果荚接近成熟时结合伏耕进行翻埋。还有些绿肥，如某些大豆品种，枝叶茂盛，生长迅速，遮光度大，要分二次或三次拔株，一次翻埋。二次拔去的植株可先铺于行间，等最后一次拔株后一起翻埋；注意不要一次拔光，否则突然改变果园小气候条件，使长期处于较遮荫条件下的幼树突然暴露在烈日下，易灼伤死亡。

(8) 果园绿肥与经济作物混作 可针对果园水土流失的状况，把绿肥和经济作物进行合理组配、安排，兼顾植物种群在时间序列和空间序列上的互补、互利关系，实行果园全年土壤植被覆盖。

在土壤肥力低下的新开垦果园，以改土保水为目标，间、套种肥田萝卜、紫云英、印度豇豆、猪屎豆、木豆等抗性强的绿肥，全年种植 1～2 茬。对立地较好的果园则采取秋冬种绿肥，春夏种经济作物的方法，在果树行间垦出带状地块，种植各种矮秆经济作物（花生、大豆、西瓜、甘薯、油菜、蔬菜、烟草等），形成果树—绿肥—经济作物模式。在坡度较大的山区新垦果园，可沿等高线间隔设置外高内低的反坡断面，在断面上栽植“百喜草”并兼作果园管理用车道；同时，在果树株间空隙间种花生等经济作物，使果园基本为植被全部覆盖。

7. 板栗与茶叶混交

板栗与茶叶混交是乔灌结合、落叶和常绿结合、深根与浅根植物结合的栽培模式。栗茶混交能有效地减少新辟栗园的水土流失，充分利用土壤中有效成分，提高单位面积经济收益率。

栗茶混交应选择阳坡、半阳坡，微酸性土壤，地形坡度不超过 25°，排灌方便，土壤要符合国家Ⅰ类土壤标准，土层较深厚，有机质含量高，周围植被完整，生物种群丰富。要根据当地条件选择优良的区域化板栗良种，海拔 500 米以上的适宜区应优先选择大粒中晚熟品种，低海拔的地区适当选择早熟和早中熟品种。茶树一般选用当地发芽早、抗性强、品质优的无性系茶苗。

山地建园要做好保土、保水、保肥工作。整地前先清理林地，之后沿山坡等高线水平整地，筑成带宽 3～4 米梯地，梯地外沿筑一条土埂，并在埂上种植紫穗槐、黄豆、绿豆、花生、黄花菜等绿肥与经济作物。在秋冬季挖好板栗栽植穴和茶树种植沟，板栗穴规格为80厘米×80厘米×80厘米，株行间距5米×5米，每667米^{2}栽27株；茶树种植沟宽0.7米，深0.6米以上。栽植穴和种植沟底层埋秸秆、青草，上层施腐熟的饼肥、猪栏粪等有机肥料，并覆土10～15厘米。茶树株行距0.3米×1.3米或0.5米×1.2米，每隔2～3行茶树栽1行板栗。板栗定干高度不低于1米，采用主干分层形或自然开心形；适时修剪或间伐板栗树，使林分郁闭度不大于0.55～0.60；整个园地中，板栗树之外应有40%～50%的垂直空间处于茶树行上。成年茶树定型后，每年春茶采摘后轻修剪，并间隔几年重修剪一次。

四、果园生草功能

1. 保持水土

生草栽培的果园，土壤保水力较强，可延长灌溉时间间隔，能够省水以及减少灌溉次数和灌溉用工。同时，所生草类可通过吸收同化，将无机营养转变为有机肥，增加土壤有机物质含量，减少肥、水流失。尤其在山地坡地果园，生草可起到保水保土保肥的作用，因为种草形成的致密地面植被可固沙固土，减少地表径流及径流对山地和坡地土壤的侵蚀，从而对土壤起到有效的保护作用。

2. 改善土壤结构和营养

果园所生草类除能够提高土壤有机质含量外，还能改善土壤结构，增进地力。据调查，果园生草后，土壤中的腐殖质可保持在1%以上，土壤结构良好，尤其在质地粘重的土壤，生草的改土作用更大。果园生草还可降低表层、亚表层土壤容重，增加总孔隙度和毛管孔隙度，改良土壤物理结构。此外，果园草生栽培后，草类根系可吸取土壤中多量的有效氮，从而减少氮素淋失，并将向下淋洗的养分重新运移到土壤表层，而当草类死亡腐化后，其所含养分又可释出供给果树利用。豆科草类根系强大，易于积累有机养分，并能固定空气中的氮素，据测定，每666.7米^{2}白三叶可固定氮素10～13千克，相当于尿素22～29千克，而刈割翻压后能明显提高土壤养分含量。

3. 调节地温，改善生态环境

果园生草后增加了地面覆盖层，能降低土壤表层温度变幅。土壤生草后，在春天地温提高快，可促使根系提早生长；在夏季，降低地表温度，保持果树根系继续旺盛生长；进入晚秋后，生草像一层棉被可提高地温，延长根系活动时间；在严冬，则可减弱地温下降，防止冻害。

4. 提高生物防治能力

果园是相对较为持久的生态系统，不像小麦、玉米等大田作物会因季节性收获而发生系统中断，因而果园为各种害虫提供了良好的连续性生境。果园生草后，植被多样化提高，可增加昆虫种类的多样性，果园对生物的富集性及自控作用得到提高。比如，在果园种植紫花苜蓿、夏至草、三叶草等植被，形成有利于天敌而不利于害虫生存和繁育的生态环境，可充分发挥自然界天敌对害虫的持续控制作用，使虫害发生率明显下降。有研究表明，柑橘园或葡萄园栽种冬季绿肥作为覆盖作物可降低害虫族群；此外，由于在双子叶草生区存在较多天敌，而单子叶草生区易出现较多的叶螨，因而在苹果及樱桃园中，以双子叶草作为生草栽培的植被优于单子叶草。果园生草改善了果树生长环境和营养条件，还可促进果树健壮生长，从而使果树抗病力增强。

5. 有利于改善果实品质

生草可提高果园土壤磷素与钙素有效含量，使果树营养均衡，增加果实中的可溶性固形物含量和果实硬度，促进果实着色，提高果实抗病性和耐贮性，减少生理性病害，使果面洁净，从而提高了果实的商品价值。生草园果树根系活动时间延长，树体累积的养分增多，花芽分化充实，园内空气湿度和昼夜温差增加，果实着色、含糖量、果肉硬度和耐贮性均有明显改善。另外，生草后改善了果园生态环境，可降低久旱暴雨后的裂果率；同时，生草覆盖的地面可减轻采前落果和采收时果实的损伤。此外，有些草类如白三叶是良好的蜜源植物，开花早（4 月初）、花期长（约 5 个月），有利于吸引蜜蜂等授粉昆虫，从而提高果树的授粉率。

6. 抑制杂草生长

果园生草，省去了清耕除草，大大减轻了劳动强度，同时生草果园由于草的覆盖作用，便于雨后或灌溉后农机进地操作，可根据作业的需要，不误农时地行车或人工作业。据调查，成坪后的白三叶能有效抑制多种杂草生长，抑制率达 55%～70%，尤其能抑制蓼、藜、苋、豚草等恶性阔叶杂草。

7. 提供优良蜜源植物

果园生草种类许多是优良的蜜源植物，如紫花苜蓿花期较长，花蜜的质量较好。种植紫花苜蓿对养蜂也十分有利，不仅收获蜂蜜，也利于作物传粉，增加产量。

五、果园生草方式

1. 自然生草和人工种草

按照种植方式，果园生草可分为自然生草和人工种草。

果园自然生草是果园有什么草就让它长什么草，主要做法是在每年的生长初期，让果园杂草自然生长，在生长中后期，割草覆盖树盘，控制靠近树干的杂草生长。对于矮小的草类（如荠菜、苦菜花、紫花地丁、车前等），不管它们，让它们自然生长。对于个别恶性杂草（如拉拉秧、大狗尾草、小旋花、灰菜、茵陈蒿、猪毛菜、苋菜、马齿苋等）要进行控制，让它们只保持在幼苗状态，一旦长高就及时铲除。

在坡地果园自然生草，可于下坡面围绕树干修半圆形坑，当杂草长到 30 厘米左右时，从距地面 10 厘米处割下，铺放在坑内任其腐烂。注意在 6～8 月份杂草旺盛生长期时，要割草 2～3 次以保持果园草类高度不超过 30 厘米；至生长末期，则任杂草自然死亡。

果园自然生草和半自然生草体系的形成一般需要 2 年以上的时间。果园定植初期，植被量少，土壤疏松，割草时尽量不要拔出根系，对水土流失地段应人工移植草皮。坑边缘的杂草，在一两年内不要割除。一般每年 8 月中旬以后应停止割草，让杂草自然产生一定数量的种子，以保持下年的杂草密度。

人工种草则是在果园行间、株间等空闲地带，人工播种适宜本地草种，维持多年后进行翻压，使地上草和地下根全部腐烂肥田，将果园施肥、生物覆盖、改善环境、提高果实品质及草资源的综合开发利用融为一体，省工省钱、简便易行。

2. 全园生草、行间生草和株间生草

按照生草区域和规模，果园生草可分为行间生草、株间生草和全园生草。顾名思义，行间生草仅在果树行间生草，株间（行内）保持清耕；株间生草是在果树株间生草，行间种植间作物；全园生草即不论果树行间、株间还是果园边埂均处于生草状态。

具体采用哪种模式应根据果园立地条件、种植管理条件而定。土层深厚、肥沃，根系分布深的果园，可全园生草，反之，

土层浅而瘠薄的果园，可用后两种方式。在年降水量少于500毫米、无灌溉条件的果园，不宜生草。果树矮化、适度密植，行距为5～6米的果园，可在幼树定植时就开始种草，中等密植的矮化果园亦可生草，高度密植的果园不宜生草而宜覆草。目前，主要提倡行间生草、行内除草制度。

六、果园生草栽培技术

1. 果园草种选择

（1）有害与无害草类的区别　果园栽培用草是经过仔细选留或人工种植的有益草类，这些草类主要是一些豆科牧草。有益草类可以通过生物固氮等方式来增加土壤有机质，提高地力，属于养地作物；而果园有害杂草多为耗地型的禾本科、苋科、藜科等植物，不仅不能培肥地力，还与果树争肥争水，消耗土壤中的大量养分。

果园无害草类一般根系较浅，植株低矮，匍匐生长，茎蔓长度小于100厘米，草层多在50厘米以下，覆盖度大，保墒效果好，对果树无不良影响；而果园有害杂草大多根系较深，株高大于80米的直立性杂草和茎蔓长度大于100厘米的蔓生及攀缘性杂草，它们会进入果树冠层内或攀爬于冠层遮挡阳光，同时消耗土壤中大量水分和养分，或者根系较深，对土壤深层的水分和养分吸收较多，与果树生长发生矛盾。

考虑到种植和养殖对果园草类的多种需要，被选用的果园草类通常营养丰富，干物质中粗蛋白的含量多在16%～17%以上，且含有大量的矿质元素和丰富的维生素，是很好的动物饲料，适于果园种养结合；而果园有害杂草干物质中粗蛋白的含量低，矿质元素和维生素也不如果园生草的含量高，且适口性较差。

（2）人工草种选择原则　所选草类对环境的适应能力要强，

容易栽培成活，易于管理，易于繁殖，最好能播种、分株、扦插繁殖均可；早发性好，生长快，覆盖期长，比共生杂草有较强的竞争优势；耐割、耐践踏，再生能力强；易于被控制，必要时可净除。草类主要栽培在果园树冠层下，所选草类要有很好的耐荫性；病虫害对果树和草类都有重要影响，应筛选抗、耐病虫害、病虫害少的优良品种，并且与果树无共同的病虫害或寄主的关系，能引诱天敌，生育期较短。另外，所选草类必须对气候和土壤条件具有广泛的适应性，以便于在大范围推广应用。

草类的生长速率是决定果园生草栽培是否成功的关键。所选草类作为地面覆盖作物，需要面对田间杂草的竞争，早期的生长速率非常重要，它必须在杂草尚未萌出或成长前即能快速达到地面完成覆盖住，不要让杂草有生长的空间。水土保持效应对在坡地果园或有水土流失的地区非常重要，一般要求草种须根发达，固地性强，最好是匍匐茎植物。果树根系一般分布较深，为避免与果树竞争水、养分，应选择浅根性草种，尤以根系集中分布于地表 20 厘米以内最为适宜。

增加地面覆盖是果园生草的目的之一，因此，需要考虑草类覆盖期的长短及后期的掩埋等问题。果树属于多年生作物，所选草类的生育期一般越长越有利，这样便于栽培管理和提高防除杂草的有效性，所以最好是多年生草类。多年生豆科作物具匍匐特性和固氮能力，更有助于果树生长，如果有合适的多年生豆科作物品种，应优先选择；没有的话，生长期达 180 天以上的豆科品种亦不失为最佳选择。

增加土壤有机质、培肥土壤是果园生草栽培的主要目的之一。要求草种生长快、产量高、富集养分能力强，易腐烂，有利于土壤腐殖质和有机—无机复合胶体的形成。为了更好地培肥果园土壤，提倡两种或多种草混种，特别是豆科和禾本科草混种。因为豆科植物固氮和富集磷钾的能力较强，分解腐烂快，能较快地补充土壤有效氮素和其他矿质养分；而禾本科植物分解腐烂较慢，更有利于土壤有机质的积累和土壤有机—无机复合胶体的形成。此外，它们不同的覆盖度、不同的根际微生物区系、根系残留量、根系分泌物等都具有互补特性。只有这样才能从土壤物理、化学、生物性状等多方面改善土壤肥力。

果园生草栽培后，草种和果树间不仅存在养分和水分的竞争，而且也会通过分泌和释放化学物质而产生有利或有害的相互作用，比如，狗牙根和铁荸荠等对柑桔生长具有抑制效应，草种选择要注意这些问题。

草种选择不当还会滋生病虫，加重果园病虫害，比如在橘园种花生、甘薯等会使线虫病发生加重，而种禾本科草类则发病较少。因此，应选择与果树无共同病虫害的草种，最好是能寄生或保护果树害虫天敌的草种。如我国南方橘园种植藿香蓟，因其花粉是柑橘红蜘蛛的天敌捕食螨的食料来源之一，所以有利于保护和促进捕食螨的繁殖，从而降低红蜘蛛的发生与为害。北方果园种草木樨可保持草青蛉数量，种苕子可增加瓢虫数量。有研究表明，果园即使实行自然生草，由于提供了害虫天敌的食料和栖息场所，也可以减轻多种害虫的为害。

(3) 适合果园的草类　适合果园生草的种类有禾本科的早熟禾、百喜草、剪股草、野牛劲、羊胡子草、结缕草、鸭茅、燕麦草等，以及豆科的白三叶、红三叶、紫花苜蓿、扁豆黄芪、田菁、匍匐箭筈豌豆、绿豆、黑豆、多变小冠花、百脉根、乌豇豆、沙打旺、紫云英、苕子等，还有夏至草、泥胡菜、荠菜等其他科属的有益杂草。草种最好选用三叶草、紫花苜蓿、扁豆黄芪、田菁等豆科牧草，国外有用禾本科牧草（如黑麦草、羊茅草等）的，也可用豆科和禾本科牧草混播或与有益杂草（如夏至草）搭配。目前果园常用白三叶、黑麦草、苜蓿、百喜草，它们的特点如下：

白三叶：多年生豆科植物，寿命长，可达10年以上，适宜年降雨量450毫米以上。茎匍匐，自然生长高度25～35厘米。

茎节能生不定根，主根入土不深，侧根发达细长，每节根可生出不定根，集中生长在20厘米土层内。喜温暖湿润气候，适应性较其他三叶草强，能耐－15～－20℃的低温；耐短时水淹，不耐干旱；适宜的土壤为中性沙壤，最适土壤为pH6.5～7.0，低至4.5也能生长，不耐盐碱；耐践踏，生长恢复力强，管理好的可持续生长7年以上。开花早，花期长，景观效果好。白三叶营养丰富，粗蛋白含量29.8％、粗脂肪含量2.7％、粗纤维含量2.5％、无氮浸出物含量47.1％。

黑麦草：有一年生和多年生黑麦草。一年生黑麦草又称多花黑麦草，意大利黑麦草，为一年生或二年生草本植物。须根系，茎直立，喜温热湿润气候，不耐严寒和干热，抗旱和抗寒性较差，耐潮湿，但不耐长期积水。喜欢肥沃的土壤，最适土壤pH值为6.0～7.0。生长期长，生长迅速，刈割时间早，再生能力强，南方一般刈割3～4次，北方2～3次。分蘖多，根系发达，落粒种子自繁能力很强。多年生黑麦草又称黑麦草，宿根黑麦草，牧场黑麦草，英格兰黑麦草。为多年生禾本科植物。适合温暖、湿润的温带气候，耐热性差，在我国南方夏季高温地区不能越夏，耐寒性较差，－15℃时不能很好生长。在我国东北、内蒙古和西北地区不能稳定越冬。根系丛生分蘖，须根发达根系集中在20厘米土层内，自然生长高度30～50厘米。遮阴对生长不利，对土壤要求较严格，在肥沃、湿润、排水良好的壤土和黏土地上生长良好，也可在微酸性土壤上生长。出苗快，苗期短，耐践踏力强，可生长5～6年。

苜蓿：多年生豆科作物。喜温暖半干旱气候，抗寒性强，其耐寒品种可耐－20～－30℃，有雪覆盖时可耐－40℃的低温；高温高湿不利其生长。主根粗壮，根系发达，入土达3～6米，能充分吸收土壤深层的水分，故抗旱能力很强。对土壤要求不严格，在沙土、黏土均可生长，但最适土层深厚、富含钙质的土壤，适宜的土壤pH为7～8。生长期间最忌积水，连续水淹1～

2天即大量死亡，因此要求排水良好，地下水位低于1米以下。耐盐碱，成株能耐0.3%以下的盐分，在NaCl含量为0.2%以下生长良好。自然生长高度30～50厘米，耐践踏及恢复力极强。抗旱性及冬季抗逆性优异。

百喜草：多年生禾本科植物，适宜年降雨量750毫米以上的地区。匍匐生长，茎粗壮，生长快，根系发达，70%的根系集中分布在30厘米内。自然生长高度40～50厘米，匍匐茎再生能力特强，耐践踏力极强。病虫害少，耐高温、耐瘠薄、耐荫、耐盐、极耐旱，尤其适于海滨地区的干旱、粗质、贫瘠的沙地。光照度40%以上生长佳，降至20%也能正常生长。适宜于酸性红壤、砖红壤、黄壤地生长，可广泛栽植于荒山荒坡、水边路边、公路、铁路边坡、经济稀疏林下等土壤pH值5.5～7.9为佳。

（4）需要铲除的有害杂草　自然生草需要铲除有害杂草，比如，沙蓬生长量过大，不宜保留，一般要在果园生长初期予以根除（对坡度过大的果园可适当保留，但应控制其生长高度）；管梗、扒地草根系庞大，与果树根系争水、争肥，应及早根除；寄生性菟丝子在丘陵坡地果园较多见，常缠绕整个幼树，消耗树体营养，要及时清除。其他有害杂草还有芨芨草、野燕麦、白草、芦苇、毒麦、假高粱、大狗尾草、葎草、巴天酸模、杖藜、牛膝、播娘蒿、苘麻 、野胡萝卜、益母草、紫苏、曼陀罗、艾蒿、菊苣、黄花蒿等。

2. 整地与播种

人工种草播前应对土壤进行全面耕翻与施肥，一般在果树行间按每667米^{2}果园撒施50千克磷肥（普通过磷酸钙）和7.5千克尿素或10千克磷酸二氨，然后对土壤进行耕翻或旋耕，耕翻深度宜20厘米左右。

草种可直播和移栽，直播需平整土地，可采用撒播或条播，一般以划沟条播为主。条播时行间留20厘米，根据果树行距，刨 1～2 条浅沟，深约 2 厘米，浇足底水均匀撒播种子覆浅土，然后覆盖地膜，7～10 天即可出苗。移栽需通过苗床育苗，出苗后禾本科草长至 3 张叶片以上，豆科草 4～5 片叶以上，即可移栽。土壤墒情好的不用带土，栽时踩实即可成活。

自春季至秋季均可播种，一般春季 3～4 月份（地温 15℃以上）和秋季 9 月份最为适宜。3～4 月份播种，草被可在 6～7 月份果园草荒发生前形成，9 月份播种，可避开果园草荒的影响，减少剔除杂草的繁重劳动。播种量根据选用的生草种类而定，如黑麦草、羊茅草等牧草，每 667 米^2 用草种 2.5～3 千克，白三叶、紫花苜蓿等豆科牧草每 667 米^2 用种量 1～1.5 千克。

自然生草时可根据果园具体情况，将扯皮草、蓬草、蒿草等有害草及时拔除，再通过自然竞争和刈割，最后选留几种适于当地自然条件的草种。

3. 生草果园的一般管理

生草果园主要实行行间灌溉，因此，播种前在果树行间要挖一幅宽 0.5～1 米、深 20 厘米浅沟；有条件的果园可采用微喷或滴灌等节水灌溉方式。生草果园应撒施肥料，特别在春夏季节，草生长旺盛，需增加氮、磷、钾肥的用量。苗期可以氮肥为主，成坪后以磷钾肥为主。生草果园仍遗有野生杂草，要及时防除。果园种草既为有益昆虫提供了场所，也为病虫提了庇护场所，果园生草后地下害虫会有所增加，应重视病虫防治。

生草果园应当通过适时刈割来控制草的长势，以缓和在春季草类与果树争夺肥水的矛盾，并增加年内草的产量，提高果园土壤有机质含量。生草最初几个月，不要割，当草根扎深、营养体显著增加后（一般在茎高 30 cm 以上时），才开始刈割。一般 1 年刈割 2～4 次，灌溉条件好的可多割 1 次。刈割要掌握留茬高度，一般豆科草要留 1～2 个分枝，禾本科草要留有心叶，割得太狠就会失去再生能力。一般豆科草留茬 15 厘米以上，禾本科草留茬10厘米左右，带状生草的，刈割下的草覆盖于树盘上。全园生草的果园，刈割的草就地撒开，也可开沟深埋，与土混合沤肥。生草5～7年后，草逐渐老化，应及时翻压，休闲1～2年后，重新播种。翻压以春秋季翻压为宜，翻耕后，有机物迅速分解，速效氮激增，应适当减少或停止施肥。

果园生草5～7年后，草种老化，同时土壤表层形成了一个盘根错节的"板结层"，会影响果树根系的生长和吸收功能，应进行草的更新。更新时可向行间喷洒草甘磷等除草剂灭草，或通过果园深翻，将草翻压于地下，然后实行免耕或清耕法，1～2年后再重新播草或自然生草。也可用薄膜覆盖1～2个季节，使板结层的草根腐烂了，经深翻后再重新生草。

4. 果园生草应注意的问题

选用草种要因地制宜。白三叶倍受各地青睐，但白三叶耐旱性差，在我国西北地区大旱时间有时达100多天，而在这样的旱地果园种植白三叶，一般死苗率会在30%以上。因此，应因地制宜选用草种，在灌区，可主要选用耐阴湿的白三叶，在旱地则选比较抗旱的百脉根和扁茎黄芪为主。

幼龄果园根系还比较浅，树盘上种的草和树根会发生争水、争肥和争气的矛盾，不利于果树正常生长。一般幼龄果园，只能在树行间种草，其草带应距离树盘外缘40厘米左右。而成龄果园，可在行间和株间都种草，但在树盘下不提倡种草。

种草出苗后，应及时松土，逐行查苗补苗，达到全苗。对于稠密的草苗要及时间苗定苗，可适当多留苗，并结合中耕，彻底清除杂草，以利种下的草苗壮生长。不能因"种草可以保水增肥"而放松了水肥管理，除了播种前施足底肥外，在苗期还应施富含氮素的速效有机肥以促进草苗早期生长；此外，每年应施用有机肥以进一步培肥地力。施肥方法可结合灌水施用，也可趁雨天撒施或叶面喷施。天旱缺墒时，就要及时灌水。

多数生草，播种后的头一年，苗弱根系小，不宜刈割。一般从第二年开始刈割，当草长到 40 厘米左右时，就可刈割，每年刈割 3～5 次。把刈割下的草覆盖在树盘上，以利保墒。多年生草，一般 5 年后已老化，5 年后进行秋翻压，使其休闲 1～2 年后，再重新播种生草。

5. 几种常用草类的栽培要点

（1）白三叶草栽培要点　白三叶草最适生长温度为 19～24℃，最佳播种时间是春秋两季。春季播种可在 3 月中下旬，气温稳定在 15℃以上时即播种，秋季播种一般从 8 月中旬开始至 9 月中下旬。秋季墒情好，杂草生长势弱，有利于白三叶生长成坪，较春季播种更为适宜。

白三叶草播种前需将果树行间杂草及杂物清除，并在园中撒入适量有机肥及磷矿粉，再对果园进行 20～30 厘米深翻，翻后将地整平，墒情不足时应及时在翻地前灌水。可全园生草、行间生草和株间生草，一般多用行间生草方式；行间生草可以单播白三叶草，也可与黑麦草按 1∶2 的比例混播。可撒播也可条播，条播时行间距保持 15 厘米左右；播种宜浅不宜深，一般为 0.5～1.5 厘米，每 667 米^2 用种量 0.5～0.75 千克。

白三叶属豆科植物，自身有固氮能力，但苗期微生物尚少，需补充少量的速效氮素有机肥，待成坪后则只需补富含磷、钾的有机肥。苗期还应适时清除杂草，并保持土壤湿润，如遇长期干旱，需适当浇水。当草的高度达到 30 厘米时，开始刈割，刈割留茬不低于 5 厘米，每年可刈割 2～4 次，采果前 1 个月必须刈割，以促进果实着色；刈割物就地置于树盘下，并压土防火防风，也可作为饲草。

（2）草木犀栽培要点　草木犀为三叶草属一年或二年生豆科草本植物。草木犀不仅是主要的饲料，也是很好的绿肥作物，有保水防风固沙的作用，又是蜜源植物。草木犀根扎的较深，耐瘠薄、抗旱，抗碱能力较强，对土壤要求不严。草木犀种子小，出土能力弱，播种时需把土地整平、耕细。

新鲜草木犀种子外表皮较坚实，播前要把种子与沙子混合揉搓或用石碾子擦伤种皮，使种子易吸水发芽、出苗快而整齐。有条件的地区可秋冬播种，利用春季冻融交替的温度变化破坏坚实种皮，提高发芽率。

在我国北方地区，草木犀适宜春播或夏播，可在5～6月初进行。这时杂草刚发芽时，可播前整地时将杂草除去，而且播种发芽后即进入雨季，使幼苗生长正赶上良好的温度、光照、水分条件。播种采用条播、撒播或点播方式均可。条播每公顷用种量10～20千克，条播行距20～30厘米，播深2～3厘米；干旱区可采用开深沟浅覆土法，踩格子或镇压，以保苗全、苗壮、苗齐。草木犀幼苗生长较慢，要注意防除杂草。

牧草收割适宜在单位面积内营养物质最高、且对植株寿命无影响时进行。草木犀在茎高在50厘米左右时收割，营养物质产量高，根部养分已蓄积到一个相当高的水平，易再生。每次收割后，应进行灌溉、追肥、中耕松土及除草，以促进再生；草木犀产量高，应施足底肥，过酸土质要施石灰。

(3) *紫花苜蓿的栽培要点* 紫花苜蓿为温带植物，尤喜温暖、半湿润、半干旱的气候条件。分布范围甚广，西起新疆、东到江苏北部，包括黄河流域及以北的14个省区，主要产区是西北及华北地区。紫花苜蓿最适宜在地势高燥、平坦、排水良好、土层深厚、中性或微碱性沙壤土或壤土中生长；不宜种植在低洼及易积水的地里；要求地下水位在1米以下。紫花苜蓿可以在轻盐碱地上种植，不宜重茬，最好间隔2～3年或更长年限再种。

紫花苜蓿种子小，播种之前要精细整地，以彻底清除杂草。整地时间最好在夏季，这样便于蓄水保墒，消灭杂草。耕地深度应在20厘米以上，低洼盐碱地要挖好灌溉渠道及排水沟，以利灌溉洗盐及排除多余的水分。

种子播种前要经过清选，去掉杂质，还应进行根瘤菌接种，特别是未种过紫花苜蓿的田地更需要接种，可用根瘤菌剂拌种，也可做成包衣种子。根瘤菌接种有三种方法，最简便的方法是取紫花苜蓿或草木犀地里表土以下的湿土三份混入紫花苜蓿种子两份，均匀混合后播种；第二种取紫花苜蓿的根瘤菌捣碎加水稀释拌种，以湿透种子为标准，在早晨或傍晚播种；第三种是用紫花苜蓿根瘤菌剂一份溶于九份水中与紫花苜蓿种子拌湿播种，水量以浸湿种子为宜。

适宜紫花苜蓿种子发芽和幼苗生长的土壤温度为10～25℃，一般当地温稳定在5℃以上时播种。用于播种的土壤要疏松通气，并有足够的水分（为田间持水量的75％～85％）。播种一般分春播、夏播和秋播3个时期，有时也采用临冬寄籽播种。夏播紫花苜蓿时，以湿润而又相当紧实的苗床为好。土壤不应是分散状，而应呈细颗粒状。紫花苜蓿种子很小，不宜深播。播种深度视土类而定，一般为2～3厘米，砂质土3厘米，黏土为2厘米，湿土浅播，干土稍深。春播时，需在上一年作物成熟收获后，浅耕灭茬、除草、保墒，然后深翻消灭发芽野草，春季来临时再耙地后播种；秋播时，应在作物收获后，深耕、耙平、磨碎，采用条播法单种。临冬寄籽播种多在春旱又寒冷的地区采用，这是北方种植紫花苜蓿的一种特殊方式，具体做法是在临冬前，夜间已经结冰、白天又能化冻的情况下播种。播种后因地温低，种子不能发芽，待到第二年初春，天气回暖，土地解冻，种子开始发芽出苗，幼苗整齐健壮。

播种可采用条播及撒播两种方式，也可穴播。果园间作多采用条播，条播行距一般30厘米左右。一般来说，紫花苜蓿每公顷播种量7.5～15千克；在干旱地区，每公顷播种7.5～11.5千克；在湿润地区，每公顷15～19千克。紫花苜蓿可与禾本科牧草混种，温暖湿润地区宜与苇状羊茅、鸡脚草（鸭茅）等混种，干旱地区宜与无芒雀麦、冰草等混种；每公顷播量为紫花苜蓿

12千克加苇状羊茅或鸡脚草7.5千克，或紫花苜蓿12千克加无芒雀麦或冰草7.5千克。

紫花苜蓿需要轮作与倒茬，具体做法以耕作习惯、土壤条件和栽培目的而定，一般在5～6年之后，草产量开始下降时翻耕倒茬；与多年禾草混播，产量稳定，利用年限可长些；以改土养地为主，可以利用4年就倒茬；人少地多，风沙大的地区或保持水土地区可以用到6年。翻耕应在雨季和雨季后期进行，此时土壤湿润，气温高，翻耕后根茬易腐烂。干旱、半干旱地区不可春翻。

（4）*黑麦草栽培要点*　多年生黑麦草可春播或秋播，最宜在9～10月份播种，播前需精细整地，保墒施肥，一般每667米^{2}施农家肥1 500～2 000千克，磷矿粉50千克用做底肥，条播行距为15～30厘米，播深为1～2厘米，播种量每667米^{2}为2～2.5千克，也可撒播，但播量要适当增加。黑麦草适宜与白三叶、红三叶混播。对草地要加强水肥管理，除施足基肥外，要注意适当追肥，每次刈割后应及时追施人畜粪尿，生长期间注意浇灌水，可显著增加生长速度，分蘖多，茎叶繁茂，可抑制杂草生长。

一年生黑麦草较适于单播，春秋播种都可以，冬季温和的地区适于秋播，其播种量和栽培技术与多年黑麦草基本相同。

（5）*百喜草栽培要点*　百喜草小叶种比较耐寒，实生苗繁殖力强，生长迅速，种子发芽率可达50%。而大叶种较不耐寒，不适宜冬季繁殖，但产草量高，种子发芽率很低，一般为20%，一般用扦插繁殖。

百喜草主要在我国南方种植，以集中育苗后移栽较好。播种期从3月中旬至6月底，集中育苗时撒播每666.7米^{2}播种量10～15千克。百喜草更多的采用分株繁殖，以匍匐茎扦插。由于其节上生根，极易成活，成活率可达100%。匍匐茎每1～2个节可作一个插穗，年繁殖系数高达50。栽植以3～6月为好，秋季栽植也能成活。一般每公顷栽植9万～12万株。栽植前深翻 20 厘米，每公顷施 500 千克磷矿粉及家畜肥3 000～4 500千克作为基肥，伏旱栽植后要适当浇水 1～2 次，栽植初期应及时除杂草，2～3 个月后即可完全覆盖地表。

也可在田间直接播种，不过种子必须做松颖处理。直播每 666.7 米^2 播种量 15 千克，播种方式有条播和穴播两种，条播条距 30 厘米，穴播规格为 30 厘米×25 厘米。种子经 60℃温水浸种 1 小时后播种，播后撒少量细土覆盖，然后浇水和覆草保湿。在气温适宜时，播种后 7～10 天即开始出苗；出苗时揭除覆盖物，并随时清除其它杂草和松土，及时浇施 3～4 次稀释的人畜尿，以促进幼苗生长。

苗子长到 4～5 片真叶时，即可移栽到果园行间或其它需要植草的地方。移栽规格为 30 厘米×25 厘米，每穴 3～4 株小苗，栽后及时浇水。移栽后的头 2 个月内需注意防除其它杂草，如任杂草蔓延则可能导致生草失败。移栽成活一周后可浇施一次稀释的人畜尿，间隔 1 个月后再浇施一次，此时基本覆盖地面，并能够抑制其它杂草。如需采种，因陆续抽穗种子陆续成熟，应随熟随采；如作敷盖材料或肥料，则在草的高度到达 30 厘米左右时刈割；割青后及时追施饼肥 300～500 千克/公顷，以促进百喜草的分蘖和生长。

第五章　果园建设的生态工程技术

作为人工生态经济系统，生态果园在建设中需要采用多种生态工程技术措施，保护果园环境和水土资源，完善和优化果园生态系统结构，促进果园生态系统的良性循环。这些工程技术主要包括沼气生态工程技术、果园生态防护工程技术（如水土保持技术、防护林营建技术、小流域综合治理技术）、果园灌排工程技术、土壤培肥技术等。

一、沼气生态工程技术

沼气是有机物质在厌氧条件下，经沼气微生物的发酵作用而产生的一种无色、有臭、有毒的混合可燃气体，可作为照明、取暖和做饭的能源。沼气是在严格的厌氧环境、合适的碳氮比、适宜的 pH 值与合适的温度的条件下，由沼气微生物发酵产生的。能够满足沼气发酵条件的发生器，叫“沼气池”，通常向沼气池中填入人畜粪便、秸秆和杂草等有机物质，在密闭缺氧的情况下进行沼气发酵反应。

1. 沼气池的作用

沼气技术是变废为宝的高效转换技术，在生态果园中起纽带作用，它连接着果园种植和养殖。沼气装置可以使果园生态系统形成一个完整高效的“生物链”，还可以化害为利，变废为宝，减轻环境污染，如人畜粪便被集中到沼气池，在池中发酵后，大多数的寄生虫卵会沉淀到池底；在缺氧和高温条件下，其他有机废弃物质投入沼气池，经沼气发酵后，也能够变成有益无害的沼气、沼液和沼渣。

应用沼气技术，可以显著减少农村对薪柴、煤炭的使用量，有效地降低二氧化硫的排放，减轻大气污染。将沼气池与厨房、厕所或圈舍一同规划，同步建设，可以改变农村粪便、垃圾随意堆放的不良状况，解决农村生活脏、乱、差的问题。同时，经沼气发酵，有机废弃物中的致病菌和寄生虫卵等被杀灭，也有利于对传染病和寄生虫病的预防和控制。此外，沼液防治病害虫的效果与一些农药相似，使用沼液防病治虫，可降低农药使用量，减少环境污染事故和中毒事件的发生。

沼气是一种高热值的清洁能源，可用于照明、取暖等。农村发展沼气可以节约一半以上的传统能源，解决农村能源短缺问题。沼气还可以应用于水果保鲜，因为沼气主要成分是甲烷和二氧化碳，充入果品贮藏容器能够抑制果实呼吸强度，推迟后熟期，同时能有效地抑制微生物生长，减少病虫害，降低贮藏成本。

沼液和沼渣统称沼肥，沼肥无毒无害，营养成分全面、损失少，易被作物吸收，明显优于普通的牲畜粪尿水。沼渣和沼液中含有大量矿物质离子和丰富的有机物质，能够改良土壤，促进土壤团粒结构的形成，增加土壤有机质和微生物含量，提高土壤肥力，还能疏松土壤，为根系创造有利的生长环境。经常施用，能够促进果树生长和预防缺素症。

沼液中含有抗菌素和一些活性物质，具有防病杀虫的作用，经常喷洒沼液能够增强果树抗病性，明显减少果树根腐病、腐烂病、白粉病、早期落叶病等常因树势衰弱而得的病害；沼肥富含脯氨酸、亚麻酸、亚油酸、脱落酸和黄腐酸等，能增强树体抗寒和抗旱能力。此外，与偏施氮肥造成叶片徒长相比，施用过沼肥的苹果叶片健壮，不易发生红蜘蛛、蚜虫等食叶害虫的为害。

沼肥还含有多种微量元素和氨基酸，是很好的养鱼、养猪或养鸡的饲料。沼渣与基料堆沤可以用来种蘑菇，蘑菇产量可提高30%；沼渣也可用来养蚯蚓等。

2. 沼气系统的建造

（1）沼气池简介　目前我国农村推广较多的沼气池是水压式沼气池，它由发酵间和贮气间两部分组成，以发酵液液面为界，上部为贮气间，下部为发酵间。随着发酵间不断产生沼气、贮气间的沼气密度便相应地增大，使气压上升，同时把发酵料液挤向水压箱而使发酵间与水压箱的液面出现位差，这个液位差就是贮气间的沼气压力，两者处于动平衡状态。当使用沼气时，沼气逐渐输出池外，池内气压慢慢减小，水压箱的料液又流回发酵间，使液位差维持新的平衡。如此不断地产气、用气，沼气池内外的液位差不断地变化。我国大多数地区建造的沼气池通常成圆形或近似圆形，池体容积一般为 6～10 米^3，设计气压为 40～80 厘米水柱。

按照建造材料划分，我国沼气池有砖混沼气池和玻璃钢沼气池。砖混沼气池即以砖石水泥等为材料就地建造的沼气池；玻璃钢沼气池（图 5.1）是一种工厂化生产的新型沼气池，它由不饱和聚酯树脂、胶衣树脂、短切毡、优质玻璃纤维布等材料配合成型模具经多道工序复合制作而成，具有重量轻、耐腐蚀、耐老化、防渗漏、施工周期短等优点；同时，玻璃钢沼气池可在工厂内批量生产，质量稳定，在使用过程中无需对池体进行维护，综合比价要比砖混沼气池低。

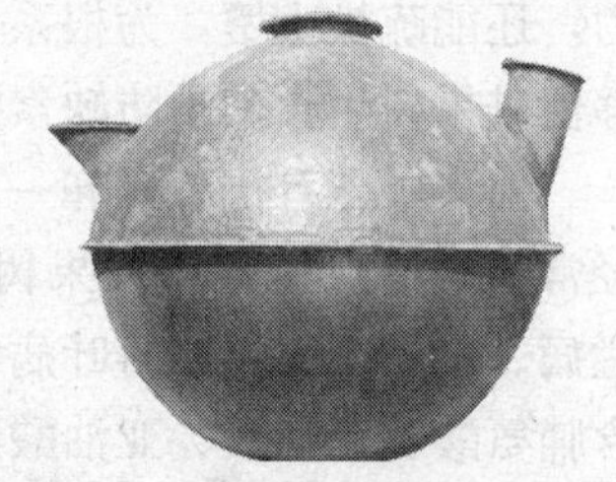

图 5.1　商品化玻璃钢沼气池

（2）**沼气池标准**　按照我国 GB4750—2002 国家标准，户用沼气池必须满足以下技术要求：

①气密性：池内气压为 8000（或 4000）帕时，24 小时漏损率小于 3%。

②单位有效池容日产气量，每立方米平均日产气量在 0.20 米^3 至 0.40 米^3。

③正常贮气量为日产气量的 50%。

④强度安全系数 K≥2.65。

⑤正常使用寿命 20 年以上。

（3）**砖混沼气池建池技术**　沼气池类型和建造技术多种多样。以广西恭城和蒙山研制使用的沼气池为例，该类型沼气池由进料口、发酵池、排渣池、水压池、出料管、排渣管、进料管和活动盖（密封盖）八个部分构成，建池技术如下：

①容积计算：正、反削球容积＝（池径）^{3}×0.133；圆柱体容积＝（池半径）^{2}×3.14×池高；总池容积＝正、反削球容积＋圆柱体容积。

②备料：建一座 8 米^3 沼气池，需要粗砂 2.5 米^3、细砂 1 米^3、水泥 1 吨，钢材 10 千克，碎石 1 米^3，红砖 1300 块，进料管和出料管各一条。

③水压间设置：一般水压间大小约等于池容积的 1/8 强，水压间底线略高于贮气位上 10 厘米。

④建池步骤：

A. 放线开挖土方。根据需建池大小，确定池半径长度，画成圆圈比实际半径大 10 厘米，撒石灰作线，即可挖土；一般挖深 1.8～2.2 米，底部成锅形，凹下 25～30 厘米。

B. 用砖和黄泥浆砌成 1 米高左右的模墙，模墙厚 10 厘米，顺着周围向模墙浇混凝土，充分震荡，使混凝土起浆均匀。

C. 池顶可采用拱尺施工，拱尺（竹竿）＝0.725×池径，将竹竿一端固定于池底中央部位，顺着拱尺向四周砌侧砖，直至天窗，然后向砖上浇8～10厘米厚的混凝土，硬透后拆掉砖块。也可采用预制板盖顶法，即用模具制好预制板，用混凝土浇好池墙后，在预制板盖上再浇上4～5厘米厚的混凝土。

D. 池墙池顶浇好混凝土后，在池内壁和内顶用1∶2.5水泥细砂浆抹平，用力擦实。

(4) 玻璃钢沼气池的安装　玻璃钢沼气池可购买来直接安装，不受地下水位高和沙石缺乏的限制。

选址：池址应选择在向阳背风的地方，距离用沼气的厨房一般在20米以内，应尽量做到沼气池、厕所、圈舍三位一体。池址尽量避开不均匀沉降的地基，如果实在无法回避，则必须对池底基础作加固处理。

挖池坑：按图纸要求在建池处挖坑，坑的上口直径可挖大些，以方便沼气池的放入。坑底挖成玻璃钢沼气池底部形状，水压间根据其形状可局部挖大一些。及时处理坑底部的空洞、塌方或石块等硬物。

拼接组装：玻璃钢沼气池主要由发酵间、贮气间、进料间、出料间、导气管等5个部件组成。因为在搬运过程中可能会出现磨破、压裂的情况，所以在安装前应认真检查，如有损伤及时修理。整体拼装一般在地面上进行，拼接组装前将上下两半部分结合部的杂物与污泥清除干净，并用电动角磨机或砂纸打磨各块件接缝处的飞边，打磨后擦净浮渣即可拼装。当接合件完全拼装合缝之后，在接缝面上均匀涂抹粘合剂；用黏合剂拼接好后，再在沼气池外突缘处等距离用螺钉紧固。

放池安装：放池前先在坑底均匀垫放一层5厘米的细松土，池底弧形部分的土要厚点。然后在坑上放两根结实木料，将组装好沼气池抬到架好的木料上，再用手动葫芦将沼气池慢慢放入坑中。顶部活动盖在投料后安装，安放活动盖时，先在活动盖板周围和井口圈抹上粘性泥土，并贴紧、抹光，再把活动盖平稳地放入井口圈中，用脚压实。然后塞紧泥缝，向顶盖上的小法兰圈加满水，如发现冒小气泡，可用竹片、小木棍或手指将冒泡处及周围的泥压实，必要时还可塞一些旧棉花纤维；如发生多处冒泡，不能彻底堵住漏气时，则应把小法兰内圈的水舀干，在池子周围无明火的情况下，抬开活动盖，按照上述办法，重新进行安装。活动盖上要经常保持有水，以免泥缝干裂，发生漏气。

回填土：组装好的玻璃钢沼气池平衡放入坑中后，应用细松土和砂土回填空隙，边填边浇水，但不能出现池体漂浮现象，填平夯实。地下水位高的地区，应向池内加水增重以便将池体压下。夯实回填土时，不要用木棒或其它工具敲击沼气池，以免损坏沼气池体。

3. 沼气的发酵技术

(1) 发酵原料　生产沼气的原料也是沼气发酵微生物生长、繁殖的营养物质，这些营养物质中最重要的是碳素和氮素两种营养物质。从营养学和代谢作用角度看，沼气发酵微生物消耗碳的速度比消耗氮的速度要快 25～30 倍。因此，在其它条件都具备的情况下，原料碳氮比例配成 25～30∶1 可以使沼气发酵在合适的速度下进行，这也是沼气发酵最佳的碳氮比。表 5.1 给出了常用沼气发酵原料的碳氮比，配料时可根据表中的数值和最佳碳氮比来确定各种原料的数量。

表 5.1　常用沼气发酵原料的碳氮比

原　料	碳素占原料重量（%）	氮素占原料重量（%）	碳氮比
鲜牛粪	7.3	0.29	25
鲜马粪	10	0.42	24
鲜羊粪	16	0.55	29
鲜猪粪	7.8	0.60	23
鸡　粪	25.5	1.63	15.6

（续）

原　料	碳素占原料重量（%）	氮素占原料重量（%）	碳氮比
鲜人粪	2.5	0.85	2.9
干稻草	42	0.63	67
干麦草	46	0.52	87
玉米秆	40	0.75	53
香蕉叶	36	3.00	12
地瓜藤叶	36	5.30	6.8
花生藤叶	38	2.10	18.1
树　叶	41	1.00	41
青　草	14	0.54	27

注：数据主要来自“户用沼气高效产气操作技术．农业工程技术：新能源产业．2009（2）：35～37”

凡是人粪便、禽畜粪便、桔秆、青草等有机物质以及淀粉厂、糖厂、酒精厂的污水都可以发酵制取沼气。但富含油脂、有毒、杀菌药物不能入池发酵。发酵原料的配比因各地的料源不同，很难统一规定，表5.2为一个适合于8～10米^{3}沼气池的参考配料比。

表5.2　8～10米^{3}沼气池参考配料比

项　目	猪粪（千克）	稻草（千克）	河泥（千克）	井水（千克）
入池计量	1 338	365	512	4185
总固体量	242	316	84	
挥发性固体量	133	235	28	

（2）发酵条件　沼气菌是嫌氧细菌，它的整个生命活动（生长、发育、繁殖代谢等）都不需要氧，氧气对它有害。因此，沼气池要密闭，不能漏水漏气，否则会损害沼气菌的生命活力。为保持发酵液浓度适宜，发酵池内的原料和水的比例要适宜。水

分太少，不利于厌氧菌的活动并影响原料的分解；水分太多，发酵液浓度降低，减少了单位体积的沼气产量，使沼气池得不到充分利用。一般根据原料的含水量而定，如果原料含水量为60%，那么，1千克原料要外加3～4千克水。总之，原料含水比例越高，外加水越少；反之，外加水则多。

沼气细菌与其他微生物一样，有其适宜的温度范围。一般8℃以上，沼气菌即可活动，能够产生微量沼气；20～24℃活动正常，28～30℃最旺盛，沼气产生率最高。在5～60℃范围内，随着温度的升高，沼气产量大幅度增加。在冬季，许多沼气池不能正常产气，可以利用太阳能来提高沼气池温度。

沼气发酵需要适宜的酸碱度，pH值为6.5～7.5，其中6.8～7.0最适宜。pH值偏小，会使产甲烷菌受到抑制；pH值偏大，说明沼气池缺乏碳素营养，产气量也会明显下降。为保持适宜的酸碱度，原料应按比例混合入池，发酵料液不宜太浓（使用全粪便原料总固体含量在6%～8%，使用草料较多的原料总固体含量可达10%），沼气发酵接种物的数量和活性要足够，入池原料与接种物尽量混合均匀。当酸性过大时，可在发酵液中加入适量的石灰或草木灰；碱性过大时则应加入若干鲜草、树叶和水。

由于沼气发酵原料成分十分复杂，发酵过程需要足够的菌种，菌种主要包括产酸菌和甲烷菌。这些菌种大量存在于阴沟、粪池、沼泽和池塘，为保证正常产气，一定要用阴沟、粪坑污泥或沼气池脚渣作为菌种。沼气池初次发酵时，为增加沼气菌种数量，达到尽快发酵产气的目的，可用沼气池底部的污泥沉沙作为接种物。发酵过程中适当搅拌可以提高发酵池内产气率，一般用粗木条或长柄勺每周搅拌2次。

沼气初次发酵要注意投料方法。通常一个6米^{3}新建发酵池，第一次投料（猪粪）250千克、粪水750千克；发酵5～7天，再投料500～750千克，加水2 000千克；发酵5天后，密封活动盖和其它管道；以后每天或隔天投料 10 千克、水 20 千克，待气压表上到 2～3 度，即可燃烧试气。

(3) *沼气池发酵启动* 加入接种物：沼气发酵启动需要向启动原料中添加接种物。接种物是富含沼气微生物的物质，如正常产气的沼气发酵剩余物、厌氧微生物丰富的污泥等；启动原料为碳氮比在 25～30∶1 的纯净牛粪、马粪、羊粪，或者一半的猪粪搭配一半牛马粪。理论研究和实践表明，沼气发酵启动需按接种物∶原料∶水＝1∶2∶5 的比例配料。为满足该比例，一般在料液中添加 10％～30％的接种物，如 6 米^3 池需要添加 500～1 500 千克接种物，8 米^3 池需要 700～1 800 千克接种物。启动原料进入发酵装置前，应在含水率 60％～70％的条件下堆沤处理（通常夏天需堆沤 4～6 天、春秋两季需 7～10 天、冬季需 10～12 天），堆沤发酵变黑时方可入池。注意启动原料切忌用纯鸡粪和纯人粪等，在原料中也不能混进泥土、塑料袋等杂质。

加水封池：原料和接种物加入池后，要及时加水封池。约加至沼气池总容积的 80％～50％的位置，然后将盖密封。

放气试火：沼气发酵启动初期，通常不能点燃。水压达到 20 千帕以上时，进行放气试火。可正常燃烧时，沼气发酵启动阶段即告完成。

(4) *沼气池的运转管理* 当沼气池发酵启动后，即进入正常运转阶段。为了维持沼气的均衡产气，启动后 30 天左右应定时进行补料。正常运转期间，进池的秸秆原料须铡短或粉碎并用水或发酵液浸透，进料量应尽量大一些，池内干物质含量可以大于 8％。为了均衡产气，需每隔 5～7 天补料一次，每天都要有一定量的人畜粪便进入沼气池。产气不足时，应每 5～7 天添加秸秆或青草等原料一次。补料时先进后出，每次出料的发酵液可以循环使用。同时，每隔 7～10 天通过出料管对沼气池搅拌一次，每次 15 分钟以上；通过搅拌可改善池内料、菌的分布状况，打破浮壳，促进池内温度均衡，加快发酵料液中的沼气释放。

严禁向沼气池内投入辛辣、有毒和不能分解发酵的物质，如葱、蒜、辣椒、韭菜、萝卜、农药、含有毒物质的工业废水、喷施了农药的秸秆、电石、洗衣粉、各类消毒制剂等。能熬制土农药或含毒性物质的植物，例如楝树果叶、马钱子果、夹竹桃、烟草、苦皮藤、百部等也不能进入池内。

温度对沼气池的正常运转影响很大，需要做好沼气池的保温工作。冬季到来之前，应在沼气池表面覆盖杂草、塑料膜或装塑料大棚，以防止池温度大幅度下降和冻坏沼气池。作物秸秆等堆沤时产生大量热量，正常运转期间可在池外大量堆沤秸秆，给沼气池进行保温和增温。采用覆盖法进行保温或增温时，覆盖面积应大于沼气池的建筑面积，从沼气池壁向外延伸的距离应稍大于当地冻土层深度。

经常查看沼气池和输气管道是否漏水、漏气和堵塞，发现问题及时修补和畅通。沼气池活动盖破损后，应及时维修或更换。沼气池的进料口、出料口间，水压酸化池和活动盖处必须加盖，以防人禽掉入受伤；严禁在沼气池内或沼气池旁使用明火；人进入沼气池内操作必须先做动物试验，无误后方可入池。

二、果园防护林营建技术

1. 防护林的作用

在果园四周或园内营造防护林，可减弱风力，防止狂风危害果树，其中沿海滩涂果园林带对减弱台风、海风的危害有重要作用；调节果园温度和湿度，改善小气候；缓和气温骤变，减轻霜冻危害，如春季提高气温、夏季降低气温、冬季可以减轻冻伤；减少土壤水分蒸发，增加果园湿度，改善果园水分状况；加固土壤机械力，防止冲刷，减缓地表径流，保持坡地水土，而在山丘坡地和沙地果园，防护林保持水土的效果更为明显；有利于传粉昆虫活动，提高虫媒树种的授粉百分率；配植的蜜源或绿肥植物，还可以开辟肥源、增加果园收入。

2. 防护林的结构和类型

依据林带结构，防护林可以分为不透风林带（紧密型林带）和透风林带（疏透性林带）两种类型。

不透风林带由乔木、灌木混合组成，中部为 4～8 行乔木，两侧或乔木的一侧配栽 2～4 行灌木。林带长成后，枝叶茂密，形成高大而紧密的“林墙”。气流遇到这种林带被迫上升，较难从林带内部通过，因而显著地减少林内水分蒸发，保护效果明显。但由于气流越过林带不远后就下窜，防护范围较小。不透风林带比较适宜山地、风口、风大的地方的果园或面积较小的果园。

透风林带由乔木组成或乔木两侧栽少量灌木，树种枝叶疏散，乔、灌之间留有一定空隙，允许部分气流从中下部通过。大风遇到透风林带后分为上升气流和水平气流，上升气流明显减弱，越过后下沉缓慢，风速降低，防风范围较宽，防风效应较不透风林带更为有效，但是在增加湿度和水土保持效果不如不透风林带，比较适用于平原地果园或较大面积果园。

不论透风林带还是不透风林带都是由多种树种所组成。不透风林带多由紧密的针叶树种组成，其间并夹以灌木，使林带上下密不透风；透风林带则由阔叶树与针叶树和灌木组成，林带上下具有透风的网眼结构。

3. 防护林带的配置

果园防护林带分为主林带和副林带。主林带可用 4～8 行，林带的距离可视果园面积的大小决定；小面积果园的林带可以不分主副林带，2～4 行都可，甚至只设 1 行。一般地说，林带的效应与行数多少成正比，但行数多则所占土地面积也相应增多。

应根据当地风害的大小，因地制宜地来确定主、副林带的行数，林带密度以透风30%左右为适宜。

通常，果园防护林带背风面的有效防风距离为林带树高的30～40倍（最佳防护范围为树高的15～20倍），向风面为10～20倍。防风林之间的距离要根据选用的防护林木种类、当地为害风速以及寒冻为害程度等而确定，一般主林带之间的距离为200～400米，副林带之间的距离为500～1000米，主林带宽一般10～20米，副林带宽一般6～10米。风大或气温较低的地区，林带宽一些、间距小一些。在配置林带时必须注意主林带要与主风向垂直，在一年中果树如四面都受风害影响，则可以在小区四周设置主林带。

山地和坡地果园要充分考虑水土保持问题，主林带应规划在山顶、山脊以及山地亚风口处，副林带与主林带垂直构成网络状。副林带常设置于道路或排灌渠两旁，地堰地边、沟渠两侧也要栽上紫穗槐、花椒、酸枣、荆条、皂角等，以防止水土流失。

平地果园主、副林带基本上与道路和水渠并列相伴设置；主副林带要相垂直构成林网，林网一般为长方形，主林带为长边，副林带为短边。在防护林带靠果树一侧，应开挖至少深100厘米的沟，以防其根系串入果园影响果树生长。这条防护沟也可与排、灌沟渠的规划结合。防护林最好比果树早2～3年，最迟也应与果树同午栽植。

4. 防护林树种的选择

防护林所用树种应为生长迅速、树体高大、树冠直立、枝叶繁茂、枝展不宽、根蘖少、适应当地条件、与果树没有共同的病虫害、经济价值高的风土树种。所选乔木木材质地要好，经济价值高；灌木则可作包装果实的材料，其花最好能作蜜源材料。平原地区防风林可选用构桔、臭椿、苦楝、乔木桑、樟树、桉树、白蜡条、紫穗槐、杞柳、柽柳等，山地可选用麻栗、紫穗槐、花椒、皂角等。

果园周围应避免用刺槐、杨树、柏树、松树、泡桐、胡桃（核桃）等作防护林，因为它们是一些果树病害的潜隐寄主或传播体，或有其他不利影响。比如，柏树（尤其是龙柏和桧拍）是梨锈病菌的越冬场所，柏树和梨树共处时，到了春暖季节，潜隐在柏树上越冬病菌会随风吹回到梨树上繁衍而危害梨树。泡桐是紫纹羽病菌的越冬场所，而许多果树无论是幼苗、幼树或成年果树，均易患紫纹羽病，果树患病后，导致叶片黄化、干枯，甚至整株死亡。榆树是柑橘星天牛、褐天牛喜食的树木，若柑橘附近栽植榆树，则会诱致天牛大量取食和繁衍，转而严重危害柑橘。刺槐极易招引蝽象（臭屁虫），而蝽象会吸取桃、李、梨、苹果等果树嫩枝、叶柄、叶片、花和果实中的汁液导致叶片干枯凋落，果实变形；刺槐上的落叶性炭疽病菌也能感染梨、苹果等果树，造成大量落叶；而且刺槐分泌出的鞣酸类物质对多种果树的生长有较大的抑制作用，尤以梨、苹果受抑制较为严重，可导致果树大幅度减产或根本不结果。此外，松树的松孢子在春、夏季节随风飘到果园会导致梨树叶、果发生黄斑和刺毛丛生，并使果实变畸形，严重降低坐果率，降低产量和品质；榆树根的分泌物对葡萄有很大危害，易造成葡萄减产甚至整株死亡；胡桃叶的分泌物——胡桃醌经雨淋后，滴入土中危害苹果根系，抑制苹果生长。

5. 林带的营造和管理

防护林带最好在果树定植前 2～3 年开始营造，至少也要与果树定植同时进行。防护林的株行距依据树种和立地条件而定，一般乔木树种株行距为 1～1.5 米×2～2.5 米，矮生树种减半；灌木株行距一般为 1 米×1 米；伴生树种株行距与此相同，也可以密植，2～3 年后间伐。林带栽植距果树保持 10～15 米，中间需挖深沟割断林带根系对果树根系的干扰。如果林带栽植的地带土壤和水分不良，需进行深翻熟化，并施基肥，加强管理；如果有死亡，需及时补栽。为节约土地，防护林设置要与果园道路、灌排系统相结合。

三、果园灌排与节水灌溉技术

1. 果园灌溉系统建设

果园灌溉系统，要根据地形、水源、土质、蓄水、输水和园内灌溉网进行规划设计。灌溉系统主要包括水源（蓄水和引水）、输水、配水和灌溉渠。

（1）蓄水和引水　平地水源以河水、井水、水库为主；山地水源以水库、塘坝、泉水为主。不论平地还是山地，进行果园灌溉都要引水和蓄水。引（抽）水设施主要包括泵房、取水口、泵机、配电及控制设备和输水管（渠）等。取水口处必须常年有流水，水质良好。如果地面水没有保障，则应考虑打机井抽取地下水。水泵的功率应大小适中，以能满足果园设计提水量为原则。如果采用引水方式供水，则应考虑果园主要灌溉季节取水的可能性、水价成本、取水设施建造成本及管渠修建的成本等。提灌或引水灌溉的水通过输水干渠（管）进入果园。输水干渠应以石衬里或水泥涂内壁减少水的渗漏和流失，最好采用管道输水，以节约水资源和取水成本。

果园蓄水池要修在各小区的较高位置，每小区根据栽树多少设置若干个蓄水池，蓄水池数量和容积以每株果树拥有 1 米^3 的水而规划和修建，在山地尽量利用自然落差进行自流灌溉。最好结合水土保持工程，合理设置排灌沟渠，将果园范围内降雨形成的地表径流导入蓄水池，以减少提水成本。如果是抽提水，则应在果园制高点位置建一个容积为 150～200 米^3 的转水池，将抽提上来的水先注入转水池，再通过管渠分别送进各作业区的蓄水池。

（2）输水和配水　果园的输水和配水系统包括干渠和支渠，干渠的位置要高于支渠和灌溉渠，主要作用是将水从引水渠送到灌溉渠口。丘陵地和山地干渠应当设在分水岭地带，支渠亦沿二、三级坡的水分线设置。在干渠与梯面背沟相交处设置一个出水口和拦水闸，在闸处下闸阻断水流，使水从出水口流入梯面背沟，然后进入果园。如果采用管道输水，其主管道应纵、横贯穿果园或纵向沿分水线排布。

果园灌溉布局要结合道路规划，以渠和路平行为好。输水渠道距离尽量要短，这样既能节省材料，又能减少水分的流失。输水渠道最好用混凝土或用石块砌成，在平原沙地，也可在渠道土内衬塑料薄膜，以防止渗漏。输水渠内的流速要适度，水渠内的流速不能太大，太大会引起冲刷，太小在单位时间内流量过小，影响灌溉。为保持水渠内的水流适中，一般干渠的适宜比降在0.1%左右，支渠的比降在0.2%左右。

（3）灌溉渠道　灌溉渠道紧接输水渠，将水分配到果园各小区的输水沟中。输水沟可以是明渠，也可以是暗渠。山地果园灌溉渠道设计与平原地果园不同，要结合水土保持系统沿等高线，按照一定的比降构成明沟。这种明沟在等高撩壕或梯田果园中，可以排灌兼用。

有条件的果园可以将灌溉渠道设计成喷灌或滴灌系统。设计喷灌管道时要考虑有一定的压力，以便把灌溉用水通过管道送达喷头，形成水滴喷洒。喷灌管道由输水干管、支管和毛管构成，毛管是喷灌系统的最末一级输水管道，要沿果树行埋设或在树行间移动，毛管的间距和喷头间距，应与喷水范围相一致。滴灌系统的干管和支管一般要求埋在地下，干管埋深60～70厘米，支管埋深50～60厘米；毛管与支管相连，在每行果树地面上安置一根；分枝毛管接在毛管上，每株树下环绕1根；每根分枝毛管上，每100厘米的间距安置1个滴头；大树每株8～10个，小树

2～4个。

2. 果园排水系统建设

丘陵和山地园区存在地表径流，流速随坡度而增加，雨季冲刷剧烈，在丘陵和山地果园建立排水系统，对于减少水土流失等具有重要的作用。平地和低洼地容易积涝，应高度重视排水问题。

山地果园一般用明沟排水，排水系统包括拦洪沟、排水沟、背沟以及沉砂凼等。拦洪沟是一条沿等高线方向建立在果园上方的深沟，作用是将上部山坡的地表径流导入排水沟或蓄水池中，以免冲毁梯田。拦洪沟的大小因坡面降雨面积与地表径流而异，一般沟横切面的上口宽1～1.5米、底宽1米左右、深1～1.5米，沟比降0.3%～0.5%。通常在拦洪沟的适当位置建蓄水池，蓄水池灌满后再排水下山，这样可将排水与蓄水相结合，起到积雨蓄水的作用。排水沟主要设置在坡面汇水线上，以便于梯田背沟排出的水共同汇入排水沟而排出园外。排水沟的宽度和深度也因积水面积和最大排水量而异，一般排水沟宽和深各为0.5米和0.8米，每隔3～5米修筑一沉砂凼，较陡的地方铺设跌水石板；在排水沟旁也可设置一些蓄水坑或蓄水池，从沟中截留雨水贮于池中，也可设引水管将排水沟的水引入蓄水池贮备，供抗旱灌溉用。多数情况下，排水沟通常为自然沟，或对自然沟简单改造而成。

平地果园可设明沟排水也可设暗沟排水，其排水系统由园内设置的较深的排水沟网构成，一般呈“井”字形排布。设置排水沟网时，在小区内各树行间挖50～80厘米深的小排水沟，小排水沟与支排水沟相通，支排水沟深度约100厘米。各小区的积水通过支排水沟汇入主排水沟，最后排出果园，主排水沟深度以120～150厘米为宜。平地果园的排灌渠网也可以相间排布，实现排灌一体化轻。盐碱地果园，为防止土壤返盐，排水沟可适当深一些。

3. 果园节水灌溉技术

果园灌溉必须以既节约用水又有利作物生长发育，还便于园区耕作和机械化作业为原则。根据灌溉区域，果园灌溉方式分为地面灌溉、地下灌溉和立体灌溉。地面灌溉是在地面开沟、分区、铺管、挖穴后灌溉或直接通过地面进行灌溉，该灌溉方式除传统的漫灌外，主要有沟灌、畦灌、穴灌、滴灌、树盘灌、隔行交替灌溉和膜上膜下灌溉；地下灌溉是在地面以下实施灌水的灌溉方式，包括渗灌、地下穴灌、地下管道灌水和蓄水坑灌等；立体灌溉是即浇根系又湿润枝叶的灌溉方式，主要有喷灌、微喷灌和凉爽灌溉等。

（1）细流沟灌　即行间临时灌溉时，由机械开多条沟灌水，随开沟随灌水，并及时覆土保墒。根据沟灌的方式不同又分为行间沟灌、井字形沟灌和轮状沟灌几种形式。间沟灌是在果树行间每隔一定距离开一沟，深 20～25 厘米。灌后待水渗入土壤中再把沟填平；井字形灌溉就是在株行间纵横开沟，使其成井字形；轮状沟灌适用幼树，即在树冠外缘开一环状沟，并与行间的通沟相连，灌水时由通沟流入各环状沟内。

（2）小畦或树盘灌溉　小畦灌溉可以一株树一畦，或 2～4 株树一畦，畦越小，越节水。小畦灌溉须修筑主渠、支渠和毛渠，影响果园机械作业，适于家庭承包的小果园；也可用软塑料管代替支渠、毛渠，原渠道占地可稍垫高，以便行走机械，克服畦埂与渠埂多而影响机械作业的缺点。树盘灌溉依树冠大小修成直径不同的圆盘坑（一般与树冠大小相似）后，向圆坑灌水，一般多用于幼树园。

（3）穴灌　即在树冠下挖直径和深度各 30～40 厘米的筒式坑穴，幼树与初果期树的穴距离树干 30～40 厘米，成龄树穴挖在树冠投影外缘。穴的数量可根据树体大小酌情而定，一般每棵

4～8个，基本上与主枝数目相同。穴里面装满杂草或农作物秸秆，踏实后灌满水，穴上面覆盖一小块塑料地膜，用土压好地膜，使其呈外高内低。穴中间扎个孔，留做下次灌水用。每次灌水时，每100千克水加适量的人粪尿或0.2千克的尿素。一般在缺水的山区果园采用，可节水、节能、减少地表蒸发、改良土壤结构等。

（4）*滴灌*　滴灌是滴水灌溉的简称，在水源处把水过滤、加压，经过管道系统把水输至每株果树树冠下，由几个滴头将水一滴一滴、均匀而又缓慢地滴入土中。整个滴灌系统包括控制设备（水泵、水表、压力表、过滤器、混肥缸等）、干管、支管、毛管和滴头。具有一定压力的水，经严格过滤后流入干管和支管，把水输送到果树行间进入毛管，毛管与支管相连，围绕果树树设置，毛管上安上3～6个滴头。实施果园滴灌时，滴灌次数和水量根据土壤水分和果树需水状况而定，一般2～3天灌一次；春旱时，可天天滴灌。每次灌水3～6小时，每个滴头每小时滴水2千克。首次滴灌要使土壤水分达到饱和，以后土壤湿度经常保持在田间最大持水量的70%左右。

滴灌技术根据果树需水、需肥等要求，通过低压管道系统与安装在末级管道上的灌水器，将水、肥等以很小的流量均匀、准确、适时、适量地直接输送到果树根部附近的土壤中，是一种局部灌溉新技术，能使根系集中分布区土壤内的水、肥、气、热经常保持在适宜果树生长的良好状态，蒸发损失小，不产生地面径流和深层渗漏，是一种用水经济，省工、省力的灌溉方法，能够使果树根系周围土壤湿润，而果树株行间保持相对干燥。但滴灌需要较高的物力投入，对水质要求也严，而且需要良好的过滤装置；此外，在松散型沙质土壤上，水分垂直方向渗透速度过快而水平方向湿润扩散很慢，范围很小，滴灌只是杯水车薪，难以满足此类土壤的灌溉要求。

（5）*膜上和膜下灌溉*　膜上灌溉是在地膜覆盖基础上，把以往的地膜旁侧灌溉改为膜上灌溉，水流在膜上流动推进过程中，通过膜上面孔对果树进行灌溉。其特点是供水缓慢，大大减少了水分蒸发和淋失，节水效果非常显著，而且可以结合追肥进行，可根据果树的需水要求调整膜上孔的数量和大小来控制灌水量。在干旱地区可将滴灌放在膜下，或利用毛管通过膜上小孔进行灌溉，称为膜下灌溉。这种灌溉方式既具有滴灌的优点，又具有地膜覆盖的优点，节水增产效果更好。

（6）隔行交替灌溉　传统灌水方法一般是大水漫灌，追求全园充分和均匀湿润，20 世纪 90 年代中后期，杨洪强根据根冠信息传递理论提出并设计了一种“果园隔行交替灌溉”方法。该方法首先是在果树行内挖“非”字形灌溉沟，“非”字的两“竖”为灌溉总沟（简称“总沟”），“横”为灌溉支沟（简称“支沟”）。总沟与输水渠相联，位于果树行的中央；支沟与总沟相联，位于树冠投影下（树盘），并向内伸至树盘中央。总沟宽度 20～30 厘米，深度 15～20 厘米。支沟宽度 60～120 厘米，深度 45～60 厘米，从上到下分三层，依次是灌水层、填土层和植物材料层，三层高度均为 15～20 厘米。支沟底层的植物材料可以是长度 2～10 厘米的各类秸秆和杂草、木屑、锯末、蔗渣、麦壳、谷糠和粉碎的果树枝条等一种或几种的混合物。

果园第一次灌水通过灌溉沟间隔一行实施。当未灌水行树盘内、距离灌溉支沟 40～60 厘米处、深 30～40 厘米土壤层的土壤相对含水量降至 30%～40%（在果实膨大期此值为 40%～50%）以下时，进行果园第二次灌水，第二次灌水通过第一次未灌水的行间灌溉沟实施。第三次灌水与第一次灌水区域相同，第四次灌水与第二次灌水区域相同，依次交替进行。除果实迅速膨大期外，均在上一次未灌水行的树盘内距离灌溉支沟 40～60 厘米处、深 30～40 厘米土壤层的土壤相对含水量降至 30%～40%以下时进行灌水；在果实迅速膨大期，当该处土层土壤相对含水量降至 40%～50%以下即进行灌水。

该方法不用专门机械设施，材料易得，灌溉方便。采用隔行交替灌溉，始终使根系有一部分处于干旱区域，另一部分处于湿润区域，在不牺牲光合产物积累的前提下，大量减少奢侈蒸腾失水以及全园充分灌溉时的无效蒸腾和蒸发。还通过干旱区域根系产生的根源信使脱落酸对枝条的过旺生长产生抑制作用，使更高比例的同化物用于花芽分化和果实生长，从而提高经济系数。另外，干旱区复水刺激根系补偿生长，促进新根再生和养分吸收，以及合成大量促进花芽分化的细胞分裂素输送到地上部，提高花量和经济系数。此外，该方法在灌溉支沟内 40～60 厘米处埋设植物材料，利用植物材料吸蓄水分，减少灌溉水向土壤深处渗漏，使更多的水分存留于根系集中分布层，延长了灌溉间隔时间，进一步减少了果园灌水总量。

(7) 地下穴灌　在灌水过程中，水分通常会由于地面蒸发、径流和渗漏流失，从而减少了直接向根区供水的数量，为解决这些问题，杨洪强等（2008）发明了一种“果园地下穴灌方法”。该方法是将“肥水穴”埋入地下根系分布层，通过向“肥水穴”灌水以解决果园节水抗旱问题，其特征在于在根系分布层埋设“肥水穴”，“肥水穴”由垫底塑料薄膜、掺入肥料的吸水蓄肥材料、被吸水蓄肥材料包裹的碎砖块、插在碎砖块中央的灌水管四部分组成。吸水蓄肥材料是各类植物秸秆和杂草、木屑等，灌水管是各类塑料软管、硬质管，或者去底矿泉水瓶等（图 5.2）。

设置“肥水穴”时，在果树主枝下面、从树冠外缘投影向内 40～60 厘米处，挖直径 30～50 厘米、深度 40～60 厘米的土穴。依次将直径比土穴直径大 10～20 厘米的圆形塑料薄膜铺设在土穴底部，薄膜四周翘起并紧贴穴壁；将吸水蓄肥材料铺放在塑料薄膜上构成吸水蓄肥材料层，使材料层压实厚度达到 25～35 厘米；将棱长 2.0～3.0 厘米的碎砖块包埋在材料层中上部，砖块堆的直径和高度 10～15 厘米；将孔径 1.5～5.0 厘米、长 20～30 厘米的灌水管插在砖块堆中央；向吸水蓄肥材料层上撒施尿

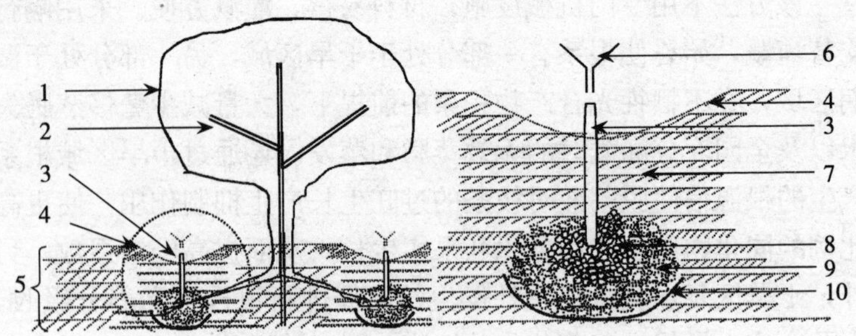

图 5.2　果园地下穴灌示意图（杨洪强 等，2008）

图中左是“肥水穴”埋放位置，右是“肥水穴”结构；1 是果树树冠外缘，2 是果树主枝，3 是灌水管，4 是凹形地面，5 是“肥水穴”埋深 40～60 厘米，6 是漏斗，7 是回填的土壤，8 是碎砖块，9 是吸水蓄肥材料，10 是塑料薄膜

素和过磷酸钙各 100～150 克；将挖出的土回填至与地面平齐，用脚踩实，并以灌水管为中心，做成一个凹形地面，保证灌水管管口高出凹面 5～10 厘米。根据植株大小，每树设 4～8 个“肥水穴”。通过漏斗将水由灌水管灌入“肥水穴”。萌芽前后和果实迅速膨大期每 10～15 天灌水一次，除雨季外，其他时期每 30～40 天灌水一次，每穴灌水 10～20 升，雨季不灌。不进行灌水时，用草将灌水管口堵住。根据追肥需要，灌水时可向“肥水穴”内灌施 0.3%～0.5%的肥料溶液。

地下穴灌既减少了地面蒸发和径流，又避免了水分向土壤深层渗漏，具有节水抗旱功效。灌水管插在碎砖块堆中，避免了灌水管被泥土堵塞；同时灌水管通过碎砖块将“肥水穴”与地面空气连通，透气性好，这些有利于根系生长。植物材料和碎砖块有一定吸水性和吸肥性，改善了“肥水穴”及其周围养分和水分条件；而由于植物根系具有“趋水性”和“趋肥性”，“地下穴灌”可将根系“圈养”在“肥水穴”及其周围，有利于养分和水分的高效吸收。施肥时可将肥水灌注到“肥水穴”，直接将养分送到根系集中分布区，提高了肥效。

（8）渗灌　渗灌是将渗水毛管埋入地表以下 30～40 厘米，

水在压力作用下通过渗水毛管管壁的毛细孔以渗流的形式湿润其周围土壤。渗灌能减小土壤表面蒸发，是用水量最省的一种灌溉技术，也是地下暗管灌溉的一种特殊形式。地埋渗水管分孔口式渗水和全壁型渗水两种，孔口式渗水相当于地下滴灌。将能够向外渗水的泥罐、陶罐等器皿，装水后埋在树冠下面的“皿灌”技术，是全壁型渗水渗灌的一种形式。“皿灌”适应于干旱缺水果园，具体作法是在结果园每株树冠下埋 3～4 个粗制泥罐，罐口略高于地面，春天每罐灌水 10～15 千克，用土块或塑料布盖住罐口，一年施尿素 3～4 次，每次每罐 100 克；在雨季土壤水分过多时，外面的水分还可以从土壤向罐内渗透，从而降低土壤湿度。

在常规的渗灌系统中，地下管道埋设成本高，施工复杂，一旦管道堵塞或破坏，难以检查和修理。为降低地下管道埋设成本，方便检修并防止堵塞灌水器微孔，杨洪强等（2009）设计了一种“果园渗灌灌水器”，只需将“灌水器”竖直埋设在果园土壤中，减少了埋设地下管道的成本；同时，“灌水器”可直接拔出，检修方便。此外，为防止灌水器微孔堵塞，还通过改变“灌水器四周土壤环境”，创造了一种新的果园渗灌方法。该方法的特征在于其渗灌系统由铺放在地面的果园输水管和输水支管，以及竖直埋设在土壤中的“果园渗灌灌水器”、灌水器四周的硬质颗粒和硬质颗粒四周的植物材料 5 部分构成（图 5.3）。

该系统的输水管和输水支管为市售农田灌溉用塑料管，“果园渗灌灌水器”是一种上细下粗、底端为锥形、中部以下设有多个渗水微孔或裂缝的硬质塑料长管，管长 40～70 厘米；管体下半部分渗水区，长 20～30 厘米，管直径为 2～5 厘米；管体上半部分为输水区，长 20～40 厘米，管直径为渗水区管直径的 1/2 到 2/3；该长管底端封闭并呈圆锥形，上端开口与输水管支管连接。硬质颗粒可以是棱长 0.5～2.0 厘米的碎砖块、陶粒、石砾等一种或几种的混合物。植物材料可以是长度 1～5 厘米的各类

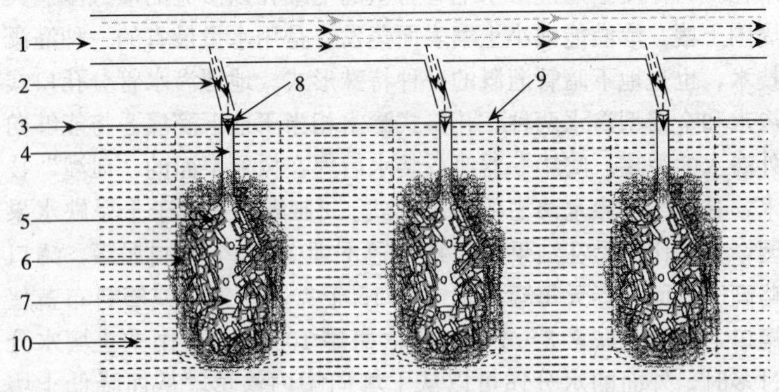

图 5.3　果园渗灌系统布置示意图（杨洪强 等，2009）

图中 1 是输水管，2 是输水支管，3 是地面，4 是“灌水器”的输水区，5 是“灌水器”四周的硬质颗粒，6 是硬质颗粒四周的植物材料，7 是“灌水器”的渗水区，8 是“灌水器”上端，9 是土穴，10 是土穴四周的土壤

植物秸秆、杂草、木屑、蔗渣、麦壳、食用菌废料、谷糠和粉碎的果树枝条等一种或几种的混合物。

埋设“果园渗灌灌水器”时，先在果树树冠外缘投影中部，用土壤打孔机打出或用人工挖出直径为灌水器渗水区直径 3～5 倍、深度比灌水器长度小 4～8 厘米的土穴；然后将植物材料填入土穴，填至土穴的中部时，将“灌水器”插入植物材料中，在插的过程中转动“灌水器”并向四周按压，使“灌水器”与植物材料之间形成空隙，空隙间距与“灌水器”渗水区直径相近，之后向空隙中填入硬质颗粒，填至刚好将“灌水器”的渗水区全部盖住，然后再填少量植物材料将穴内硬质颗粒全部盖上；最后向空隙填土，填至与地面平齐并按压，使“灌水器”上端露出地面 4～8 厘米，注意填土时不要将土壤填入“灌水器”。“灌水器”埋设完成后，将其上端开口与输水支管连接，而输水支管与果园输水管相连通。

(9) 地下管道灌水　是借鉴传统的沟灌技术改进而来的，既具备沟灌的优点，又减少了每次开沟引水的工作量。具体方法是将塑料管、陶管、水泥管或合金管埋入地下，或用石块垒成管道，管道直径 30～50 厘米，管上依株距开出水孔。石砌管道每次每 667 米^2 用水 20 吨，塑料或合金管一般每次每 667 米^2 灌 5 吨水即可。

(10) 蓄水坑灌法　蓄水坑灌法是在树冠下绕树干挖若干个小蓄水坑（深度一般为 60 ～ 80 厘米），灌溉时将水注入坑内，通过坑壁渗入根区土壤，其田间工程包括蓄水坑、蓄水坑固壁设施、环状沟、坑口覆盖及田间输水沟等（图 5.4）。用该方法灌溉，表层土壤含水率降低，土壤蒸发阻力增大，有效减小了陆面蒸发，使水分的有效利用率得到提高；蓄水坑壁面为临空面，使中深层土壤的通透性得到改善，有利于根系呼吸；同时该法中的蓄水坑可以承蓄降雨径流，与蓄水坑相连的田间输水沟堤，沿等高线将坡面分割成若干条带状区，沟堤可以拦截带状区的降雨径流，增加土壤入渗，同时阻断了坡面汇流。因此，蓄水坑灌法可以拦蓄降雨径流，有效地控制水土流失。

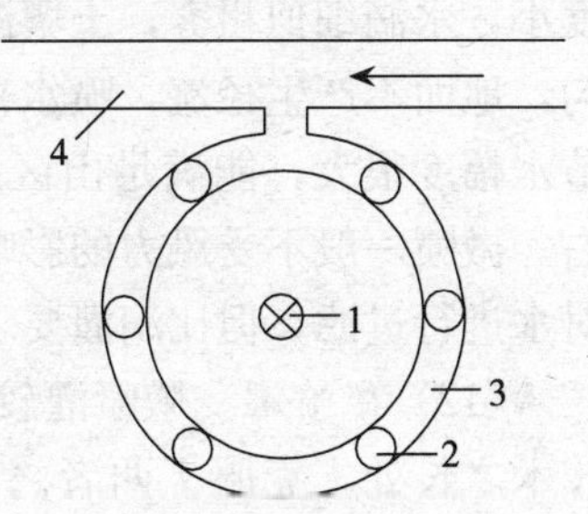

图 5.4　水坑灌示意
（吴能峰 等，2007）
图中 1 是果树树干，2 是蓄水坑，3 是环状沟，4 是田间输水沟

(11) 喷灌　喷灌即利用水泵和管道系统，在一定压力下把水经喷头喷洒到空中，散为细小水滴，像下雨一样地灌溉。适于山地、坡地、园地不平整的生草果园。喷灌省水、省工，除灌水外，还兼顾部分喷药、施肥、喷生长调节剂的作业，并能改善果园小气候，春季防霜，夏季防高温，使果树增产 5%～15%。采用这种方法要求有专门设备，投资多。

喷灌设备有固定式和移动式两种；按竖管上喷头的高度区

分，有高、中、低喷灌三种。喷头高于树冠，每个喷头控制的灌溉面积较大，多用高压喷头；喷头在树冠中部，每个喷头只控制相邻 4 株树的一部分灌溉面积，用中压喷头；喷头在树冠下，一株树有多个小喷头，每个喷头控制的灌溉面积很小，只用低压喷头。喷头在树冠下的又称微型喷灌，更适合山丘果园，其喷灌强度小，水滴细似粗雾，土壤湿润良好，水在纵、横方向渗透慢均匀，地面不产生径流，喷水范围可局限在果树根系面积内喷洒，节水幅度很大，能满足山区果园灌溉且只需漫灌用水的 1/5 左右。微喷一般不受风力的影响，比中、高喷灌更省水。微喷灌需对水进行过滤，但比滴灌要求低。

（12）*微喷灌*　微喷灌较适合山丘果园，它具有喷灌与滴灌技术之长处，克服了两者之弊病，比喷灌更省水，比滴灌抗堵塞；微喷供水较快，喷灌强度小，水滴细似粗雾，土壤湿润良好，水在纵横方向渗透慢，均匀，地面不产生径流。喷水范围可局限在果树根系面积内喷洒，节水幅度很大，能满足山区园灌溉且只需漫灌用水的 1/5 左右。

微喷灌系统由进水池、水泵房、水泵机组、配电装置、出水池、水过滤器、输水管、调控阀门和喷头等构成，是一个泵水、输水和喷洒的封闭全压力微喷灌系统。果园微喷灌规划、设汁和实施，必须因地制宜，泵站应尽可能建在水源充足、水位变化较小、输水管道可以较短的地方。微喷灌的各级管道须沿等高线布置，间距同苹果树行距一致，每株树下固定一个双向折射的喷头，用直径 3～5 厘米的塑料管与毛管连接，喷头喷水量 60 升/小时左右，喷洒直径 3 米左右。微喷灌喷头孔径很小（反射式喷头孔直径为 0.9～1.5 毫米，旋转轮式喷头孔直径为 1～2 毫米），为避免喷孔堵塞，进入管道的水必须先行过滤。

（13）*凉爽灌溉*　尽管土壤不缺水，若空气湿度过低，气孔关闭，果树光合作用会受到强烈抑制。经研究发现，用热敏电阻测得的树体内上升液的相对流速，可以客观地反映受地上部气象因子和土壤供水情况二重影响的树体水分状况，其中黎明前相对流速与中午相对流速的比值，是确定灌水与否的有效指标。把这个指标的动态测定系统与电脑偶联，可实现灌溉的自动控制。通过在冠层、冠中、基部三层作雾状微喷灌，可大幅度提高空气湿度，降低气温，调节果园小气候，使树体处在最适的生理生态环境中（空气湿度50%～60%，气温20～25℃），所以叫凉爽灌溉。据统计，采用这种灌溉方式，年平均节水275吨/公顷，还使果个增大，原因在于进行凉爽灌溉，空气湿度比滴灌提高了80%，减少因叶片过度蒸腾引起的果实昼夜收缩。

四、果园水土保持技术

水土保持是指保育水土资源，促进土地合理利用，防止土壤侵蚀、崩塌、滑坡、泥石流灾害，增加产量、保护环境、保障农业持续发展的措施。我国许多果园建在山地，而山地坡度高，地形陡，水土流失严重，若遭遇暴雨（尤其是与台风相裹挟的暴雨），很易发生土壤冲刷和崩塌。水与土紧密相联，保住降雨，防止流失，既可保证旱季有水可用，又能防止土壤侵蚀。水土保持并非仅是土壤侵蚀的控制或是水分的保存，更是农业可持续发展中的一个重要的课题。

1. 水土保持原则与方法

水土保持要遵循生态学的原则，因地制宜，适地适作，要从模仿原有生态环境、融合周围景观、减少对环境冲击出发，“以环境安全为基础、生态协调为导向、持续利用为目标”设计生物多样性空间和建造具有防灾及生态修复功能的工程。应采用当地可应用物质，顺应原有地形，尽量减少对地形地貌的改变，实行分段排水，将水导入安全的坑沟或排水系统，减少土壤侵蚀或崩塌；注意稳定人工边坡，防止其崩塌；在坡面种植植物，进行覆盖兼绿化；修建防砂工程，防止砂石过度移动，稳定河床及河岸；修建防灾工程，防止砂石移动所发生的灾害。

进行水土保持要按照地形、地质、气候状况以及农业类别等因素加以考虑，通过各种措施增进土壤本身的抗蚀力、阻截雨滴的侵蚀、抑制或控制地表径流对土壤的推移。水土保持方法一般可分为农艺方法与工程方法。农艺方法也就是坡地耕作方法，目的在于增强土壤抗蚀能力、促进水分渗入土壤，增加蓄水。常用的农艺方法包括等高耕作、密植、轮作、间作、设绿地、建草带、保留残茬、秸秆覆盖、种植绿肥及覆盖作物等。当农艺方法不能充分控制水土流失时，必须配合实施工程方法。工程方法主要有筑梯田、建谷坊、挖鱼鳞坑、等高撩壕、设生草带、建分水沟、修排水沟、筑拦砂坝、挖防水壕、建石墙及合理安排灌排设施等。

水土保持的各种农艺与工程方法可单用也可综合利用。选用方法时应按下列原则依序考虑：(1) 妥善规划果园设施，合理利用土地；(2) 避免雨滴直接打击地表，增加土壤抗蚀力；(3) 促使雨水渗入土中，减少地面径流；增加地面粗糙度，延缓地面径流；地面径流须妥善导入安全的排水系统；(4) 对易发生侵蚀、崩坏的地点，应添加适当保护措施，优先选择安全的排水措施。

2. 水土保持的工程措施

水土保持工程措施以有效防止土壤侵蚀为原则，主要有修筑梯田、等高撩壕和挖鱼鳞坑等，可根据土壤类型来选择。

(1) 修筑水平梯田　水平梯田是在坡地上沿着等高线修成田面水平、埂坝均整的台阶式田块。修建水平梯田是保土、保肥、保水的有效方法，是治理坡地、制止水土流失的根本措施。梯田由梯田面、梯田壁、边梗和背沟等组成。梯壁由垒壁和削壁构成，垒壁与地平面的夹角为垒壁角，削壁与地平面的夹角为削壁角，在垒壁与削壁之间留的一段原坡面，称为壁间（图 5.5）。

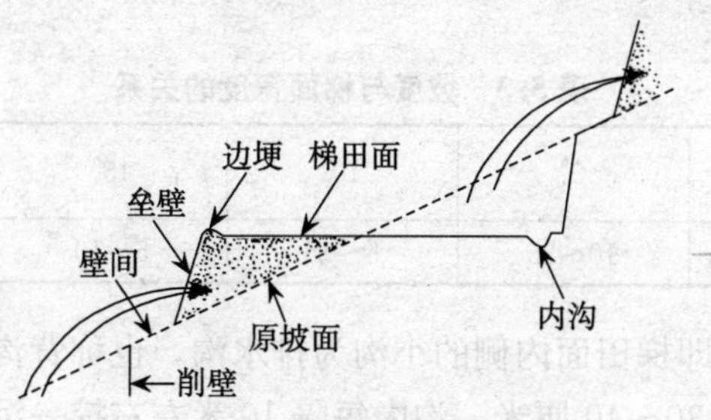

图 5.5　梯田的构造

梯田修筑过程是：设立基线→定点→测等高线→加行、减行→以等高线为阶面中轴线→由上向下修筑梯壁、阶面→边埂、背沟。修筑水平梯田的关键环节是筑梯田壁、铺梯田面、挖排水沟、修梯边埂等。

梯田壁由垒壁和削壁构成。垒壁与地平面的夹角通常为45°～50°，削壁与地平面的夹角通常为65°～75°。在垒壁与削壁之间留有一段原有坡面，称为壁间，壁间具有加固梯壁的作用，宽度为20～40厘米，缓坡可窄，陡坡宜宽。根据修筑材料不同，梯壁分为石壁与土壁，石壁高度不宜超过3.5米，土壁高度不宜超过2.5米；土壁梯田的梯田壁要踩实拍紧。梯田壁应向内倾，石壁梯田大约与地面呈75°的坡度，土壁为50°～60°的坡度。不论石壁还是土壁梯田，壁顶都要高出梯田面，筑成边埂。

修梯田面时，应以田面的中轴为中心，在中轴线上侧取土，填到下侧，一般不需要到外处取土，但一定要以中轴线为准，保持田面水平。梯田面最好采用内斜式更好，梯田在横向上要有0.2%～0.3%的比降，即整条梯田从头至尾不能绝对等高，应向泄洪（集水）沟处稍倾斜，这样有利于排出地表泾流，防止梯田壁倒塌。梯田面的宽度根据行距确定，一般大于4～5米，即至少一个台面能够栽植一行树（果树栽植位置应距梯面外沿约1/3田面）；坡度小的山地，梯田面可宽些。坡度与梯面宽度的关系一般如表 5.3。

表 5.3 坡度与梯面宽度的关系

坡　度	5°	10°	15°	20°～25°
宽度（米）	10～25	5～15	5～10	3～6

排水沟即梯田面内侧的小沟为排水沟，也称背沟。背沟沟深与沟底宽为 30～40 厘米，沟内每隔 10 米左右挖一沉沙坑，以沉积泥沙，缓冲流速，背沟纵向按 0.2%～0.3%的比降，以便将积水导入总排水沟内。梯田边埂可以拦截梯田面的径流，埂顶宽度及埂面多为 20～40 厘米，高 10～15 厘米。可将挖排水沟的土堆到梯田外沿，用以修筑梯田埂。

（2）等高撩壕　等高撩壕即按等高线挖成等高的沟，把挖出的土在沟外侧堆成土埂而成撩壕，果树栽植在壕的外侧。这是山地果园水土保持的有效措施之一这种栽植方式。撩壕可分为通壕与小坝壕两种。通壕的沟底呈水平式，壕内有水时能均匀分布在沟内，水流速度缓慢，有利于水土保持。小坝壕形式基本与通壕相似，但沟底有 0.3%～0.5%的比降，并在沟中每隔一定距离作一小坝，用以挡水和减低水的流速。小坝壕比通壕优越，水少时壕中水完全保持于沟内，水多时则溢出小坝。

撩壕的主要技术是“找好水平，随弯就势，平高垫低，通壕顺水”。撩壕规格范围相当灵活，“小树壕小，大树壕大，先栽树后撩壕或先撩壕后栽树皆可”。常见的撩壕自壕顶至沟心宽可1～1.5 米，沟底距原坡面深可在 25～30 厘米之间，壕外坡长 2～4 米，壕高（自壕顶至原坡面）25～30 厘米。

（3）挖鱼鳞坑　鱼鳞坑是山地果园采用的一种简易的水土保持工程，仅在栽植果树的地点修筑，其结构类似微型梯田，也起到一定程度的水土保持作用。鱼鳞坑适于在坡度过陡、地形复杂、不易修筑梯田或撩壕的山坡挖设。挖鱼鳞坑时，以株距为间隔，沿等高线测定栽植点，并以此为中心，由上坡取土垫于下坡，修成外高内低的半圆形土台（土埂），土埂内面要土壤保持疏松，土埂外缘用石块或土块堆砌。在挖鱼鳞坑的同时，以栽植点为中心挖穴，填入表土并混入适量的有机肥料，而后栽植果树，但严禁在土埂上栽树，以防降大雨时，雨水顺树干流下把土埂冲塌。鱼鳞坑的大小，因树龄而异，3 年生以下的幼树坑长 1.5 米、宽 80 厘米、深 15～20 厘米，以后随树龄的增长，结合挖施肥沟和树盘土壤管理，逐年扩大；10 年生树鱼鳞坑长度达 3 米以上。

（4）建谷坊　为了防止果园中大小自然冲刷沟的水土流失，在沟中修土谷坊、石谷坊或插条做谷坊。修土谷坊时，最好用湿土夯实。为使谷坊牢固，可采用生物措施，如种草、栽植紫穗槐等。石谷坊比较坚固，不易被水冲垮。修筑时先将沟底和沟壁挖成槽，然后砌坝。用石块砌坝，可以干砌，也可以用石灰或水泥沟缝。谷坊断面应是下宽、上窄、呈梯形，在坝中间留出缺口，使流水集中，以免冲塌沟帮。柳条谷坊是用直径 5～10 厘米，长 1～1.5 米的柳桩，埋插在沟中，桩露出地面 40～50 厘米，每道插 3 排或 5 排，排间距离约 50 厘米。柳桩成活后，可以起到拦截泥水的作用。为了防止沟蚀，在沟坡里种植紫穗槐或其他植被，以减少沟坡径流和沟蚀。

3. 水土保持的农艺方法

（1）等高栽植　就是按等高线在坡面上横向栽植果树，它适用于横向耕作和自流灌溉，而且可以减少冲刷。坡地新建果园，实施等高栽植也有利于成园后的土壤耕作和进一步机械化作业及水土保持工程建设。

（2）林草措施　主要针对果树行间的裸露地、边坡、路肩、路面等地区，宜选择生长旺盛、矮生或匍匐覆盖严密的草类，该草类应易于栽植管理，且不与主作物互为病虫害媒介。

（3）中耕保墒　生长期对果园土壤进行疏松、锄草等耕作措施，疏松表层土壤，切断毛细管水分的上升，减少地表蒸发；并能改善土壤通气，利于雨水渗入，增加蓄纳；同时中耕可提高地温，加速养分转化，消除杂草及减少水分和养分的消耗。春季中耕宜早宜浅，极早消除杂草，并进行耙压。夏季雨后立即中耕可减少水分蒸发；秋季中耕能减少地表径流，增加储水能力。

（4）树盘覆草　树盘覆草是一项经济、便捷、省工的技术措施，可以充分利用地边生长的杂草，以及收获后的作物秸秆。既能蓄水保墒，又能增加土壤有机质含量，使土壤通气、透水性增强。果园覆草后，由于作物秸秆富含大量有机质及大量元素和微量元素，把它们翻入土壤，有利于改良土壤结构，增加土壤肥力。覆草以后，果园的蒸发量明显下降，土壤水分耗散显著减少，含水量常年比较稳定，全年基本不用灌水，对于干旱、丘陵地区的果园增产效益明显。

（5）覆盖地膜　果园地面覆膜是利用透明或有色的地膜覆盖在果树树盘及树行间的一种覆盖方法，可以提高并稳定地温、保持土壤水分、增加土壤有效养分，因而可促进果树的生长发育。

（6）穴贮肥水　穴贮肥水比较适用于山地、丘陵地等土层薄，肥力差，水分不足的苹果园。这项技术，集中使用肥水，方法简便，投资少。穴贮肥水技术，可以局部改善苹果园土壤状况，使1/5根系长期处于水、肥、气、热较好的条件下。这项技术是山地苹果园保水的一项很好的技术措施。

（7）应用各类制剂　有水土保持功效的各类制剂包括土壤改良剂、保水剂和增湿剂，以及树冠喷洒营养剂和生长延缓剂。土壤改良剂可以改良土壤物理性能，促进团粒结构形成，增强土壤的抗蚀性，提高地温和土壤含水量。施用土壤增湿剂：利用植物油渣、石蜡乳剂等酸性土壤增湿剂处理土壤，可抑制土壤水分蒸发达70％～90％。

树冠喷洒营养剂是应用0.4％磷酸二氢钾及10％的草木灰溶

液喷洒叶片，补充叶片中钾的含量，提高果树的抗干旱能力；另外喷洒黄腐酸也能降低叶片的蒸腾强度25%～30%。目前国内推广应用的抗旱生长营养剂有旱地龙、抗旱型喷施宝、高脂膜。它们的主要功能是抗旱，营养剂中还有果树需求的多种营养，能有效促进果树生长，降低功能叶的蒸腾程度，维护果树的水分平衡，起到抗逆、抗病虫和增产作用。

喷施植物生长延缓剂是在枝条生长旺期，可喷用多效唑（PP333）等植物生长延缓剂，抑制枝叶的快速生长，以降低水分的蒸腾量；叶面喷施蒸腾抑制剂亦可有效降低水分的散失。

（8）修蓄水带　对易水土流失的坡地果园，可在果园行间上端横开沟，深宽各约50厘米左右，然后填草踏实，再回填厚土，形成蓄水带。这不仅可接纳雨水，还可防止水土流失和增加土壤有机质含量。

（9）合理修剪，减少生长冗余　冗余枝叶会消耗大量水分和养分。冬剪时对旺长树采用缓和树势的修剪方式（少短截、多疏除），可以减少营养生长对水分的大量消耗；夏剪时及时抹除多余的萌芽，剪除冗余枝条，严控徒长枝和旺长枝（及时疏除、短截或摘心），可以减少枝叶数量，明显降低水分的蒸腾量。同时，疏除多余的花果，可以减少树体养分水分的无效消耗。

4. 小流域综合治理技术

小流域指以一条山沟或河流的沟道为主体、以分水岭和出口断面为界的一个独立而完整的自然集水区域，是山地和丘陵区的基本地貌组合单元，也是我国水土流失和环境恶化比较重的区域。许多果树栽培于小流域，小流域综合治理就是以小流域为治理单元，合理规划与布置水土保持农耕技术措施、林草措施和工程措施，山、水、林、田、路综合治理，坝、库、渠综合建设，优化农林牧等各个产业用地结构，使各产业相互协调、相互促进，实现以水土保持为核心的生态、经济、社会效益相统一的综合治理目标。

小流域治理必须针对河流山川的整体生态环境，通过保土、护坡、固沟、植树、种草等适当的保护和培育，使原有的动植物能有健康的生长环境，而水文特征也能维持自然的稳定度。它以小流域为治理单元（一般指流域面积为 5～30 千米^2，最多不超过 50 千米^2），运用系统工程方法，通过工程措施、生物措施和农业技术措施，在全面规划的基础上，合理确定农、林、牧各业用地比例，正确布设各项水土保持设施，使生物和工程措施有机结合起来。通过修建水平梯田、截水沟、水头梗、建沉沙坑等，以及扩展植被、鱼鳞坑植树和在地坝边或水土工程周围种植灌木林或保留杂草等方法和技术措施的综合运用，使从坡到沟、从上游到下游能够形成完整的水土保持群防体系，从而控制水土流失，保障农、林、牧、副共同发展。

小流域治理设计要避免截断集水区内自然的水文循环路径，注意维持河道自然蜿蜒度；须保持河流生态中原有植物与植被形态，在河岸旁设缓冲绿带以过滤地表径流，并提供野生动物栖息环境。除了必要的防洪整地外，应尽可能减少河岸与河道的整地范围，并保留原有的孔穴、乱石堆等栖息地。灌排沟渠的设计应多采用自然的草沟或卵石块砌的天然水道。河流地要增加植物生长的泥土面，尽量减少硬铺面设计，或采用透水性材料。护岸堤防设计应考虑两栖动物的生活特性与活动路径。小流域治理工程建设，要注重从整体出发，系统地全面安排设计，实行分段实施。在小流域治理过程中，要根据不同的地形地貌和水土资源状况，合理布局农、林、牧各业的结构以及空间的数量与排列，协调当前经济和长远生态目标间的矛盾。

五、果园堆肥制作技术

利用农业废弃物制作堆肥，是促进果园废弃物资源化利用的有效途径，它不仅能够促进废弃物中有害物分解，减轻环境污染，还可为果园提供有机肥，改良土壤，减少化肥使用等。堆肥是以秸秆、青草、绿肥、泥炭、树叶、垃圾，以及其它废弃物为主要原料，加入人畜粪尿进行堆腐而成的有机肥。

堆肥通常分为普通堆肥和高温堆肥两类。普通堆肥是在嫌气条件下腐熟而成，一般混土较多，堆温不超过 50℃，腐熟时间较长，需 3～5 个月，方法简单，适用于常年积肥。高温积肥以纤维素多的有机物料为主，在好气条件下腐熟，有明显的高温阶段，能杀灭病菌，虫卵，草籽等，腐熟快，有机质和养分含量高，质量较好，适用于生活垃圾和较多秸秆的处理。高温堆肥根据是否接种“快速腐熟剂”又可分为常规高温堆肥和快腐剂高温堆肥。

1. 普通堆肥技术

（1）地面式　适用于气温高、雨量多、湿度大、地下水位高的地区。一般选择地势高燥而平坦，接近水源运输方便的地方堆积。堆宽约 2 米，堆高 1.5～2 米，堆长以材料数量而定。堆制前先夯实地面，再铺 10～14 厘米厚的细草或泥炭，用以吸收下渗肥液，然后铺 174～26 厘米厚的堆积物，然后加适量水和石灰，再加入细土，或污泥和粪尿等。如此一层一层堆积至 2 米高，最后覆盖一层细土或河泥，以减少水分挥发和氨的挥发损失。一个月后翻堆，夏季 2 个月左右腐熟，冬季 3～4 个月腐熟。

（2）地下式　在田头或住宅边挖一土坑，坑深 1～2 米，将材料投入坑中，直至与地面相平为止，上盖 7～10 厘米厚土。1～2 个月后翻捣将分解差的放在底部。并加适量人粪尿，上面仍用土覆盖。夏、秋季 1～2 个月腐熟，冬季 3～4 个月腐熟。

（3）半坑式　堆积方法与高温堆积中的半坑式相似，只是不接种高温纤维分解菌和不设通气孔沟，详见下面的半坑式高温堆肥。

2. 常规高温堆肥技术

（1）地面式　适用于地下水位高或多雨的地区，尤其是华南、西南、华中、华东等地区；华北及东北地区，在夏秋季也可应用。堆制前选用靠近水源的地方，把地面捶实，然后于底部铺上一层干细土，再在上面铺一层未切碎的玉米秆作为通气床（厚约26厘米），然后在床上分层堆积材料，每层厚约20厘米，并逐层浇入人粪尿（下少上多），堆高1.3～2米，堆宽3～4米，堆长视材料数量而定。为保证堆内通气，在堆料前按一定距离垂直插入木棍，使下面与地面接触，堆完后拔去木棍，余下的孔道作为通气孔。堆肥材料包括切成5厘米左右的干玉米秸秆、新鲜骡马粪和人粪尿，其重量配比为5∶3∶1；按肥料比例混合后，加入与肥料重量相近水（一般以手握材料有液滴出为宜），在肥堆四周挖深30厘米，宽30厘米左右的沟，把土培于四周，防止粪液流失。最后，用泥封堆3～5厘米或上面盖土4～7厘米。堆好后2～8天，温度显著上升并可达70℃，同时堆体逐渐下陷。当堆内温度慢慢下降时，进行翻堆，把边缘腐熟不好的材料与内部的材料混合均匀，重新堆起，如发现材料有白色菌丝体出现，要适量加水，然后重新用泥封好。堆温第二次达到高峰后，加少量水，必要时还可翻堆，翻堆后用泥封堆。当作物秸秆的颜色为黑褐色至深褐色、秸秆很软或混成一团、植株残体不明显、用手抓握堆肥挤出汁液、滤出后无色有臭味时，堆肥达到完全腐熟。

（2）半坑式　以圆形坑为例，坑深约1米，上部直径2.5米，底部2米，挖出的土用作圈埂，坑底挖一个十字架，宽深均约20厘米，直沟引到土埂外，作通气沟，沟上铺盖棉秆或玉米秆等。秸秆铡短，用水浸泡后，铺在坑底约65厘米厚，适当踏紧，泼一些石灰水或草木灰水，加入骡马粪、人粪尿，如此一层一层地堆积，至高出坑面65厘米左右为止。堆积秸秆要下厚上薄，骡马粪要下薄上厚，人粪尿要下少上多。堆好后，堆面盖细土约10厘米。堆后2～3天，堆温逐渐上升，一般达到65℃以上可维持5～6天，50～60℃可维持10天。若堆温突然下降很多，要补加多量水分，以后堆温逐渐下降到40℃时，检查腐熟情况，如未腐熟应翻堆加水，待大部分有机物分解后，踏紧压实，直至腐熟。

3. 快腐剂堆肥技术

（1）*EM堆腐法* EM是有效微生物群的英文缩写，是一种由好气性和嫌气性有益微生物混合培养而成的功能菌群，具有除臭、杀虫、杀菌、净化环境、促进植物生长等功能，也可用来制作堆肥，处理方法如下：

按清水100毫升、蜜糖或红糖20～40克，米酪100毫升、酒（含酒精30％～35％）100毫升、EM原液50毫升的比例制成备用液。将人畜粪便风干至含水量30％～40％。取稻草、玉米秆、青草等，切成长1.5厘米的碎段，加少量米糠搅拌均匀作为堆肥时的膨松物。

堆制时将稻草等膨松物与粪便按重量10∶100混合搅拌均匀，并在水泥地上铺成长约6米、宽约1.5米，厚20～30厘米的肥堆。在肥堆上薄薄地撒上1层米糠或麦麸等物，然后再洒上EM备用液，每1 000千克肥料洒1 000～1 500毫升。按同样方法，于上面再铺第2层，每1堆肥料铺3～5层后，上面盖好塑料薄膜。当肥料堆内温度升到45～50℃时翻动1次，一般要翻动3～4次。当肥料中长有许多白色的霉毛，并有一种特别的香味时就可以施用。夏天堆制时间7～15天，春天15～25天，冬天堆制则长一些。

利用各种秸秆粪肥及其它废弃物，加入一定量的“快速腐熟剂”调节营养，接种发酵菌剂进行高温堆制。一般每立方米麦秸（65～70千克）需菌剂0.5千克，尿素0.5千克，平地堆制，先在堆址处挖宽1.5～2米、深0.3米的底槽，长度不限，向槽内堆麦秸并加水（1 千克麦秸要加 2 千克以上的水）、踏实。当堆到 0.6～0.7 米高时，均匀撒一层尿素，尿素用量为总用量的一半；继续堆麦秸，当第二层堆高达到 0.4～0.5 米时，将剩余的菌剂和尿素全部均匀撒上，再堆第三层，达到 0.3～0.4 米高时，人工踏实，加足水，最后用泥土严密封堆，7～10 天肥堆均匀塌陷，如塌陷不均匀，应在突出部位加水，30 天后麦秸变暗褐色或烂泥状，即为腐熟好的堆肥。

（2）*酵素菌堆肥法*　酵素菌是从自然界中提取的有益菌株，经过提纯、扩繁、复壮复合而成的生物肥菌种快速腐熟剂，它可快速腐熟城市生活垃圾和各种农作物秸秆。用于堆肥处理的方法如下：

配方：农作物秸秆 1 000 千克，干鸡粪 30 千克，米糠或麦壳 30 千克，红糖 1 千克 或玉米面 2 千克，酵素菌接种剂（又称酵素菌扩大菌）5 千克，尿素 2 千克。水占原材料总重量的 55%～60%。

材料处理：把作物秸秆铡碎（一般长 5 厘米左右）。将铡碎的秸秆放在水泥地面或塑料布上，喷水搅拌，使料吃透水。材料持水量以用手握后指缝间有水渗出而不下滴为基本合适度。

接菌：先把酵素菌接种剂与红糖（或玉米面）及米糠（或麦数）混合均匀，再与干鸡粪充分混匀，最后撒在吃透水的碎秸秆上，1 层秸秆，1 层鸡粪，1 层酵素菌、糖及米糠的混合物，搅拌均匀，把尿素放在中间层。

堆制发酵：把接菌拌好的配料堆成宽 1.5 米、高 1.5 米、长度适当的梯形堆或山形堆，自然堆制，不要拍实。堆好后用麻袋片或草帘盖严保温、保湿，防止阳光直射或雨淋。在夏季生产时，堆制后 3～5 天翻堆 1 次，共翻 3～4 次，在最后一次翻堆时，有条件的地方可撒入钙镁磷肥和石灰各 1 020 千克，7 天后发酵结束。翻堆时要把配料抖松，把结块打碎，自然堆好。

优质的堆肥在培养发酵过程中，温度必须升至 60～70℃；

发酵完成后堆肥呈现黄褐色至棕褐色，有光泽，无氨味，无酸臭味；手握堆肥配料松软，有弹性感，纤维轻拉即断。堆制过程中，如果发酵温度初始正常，突然急剧升高，表明水分不足，应摊开加水；如果温度初始正常，突然下降，表明缺乏氧气，要及时翻堆通气。堆制过程中一直不发酵，不升温，表明菌种质量有问题，应换菌种；温度有所上升，达不到正常温度，表明堆内水分过多；温度上升迟缓，表明发酵堆 pH 值偏低或室温偏低。

（3）*发酵粉堆腐法*　在没有 EM 原液和酵素菌时，可自制发酵粉代替。方法如下：

发酵粉的制备：按米糠 14.5%、油饼 14.0%、豆粕 13.0%、糖类 8.0%、水 50.0%，酵母粉 0.5%的比例备料。先将糖类添加于水中，搅拌溶解后加入米糠、油饼和豆粕，充分搅后堆放，在 60℃以上的温度下发酵 30～50 天。然后用黑炭粉或沸石粉按重量 1∶1 的比例进行掺和稀释，仔细搅拌均匀即成。

堆肥制作：将粪便风干至含水量 30%～40%后，与切碎的稻草等膨松物按重量 100∶10 混合，每 100 千克混合肥中加入 1 千克发酵粉，充分拌合均匀，然后在堆肥舍中堆积成高 1.5～2.0 米的堆肥，进行发酵腐熟。在此期间，根据堆温的变化，判定堆肥的发酵腐熟程度。当气温 15℃时，堆积后第 3 天堆表以下 30 厘米处的温度可达 70℃。堆积 10 天后可进行第 1 次翻堆，翻堆时，堆表以下 30 厘米处的温度可达 80℃，几乎无臭。再隔 10 天，进行第 2 次翻堆，翻堆时，堆肥表面以下 30 厘米处的温度为 60℃。再隔 10 天后，第 3 次翻堆时，堆表以下 30 厘米处温度为 40℃。当翻堆后的温度为 30℃，水分含量达 30%左右时不再翻堆，等待后熟。后熟一般 3～5 天，最多 10 天堆肥即成。

第六章　果树树种和品种选择

适宜的树种和优良的品种是果树高产优质的遗传基础，生态果园树种和品种选择同常规生产类似，但除在果树和品种适应性区划的基础上，选择高产优质、营养丰富者外，更注重选用适应性和抗逆性的树种和品种，并且注重所选树种和品种的生态效益和观光功能。

一、树种和品种选择原则

果树生产的主要目的是产出尽量多的优质并富于营养的果品，保证不断地从有限果园获取高效益，生态果园经营也不例外。所以，在生态果园也应当选择高产优质、营养丰富树种和品种，并以市场为中心，选择市场前景好、销路广的品种，不要一哄而上，盲目跟风。为了更便于管理，一个果园要以一种果树为主，其余为辅；为延长果品供应期，不同树种或同一树种不同品种的果实成熟期，早、中、晚要搭配好。大面积栽植时，同一树种的品种不应少于3个。

如果果园设置在远离城市交通不便的地区，就应以耐贮藏运输的树种如梨、苹果、石榴、柑橘、山楂、核桃、板栗、柿、枣等为主，同时所选品种也要耐贮运；如果果园建立在城郊，应以供应鲜果为目的，适当考虑树种和品种的多样化。为了满足生态果园观光旅游需要，还要考虑所选树种和品种是否富有观赏价值。

树种和品种选择还要考虑当地气候、土壤条件等具体实际，依据果树的生物学特性和规模化产业化经营的方针，“因地制宜，适地适栽”；还要考虑栽培目的和栽植形式，如草莓，适于北方寒冷地区栽培的品种一般休眠期长，而适于在温暖地方栽培的品种则表现为类似日中性植物的特性，匍匐茎发生少，开花结果期长，甚至四季结果。所以，栽培地区越往南，越应选择低温需求时间短、生理休眠浅的早熟品种。在北方，需要所选树种和品种在花期能够抗晚霜危害，或花期能够避开晚霜；在南方，则要求所选树种和品种能够抵抗夏季高温干旱。鲜食或加工对果品特性的要求不同，即使是兼用型品种，不同的加工制品对果品也有不同要求，树种和品种选择不能千篇一律。

安全无污染、生态效益好是生态果园的基本特点。为了减少生产过程中农药化肥的污染，应当选择生长健壮、适应性强、对当地多发病虫害抗性强、抗污染能力强、对有害物富集量较少的树种和品种。适宜的砧木可以提高果树的适应性和抗病虫害能力，要尽量选择能够采用嫁接方式繁殖的树种，并优先选择用高抗性砧木嫁接的树种和品种。比如，山定子比较抗苹果腐烂病，在腐烂病发生较重的地方，可选择用山定子做砧木嫁接的苹果；鸡冠苹果能够抗轮纹病等枝干病害，富士苹果品质好但在一些地方易发生枝干轮纹病，在这些地方可用鸡冠苹果做富士苹果的中间砧木或直接在鸡冠苹果上嫁接富士苹果，这样既保持了苹果的优良品质，又增强了富士苹果抗轮纹病的能力。

有些树种和品种自花授粉不结实，或者不同品种间花期不一致或授粉亲和性不好，或花粉量和花粉活力低等因素，使果树结实能力差产量低等，这就需要考虑授粉树的选择与配置问题。有些树种和品种虽然自花授粉能结果，但异花授粉的增产效果明显，如苹果、草莓、桃等，因此，除主栽品种外，还应搭配授粉品种。1个主栽品种可搭配2～3个授粉品种；主栽品种所占种植面积不少于70%，其余为授粉品种。有时1个主栽品种需要更多的授粉品种，比如，三倍体苹果花粉不育，在果园里除了为三倍体苹果配置授粉品种外，还需要为授粉品种配置另外的授粉品种，这样一个果园就需要栽培至少3个品种。

生态果园具有较强的观赏性和绿化功能，要注意所选树种和品种的观赏价值。尤其是用于观光旅游的生态果园，应考虑花果叶的观赏性和花期的长短，尽量选择观食兼用型树种和品种。

二、根据果树区划选择树种和品种

1. 根据果树分布带选择树种

根据自然地理特点及果树对生态条件的适应性，我国果树区可分为8个果树带，在不同果树带应选择不同的树种：

(1) 耐寒落叶果树带　位于我国东北角，即辽宁的辽阳以北、吉林通辽和黑龙江齐齐哈尔以东。在这一带可选择栽培小苹果、秋子梨、李、杏、山楂、榛子、越橘、山葡萄、草莓、树莓、醋栗、穗醋栗等。

(2) 干寒落叶果树带　位于我国北部，包括内蒙古、宁夏、甘肃、新疆北部、河北张家口以北、辽宁西北部、吉林和黑龙江西部。在这一带优先选择栽培小苹果、杏、秋子梨，其次选择沙果、海棠、草莓、葡萄。也可适当栽培桃、苹果、西洋梨、李、核桃、枣、石榴、无花果、扁桃和阿月浑子等果树中的抗旱耐寒品种。

(3) 温带落叶果树带　主要在干寒落叶果树带和耐寒落叶果树带以南、长江以北，包括辽宁南部、西部、河北、山东、山西、甘肃、江苏和安徽部分、河南中部和北部，陕西中部和北部以及四川西北部。在这一带，可优先选择栽培苹果、梨（白梨、砂梨、西洋梨）、桃、北方品种群的枣和柿、杏、葡萄、核桃、板栗等，其次选择山楂、李、石榴、银杏、樱桃等；在沿海地区可重点选择甜樱桃、洋梨、无花果、草莓等；在华北平原及黄河故道的沙荒碱地应优先选择梨、枣和葡萄；山区则优先选择板栗、核桃、杏、柿等。

（4）温带落叶常绿果树混交带 在温带落叶果树带以南，东起浙江钱塘江，经江西上饶、南昌和湖南岳阳，沿长江西北至湖北宜昌，再西经四川苍溪、茂县至汉源一线。在这一带重点选择栽培桃、柑橘、李、梨、樱桃等果树，也可选择枣、柿、板栗、石榴等，在部分地区可适当选择苹果、山核桃、梅、枇杷、杨梅、香榧等。

（5）亚热带常绿果树带 位于落叶与常绿混交带以南，东起台湾的台中向西经福建的泉州、漳州，再经广东潮汕、佛冈至广西梧州、桂平，西至云南开远、临沧。在这一带主要选择栽培柑橘、龙眼、荔枝、枇杷、橄榄、杨梅、菠萝和香蕉，也可在个别地方选择栽培砂梨、李、葡萄以及南方品种群的枣、柿、板栗和桃等落叶果树。

（6）热带常绿果树带 包括台湾、海南及南海诸岛。在这一带重点选择栽培香蕉、菠萝，也可选择番木瓜、芒果、树菠萝、黄皮、番荔枝、椰子、人心果、油梨、红毛丹等特色果品。

（7）云贵高原落叶常绿果树混交带 包括贵州全部、云南绝大部分以及四川凉山州。在该区带海拔800米以下的河谷地，可选择栽培香蕉、菠萝、芒果、椰子、番荔枝、番木瓜等热带果树，在800～1 000米地带则选择柑橘、荔枝、龙眼、枇杷、石榴等亚热带果树栽培区，而在海拔1 300～3 000米则选择苹果、梨、桃、李、核桃、板栗等温带落叶果树，3 000米以上基本不适宜种果树。

（8）青藏高原落叶果树带 位于我国西南边陲，包括西藏全部、青海绝大部和四川昌都地区。在青藏河谷地带，可适当选择栽培着苹果、桃、核桃、李、杏等；在西藏东南部2000米以下低海拔的河谷中，可适当选择栽培柑橘、梨、枇杷、石榴、葡萄等。

2. 根据树种生产区划选择品种

(1) 苹果主要产区的品种选择

①渤海湾苹果产区　渤海湾是我国苹果优势产区。适宜发展着色系富士、元帅系短枝型、乔纳金、津轻、嘎拉、王林、寒富等苹果品种。其中，山东胶东半岛可选择栽培红将军、嘎拉优系、乔纳金优系、澳洲青苹、王林等品种；泰沂山区选择栽培藤牧1号、珊夏、美国8号、凉香、红将军等早中熟品种；辽西地区主要选择藤牧1号、珊夏、嘎拉优系、华红、优系乔纳金、王林等品种；辽南地区可选择珊夏、嘎拉优系、王林、富士优系、红将军等品种；河北秦皇岛地区可选择栽培藤牧1号、美国8号、优系嘎拉、华红、优系乔纳金、澳洲青苹、王林等品种。乔化砧木可选用山定子、海棠果、怀来海棠、湖北海棠（平邑甜茶）等；矮化砧木可选用M_7、M_{26}、MM_{106}等。

②中部苹果产区　主要在黄河故道和海河以北，秦岭北麓的渭河滩地，以及河南西南和湖北北部，可选择栽培中早熟品种，如藤牧1号、美国8号、嘎拉优系、元帅系短枝型、乔纳金优系、华冠、华帅等品种。砧木可选用楸子、西府海棠、湖北海棠等。

③西北苹果产区　西北地区也是苹果优势产区。早熟及早中熟品种可选择藤牧1号、美国8号、嘎拉优系、红津轻等，中熟及中晚熟品种可选择红将军、千秋优系、华冠、乔纳金优系等，晚熟品种可选择岩富10、宫崎短富、烟富1、烟富6、礼富、粉红女士等等。加工品种可适当栽培鲜食加工兼用的澳洲青苹、红玉、金冠等。砧木可选用楸子、山定子、毛山定子、新疆野苹果、怀来海棠、甘肃海棠、花叶海棠等，其中楸子适应性强，抗旱、抗寒；矮化中间砧可选用M_{26}、M_7、M_9、S系和SH系等。

④西南高地苹果产区　适宜发展金冠、红星、国光、红玉、青香蕉等品种。砧木可选用丽江山定子、楸子、西府海棠、扁叶海棠、沧江海棠、锡金海棠、垂丝海棠、湖北海棠、沙果、尖嘴林檎等。

(2) 梨主要产区的品种选择

①环渤海湾梨产区　包括辽、冀、京、津、鲁，是秋子梨、白梨和砂梨的混栽区，但以白梨为主。该区是晚熟梨的优势产区，适宜栽培鸭梨、酥梨、雪花梨、南果梨、西洋梨、茌梨等，应重点发展绿宝石梨、黄金梨、新高梨、黄冠梨、红宵梨、京白梨等特色品种。

②黄河故道梨产区　包括豫、皖、苏，是白梨和砂梨的混栽栽区。可以选择栽培鸭梨、茌梨、雪花梨、砀山酥梨、秋白梨、绿宝石梨、黄金梨、新高梨、圆黄梨、幸水梨等。

③长江流域梨产区　包括川、渝、鄂、浙，是砂梨主产区。可以选择栽培黄花梨、苍溪梨、黄金梨、新高梨、圆黄梨、幸水梨、丰水梨和水晶梨。

④西部地区梨产区　包括新、甘、陕、滇，可以选择栽培一些白梨品种（如七月酥、八月红、红香酥、砀山酥、雪花梨等）和库尔勒香梨等。

(3) 桃主要产区的品种选择

①西北高旱桃区　包括新疆、陕西、甘肃、宁夏等省、自治区，是桃的原生地。非常适宜栽培普通桃和油桃，可以选择栽培曙光、千年红、早红宝石、早美、春艳、新川中岛、瑞光、莱山蜜、重阳红等多种品种。

②华北平原桃区　除华北大平原外，还包括辽宁西南和黄河故道。在这一区域，水蜜桃、油桃和蟠桃均可栽培，可重点选择北方品种群的中晚熟品种，如肥城佛桃、深州密桃、青州密桃等，城市近郊也可以一些南方品种群的桃。

③长江流域温湿桃区　处于长江两岸。在这一区域可选择南

方品种群的桃，如上海水蜜桃、白凤、玉露、撒红蟠桃等，以栽培普通桃、蟠桃为主，可适当发展早熟油桃。

④云贵高原桃区　包括云贵和川西南部。这一区域适宜栽培水蜜桃和蟠桃品种，可选择当地名特品种，如呈贡黄离核、大金蛋、黄心桃、波斯桃、二早桃、草白桃、泸定香桃等。

三、苹果优良品种

1. 藤牧1号

果实长圆形或短圆锥形，平均单果重180～200克。果梗短，果实底色黄绿，表面着鲜红色，果点小而稀，果面洁净美观。果皮厚，果肉黄白色，肉质疏脆，汁多，风味酸甜适度，有香味；可溶性固形物11.2%～12.6%。结果能力强，早实性和丰产性强，稳产，成熟早。适应性广，对土壤和气候条件要求不严，抗早期落叶病和白粉病能力强。果实不耐贮，货架期相对较短。7月中下旬至8月初成熟。

2. 嘎拉

果实中等大，果实近圆形或圆锥形，属中型果。果实底色黄白，上覆红色条纹或桃红色晕，果面光洁。肉质较细，汁稍多，风味酸甜。品质较上等。常温下贮存约30天。树势强健，树姿开张。易成花，结果较早，较丰产。易管理，果实品质优异、适口性广、商品率高。该品种的芽变系有皇家嘎拉、帝国嘎拉等，较嘎拉色泽略红，其它性状同嘎拉。一般在8月上中旬成熟。

3. 嘎富

又名萌，系嘎拉×富士杂交育成的优良中早熟苹果品种。果实圆至圆锥形，平均单果重200克左右。果面浓红色或浓褐红色；果肉白色，肉质致密，硬度中等，可溶性固形物13%～14%，风味浓郁，品质优良。树势强健，树姿半开张，短果枝多，有腋花芽结果习性，丰产。成熟期为7月中下旬，比藤牧1号、松本锦苹果都早。

4. 红津轻

果实较大，近圆形，果型指数0.875，平均单果重170克；果面光滑，底色黄绿，果面全部覆被条红，有光泽，色彩艳丽；皮薄，有韧性；果肉黄白色，肉质细，松脆多汁，有芳香；可溶性固形物含量13%～18%，风味酸甜适口，品质上等。果实常温下贮存20天左右。幼树生长强健，枝条直立，萌芽力中等，成枝力强，结果后树势中庸，树姿开张，有腋花芽结果习性，花序座果率高。一般在8月下旬成熟，但果实成熟期不一致，有采前落果现象。

5. 蜜脆

为美国新品种，果实大，近圆形，平均单果重310～330克，最大450克；果点小、密，果皮薄，果实底色黄，着色好，果面全红；果实酸甜适口，果肉乳白色，质地脆，汁液多，香味较浓，有蜂蜜味，口感好；果实较耐贮藏；抗寒性强，在冷凉地区栽培表现好。但该品种容易缺钙，应在果实发育期补钙2～3次。一般在9月上旬成熟。

6. 元帅系

是由元帅苹果变异而来的一系列品种。目前已经发现的元帅系芽变品种多达120多个，当前栽培较多的元帅系品种主要有新红星、首红、艳红、超红、银红等。元帅系苹果果实大，长圆锥形，果顶有五个明显的突起。平均单果重200～250克。果面底色黄绿，阳面有浓紫红色粗条纹，充分成熟时可满红。果肉松脆多汁，味甜香，稍贮后香味更浓，品质上。采收后在高温下果肉迅速变软，必须迅速入库冷藏，才能保持优良品质。树势强健，树姿半开张，幼树生长旺。萌芽力、成枝力均较高，丰产。适应性强，对土壤要求不严，抗寒、抗旱、抗药力均强，但不抗风，易偏冠，树干易染粗皮病。9月中下旬成熟。

7. 金冠

又名金帅、黄香蕉、黄元帅。果实圆锥形，平均单果重180克，大小整齐。果实金黄色。果肉细，味甜。有芳香味，品质上等。果实耐贮藏，但贮藏期间易发生皱皮。树势强健，树冠半开张，萌芽力及成枝力均较强。座果率高，早果、丰产、稳产。适应性强，对土壤要求不严，各地均能栽培，但果面易生果锈，抗轮纹病较差。9月中下旬成熟。

8. 王林

日本品种，从金帅与印度混植的园中选出。果实圆锥形或长圆锥形，果个较大，整齐，平均单果重200克左右；果面光洁无锈，有果粉，果点多而大，明显，果面绿黄色，贮后有蜡质，果梗短粗；果肉乳白色，肉质细，松脆多汁；风味酸甜适口，可溶性固形物含量11%～14%，品质上等，果实较耐贮藏。树势较旺，树姿直立、紧凑，分枝角度小，早实性好，成花容易，连续结果能力强，丰产性好，较抗苹果斑点落叶病。9月下旬成熟。

9. 新（红）乔纳金

美国品种，亲本为金冠×红玉。该品种果实圆锥形，整齐，个较大，单果重200～250克；果面底色绿黄或淡黄，阳面大部有鲜红霞和不明显的断续条纹；果肉淡黄色，肉质松脆，中粗，汁液多，风味酸甜，稍有香气，含可溶性固形物14%左右。该品种开始结果早，丰产性好。果实品质上等，外观艳丽，较耐贮藏，适于于凉爽苹果产区栽培。该品种为三倍体，花粉败育，不能作授粉树。一般在 10 月中旬成熟。

10. 富士系

为苹果优良晚熟品种，果实近圆形，个大，平均单果重 200 克左右，果面光洁，底色黄绿，着鲜红色条纹或全红。果肉乳白色，肉质细脆多汁，风味酸甜具芳香，可溶性固形物含量14%～18%，品质上等；耐贮藏。树势强壮，生长旺盛，萌芽力、成枝力中等，具腋花芽结果能力；座果率高，丰产性好；果实发育期长。抗寒能力较差，抗轮纹病、粗皮病能力差。易大小年结果。应配置授粉树，授粉品种可选择嘎拉、粉红女士、元帅系等。最适宜的栽培区域为海拔 800～1 200米地区。目前从富士中选出了一系列的富士优系，如着色系富士、短枝红富士、早生富士、寒富等。

(1) 着色系富士　富士的着色系又称红富士，为富士的红色芽变，目前已选出 80 多个。如秋富 1、长富 2、长富 6、长富 9、长富 10、岩富 10、长富 11 等，这些品种无论是片红还是条红，着色程度、红色度均优于原有富士。根据我国栽培实践与各地评估，在引进的富士芽（枝）变品种中，着色最好的有长富 2、长富 6、秋富 1、2001 富士等。但也发现，着色系富士苹果虽果实着色优于普通型，但果实风味稍有下降，片红系列下降尤重。再有，同是一个着色系，在不同的栽培区域表现出较大差异，甚至原为条红品种（如长富 2）后来出现了片红，品种选择时应当注意。烟台市果树专家选出的烟富 1 号、烟富 2 号、烟富 3 号、烟富 4 号、烟富 5 号、烟富 6 号，不仅着色早、着色稳定，而且果实色泽、果形等外观品质和内在品质均优于或近于长富 1 和长富 2。

(2) 短枝红富士　是从普通富士中选出的紧凑型芽变的统称，果实性状与普通富士基本相同，但容易早产丰产。主要表现枝条粗壮，节间短，叶片大；树体中短枝多，长枝少，树冠紧凑，适宜密植。日本选出的宫崎短枝红富士、福岛短枝红富士等引入我国表现良好，个大、色艳，是矮化栽培的优选品种；我国辽宁、河北、山东等地均发现有短枝型芽变，其中惠民短枝富士推广面积最大，但从多年栽培实践中发现，短枝型芽变品种普遍存在果实品质较普通富士差的问题。

(3) 早生富士　是一类比普通富士成熟期早的富士系芽变，如弘前富士（玉华早富）、红将军（红王将）、凉香等。它们的突出优点是成熟期提前，成熟期比普通富士提前1个月，但着色不良，贮藏性稍差。

①弘前富士　系日本青森县选出的富士系易着色极早熟品种。单果重200～300克，果面光洁、无锈，果点较大，果肉黄到黄白色，呈条状浓红，色泽鲜艳。可溶性固形物含量最高可达15%，多汁，肉质同富士。采前不落果，9月上、中旬采收，常温下可贮藏春节。树体生长旺盛健壮，大小年结果不明显，丰产稳产。

②红将军　从早生富士树上发现的着色系芽变，果实近圆形，个大，平均单果重300余克，最大单果重400克。果实底色黄绿，被鲜红色彩霞或全面鲜红色。果肉黄白色，肉质细脆，汁液多，可溶液性固形物15%左右，果实风味酸甜浓郁，稍有香气，品质上等。果实贮藏性强，自然贮藏可至春节前后，最佳可食期9月中旬至10月下旬。生长势中庸，比富士稍弱，以中短果枝结果为主，无采前落果；丰产性强，适应性广，对地势与土壤要求不严格，抗旱；抗病性较强。但该品系存在着色不稳定、地区表现差异较大等问题。

③凉香　是早熟富士系中品质极优的品种之一。果实近圆形，单果重300克左右，果实整齐，果肉淡黄色，肉质脆，果汁多，风味酸甜，芳香浓郁，品质极上；果面鲜红色，采前不落果，果实耐贮藏。较易成花，连续结果能力强。抗寒性、抗病性

较强。目前在辽宁、山东等省已有小规模栽培,果品主要销往国内市场,9月下旬果实成熟,是中秋、国庆双节上市的极佳苹果品种。

(4) 寒富　沈阳农业大学选育。果实呈短圆锥形，果形端正，果个较大，平均单果重 250 克，最大单果重 510 克；果实底色黄绿,可以全面着红色;果肉有香味、酥脆多汁,甜酸适口;果实含可溶性固形物可达15.2%,耐贮,品质优良。抗旱、抗病、抗寒性强，在 1 月份平均气温－12℃以南的地区，可作为主栽品种。

11. 粉红女士

又称粉红佳人，是澳大利亚由“金冠”和“威廉女士”杂交培育的极晚熟新品种。该品种是优良的鲜食、加工兼用品种。其果实近圆柱形，高桩，果个中等大小。果实底色绿黄，果面着全粉红色或鲜红色，色泽艳丽，果面洁净，外观极美。果肉乳白色，脆硬、有香气，有一定酸味，但可溶性固形物可达16.65%。成熟期较富士晚 1～2 周；果实硬度高，极耐贮藏，商品率高。

12. 澳洲青苹

是栽培范围较广的绿色代表品种，也是近年来我国积极发展的榨汁用高酸品种，鲜食加工兼用。该品种果实圆锥形或短圆锥形，平均单果重约 200 克，果实大小整齐。果面翠绿色，光滑，有光泽，蜡质较多，果粉少，果点多。果皮厚韧，果心大，果肉绿白色，肉质中粗，紧密、脆，汁液较多。风味酸，少香气，贮藏后期风味转佳。含可溶性固形物 12%左右，因风味太酸，初采时品质仅为中等。果实耐贮藏。树势强健，树姿直立，树干浅灰褐色。以短果枝结果为主，有腋花芽结果习性。该品种丰产性强，果实酸度大，加工品质好，适宜榨汁。该品种适应性较强，可在山东及河北的中南部及黄土高原产区靠近苹果加工企业的地区可有计划地集中发展。10 月中下旬成熟。

13. 信浓黄金

日本长野县果树试验场用金冠和津轻杂交配育的黄色晚熟品种。果皮黄绿色，果肉黄色，清香爽脆。酸甜适口，糖度可以高达16度，口感好，多汁，没有密果病，成熟期在10月底至11月初。耐贮藏。

14. 乙女

观食两用苹果品种。原产日本长野县松本市，在富士和红玉苹果品种混植园中发现，系偶然实生苗。该品种果实圆形，平均单果重50克左右，大小整齐；果实全面着色，色泽浓红、艳丽，底色淡黄；果肉黄白色，肉质脆，微香，可溶性固形物含量可达15%，品质上；室温下可贮存1个月。树势中庸，树冠小，树姿半开张，干性强，萌芽率高，成枝力较强；定植后3年开始结果，具有腋花芽结果习性，连年丰产。新梢封顶早，易形成短果枝群，花量大，串花枝多，花蕾粉红色，盛开后白色，每个花序可坐果二三个，多者坐果四五个，自然坐果率81.0%。在辽宁熊岳地区4月上旬花芽萌动，5月初盛花，花期7天左右。9月下旬至10月上旬果实成熟，11月上旬落叶。定植后3年开始结果，早产、丰产、稳产性好。适应性强，丰产性特好，抗寒性与‘金冠’苹果相当。‘乙女’苹果的花、果实极具观赏价值，果实品质好，适于观赏、生食或餐用。

15. 七月鲜

观食两用苹果品种。辽宁省果树科学研究所育成。果实卵圆形，平均单果重50 g，大小整齐；果面颜色鲜艳，光滑，富光泽；果肉黄白色，肉质脆，汁多，风味甜酸，有香气，可溶性固形物含量14%，品质中上；室温下可贮存半个月。树势强，树姿较直立；萌芽率较高，成枝力弱。在辽宁熊岳地区4月上旬花芽萌动，5 月初盛花，花期 7～15 天。7 月下旬至 8 月上旬果实成熟。早果、丰产性好，树体抗寒能力强。

16. 千穗果

观食两用苹果品种。山东省沂州木瓜研究所选出的山定子变种。多年生落叶小乔木，树高 3～5 米，冠径 2～3 米，树冠圆形。花径 2.8～3.5 厘米，3～7 朵花集于短枝顶端，乳白色，清香浓郁。每花序可结果 3～5 个，集生于短枝顶端，环抱主干及分枝。果实球形，直径 2～2.5 厘米，果顶渐凸。4 月上旬开花，中旬坐果，7 月果实着色，9 月全红，10 月成熟。抗旱、抗涝、抗寒，对土壤适应性强、产量高，3～4 年进入盛果期。花可做茶，果可生食，果实酸甜香绵。

四、梨优良品种

1. 绿宝石梨

我国用早酥梨和幸水梨杂交育成的早熟品种，又名中梨 1 号。果实近圆形，中等大小。果皮黄绿色，果点稀少，果面干净，外观漂亮。果肉白色，肉质细脆，汁液多，味香甜，含可溶性固形物 13%～19%，品质上等。果实较耐贮运。树势强健，幼树树姿直立，成龄树开张，萌芽力强，成枝力中等，有较多腋花芽结果，早果丰产性好。耐涝、耐盐碱，适宜多种土壤环境条件栽培。病虫害少，抗黑星病、缩果病、蚜虫及梨木虱等病虫害。7月上中旬可上市，8 月上中旬完熟。

2. 玛瑙梨

我国用早酥梨和新世纪梨杂交育成的早熟品种。果实倒卵圆形，中等大小。果肉黄白色，肉质致密，细脆多汁，可溶性固形物含量为14.8%，味甜微酸，具香气。初采收时果实黄绿色，贮后或完全成熟时果面金黄色，果点小，中等密度，外观美。耐盐碱，适宜性强，早期丰产性强，坐果率高，丰产稳产。对肥水条件要求较高，对黑星病和梨木虱有较强的抗性，不抗黄叶病，有采前落果现象，宜适当早采。7月中下旬可上市，8月初果实完全成熟。

3. 黄冠梨

我国用雪花梨和新世纪梨杂交育成的中早熟品种。果实椭圆形，果个大，果皮黄色，果面光洁，果点小、中等密度，外观好。果心小，果肉洁白，肉质细腻，松脆，石细胞及残渣少，平均可溶性固形物含量为11.4%，风味酸甜适口并具浓郁香味。果实在自然条件下可贮藏20天，冷藏条件下可贮至翌年三四月份。树势健壮，腋花芽结果，结果早，丰产。抗黑星病能力优于雪花梨和鸭梨，适应区域广。8月中旬成熟。

4. 早酥梨

我国用苹果梨和身不知梨杂交育成的中早熟品种。果实多呈卵圆形或长卵形，平均单果重250克，大者可达700克；果皮黄绿或绿黄色，果面平滑，有光泽，并具棱状突起，果皮薄而脆；果点小，不明显，梗洼浅狭，有棱沟；果心较小；果肉白色，质细，酥脆爽口，石细胞少，汁特多，味甜稍淡；含可溶性固形物11%～14%，品质上。树势强，连年结果能力强，丰产稳产。果实可鲜食制罐兼用，适应性极广，除极寒冷地区外，全国各地梨产区均可栽培。8月中旬成熟。

5. 丰水梨

原产日本优良品种，可在高湿的南方栽培。果实近圆形，中等大小，平均单果重200克。果梗长，萼片脱落。果皮褐色，果面粗糙。果肉黄白色，果心中大，肉质细脆，汁多，味甜。含可溶性固形物 11.4%，品质中上等。树势较强，萌芽力、成枝力亦强，栽植 3～4 年结果，以短果枝结果为主，中长果枝、腋花芽也能结果。8 月中旬成熟。

6. 幸水梨

原产日本，用菊水梨×早生幸藏梨杂交育成。果实扁圆形，平均单果重 165 克，大者可达 330 克；果皮淡黄褐色，果面稍粗糙，果点中大而多，果心小或中等，果肉白色，肉质细嫩，稍软，汁液特多，石细胞少，味浓甜有香气，可溶性固形物含量 11%～14%，品质上等。果实常温下可贮放 1 个月左右。树势中庸，较丰产稳产，但管理不当易出现大小年。适应性较强，抗黑星病、黑斑病能力强，抗旱、抗风力中等，对轮纹病感病情况一般，抗寒性中等。对肥水条件要求较高。8 月下旬成熟。

7. 鸭梨

为河北省古老地方品种。果实倒卵园形，近梗处有鸭头状突起，果面绿，近梗处有锈斑。肉质极细酥脆，清香多汁，味甜微酸，果个较大；晚熟、较耐贮藏，贮藏后有香气。树势健壮，适应性强，结果早，丰产性好，适宜在黄淮海平原沙地及华北、西北等冷地区栽培。

本品种目前有 3 个大果形芽变，即四倍体晋县大鸭梨和二、四倍嵌合体赵县大鸭梨、怀来大鸭梨，以晋县大鸭梨果实最大，约 400 克左右；果皮绿黄色，贮后转为黄色，皮薄、果面光滑有蜡纸，果点小，外观美；果梗基部肉质，几无梗洼；萼片脱落；果心小；果肉白色，肉质细嫩而脆，汁极多，味甜、微香；果实一般可贮至翌年 2～3 月。始果较早，以短果枝结果为主。丰产性强。抗寒力中等，抗黑心病和食心虫能力较弱。在原产地河北省 9 月上中旬成熟。

8. 京白梨

原产于北京附近，为秋子梨系统中品质最优良的品种之一。果实扁圆形，整齐，平均单果重121克，大者可达250克；果皮黄绿色，贮后转为黄白色；果面平滑有蜡质光泽；果点很小不明显；果心中大；果肉乳白色，质细脆致密，石细胞少，经10余天后熟，肉质变细软易溶于口，汁特多，味酸甜适口，微香；含可溶性固形物13%～17%，品质极上。树势均中庸，较丰产稳产。适应性强、抗寒，但易受黑星病、梨园介壳虫危害。一般9月上中旬成熟。

9. 雪花梨

原产河北省赵县，陕西、山东、山西、河南、辽宁、四川等地均有栽培。果实长椭圆形，果实大，平均单果重210克，大者可达1500克左右；果皮绿黄色，贮后变黄色，有蜡质光泽，果点小而密，外形较美；果心较小；果肉白色，肉质中粗、脆，汁多味甜，可溶性固形物11%～13%，品质中上或上等。树势中庸，喜深厚的砂壤土，抗寒力较强，抗旱力与鸭梨相近，抗黑星病和轮纹病能力较强，但抗风力弱。在9月中下旬成熟。

10. 茌梨

原产于山东茌平、牟平、莱阳，为最古老的优良品种之一。山东莱阳、栖霞等地栽培最多，品质极佳。在华北、西北地区和辽宁、江苏、四川、陕西、新疆等省均有引种栽培，但品质均不如原产地。果实多为不正纺锤形，肩部常有一测突起，平均单果重233克，大者可达600克；果皮黄绿色，后变绿黄色；果点大而凸出，褐色，果面粗糙，外观较差；果心中大；果肉淡黄白色，脆嫩多汁，味甜；含可溶性固形物13.0%～15.3%，品质上。丰产，果实质优、晚熟、耐贮，一般可贮至翌年2～3月。

树势强，喜欢土层深厚的砂壤土，抗药力和抗风力较弱。在黏土栽培，成熟迟，品质差。在山东莱阳9月中下旬成熟。

11. 砀山酥梨

原产于安徽省砀山，是古老的地方优良品种。目前有4个品系，即白皮酥、青皮酥、金盖酥、伏酥，以白皮酥品质最好。果实近圆柱形，顶部平截稍宽，平均单果重250克，大者可达1 000克以上；果皮绿黄色，贮后黄色，果点小而密；果心小；果肉白色，中粗，酥脆，汁多，味浓甜，有石细胞；可溶性固形物11%～14%。树势强，比较丰产稳产。耐瘠薄，抗寒力中等，抗病力中等，对土壤气候条件要求不严，适应区域广。9月中下旬成熟，耐贮运。

12. 苹果梨

原产于吉林省延边朝鲜族自治州。果实呈不规则扁圆形，果皮绿黄色，阳面有红晕，在树上远看似苹果，故名苹果梨。平均单果重230克，大者可达600克；果点较小；果心特小，果肉白色，细脆，石细胞少，味酸甜，汁多，有微香，含可溶性固形物12.8%，品质上。果实极耐贮藏，可贮藏至翌年5月。抗寒、丰产，适应性强，能耐－30℃低温，抗旱、抗黑星病。9月下旬至10月上旬成熟。

13. 苍溪雪梨

原产于四川省苍溪县，为我国砂梨系统中最著名的品种之一。果实多呈倒卵圆形，特大，平均单果重472克，大者可达1 900克；果皮深褐色；果点大而多，明显，果面较粗糙；果心中大或较小；果肉白色，脆嫩，石细胞少，汁多，味甜；含可溶性固形物10.7%～14%，品质中上。果实较耐贮藏。树势中庸，丰产性强，适应区域广。9月下旬或10月上旬成熟。

14. 南果梨

原产辽宁省鞍山，系自然实生后代。果实圆形或扁圆形，平均单果重 58 克；果皮黄绿色，后熟后底色变黄色，阳面有鲜红色晕，果梗粗短；外观较美，果实采收后即可食用，肉脆较硬，汁多，经 10～15 天后熟，果肉白变黄白色，肉质细软，酸甜味浓易溶于口，有独特而浓郁的清香；含可溶性固形物 14.4%～15.5%，品质极上。果实一般可贮放 25 天左右。该品种适应性强，抗寒力强，风味独特，品质优良，是我国名特优品种。通常 9 月上中旬成熟。

15. 库尔勒香梨

原产于新疆库尔勒地区，南疆栽培较多。果实倒卵圆形，有沟纹，平均单果重 109.8 克；果皮绿黄色，阳面具红晕；果梗基部肉质状，梗洼浅狭，5 棱突出；果心较大；果肉白色，肉质细嫩，汁多味甜，有浓香；含可溶性固形物 13.3%，品质极上。果实可贮至翌年 4 月。树势强，丰产性较强。适应性强，砂壤土，黏重土壤均适应，抗寒力中等，抗病虫能力较强，抗风能力较差。9 月中旬成熟。

16. 圆黄梨

韩国用早生赤梨与晚三吉梨杂交育成的品种。果实扁圆形，平均果重 282 克左右，最大果重 600 克以上；果皮黄褐色，套袋果金黄色，果点小，无水锈，无黑斑，果面平整光洁，成熟后金黄色，不套袋果呈暗红色，外观极美。果肉为透明的纯白色，肉质细腻，柔软多汁，石细胞少，可溶性固形物含量为 12.5%～14.8%，味甘甜，香气浓郁香，品质极上。果实较耐贮藏，常温下可贮 10 天左右，冷藏可贮 3～4 个月。树势强健，短果枝和腋花芽容易形成，结果早，丰产性好。抗黑斑病力强，自然授粉坐果率较高，栽培管理容易。8月中下旬成熟。

17. 华山

韩国用丰水和晚三吉杂交培育而成，中晚熟新品种。果实圆形，平均果重300～400克，为特大果形，最大单果重800克，果皮薄，黄褐色，套袋后变为金黄色。果肉乳白色，石细胞极少，果心小，可食率高，果汁多，含可溶性固形物13%～15.5%，肉质细脆化渣，味甘甜，品质极佳。常温下可贮20天左右，冷藏可贮6个月。一般9月上中旬成熟。

18. 黄金梨

韩国用新高梨和二十世纪梨杂交培育的品种。果实性状果实近圆形，果形端正，果肩平，果皮金黄色。套袋果的果皮黄白色，果点小，均匀，外观极其漂亮。平均单果重300克，最大500克。果肉乳白色，果核小，具有清香气味，可食率95%以上，肉质细腻，果汁多而甜，可溶性固形物14.7%，品质极上。果实较耐贮藏。生长势较强，易形成短果枝，结果早，丰产性好。对梨黑星病、黑斑病抗性较强。9月中下旬成熟。

19. 新高梨

原产日本的晚熟耐贮藏新品种。果实扁圆及近圆形，果个大，平均单果重350克，最大500克；果面黄褐色，洁净；果肉呈白色，肉厚质细，松脆多汁，可溶性固形物含量12%～14%，香甜味浓，有蜜香味，果核小，品质上等。果实浇耐贮藏。树势中等偏强，成花容易，结果早，丰产，抗病及适应性均强。通常9月中下旬成熟。

20. 红香酥

我国用库尔勒香梨×鹅梨杂交培育而成。果实大型，平均单果重为 220 克，最大果重可达 509 克。果实纺锤形或长卵圆形，果皮绿黄色，向阳面 2/3 果面鲜红色。果面洁净、光滑，果点中等较密，果肉白色，肉质致密细脆，石细胞较少，汁多，味香甜，可溶性固形物含量 13.5%，品质极上。果实较耐贮运，冷藏条件下可贮藏至翌年 3～4 月。采后贮藏 20 天左右果实外观更加艳。一般在 9 月上中旬成熟。

21. 早红考密斯

美国华盛顿州从考密斯梨中发现的浓红型芽变新品种，可观食两用。果实短葫芦形或近球形，平均单果重 180 克；果面鲜红色，有光泽。果点小、明显。果柄肉质，多斜生。果心中大，果肉乳白色，可溶性固形物含量 13%。果实经 7～10 天后熟后，果肉细嫩多汁，酸甜具浓香，表现出最佳食用品质。在常温下可贮藏 30 天。树势强健，适应性强，抗黑星病，早果丰产。7 月下旬至 8 月初成熟。

22. 红考密斯

可观食两用。果实短葫芦形，平均单果重 225 克，最大果重 350 克；果面紫红色，平滑有光泽；果梗粗短，多斜生。果梗连接果肉处膨大为肉质，梗洼浅或无；果皮厚，果心中大；果肉乳白色，质地细而稍韧，经后熟变软，细腻多汁，石细胞少，风味酸甜，芳香浓郁，品质上。树势中庸，萌芽率高，成枝力强，树冠内枝条较密；成花容易，短果枝结果，进入结果期早，坐果率高，大小年现象不明显，高产，稳产。果实常温下可贮 25～30 天，0～5℃条件下可贮 3 个月。8 月上旬成熟。

23. 红茄梨

美国密执安洲从茄梨中发现的浓红型芽变，可观食两用。果实细颈葫芦形，中等大小，平均单果重 131.7 克。果面为全面紫红色；果皮平滑有光泽，有的稍有棱起；果点小而不明显。果梗梗洼平，基部肉质。果肉乳白色，肉质细脆稍韧，经 5～7 天后熟变软易溶于口，汁多，石细胞少，味酸甜具微香，可溶性固形物 11%～13%，品质上等。果实仅可贮放 15 天左右，较丰产稳产，适应性强，抗寒力亦强。8 月中旬成熟。

24. 红安久

美国华盛顿州发现的安久梨的浓红型芽变品种，可观食两用。果实葫芦形，平均单果重 230 克，大者可达 500 克。果皮全面紫红色，果面平滑，具蜡质光泽，果点中多，小而明显，外观漂亮。萼洼浅而狭，有皱褶。果肉乳白色，质地细，石细胞少；采后 7～10 天后熟变软，汁液多，风味酸甜适口，具有宜人的浓郁芳香，可溶性固形物含量 14%以上，品质极佳。果实耐贮性好，在室温条件下可贮存 40 天。幼树长势旺，成龄树中庸或偏弱，萌芽率高，成枝力强，以短果枝结果为主，连续结果能力强，大小年现象不明显，高产稳产。9 月下旬至 10 月上旬成熟。

五、桃优良品种

1. 水蜜桃品种

(1) 早美　国内用庆丰桃与朝霞桃杂交育成的极早熟品种。果实近圆形，果个均匀，平均单果重 97 克，最大 168 克，果顶圆，缝合线浅，两侧较对称。果皮底色黄白，果面 1/3 以上着暗红色晕，成熟时果面近全面玫瑰红色，果面绒毛少，不易脱离；果肉白色，肉质细，柔软多汁，软溶质，纤维少，可溶性固形物含量 9.5%～11%，味甜，略有香气，粘核，不裂核，为硬溶质桃。树势强健，丰产性好。应适时采收，过迟风味变淡，影响品质。6 月上旬成熟，比春蕾早 3～4 天。

(2) 春雪　从美国引进的早熟大果、全红优质耐贮运新品种。果实近圆形，果面浓红色，平均单果重 210 克，大果 300 克，可溶性固形物 13%，风味甜，有香气，果肉脆硬，货架期长。树势旺，树姿半开张，成花易，白花结实、极丰产。6 月中下旬成熟。

(3) 春金　原产美国，属黄肉桃系。果实近圆形，平均单果重 145 克，最大单果量 248 克；果面橙黄色，果皮很易着色，向阳面着鲜红色，着色面积 60%～95%，十分美丽；果肉橙黄色，完熟果肉质细软，易剥皮，果汁较多，酸甜可口，奶油香型香气浓郁，可溶性固形物 10.0%～11.5%，品质上等。树势强健，树冠半开张。坐果率高，且着果牢固，不易脱落。6 月中旬成熟。

(4) 春艳　国内用早香玉桃与砂子早生桃杂交育成的早熟品种。果实近圆形，果顶平，两半部基本对称，平均单果重 94 克，最大单果重 250 克。硬熟期底色纯白，果顶微红，完熟后，色泽鲜红，可达全红，绒毛中多。果肉乳白色，含可溶性固形物 11%，纤维少、汁液中等，风味甜、桃香味浓郁，粘核，七成熟时即可上市，完全成熟时口感更佳，品质上等。植株健壮，极易形成花芽，早产丰产 6 月中下旬成熟。

(5) 日川白凤　日本从白凤桃枝变中选出的中早熟品种。果实圆形，端正，果顶平，梗洼窄浅，缝合线浅，果个大，平均单果重 245 克，最大 315 克。果面着色容易，成熟后全红；果面光洁，绒毛稀而短；果肉白色，肉硬，纤维少，果汁多，味甜，可溶性固形物 14.6%；粘核，无裂核裂果现象。果实较耐贮运，常温下可自然存放 10～12 天。树势中庸，异花结实率高，丰产性能好。花色红艳，花果都有较高的观赏价值。7 月初成熟。

(6) 砂子早生　日本品种。果实椭圆形，两半部较对称，果顶圆平，平均果重 165 克，最大单果重果 400 克。果皮底色乳白，果面 40%着红晕，茸毛较少，果皮易剥离；果肉乳白色，伴有少量红色素，硬溶质，纤维中等，可溶性固形物10%～12%，风味甜，有香味，半离核。果实较耐贮运。树势中等，树姿开张，单花芽多，花粉败育，需配置授粉树。6月中下旬成熟。

(7) 仓方早生　日本品种。果实椭圆形，两半部较对称，果顶圆平，平均果重157克，最大单果重果266克。果皮底色乳白，果面40%着红晕，茸毛较少，果皮不易剥离；果肉乳白色稍带红色，肉质致密，可溶性固形物10.5%～13.5%，风味甜，有香味；粘核。果实较耐贮运。树势强健，树姿半开张，花粉少，需配置授粉树，产量中等。6月底～7月初成熟。

(8) 肥城佛桃　我国名优特产，主产山东肥城。单果重250～900克，成熟后呈半黄色，果质细嫩，汁多且浓，味甜而清香，含糖量14.6%。抗逆性强，适应性广，瘠薄地、平原地和丘陵地均可栽植，尤适合在土质疏松土体深厚的黄土上栽培。肥城桃有红里、白里、大尖、柳叶、香桃、酸桃等几个品种，红里居多。目前当地已从肥城桃选出不少优良品系。

①肥桃早红　果实卵圆形，平均单果重333.5克，最大单果重425.0克，可溶性固形物含量15.2%，溶质，充分成熟后半离核；果面80%以上着鲜艳的粉红色，果实风味浓，茸毛少，耐贮运。果实性状稳定，7月下旬成熟。

②肥桃胭脂红　果实长圆形，缝合线较深，有果尖。平均单果重329.3克，最大400.8克。可溶性固形物17.4%，质地较硬，硬溶质，粘核。果实颜色呈粉红色，着色面积达70%，果实有浓厚的香味，耐贮运。抗逆性强，适应性广。8月中旬成熟。

③肥桃暑红　实长圆形，果顶平，缝合线浅，茸毛少，两半部对称，果皮薄。平均单果重350.6克，最大单果重500.2克。可溶性固形物含量17.6%，果肉溶质，粘核，香味浓郁，口感香甜。85%以上果面着浓红色，无裂果现象。成熟期8月下旬。

(9) 大久保　原产日本。果形圆而不正，果个大，果重约230～280克，果顶圆而微凹，缝合线浅，两侧较对称，果形整齐。果皮浅黄绿色，阳面乃至全果着红色条纹，易剥离，绒毛中等；果肉乳白色，阳面有红色，仅核处红色，肉质致密柔软，汁液多，纤维少，香气中等，风味甜酸而浓，离核，可溶性固形物含量12.0%。树势中庸，树姿开张，丰产性良好。7月底8月初成熟。

(10) 白丽　日本用大久保和肥城桃杂交育成。果实圆形，果顶平，微凹，果个均匀，平均单果重200克，大者300克，果梗粗短，着生牢固；果皮底色绿白，着色中等，鲜红色，绒毛短而稀，果皮易剥离；果肉白色，微红，软溶质，硬度中等，汁中多，风味甜，可溶性固形物含量11.2%～12.8%。树势中庸健壮，树姿开张，早果性强，自花授粉坐果率高，应注意严格疏花疏果。7月底8月初果实成熟。

(11) 新川中岛　日本从川中岛桃中选育成的品种。果实圆至椭圆形，果顶平或有小尖，缝合线不明显，平均果重260～350克；果实全面鲜红，色彩艳丽，果面光洁，绒毛少而短；果肉黄白色，为软溶质，果汁多，风味甜，可溶性固形物13.5%，粘核，核小。幼树成花容易，结果早，具有早果丰产特性。8月上旬成熟。

(12) 上海水蜜　分布在江苏、浙江、上海一带的古老品种。果实短椭圆形，果顶圆，稍凹入，梗洼椭圆形，中深，缝合线浅而明显，两端稍深，平均果重160克左右，大果重190克；果实底色黄绿，阳面有鲜红霞，果皮中厚、较韧，绒毛中多，易剥离；果肉黄白色，近核处红色，肉质致密，含可溶性固形物13%～14%，汁液多，味甜，微酸，粘核。树势强健或中等偏强，树姿半开张，雄蕊花药瘦小且不育，注意配置授粉树。8月上、中旬成熟。

(13) 城阳大仙桃　在山东青岛城阳发现的中晚熟品种。果实微扁圆形，果形整齐，果形对称性好，平均单果重330克，最大510克；果面底色黄绿色，阳面鲜红色，成熟时果面90%着艳红色，茸毛中多；果肉黄白色或浅绿色，阳面略带红晕，肉质细脆，汁多，可溶性固形物13.6%，离核，无裂核，酸甜适口。果实耐贮运，在室温条件下一般可存放10天左右。树势强健，树姿开张，自花授粉坐果率较高，丰产，适应性、抗逆性较强，但因果大，内膛个别枝条易出现光秃无果现象。8月下旬成熟。

(14) 青州蜜桃　主产于山东益都，为著名品种，品系较多，以青皮晚熟蜜桃最好。果实小，圆形，果顶突起有小尖；平均单果重60～80克；缝合线浅，过顶；腹部突出，果实横断面微呈三角形；果皮底色黄绿，向阳面呈暗紫红色；皮薄，易剥离；果肉白色，微带绿晕，近核处有紫红色放射线；肉脆，多汁，味甜，离核。果实耐贮藏，可贮至次年2～3月份。树势中庸，枝条细长，丰产。成熟迟，10月上、中旬采收。

(15) 冬雪蜜桃　国内从青州蜜桃中选育出的一个极晚熟品种。平均单果重125克，最大单果重155克；底色淡绿，向阳面为玫瑰红色；果肉乳白色，肉质细腻，香味浓，脆甜可口，含糖量18%，品质上等，半离核。果实极耐贮运，普通室内一般可贮藏至元旦，在低温冷库中可贮藏至春节。该品种适应性强，山坡地、沙壤地、轻盐碱地都表现良好，而且结果早。11月上旬成熟。

(16) 中华寿桃　山东莱西市选育的一个极晚熟桃品种。果实倒阔心形或近圆形，果顶渐尖，梗洼深广，腹缝线明显，两半部对称，果个大，平均单果重350克，最大果重975克；果皮底色黄绿，阳面有鲜红彩色，套袋果底色乳黄，色泽鲜红，着色面积达77%，果面光洁；果肉乳白色，近核处呈放射状红色，肉质硬脆而韧，味甘甜，汁液中多，可溶性固形物含量15%，高者达20%，粘核。不耐贮藏，在常温条件下可贮藏20多天，过熟易褐变。种树势健壮，树姿直立，易成花，早期丰产性好，易裂果，套袋后可减轻。10月中下旬成熟。

2. 油桃品种

（1）千年红　国内育成。果实椭圆形，果形正，两半部对称，果顶圆，梗洼浅，缝合线，平均单果重80克，最大果重135克；果皮光滑，底色乳黄，果面鲜红色，成熟状态一致，果皮不易剥离；果肉黄色，红色素少，肉质硬溶，汁液中，纤维少，可溶性固形物9%～10%；果核浅棕色，粘核，不碎核。树势中强，树姿半开张。5月下旬成熟。

（2）超五月火　国内从来自美国的特早熟材料中选出。果实近圆球形，果顶扁平，稍凹，缝合浅不明显，两半部对称，平均单果重77.4克，最大果重98.1克；果皮油光亮泽，底色黄绿，果面浓红，成熟时更加艳丽，外观美丽；果肉黄色，肉厚1.45厘米，肉质细嫩，可食率最高可达95.1%，汁液较多，不溶质，果实可溶性固形物含量9.8%，风味酸甜，有香味，品质上等；粘核。树势健壮，树姿半开张，自花授粉，坐果率高，早实丰产。6月上旬成熟。

（3）超红珠　国内培育的极早熟品种。果实椭圆形，缝合线浅，果形正，平均果重122克，最大果重293克；果面全面着浓红色，鲜艳亮丽；果肉乳白，脆甜可口，含可溶性，固形物12.1%，完熟后品质更佳，有典型水蜜桃风味；粘核。种树势健旺，自花结实，花粉量大，坐果率极高，且成花容易，早产、丰产、稳产。6月上中旬成熟。

（4）丽春　国内培育的极早熟品种。果实近圆形，缝合线直，果形正，平均果重128克，最大320克；果实底色乳白，果面着玫瑰红色；果肉白色，近表皮有红色素，半粘核，含可溶性固形物13.2%，脆甜可口，完熟后更加甜蜜。硬度高，耐贮运。树势健旺，树姿开张，蔷薇形花，花粉量中等，自花结实力强，果品等级率高，管理容易，特丰产。6月中旬成熟。

（5）**曙光**　我国用丽格兰特与瑞光2号杂交选育而成。果实长圆形，果型端正，果顶平，梗洼中深，缝合线浅，不明显，两侧对称，平均单果重96克，大果重162克；果皮底色黄绿，大部分果面着有鲜红至红色，外观艳丽；果肉黄色，质地较细，初熟时肉脆，晚熟后肉软，多汁，甜酸可口，富芳香，可溶性固形物含量12.7%；粘核；果实耐贮运。树势健壮，树冠开张，自花结实力强，抗旱、抗寒、不耐涝、不裂果，采收过晚易发生“烂顶”现象。6月上中旬成熟。

（6）**早红宝石**　我国用早红2号与瑞光2号杂交育成。果实近圆形，果顶凹，缝合线浅而明显，平均单果重98.5克，大果重152克；果面底色乳黄，着宝石红色，光洁艳丽，极美观；果肉黄色，柔软多汁，风味浓甜，香气浓，可溶性固形物12%～13%，不裂果；粘核。树势旺盛，适应性强，丰产。6月上中旬成熟。

（7）**瑞光2号**　国内杂交育成。果实近圆形，果形正，两半部对称，果顶平，平均单果重150克，最大果重225克；果皮底色黄，果面玫瑰红色，着色面积1/2，不离皮；果肉黄色，核周围无红色素，硬溶质，风味甜，汁中多，香味浓，可溶性固形物含量9.5%～11.0%；半离核。树势强，树姿半开张，丰产性强。7月上旬果实成熟。

（8）**瑞光5号**　国内杂交育成。果实短椭圆形，果顶圆，缝合线浅，两侧较对称，果形整齐，平均单果重170克，大果重320克；果皮底色黄白，果面1/2着紫红或玫瑰红色点或晕，不易剥离；果肉白色，肉质细，硬溶质，味甜，风味较浓，粘核，含可溶性固形物7.4%～10.5%。树势强健，树姿半开张，各类果枝均能结果，丰产性好。7月上中成熟。

（9）**中油桃8号**　国内育成的晚熟油桃品种。果实近圆形，平均单果重190克，最大单果重250克；果肉黄色，肉质细，硬溶质，甜味香浓，可溶性固形物13%～16%；粘核。树势强，丰产。8月上中旬成熟。

（10）布雷顶峰　美国油桃品种。果实为短椭圆形，果顶圆形，缝合线较明显，果个大，平均单果重250克左右；果面全面着鲜红色，有光泽；完全成熟时果肉软而细腻，黄色，有韧性，果汁多，甜酸适口；果核较小，离核。果实较耐贮运。树势健壮，树姿开张，萌，易成花，结果早，自花结实率极高，勿需配授粉树，适应性较强，抗寒、抗旱，不耐涝。9月上旬成熟。

3. 加工桃品种

（1）黄露　国内由早生黄金桃自然杂交育成。果实椭圆形，果顶圆平，两半部对称；果实较大，平均单果重170克，最大215克；果皮橙黄色，不易剥离，茸毛中等；果肉橙黄色，肉质细，致密，肉层厚，不溶质，味甜酸；鲜食品质中等，加工形状好；成熟度过高时果肉渗透红晕较多，若在七八成熟时采收，后熟3～5天，待色泽变黄，红晕即可减少。树势强健，树姿开张，以中长果枝结果为主，丰产。树体抗寒力强，花芽耐寒力稍差。7月下旬成熟。

（2）黄金　国外引进，来源不详。果实近圆形，平均单果重150克，最大果重200克；果顶圆，尖微凹；果皮金黄色，阳面着玫瑰红晕，皮较薄，可以剥离，茸毛较多、细短；果肉黄色，质细，柔软多汁，纤维较少，味甜，有香气，粘核。为品质优良的中晚熟黄肉鲜食、加工兼用品种。树势中庸，长、中、短果枝结果均好，花粉败育，需配置授粉树。适应性强，抗旱、抗寒、怕涝。8月中下旬成熟。

（3）明星　日本品种。果形圆，果顶平，果实中大，平均单果重150克；果面黄或橙黄色，阳面有红晕；果肉黄或橙黄，肉细，不溶质，味酸甜，有香味，粘核，品质优。加工利用率高，块形美观，风味较好，但因果胶含量较高，加工后有焦味。树势强，半立或直立，结果性能好，较丰产。果实8月初成熟。

（4）白凤　日本以冈山白与橘早生为亲本杂交选育而成的制汁品种。果形圆，果顶圆平，微凹，平均单果重106克，最大单果重163克；果皮底色乳白，阳面着玫瑰红晕，果皮易剥离；果肉乳白色，近核处微红，肉质细，微密，纤维少，汁液多，风味香甜，可溶性固形物13.5%；粘核；果汁成品的色香味俱佳，果实可鲜食加工兼用。树势中庸，树姿开张，坐果率高，丰产稳产。7月上中旬成熟。

（5）红港　原产美国的制汁品种。果实近圆形，果顶圆，顶点有小尖，缝合线中深，两侧较对称，单果重130克，大果重200克；果皮橙黄色，果皮橙黄色，果面着玫瑰红晕，茸毛少，皮中等厚，易剥离；果肉橙黄色，近核处少有红色，肉质稍粗，纤维中多，汁液中多，充分成熟后为软溶质，风味浓，酸甜适中，有香气；离核；果汁风味浓；7月中旬成熟。树势旺盛，树姿半开张，坐果率高，采收成熟度控制在九成熟为好。

（6）金童系列品种　原产美国新泽西州。

金童5号果实较大，平均单果重200～250克；果皮、果肉均金黄色，硬肉，粘核，果皮下及近核处均无红晕，最适宜加工出口罐头。成花容易，早果丰产。7月中下旬成熟。

金童6号果实近圆形，平均单果重160克，大果重280克；果顶圆，两半部较对称；果皮金黄色，不易剥离，全果有暗红晕分布；果肉橙黄色，近核处微红色，肉质不溶质，细密，韧性较强，汁液中等，味酸甜适中，具香气。加工耐煮性较强，利用率高。树势中强，树姿半开张，丰产性强，抗旱、抗寒，7月中下旬成熟。

金童7号果实近圆形，较大，平均单果重181克，最大果重250克；果顶圆或有小突尖，两半部较对称；果皮底色橙黄，果面大部分着红晕；果肉橙黄色，腹部稍有红晕，近核出无红色或微显红色，肉质不溶质，细密，韧性强，纤维少，汁液较少，香气中等，味酸多甜少，粘核，耐贮运。加工性能良好，利用率高，成品橙黄，有光泽。树姿半开张，自花结实，丰产性较好，抗寒性较强。8月中下旬成熟。

金童9号果实圆形，平均单果重160克，最大果重210克；果顶平圆，缝合线中深，明显，两半部对称；果皮橙黄色，阳面有红晕，茸毛多，皮厚，不易剥离；果肉橙黄色，肉质细韧，不溶质，果汁少，风味酸甜，有香气，粘核。树姿半开张，树势中强，坐果率高，丰产，应注意疏花疏果。加工性能优良，9月初成熟。

4. 蟠桃品种

（1）早硕蜜　国内杂交育成。果实扁平形，平均果重95克，最大果重130克；果皮乳黄色，果面色艳，着玫瑰红晕；肉质柔软多汁，风味甜，有香气，含可溶性固形物12%。适应性强，丰产，但需配置授粉树。6月初成熟。

（2）早露蟠桃　国内杂交育成。果形扁平，果顶凹入，缝合线浅，平均单果重68克，最大95克；果皮底色乳黄，果面50%覆盖红晕，茸毛中等，皮易剥离；果肉乳白色，近核处微红，硬溶质，肉质细，微香，风味甜，可溶性固形物9.0%；粘核，核小，果实可食率高。种树势中庸，树姿开张，各类果枝均能结果，丰产，易栽培管理。6月上中旬果实成熟。

（3）蟠桃皇后　国内选育。果实扁平，果个大，平均单果重173克，最大果重200克；果面60%着玫瑰红晕；果肉白色，硬溶质，风味浓甜，可溶性固形物含量15%，有香味；粘核。树姿半开张，自花结实，丰产性好。6月中旬成熟。

（4）早黄蟠桃　国内杂交育成。果形扁平，果顶凹入，两半部较对称，缝合线较深；平均单果重90～100克，大果120克；果皮黄色，果面70%着玫瑰红晕和细点，外观美，果皮可以剥离；果肉橙黄色，软溶质。汁液多，纤维中等。风味甜，香气浓郁，可溶性固形物13%～15%；半离核，可食率高。早实、丰产，适应性强。6月下旬成熟。

(5) 美国红蟠桃 美国引入。果实扁平，平均果重185克，最大400克；果面100%着艳红色，内膛果也能全面着色，鲜红夺目；硬溶质，可溶性固形物14.2%，味特甜，品质极优；果核小，离核，无采前落果现象，抗裂果。自花结实，极丰产，较耐贮运。6月底7月成熟。

(6) 农神蟠桃 美国品种。果实扁平，果顶凹入，平均单果重90克，最大130克；果皮底色乳白，全面着鲜红晕，皮易剥离；果肉乳白色，近核处少有红色，硬溶质，硬熟时脆甜，完熟后柔软多汁，风味浓甜，有香气，可溶性固形物10.7%；离核。树姿半开张，花为蔷薇型，丰产。7月中旬成熟。

(7) 中油蟠3号 国内选育。果形扁平，果顶圆平，两半部较对称，平均单果重100克。果皮乳黄色，果面着红晕；果肉黄色，硬溶、致密，风味甜，可溶性固形物含量13%，有香气；离核，品质上。树势中庸，树姿半开张，极丰产，基本不裂果。7月底果实成熟 。

(8) 瑞蟠4号 国内杂交育成。果实扁平形，果顶凹入，两侧对称，果形整齐，平均单果重221克，大果重350克；果皮底色淡绿或黄白色，完熟时黄白色，不易剥离，果面1/2着深红色或暗红晕；果肉白色，肉质细，硬溶质，含可溶性固形物12%～14%。味浓、甜，粘核，耐贮运，品质上。树势中等，各类果枝均能结果，丰产性好。8月下旬至9月上旬成熟。

5. 观食两用桃品种

满天红：中国农业科学院郑州果树研究所选育的观食两用桃品种。该品种花为重瓣，花蕾大，红色，花瓣玫瑰红色；花粉多，常有双柱头，自花结实率高。果实近圆形，果形正，两半部对称，果顶圆平，梗洼浅，缝合线明显；单果重130克，果皮绒毛中多，果面近1/3着红色，离皮；果肉乳黄至乳白色，肉质软溶，汁液多，纤维中多；果实风味甜，可溶性固形物含量

12%，有野生毛桃的风味；果核红褐色，粘核。树势中庸健壮，长、中、短果枝均能结果；复花芽占80%以上；花芽起始于第1～第2节。4月中下旬开花，花期可达18天；果实7月下旬成熟。

六、葡萄优良品种

栽培葡萄主要有欧洲葡萄和美洲葡萄两大种。欧洲葡萄，如'龙眼'、'玫瑰香'、'无核白'、'牛奶'，品质好，产量高，但抗病性和抗寒性较弱；美洲葡萄抗病、耐湿、耐寒，但果实品质较低劣；欧美杂交种葡萄果实品质接近欧洲葡萄，且抗病性和抗寒性强。

1. 京秀

欧亚杂交种。果穗圆锥形，平均穗450克，最大穗重1000克。果粒着生紧密，平均单粒重6.3克，最大单粒重9克。穗粒整齐，形色秀丽，着色早，果皮玫瑰红或红色。肉脆硬，味甜多汁。可溶性固形物含量14%～17.6%，品质极优。不落果、不裂果、不落粒、较丰产、耐运输。适宜露地及保护地栽培。一般在7月中下旬成熟。

2. 京亚

欧亚杂交种。果穗圆锥形或圆柱形，平均穗重482克，最大穗重1070克。果粒着生中等紧密，果粒椭圆形，平均粒重10.8克，最大单粒重20克；果皮紫黑色或蓝黑色，果粉厚，肉质较软，汁多，味酸甜，微有草莓香味，可溶性固形物含量13.5%～18%。抗病能力强。适宜露地及保护地栽培。比"巨峰"早熟20～30天，可在我国南北方巨峰栽培区种植。一般在7月中下旬成熟。

3. 无核早红

欧美杂交种。果穗圆锥形，平均穗重 190 克，果粒近圆形，粒重 4.5 克。果粒为紫红色。果粉及果皮中厚，果肉肥厚，肉质较脆；充分成熟后酸甜适口，可溶性固形物含量达 14.5%，品质优。不裂果。生长势强，结实力极强，易结 2 次果，结果早，极丰产。抗病性强，对白腐病、霜霉病、黑痘病的抗性与巨峰相似，适应性强，抗旱，耐盐碱。7 月中下旬果实成熟，采用日光温室栽培，5 月上旬即可成熟上市。

4. 早红提

果穗圆锥形，果粒着生紧密，果穗大，平均穗重 700 克，最大穗重 2000 克，糖度 17.8 度，果核多为 2 粒。果形为长椭圆形，果实深红色，上被白色果粉，果肉脆硬，可切片，果刷粗长，耐拉力强，不易脱粒，极耐贮运。长势较旺，萌芽率高，极丰产，果实上色快，成熟一致，不裂果，不脱粒。抗病性、抗寒性极强。7 月上中旬上市，比巨峰早 35～40 天。

5. 亚都蜜

又称粉红亚都密、兴华 1 号、罗莎、矢富罗莎。欧亚种，果穗圆锥形，穗重 500 克，果穗较紧。果粒长椭圆形，粒重 8～9 克，在疏整花（果）穗的情况下，平均重 750～1 000克，果粒大，重 10～12 克，大者 14 克。果皮紫红色或深红色，果肉较脆味甜，丰满多汁，可溶性固形物含量 16%，口感佳。生长势中等，结实力较强，较丰产，抗黑痘病及炭疽病等的能力强于巨峰系品种，适于露地及保护地栽培。7 月底 8 月初成熟。

6. 京优

欧美杂交种。京亚的姊妹系。平均穗重 580 克，最大穗重

850 克。果粒着生紧密，果皮红紫色，肉厚而脆，多汁，含糖量 16%～19%，有草莓香味，可溶性固形物含量 14%～19%，品质上等。平均单粒重 10 克，最大单粒重 12.5 克。植株生长势较强，丰产，抗病性强，果实耐运输，果实成熟后可在树上久挂不掉粒，品质更佳。8 月上中旬成熟。

7. 金手指

属欧美杂交种，果穗巨大，长圆锥形，松紧适度，平均穗重 750 克，最大穗重 1500 克。果柄与果粒结合牢固。果粒形状奇特美观，长椭圆形，略弯曲，呈弓状，黄白色，平均粒重 8 克。果皮中等厚，韧性强，不裂果。果肉硬，可切片，耐贮运，含糖量 20%～22%，甘甜爽口，有浓郁的冰糖味和牛奶味。抗寒，抗病性强，耐涝性、抗干旱，对土壤、环境要求不严格。8 月上旬成熟。

8. 藤稔

欧美杂交种，日本育成。果穗大，平均穗重 500 克左右，圆锥形。果粒着生紧密，平均粒重 15～18 克，短椭圆形或圆形。经膨大素处理果粒可达 25～30 克。果皮紫红色至紫黑色，果粉薄，有光泽。果肉肥厚，易与种子分离，含可溶性固形物 16% 以上。浆果成熟期与巨峰相近，生长势强，抗病性及丰产性均强于巨峰。7 月中下旬成熟。

9. 奥古斯特

果穗大，圆锥形，平均穗重 580 克，最大穗重 1 500 克，果关着生较紧密；果粒大，短椭圆形，平均粒重 8.3 克，最大粒重 12.5 克，果粒大小均匀一致；果皮绿黄色，充分成熟后为金黄色，果色美观；果皮中厚，果粉薄；果肉硬而质脆，稍有玫瑰香味，可溶性固形物含量达 15.0%，含酸量 0.43%，糖酸比高，味甜可口，品质极佳。结实力强，结果早、丰产性强；抗病性较强，抗寒性中等；果实耐拉力强，不易脱粒，耐运输。7月底果实成熟。

10. 森田尼无核

又称无核白鸡心、青提、世纪无核。欧亚种，果穗长椭圆形，穗重一般600～700克，最大穗达1 200克。果穗中等紧密，果粒鸡心形，黄绿色，果粉薄，果面洁净，平均粒重4.5克。含糖量15.3%～17%，无核，果汁中等，口感好，肉硬紧密而细，皮薄，肉脆，微有玫瑰香味，甜酸适口，品质佳。生长势强，较丰产，抗霜霉病能力较强，易染黑痘病，白腐病。可在华北、西北等地栽培。8月上旬果实成熟。

11. 火焰无核

果穗圆锥形，穗重320～350克，粒重2.98克，色泽紫红而美观，果皮、果粉均薄，果汁中等，含糖量15%～17%，无核，丰产，果实品质中等，长势旺，适应性强，可在华北、西北、东北及平原区发展。8月上中旬完全成熟。

12. 巨峰

欧美杂交种，日本育成。目前生产上普遍栽培的四倍体葡萄品种。果穗大，圆锥形，个别有副穗，平均穗重350克左右，大者在500克以上。果粒椭圆形，平均粒重11克，大粒18克以上。果皮中厚，紫黑色。果肉肥厚，汁多有肉囊，有草莓香味，含可溶性固形物14%～15%。对肥水条件要求不高，抗病力强，较抗寒抗湿，但不抗旱，落花落果较重。浆果成熟期在8月中下旬。

13. 黄金指

欧亚种，果穗中等大，圆锥形，果粒着生松，穗梗长。果粒大，平均 6.09 克，最大 8.57 克，长椭圆形稍弯曲，似手指。果粒绿白色，完全成熟时为金黄色，故称“黄金指”。皮薄，肉质脆，晴甜爽口，可溶性固型物含量 17.7%，品质极上。树势强，产量中等或较高。抗病力、抗寒力中等，耐旱。8 月中下旬果实成熟。可延迟采收近 1 个月，耐运耐贮。

14. 峰后

欧美杂种。果实圆锥形或圆柱形，平均重 418 克，果粒着生中等紧密，短椭圆形或倒卵形，平均粒重 12.7 克，最大 19.5 克，比巨峰重 2～3 克。果皮厚，紫红色，果肉极硬，平均硬度是巨峰的 2.5 倍。果肉质地脆，略有草莓香味，可溶性固形物含量为 17.87%，含糖 15.96%，含酸 0.58%，糖酸比高，口感甜度高，品质极佳。耐贮运。9 月上中旬成熟

15. 红提 （红地球）

欧亚杂交种。果穗大，平均穗重 850 克，最大穗重 2 000 克。平均单粒重 12.5 克，最大单粒重 20 克。果粒卵圆形。果皮红色或深红色，色泽艳丽，外观诱人。果肉硬而脆，可切片，果皮中厚，味甜爽口，可溶性固形物含量 17%～18%，品质上等。丰产，抗病性中等。果粒与果柄结合牢固，极耐运输，耐贮性强。9 月下旬成熟。

16. 美人指

原产日本，果穗中大，无副穗，一般穗重 450～600 克，最大 1750 克；果粒大，细长型，平均粒重 10～12 克，最大 20 克。果粒先端为鲜红色，润滑光亮，基部颜色稍淡，恰如染了红指甲油的美女的手指，故此得名。果实皮肉不易剥离，皮薄而韧，不易裂果；果肉紧脆呈半透明状，可切片，无香味，可溶性固形物达 16%～19%，成熟延后留树 20 天左右，含糖量还可增加，口

感甜美爽脆，具有典型的欧亚种品系风味，品质极上。果实耐贮耐运。一般在 8 月下旬至 9 月中旬成熟。

17. 红宝石无核

欧亚种。果穗较大，一般重 750～800 克，最大穗达 2 500 克，穗形较松散。果粒椭圆形粒重 4 克左右，无核，易脱粒。果皮、果粉厚度中等；果实含糖量 16%，果汁中等，味甜，果肉脆，耐贮运，品质上等。树势强，丰产性好，抗病力强，适宜在华北、东北、西北等地栽培。9 月上旬果实成熟。

18. 皇家秋天

欧亚种。果穗圆锥形，松散，坐果良好。自然穗重 1 500～1 800克，果粒着生中等紧密，椭圆形，果皮紫黑色，平均单粒重 10 克左右。色深红至黑色，果肉脆甜，肉质透明，品质极佳，采前不裂果，采后不落粒，耐贮运特性良好。成熟期 9 月底至 10 月中旬。

19. 克里森无核（菲红）

单歧肩园锥形，穗中等大，平均单穗重 500～800 克；果粒着生较紧密，果粒中等平均粒重 4～5 克，椭圆或圆形，红色、无核，果肉浅黄，外观果粉较厚，果肉较硬，果皮中等厚，不易使果肉分离，果实味甜，品质极佳。对土壤要求不严。北方 9 月下旬成熟，广西、云南等地 8 月便可上市。

20. 秋黑（黑提）

欧亚种。果穗大，平均穗重 520 克，果粒鸡心形，平均粒重 8 克，着生紧密。果皮厚，蓝黑色，外观极美；果肉硬脆，味酸甜，可溶性固形物含量 17%，品质佳。极耐贮运。抗病性强，生长势强，极丰产。一般在 9 月底至 10 月初果实成熟。

七、草莓优良品种

1. 丰香

日本培育的早熟品种，适合促成栽培。植株生长势强，平均株高16厘米左右，株冠开展；果实大，平均果重18克，最大50克；果圆锥形，红色，有光泽，外观好；果肉细，甜酸适口，可溶性固形物10～12%，有香气，品质好。我国南北方均可栽培。

2. 春香

日本培育的早熟品种，适合促成栽培。植株生长势强，株姿较直立，株冠大；叶片大；果实大，平均果重18克，最大35克，短契形，果红色；果肉白色，果肉质地细，风味浓，可溶性固形物10%～12%，品质佳。我国北方均可栽培。

3. 秋香

日本培育的早熟品种，适合促成栽培。植株长势强，株形开展；果实中大，长圆锥形，红色，有光泽；果肉红色，髓心小，肉质细密，果品质好，一级序果平均16克，最大22克。我国南北方均可栽培。

4. 静香

日本培育的早熟品种，适合促成栽培。植株长势强，株型半开展。果实中大，长圆锥形，大小整齐，一级序果平均重15克，最大20克；果红色，具光泽；果肉浅红色，髓心小，质地细，果风味香甜，品质优，丰产。我国南北方均适于栽培。

5. 鬼怒甘

日本培育的早熟品种，适合促成栽培。植株生长势极强，株姿开展；果实大，短圆锥形，整齐；果鲜红艳丽，可溶性固形物12%，极丰产，平均667米^{2}产3 000～4 000千克。抗病性强，适合我国南北方栽培。

6. 丽红

日本培育的早熟品种，适合促成栽培。植株生长势强，植株较直立，植株大；果实大，一级序果平均13克，最大50克；果实长圆锥形，果面红色，具光泽；果肉红色，质地细，果汁多，风味甜酸，有香气，可溶性固形物10%～11%，品质优良。

7. 大将军

从美国引进。植株大，生长势强；一级花序果平均单果重58克，最大果重122克；果实圆柱形，果面鲜红色，着色均匀；果肉香甜，口感好，果肉致密，硬度大，耐储藏运输。抗旱、耐高温、抗病。丰产、早熟，适应于促成栽培。

8. 全明星

美国加利福尼亚培育的早熟品种，适合半促成栽培。植株生长势强，植株直立，株冠大；果实大，一级序果平均重30克，最大45克；果橙红色，长椭圆形，果形不规则；果肉硬度好，淡红色，汁多，可溶性固形物10%，甜酸可口，有香味；丰产。适合我国北方栽培。

9. 宝早交生

日本培育的早熟品种，适合多种栽培形式。植株生长势中等，株姿开展；果实大，一级序果平均17克，最大30克；果圆锥形，果鲜红色，有光泽，果肉白色，果肉质地细，风味甜酸，可溶性固形物9%～10%，品质优。我国南北方均适于栽培。

10. 草莓王子

从荷兰引入。植株大，生长势强；一级序果平均单果重42克，最大果重107克；果实圆锥形，果面红色，有光泽，果肉香甜，口感好，果实硬度大，耐储藏运输。丰产。中熟品种。适于露地和半促成栽培。

11. 红玫瑰

从荷兰引入。植株生长势强，一级序果平均果重13克；果实圆锥形，果面橘红至鲜红色，有光泽；果肉具有独特和浓郁的芳香味，口感很好，果实硬度中等；丰产。中熟品种。抗病，尤其对多种土传性病害具有一定的抗性。适于露地和半促成栽培。

12. 新明星

从全明星品种选育而成。植株生长势强，株冠大；果实个大，一级序果平均25克，最大56克；果楔形，红色，有光泽；果肉橙红色，汁多，风味甜酸，可溶性固形物10%，果肉硬度好。每株产量200克。属中熟品种，适合半促成栽培。

13. 硕丰

江苏而成。植株生长势强，株形直立，株冠开展；果实大，一级序果平均重20克，最大50克；果短圆锥形，果肉红色，可溶性固形物10.5 %，品质优良。丰产，平均株产275克。适合长江中下游地区栽培。属晚熟品种，适合露地栽培。

14. 达赛莱克特

法国品种。植株生长势强，株态较直立。果形为长圆锥形，一级序果平均重量 30 克，最大果重 80 克，果个大，丰产性强，一般株产量 250 克以上，每 667 米^2 产量可达约 2 500 千克。果面为深红色，有光亮，果肉全红，质地较硬，耐贮运性强。可溶性固形物含量 11%左右。成熟后口感良好，香味浓郁，风味极佳。抗病性和抗寒性较强。属中熟品种，适合于露地和半促成栽培。

15. 赛娃

美国引入。植株生长直立而紧凑，生长季可连续抽生新茎，分枝力强；果大，一般单果重 31.2 克，最大单果重 138 克，果实圆锥形，果顶稍扁，果面鲜红色，光滑具明亮的光泽，美观；果肉桔红色，汁液中多，味香，酸甜适口，大果髓心部分稍有中空，可溶性固形物含量平均 13.5 %，最高 16.2%。果实硬度大，耐贮运；丰产，单株（丛）累计产量可达 910 克。对叶部病害有极强的抗性。为大果型、中日照、四季可连续开花结果的品种。

16. 美德莱特

美国引入。植株生长直立而紧揍，株型中大，一年四季可连续抽生新茎；果实长圆锥形，果尖扁；大果型，平均单果重 28.6 克，最大单果重 87 克；果实阳面鲜红色，阴面桔红，果面平滑，有光泽，极美观；果肉深桔红色，大果髓心部分梢有中空，汁多，可溶性固形物含量平均 12.8%，最高达 16.3%，品质优；丰产，单株年累计平均产量可达 800 克，抗病；果实硬度大，耐贮运。为大果型、中日照、四季可连续开花结果的品种。

17. 卡麦罗莎

美国品种。长势旺健，株态半开张。果实长圆锥或楔状，果面光滑平整，种子略凹陷果面，果色鲜红并蜡质光泽，肉红色，质地细密，硬度好，耐运贮。口味甜酸，可溶性固形物 9%以上，丰产性强，一级序果平均重 22 克，最大果重 100 克，可连续结果采收 5～6 个月。为鲜食和深加工兼用品种，适合温室和露地栽培。

18. 盛冈 16 号

日本品种，果实短圆锥形，果面平整，有光泽，髓心中大，稍空。果肉橘红，稍硬，味酸甜，具浓香，品质上。第一序果重 16.8 克，最大果重 28 克。植株生长势强，直立，花梗粗壮，果实不易与地面接触，烂果少；丰产，适应性强，在北方可避免晚霜危害，属中晚熟品种，适宜露地栽培。

第七章　果园适地适树与壮苗定植

适地适树是实现果园优质高效生产的重要前提，在优良树种和品种选定后，要依据果树生物学特性和土壤条件进行栽种和定植。同时要注意苗木是果树生产的基础，苗木质量会影响果树一生和整个果园生产。如果苗木质量不好或者携带病毒，则果树长势弱，易受病虫害侵袭，这不仅降低果品产量，还会因为防控病虫害增大农药用量，增加果品农药残留，降低果品安全性并给环境带来危害。所以，生态果园应当适地适树，选择优质大苗和健壮无病毒（脱毒）苗建园，还要加强苗木的检疫和消毒，避免将病虫害带入果园。

一、适地适树的含义

通俗地讲，适地适树就是因地制宜地选用树种，把果树栽在适合的环境条件下；目的是使果园土壤等环境条件与果树生物学特性和生态习性相适应，达到果树和土壤的统一，从而充分发挥土壤和果树的生产潜力，取得最好的效益。实现适地适树基本途径有四条，一是选择种树，二是改地适树，三是适地接树，四是适地改树。

选择种树是适地适树的主要途径，包括为已确定的树种或品种选择最适宜的栽培环境（按树选地），以及为既定的栽培环境选择最适宜的树种或品种（依地选树）两个方面，这两个方面都需要首先明确当地的气候条件和土壤特点。在冬春气温偏低的地区或干旱地区，应当选择靠近大的水面的地方，这样可以调节气温和湿度，能在一定程度上减轻霜冻和旱害。山地缓坡、丘陵地带，光照充足，昼夜温差较大，不易遭受霜害，有利于提高果实品质，比较适宜栽培果树。沙荒、河海滩涂，甚至轻盐碱地，只要规划合理，改良土壤，正确设置排灌系统，选择适宜的树种或品种，也可以栽培成功，比如，在沙荒地栽培扁桃、阿月浑子，在轻盐碱地栽培葡萄、枣，在河滩、海涂沙地栽梨树，以及在水田畦埂种植柑橘等。

改地适树是指当特定果园土壤的某些方面不适合某种果树或品种种植时，通过人为措施（如深翻、换土，及日后养护管理等）进行改造，使其能够满足该果树或品种的基本生态要求，让果树在原来不甚适应生长的地方也能够栽培成功。适地接树即把不适宜某地生长的品种嫁接在适合在该地生长的砧木上，比如，在比较寒冷的地区选用耐寒砧木栽培不甚抗寒的果树，在干旱或盐碱地选择抗旱或耐盐碱砧木嫁接优良果树品种，这样可以扩大果树种植范围。适地改树主要是通过引种驯化、育种等方法（如抗性育种、蒙导驯化等），改变树种或品种某些特性，使该树种或品种在特定地区能够栽培成功。

二、适地适树的主要内容

通过选择途径达到适地适树的要求，必须首先充分了解“地”和“树”的特性。对“地”进行调查分析，并把果树的生态习性与实地生长状况调查结合起来。

土壤条件和气候因素是果树“适地适栽”成功的关键。土壤条件包括土层厚度、理化性状、土壤微生物、水、肥、气、热等多种因素，其中土壤酸碱度、含盐量往往会成为限制因子。例如，在 pH 值较高的碱性土壤，板栗不能成活，山楂幼树也难以适应。枣、葡萄、梨等耐盐能力比较强，在含盐量千分之一到二的轻盐土上能够正常生长，而苹果和樱桃会有盐害。每一个树种都有其最适宜的 pH 值范围和盐碱程度（见表 7.1、表 7.2），要根据立地条件选栽适宜的树种。

表 7.1　主要果树对土壤含盐量的适应程度

树种	正常生长时含盐量（%）	受害极限盐浓度（%）
苹果	<0.16	0.28
梨	<0.20	0.30
桃	<0.10	0.15
葡萄	<0.30	0.35
枣	<0.30	0.35

注：数据引自中国农业百科全书·果树卷（1993）

表 7.2　主要果树对土壤 pH 值的适应范围

果树种类	适应范围	最适应范围
苹果	5.0～7.5	5.5～7.0
梨	5.0～8.5	5.6～7.2
桃	5.0～8.2	5.2～6.5
葡萄	6.0～8.5	6.5～8.0
栗	4.6～7.5	5.5～6.5
枣	5.0～8.5	5.2～8.0
柑橘	5.0～6.5	6.0～6.5
山楂	6.0～7.5	6.5～7.0
柿	5.0～7.5	6.0～7.0
无花果	7.0～7.6	7.0
杏	5.0～8.0	5.6～7.5

注：数据引自中国农业百科全书·果树卷（1993）

土壤质地会影响土壤通气性，只有通气性良好，根系才能正常呼吸。例如，桃、樱桃等果树根系呼吸旺盛，对土壤通气性要求高，只有在沙性土壤上才能正常生长。青石山黄黏土质地黏紧透气不良，雨季易积涝，如果桃、樱桃栽种在这样的土地上，不仅生长不好，产量低，而且常会流胶，寿命也短。而葡萄、柿、枣、梨和石榴等果树，对土壤通气性茶的忍耐力强，在这种土质黏重的土壤尚可适应。

气候因素包括温度、降水、光照等，它能否适宜果树生长，取决于这些因素的综合情况。比如，栽培苹果的最适宜区要求年平均气温 8～12℃、年降水量 560～750 毫米、1 月中旬平均气温－14℃以上、年极端最低温度－27℃、夏季（6～8 月）平均气温 19～23℃、大于 35℃的日数少于 6 天，夏季（6～8 月）平均最低气温 15～18℃、6～9 月份月平均日照时数 150 小时以上。符合上述的主要有我国的黄土高原地区和川滇横断山区；渤海湾地区和华北平原是栽培苹果的生态适宜区，也是我国最大的苹果产区。每一个树种都有其最适宜的环境要求，如年平均温度（表 7.3），生产中一定要在果树生长发育最适宜区定植栽培。

表 7.3　主要果树适宜地区的年平均温度（℃）

树种	适宜的年平均温度（℃）	树种	适宜的年平均温度（℃）
苹果	7～15	中国樱桃	12～16
小苹果	6～8	甜樱桃	10～14
秋子梨	6～12	李	3～22
白梨	7～14	核桃	8～15
沙梨	12～18	梅	16～20
华北系桃	8～14	柑橘	18～20
华南系桃	12～17	枇杷	15～17
杏	6～14	涩柿	10～15
葡萄	5～8	甜柿	16～20
北方枣	10～15	板栗	11～16

注：数据引自中国农业百科全书．果树卷（1993）

果树生产是商品化生产，树种、品种选择在“适地适树”的前提下应以市场为中心，选择品质优良、营养丰富、市场前景好、销路广的树种或品种，由市场自发调节供求关系，不要一哄而上。一个果园要以一个树种为主，其余树种为辅，同一树种早、中、晚品种搭配好。果园多数设置在远离城市的地区或山区，应以耐贮藏运输的梨、苹果、石榴、柑橘、山楂、核桃、板栗、柿、枣等为主；建立在城郊的果园，以供应鲜果为目的，要适当考虑树种品种的多样化。

为了减少生产过程中农药使用量，还应当选择生长健壮、抗病虫、抗污染能力强或对有害物富集量较少的树种或品种。为了避开病虫害的发生高峰，可尽量多选择一些早熟的树种或品种。比如，7～8月份是我国许多地区果树病虫害发生高峰期，如果此前大部分已采收完毕，果实基本不用农药。早熟的树种有樱桃、草莓、杏、桃等。早熟苹果品种有嘎富、早捷、贝拉、藤木1号、桑沙、特早红、辽伏、安娜等；早熟梨品种有绿宝石、早美酥、七月酥；早熟葡萄品种有莎巴珍珠、乍娜、早玫瑰、京早晶、京秀、藤稔、山东早红、郑州早玉、绯红、火红无核、早熟红无核、美国无核王、夏皇家等；早熟桃品种有春蕾、早花露、春金、沙子早生等；早熟油桃品种有超五月火、超五月火、华光、曙光、艳光等。

三、几种土壤的果树适宜性分析

1. 砂石山区（花岗变质岩山区）土壤

这一地区土壤比较贫瘠，保水保肥能力差，易受旱害，易发生缺素，但土壤透气性好。可选择土层较厚、能够改良加厚的地方栽培山楂、苹果、樱桃、桃、杏、葡萄等，也可栽种板栗、柿、梨等。土层较薄，又难以改良加厚的地方，如果土层在40厘米上下，栽植穴改良到1米左右的情况下，可栽种杏、北方桃、石榴、葡萄等，但应加强雨季蓄水及其它防旱措施。

2. 青石山区（石灰岩山区）土壤

这一地区土壤偏黏，透气性不良，有雨易积水，无雨易干旱，但保肥能力强。可在此栽种枣、柿、核桃、石榴、杏、李、仁用杏、扁桃、木瓜等，如果雨季排水和旱季防旱措施好，也栽山楂、桃、葡萄、苹果等。砂石山区和青石山区很少受到人类污染，一般自然环境比较优越，空气清新，水质洁净，土壤不含有毒有害物质，宜选择这样的地区发展果品生产。

3. 河滩沙地土壤

河滩沙地土壤透气性好，但土壤比较贫瘠，保水保肥能力差，春季易受旱害，水位比较高。在掺土增肥提高保肥能力，并且雨季地下水位能控制在80厘米以下时，可以栽培梨和葡萄，也可栽种山楂、苹果（黄色品种）、杏、李、樱桃、桃、核桃、板栗、柿等。如果雨季地下水位较高（60～80厘米），可栽植梨和葡萄。

4. 黄河冲积土壤

黄河故道及沿黄泛区为冲积型黄土，土层深厚，土质疏松，透气性好，水分充足，适合梨树栽培，砀山酥梨即出自这类土壤。但这类土壤通常营养比较瘠薄，保水保肥能力差，常与淤泥黏板层相间，雨季易形成假水位，造成积涝；同时因土壤透水强，春季易受旱害。在增施有机肥、掺黏改土、打破黏板层的情况下，除栽培梨树外，还可以栽植葡萄、桃、杏、枣、柿、山楂、核桃、石榴等果树，也可以栽培苹果，但要防止积涝和大水引起的旺长。

5. 中国黄土

黄土高原及各地风积型黄土区，土壤土质疏松，透气性好，土体深厚，呈柱状结构，蓄水力强，排水性好，是发展果树的宝贵资源。许多果品名产（如肥城佛桃、青州密桃、华县大接杏、涿鹿外虎沟葡萄等）都分布在这类土壤上。只要冬季最低温不低于零下 20℃，这一地区可以栽培桃、李、杏、葡萄、山楂、苹果、枣、柿、核桃等多种果树。尤其对北方桃（肥城佛桃、青州密桃、深县密桃）、杏、葡萄等无灌溉（旱作）或少灌溉（半旱作）栽培。从土壤本身看，黄土区土壤条件优越，地形开阔，面积比较大，易集中连片，适宜产业化、商品化生产，是建设生态果园的理想地区。西部黄土高原地区多数长期干旱少雨，年降雨量常不足500毫米，甚至更低，在积极进行引水、集水、节水栽培的条件下，可选择核桃、仁用杏、扁桃、桃、杏、李、柿、枣、苹果、葡萄、石榴等果树。

6. 盐碱地土壤

盐碱地土壤 pH 值高，含盐量大，影响铁、磷、钙、锌等元素的吸收，易造成黄叶病等缺素症。一般情况下地下水位较高，土壤质地会偏黏或偏沙。在含盐量低于 0.1%透气性好又不积水成涝的地方，可栽种多种果树，其中以梨、枣、葡萄、柿、无花果、石榴、核桃、桃、杏、果桑较适宜；含盐量在 0.2%左右、土质又较黏的土壤，只可栽培枣、梨、葡萄等果树。

四、果树苗木选择

苗木是果树生产的基础，苗木质量对果树一生的生长发育和整个果树生产都有影响。如果苗木质量不好，则果树长势弱，易受病虫害的侵袭；如果苗木携带病毒，则使果树一生都长不好，不仅影响果品产量，还会因为带病带毒的果树用药量大，而降低果品的安全性，增加农药残留。生态果园建设应当选择嫁接苗、无病毒（脱毒）苗和优质健壮的大苗，还要加强苗木的检疫和消毒，避免将病虫害带入果园。

1. 选用嫁接苗

在种类和品种确定后，可以进行嫁接栽培的品种要优先选用嫁接苗。嫁接苗的砧木具有较强的抗土传病虫害的能力，利用砧木的抗性可避免土传病害从根部直接侵染；砧木往往是对干旱、盐碱等不良环境适应能力强的野生种或品种，嫁接以后能够增强接穗品种的抗逆性，扩大接穗品种的栽培范围。另外，由于砧木根系发达、吸收肥水能力比接穗品种强，因此，嫁接苗的根系入土深，吸肥吸水能力强，能够提高肥水的利用率。果树选用矮化砧的嫁接苗适于密植，能够提早开花结果，增加产量，还便于管理。嫁接栽培的果树只要砧木选用合适，一般不会影响果实品质，有些还能改善果实品质。

嫁接苗的最大特点是能够增强果树的抗逆性，而嫁接苗的抗逆性不仅来自基砧，也可来自中间砧。杨洪强等（2008）设计了一种利用中间砧增强果树抗病性的方法，其主要特征在于选择当地适宜的、抗性强的果树砧木作为基砧，然后在基砧上嫁接对欲控制病害抗性强的品种或类型作为抗病中间砧，之后在中间砧上嫁接欲栽培的品种，从而由基砧、抗病中间砧和栽培品种三部分构成了果树抗病植株。选用嫁接抗病中间砧的苗木，可提高栽培品种和整个植株的抗病性，减少了刮治果树枝干病害的工作量，降低了果园农药使用量和使用次数，有利于果品无公害生产。比如，选用以鸡冠苹果中间砧的苗木，或者在鸡冠苹果改接上富士苹果，可增强富士苹果对枝干轮纹病的抗性。

一种砧木往往只具有一种特定的抗逆性，难以同时对多种不良环境具备适应性。杨洪强等（2009）发明了一种将多种砧木的优良性状集于一体的果树苗木培育方法，主要做法是选择几种具有抗旱、耐涝、耐盐碱、抗病虫害或其他优良性状的果树砧木种子，层积破除休眠后，穴播在一起；出苗后生长到一定粗度时，在砧木苗的主干上削出削面，将它们聚拢，使削面互相贴合，并将它们绑缚在一起；削面愈合后，在最大砧木苗主干上嫁接上栽培品种，嫁接成活后，解除对品种接穗或接芽的绑缚；当聚拢砧木的地上部牢固地结合在一起后，解除砧木削面处的绑缚，从而培育出具有适应能力的果树苗木。这样的苗木多种砧木的优良性状集中在一株果树苗木上，使一种果树苗木同时具备2种以上的抗性和更强的吸收能力，扩大了果树的适应范围。比如，平邑甜茶耐涝性很好但抗旱性比较差，新疆野苹果抗旱强但耐涝性不强，如果将平邑甜茶和新疆野苹果靠接在一起后再嫁接苹果品种，这样的苹果苗木同时具有平邑甜茶和新疆野苹果的根系，对干旱和涝害都有较强适应性。

2. 选用无病毒（脱毒）苗

病毒侵染果树后会与寄主争夺营养成分，破坏植株正常的生理机能，使果树生长衰弱，产量减少，品质下降，严重时导致树体死亡；而且果树一旦被病毒感染，则终生带毒，持久为害，还会通过嫁接、修剪及昆虫传播。目前，还没有特效药剂和方法杀死病毒，选择无病毒（脱毒）苗木是当前控制果树病毒病的唯一途径。无病毒（脱毒）苗木生长发育快，生长整齐旺盛，根系发达，苗干粗壮，侧枝多，叶多、叶大、叶厚，枝体健壮，成活率高；由无病毒（脱毒）苗长成的果树树势强健，植株整齐，便于管理；同时，叶片光合作用强，枝量增加快，枝类转化迅速，结果早，产量高，果实大，果面光洁度好，果实品质明显提高。无病毒果树需肥量少，抗逆性强，病虫害少，农药使用量少，因而果实有毒有害物质残留少。在可能的条件下，应当优先选用无病毒（脱毒）种苗，如苹果品种藤木1号、皇家嘎拉等，草莓品种丰香、鬼怒甘等都有脱毒种苗。

3. 选用壮苗大苗

苗木分为弱苗、徒长苗和壮苗三类。弱苗矮小、根少、枝细、芽子秕，不能直接用于建园。徒长苗表面看又高又大，似乎很壮，实际上外强中干，虚旺而不是真壮，这类苗只有少数主根，须根很少，芽子又小又秕，枝条颜色偏绿无光泽，是由于在苗圃中种植过密，靠大肥大水催起来的，生长不充实，贮藏营养少，栽后易抽干，成活率低，长不壮，也不适合直接用于建园。壮苗根大、根多（粗根细根都多）、芽大、枝粗、皮光亮、无病虫，符合国家和有关地方苗木标准（见表 7.4～表 7.6），生态果园建园应选栽壮苗和大苗。

表 7.4　苹果营养系矮化砧苗的质量标准

（GB9847）

项目		一级	二级	三级
根	侧根数	15 条以上	15 条以上	10 条以上
	侧根基部粗度	0.25cm 以上	0.20cm 以上	0.20cm 以上
	侧根长度	20cm 以上		
	侧根分布	均匀、舒展而不皱缩		
茎	砧段长度	10～20cm		
	高度	120cm 以上	100cm 以上	80cm 以上
	粗度	1.00cm 以上	0.80cm 以上	0.70cm 以上
	倾斜度	15 度以下		
整形带内饱满芽数		8 个以上	6 个以上	6 个以上
根皮与茎皮		无干缩皱皮。无新损伤处；老损伤处总面积不超过 $1.00cm^2$		
结合部愈合程度		愈合良好		
砧桩处理与愈合程度		砧桩剪除，剪口环状愈合或完全愈合		

大苗是指在苗圃地连续培育 2～4 年，并按一定树形要求进行定干、整形的苗木。苹果 3 年生大苗基部干径应达到 10～13 毫米，有 6～9 个侧枝，第一侧枝距地面不少于 70 厘米；如果选用 2 年生苗木建园，要求苗高 1.5 米以上，干粗不低于 10 毫米，栽后在饱满芽处定干。栽大苗幼树生长快，成型早，果园整齐，

便于管理；大苗树体完整，便于早结果、早丰产。

表 7.5　梨、桃、葡萄苗木规格标准

树种	项目	规格	标　准
梨	根　部	主长度 侧根情况	主根长 15 厘米以上 有 2 个以上侧根，分布均匀，舒展，不弯曲
	苗　干	高度和粗度	高 100 厘米以上，直径 1.00 厘米以上
	结合部	愈合程度	完全愈合
	砧　木	砧木处理	枯桩必须剪除，剪口愈合良好，砧木无伤
	整形带内饱满芽数		6 个以上
桃	根　部	主长度 侧根情况	主根长 15 厘米以上 有 3 个以上侧根，分布均匀，舒展，不弯曲
	苗　干	高度和粗度	高80厘米以上，接口上 10 厘米处直径 1.00 厘米以上
	结合部	愈合程度	完全愈合
	砧　木	砧木处理	枯桩必须剪除，剪口愈合良好，砧木无伤
	整形带内饱满芽数		6 个以上，如整形带内有副梢，要求生长充实
葡萄	主、侧根		3 个以上，长度 10 厘米以上，直径 0.3 厘米以上
	茎干高度		50 厘米以上
	根茎以上 10 厘米处茎粗		直径 0.45 厘米以上
	距根茎 45 厘米内健壮芽		4～5 个

注：据北京、安徽农林部门资料整理

具体选用时必须注意苗木品种要纯正并适合本地的自然环境条件；砧穗亲合性好，无“小脚”现象（砧穗生长不协调，接穗增粗快于砧木，在嫁接部位出现上粗下细的现象）；无病虫害、无机械损伤；枝条表皮光滑、茸毛少、不带秋梢、成熟度好；枝条充分成熟，树皮新鲜、失水少、无皱皮。嫁接苗的砧木种类正确适宜，如果砧木不适宜，尽管苗木长势好，但寿命短，结果迟。即使在砧木种子紧缺的情况下，苹果树也要忌用梨、山楂等作砧木。梨做苹果砧木的苗子，根系少，易形成木瘤；山楂做苹果砧木的苗子，根短，须根多，凸凹不平，颜色发黑。对草莓的匍匐茎幼苗，要求无病虫害，有较多新根，根茎粗度在1厘米以上，至少有4片展开的叶，中心芽饱满，叶柄短粗，叶色浓绿，植株鲜重30克以上，根部重约占全株的1/3，不能用叶柄长的徒长苗。如果采用老株的新茎苗，必须具有较多的新根。

表7.6 枣树苗木质量标准

项目		一级	二级	备注
根	侧根数 侧根长度 侧根直径 附拐子根一段	5条以上 20厘米以上 0.3厘米以上 长10厘米以上	5条以上 15厘米以上 0.3厘米以上 长5～10厘米以上	1自根苗 2拐子根是附在枣苗上的一段母株侧根 3合格苗一般2年以上
茎	主干高 直径 分枝	1.5厘米以上 1.0厘米以上 若干条	1～1.5厘米以上 1.0厘米以上 若干条	

注：来自山东省农业厅资料（1990）

4. 严格苗木检疫和消毒

通过苗木检疫和消毒，可以将病虫害拒绝于果园之外。被列入检疫对象的果树病虫害主要有：苹果绵蚜、苹果蠹蛾、美国白蛾、苹果小吉丁虫、苹果蝇，苹果花叶病，苹果锈果病，苹果黑星病；梨圆蚧壳虫，葡萄根瘤芽，核桃枯萎病，柑橘瘤壁虱，地中海实蝇等。苗木检疫由经国家指定的机关或专业人员进行，用于生态果园的苗木必须具有合法的检疫证。

苗木消毒可以用3～5波美度石硫合剂或等量式100倍波尔多液喷洒或浸苗10～20分钟进行杀菌，之后用清水清洗根部。对于虫害可进行室内熏蒸，即将苗木放置在密闭的容器中，按30克氯酸钾、45克硫黄、90毫升水配比，把硫黄倒入水中，然后加入氯酸钾，熏蒸1天。禁止使用升汞、对硫磷、氰化钾等剧毒药物进行苗木消毒。

五、果树苗木定植

栽植苗木之前，最好对果园土壤进行严格整理与消毒，包括消除前茬作物的残枝败叶、树桩残根；对土地进行耕翻、晾晒、灌水，促进有机残体的腐烂分解；改土施肥，增施有机肥，使土壤活土层达到 60 厘米以上，使有机质含量超过 1%，必要时在定植穴内换土。

1. 定植时期

果树定植应在苗木地上部分生长发育相对停止时进行，正如“植树无期，勿使树知”；栽植土壤温度 5～7℃以上时为宜。落叶果树一般在冬季落叶后至新梢发芽前定植，常绿果树一般在春季萌芽前定植，营养袋育苗的全年均可定植。实际生产上，以春秋季栽植为主，秋季定植利于伤口愈合，来年发芽早，生长快，尤其在春季干旱地区；秋季定植苗木容易成活，但在冬季严寒地区，秋季定植的苗木容易发生生理干旱，造成的“抽条”或冻害而影响成活率。对于甜樱桃、桃、杏、李、枣、石榴、猕猴桃、葡萄、柿、板栗和核桃等苗木，最好春季起苗栽植。在有浇水条件时，落叶果树于发芽吐绿期栽植成活最好。

2. 定植密度和方式

栽植密度是指单位面积内栽植的株数。具体栽植密度要根据树种品种特性、地势、土壤、气候条件及管理水平和栽培方式等因素确定，长势弱的品种或土壤瘠薄的山地、荒滩或使用矮化砧木的苗木可以适当密植；长势强的品种或土质条件较好及平地，采用较大的株行距适当稀植。

生态果园在合理密植的前提下要适当稀一些。对于苹果可实行宽行密植，即采用较大行距、较小的株距，株、行距的比例在1∶2～3左右。具体密度可参照表7.7。

平地果园一般实行长方形栽植，南北行向；山丘地果园实行等高栽植，株距沿等高线方向，行距随地形坡度变化。为了充分利用土地面积，可实行计划定植或称变化定植，即在树冠不大时（栽培早期）要保持较高的密度，当果园出现郁闭情况时，有计划地疏除一些植株（或行）。

表7.7 主要果树常用栽植密度

树种		株距（米）	行距（米）	株/666.7米²
苹果	乔化砧	3～4	4～6	27～55
	短枝型、半矮化砧	2～3	4～6	44～83
	矮化砧	1.0～2.0	3.5～4.5	84～170
梨	乔化砧	4～5	5～6	22～33
	矮化类型	2～3	3～4	55～111
葡萄	篱架	1.0～2	2～3	111～333
	棚架	1.5～4	4～5	33～111
猕猴桃	篱架	2～3	3～4	33～55
	棚架	3～4	4～5	55～111
枣	普通栽培	3～4	5～6	28～44
	枣粮间作	3～4	15～20	8～15
山楂		3～4	4～5	33～55
核桃		4～5	5～6	22～33
板栗		2～4	4～6	28～83
柿		4～5	5～6	22～33
桃		3～4	4～5	33～55
甜樱桃		3～4	4～5	33～55
杏		4～5	5～6	22～33
李		2～3	3～4	55～111
无花果		3～4	5～6	28～44
草莓		0.15～0.25	0.50～0.80	3 300～9 000
石榴		2～3	4～5	44～83

3. 授粉树的配置

一个果园，一般主栽品种应占 70%～80%，授粉品种占 20%左右，授粉效果好的可减为 10%。授粉品种要与主栽品种结果年龄和花期基本一致；花粉亲和性好，花粉多，能互相授粉。并且丰产，果实经济价值高，最好 2～3 个主栽品种间能互为授粉。自花结实能力低的树种，如苹果、梨、甜樱桃、杏和李等的绝大多数品种必须配置授粉树，主要树种适宜授粉组合见表 7.8～表 7.10。即使是自花结实率较高的品种，配置授粉品种也可提高结实率，增加产量，改善品质。雌雄异株的如猕猴桃、银杏等，必须在果园中配置雄株授粉。有些树种，如桃、欧洲杏、欧洲李、山楂、柿、枣等可以不设授粉树。葡萄多能自花授粉，但有的品种属雌能花，也需配置授粉数。核桃、板栗雌雄花花期多不遇，亦需配置不同品种授粉。

表 7.8　苹果品种的适宜授粉组合

主栽品种	授粉品种
富士	元帅系、津轻系、王林、千秋、红玉、秦冠、金帅、嘎拉
短枝富士	首红、新红星、烟青、金矮生
乔纳金系	元帅系、王林、千秋、富士、嘎拉
红将军	华红、美国 8 号、津轻、嘎拉
华红	富士、津轻、嘎拉、美国 8 号、王林
王林	富士、千秋、嘎拉、夏绿
元帅系	富士、烟青、金矮生、千秋、嘎拉
金帅	红星、青香蕉、印度、祝光
津轻	元帅系、富士系、金帅、嘎拉、祝光、红玉、夏绿
陆奥	元帅系、津轻系、千秋、祝光、国光
夏绿	富士、千秋、嘎拉、祝光、国光、印度、金帅
早捷	首红、新红星、金帅
华冠	嘎拉系、美国八号
嘎拉系	富士、金帅、秀水、印度
藤牧1号	首红、嘎拉、贝拉、美国 8 号、津轻
粉红女士	嘎拉系、富士系
澳洲青苹	嘎拉系、富士系、金冠、王林

表 7.9 大樱桃的授粉组合

主栽品种	授粉品种
红灯	红艳、红蜜、大紫、宾库、那翁、雷尼尔、拉宾斯、斯坦勒
先锋	那翁、宾库、拉宾斯
芝罘红	大紫、那翁、宾库、红灯、红蜜
拉宾斯	大紫、宾库、雷尼、先锋
宾库	大紫、雷尼、先锋、红灯
早红宝石	抉择、极佳、维卡、红灯、先锋
早大果	莫利、红灯、早红宝石、拉宾
佐藤锦	雷尼尔、滨库、拉宾斯、大紫、斯坦勒
抉择	极佳、早红宝石、维卡、红灯、先锋、拉宾斯、红蜜
维卡	极佳、早红宝石、抉择、红灯、先锋、拉宾斯、红蜜

表 7.10 梨品种的授粉组合

主栽品种	授粉品种
鸭梨	茌梨、雪花梨、黄冠梨、金花梨、砀山酥梨、京白梨、早酥梨、库尔勒香梨
雪花梨	茌梨、鸭梨、砀山酥梨、秋白梨、黄冠、早酥、黄县长把梨、锦丰梨
砀山酥梨	茌梨、鸭梨、锦丰梨、中梨1号、黄冠梨
黄花梨	杭青梨、新世纪梨、翠冠梨、雪青梨、新雅梨
黄冠梨	鸭梨、雪花梨、冀蜜梨、中梨1号
圆黄梨	鲜黄梨、早生黄金、长十郎梨、华山梨
黄金梨	丰水梨、黄冠梨、早酥梨、华山梨
新高梨	鸭梨、京白梨、砀山酥梨、金花梨
丰水梨	幸水、新兴、二十世纪、新水
苹果梨	茌梨、鸭梨、南果梨
茌梨	鸭梨、砀山酥梨
库尔勒香梨	茌梨、鸭梨、雪花梨、砀山酥梨、黄冠梨
京白梨	蜜梨、八里香梨
早酥梨	雪花梨、砀山酥梨、锦丰梨、鸭梨、苹果梨
巴梨	三吉梨、伏茄梨
绿宝石	线穗梨、金花梨、晚三吉梨
玛瑙梨	线穗梨、金花梨、晚三吉梨
南果梨	苹果梨、巴梨、茌梨
红香酥	砀山酥梨、雪花梨、鸭梨

平地果园可每隔2～3行主栽品种栽种一行授粉品种；山地丘陵果园可在主栽品种行内混栽，每隔3株主栽品种栽一株授粉品种，一般授粉品种与主栽品种不超过20～30米。经济价值较高的授粉品种可以成行排列，这样便于管理。经济价值较低的授粉品种可采用“梅花式”株间排列，这样需用的授粉树少。虫媒花的授粉树，可成单行排列，也可“梅花式”株间排列；风媒花的授粉树，可设在果园外沿来风一方。

4. 定植技术

(1) 定点挖穴　定植前要做好规划设计，在测好的定植点上挖深宽为80厘米×100厘米的树穴，在沙土瘠薄地可适当加大到100厘米×100厘米；穴呈直筒形，上下大小一致。山坡地果园土层较薄而土下为岩石的地区，可采用炸药爆破；黏重土壤，特别是下层有胶泥层的地区，栽前要开排水沟相接，以免雨水过多时积水。挖穴时表土与心土要分开；填土时将表土放穴底，然后分层压埋有机物料（如绿肥、杂草、稻草等），一层物料一层土。填土要和施肥结合进行，一般每株施腐熟的豆麸或花生麸0.5千克或农家肥10～15千克。要将肥料施在离定植点30～35厘米处，或施在定植点下面。土回填后应立即浇透水，借水沉实土壤，此项工作最好在栽前一个月完成。

(2) 苗木准备　实行大苗建园，栽植3～4生苗，这样苗木成活率高，成园快，建园整齐度好。苗木要在定植的头年秋季运到果园。运输过程中要将根系部分放置于车箱内侧，用草袋包好、苫布封严，时间长还要定时给苗木洒水。苗木到达后，如不及时在田间栽植，必须立即假植。假植沟要选择平坦、避风的地方，取南北向，深1米、宽1米。假植时苗梢向南倾斜，苗木打开捆，沟底放少量沙，然后一排苗一培土。第一次培土为苗高的1/2，浇水沉实，再压一层土，最后盖上玉米秸防寒。如果苗木根系有失水现象，可选浸水12～15小时后再假植。

(3) 苗木整理　苗木运回后，应先放在阴凉避风的地方，使根群保持湿润。如果苗木数量较大，应按大小分级，边分级，边对根群和枝梢作适当的修剪。栽植前要把烂根、干枯根和残根剪掉，烂根剪到露白为止；即使好根也要稍剪掉一部分，这样可控制病根的病菌及刺激新根萌发。长途运输或种植过程中天气过于干燥时，还应适当剪去一部分叶片，以减少水分蒸发。没带土移栽的苗木定植前应进行蘸根处理，以使根系保持湿润，提高成活率。若在蘸根的同时蘸上肥料或生根剂，还能促进苗木生长。

(4) 栽植方式　一般实行平地栽植，但采用“W”型台畦栽植或起垄栽植会取得更好的栽培效果。

①“W”型台畦栽植　在行距 4 米的果园，于行中间挖宽 200 厘米、深 30～40 厘米的沟，沟中挖出的土培向树盘，起垄做成高 30～40 厘米、宽 200 厘米（距树行左右 100 厘米）的台畦，在畦面距树行左右各 50 厘米处分别挖一条深 10～15 厘米、宽 15～20 厘米的浅沟，挖出的土培向畦面中央形成畦背，使畦的横切面似“W”型。新建果园直接将苗木栽在台畦中央的畦背上（图 7.1）。“W”型台畦做好后在行中间种草或自然生草，草

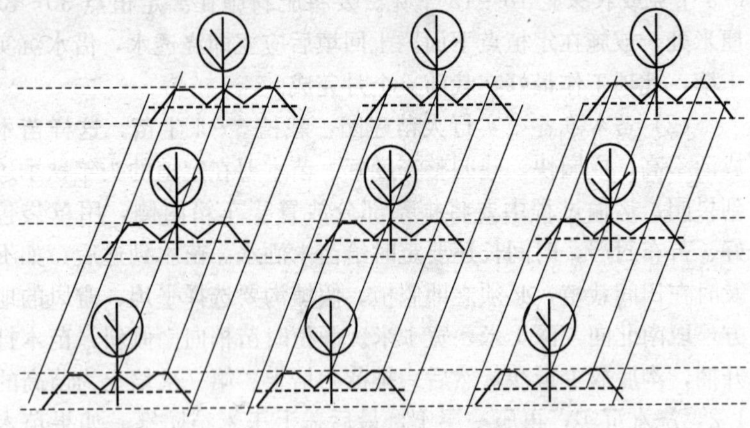

图 7.1　“W”型台畦栽培形式

刈割后覆盖在台畦上。

图 7.2　起垄栽植

②起垄栽植　有些树种一般平地栽植易受涝害，如樱桃，在平原地建园最好起垄栽植（图 7.2）。方法是从行中间挖土培向栽植区，形成高 30～40 厘米、顶宽约 40 厘米，垄底宽约 100 厘米的垄，将苗木栽在垄上，这样可防止夏季积涝及病害传播。

（5）定植要领　选择晴好天气，先按原设计密度，定点放样。定植时应把各条根理直、理顺，使根系舒展于穴内，逐层填上表土（熟土）。填土过程中不断轻轻提一提树苗并踩实，使根系与土壤密接；最后将心土填在表面，再踩实。等穴内填土过半时，摇动树苗，用脚踏实，然后向上微提苗茎，使根系充分与土壤接触，再填土满穴，并在苗四周筑一圈小土坝，直径约 30 厘米左右，土坝打好后浇水，水要浇透。待水分完全渗干后，在树堰周围取土，把浇过水的地方盖没；为提高苗木成活率，种后最好覆盖黑色地膜或盖草保湿。注意苗木嫁接口要朝迎风方向，以防风折；定植不能太深，也不能太浅，以原来树苗处于地表的位置不变为宜；定植太深缓苗慢，定植太浅影响成活率。

5. 定植后的管理

苗木定植后要及时定干。定干高度依据树形和栽培方式确定，苹果等树种多为有中干的树形，通常在 70～90 厘米处定干。桃、油桃、李、杏、樱桃一般采用开心形，于 50～60 厘米处于定干。剪口下 20 厘米整形带内要留饱满芽可选留做主枝用。

定干后在伤口处涂上生物油或油漆，或用猪皮擦捋苗干，以防抽干。也可套袋处理，即用地膜做成宽 10 厘米、长 50 厘米塑料套，将苗木自上而下套住，下部用绳系牢，这除了可以防止抽干外，还可使苗木提早萌芽，提高萌芽整齐度，以及防止春季象鼻虫等啃食幼芽。芽长到3～5厘米时，把绳解开放风。清早或傍晚除袋，除袋过晚易烤伤新梢。

春季栽种的树，定干后立即用地膜覆盖（面积在1米^{2}以上），四周用土压实封严，保水增温。秋季栽种的树，浇水后封土，发芽时及时扒开，以改善土温及通气条件，并以为树干中心堆出盘状土坑以利蓄水保墒。种间作物时必须留出树盘。

栽后即可剪除接芽以上的砧木，发芽后及时剪除砧木上的萌蘖；在有风害的地区，剪砧后要立支柱。北方秋冬新栽果树要加强冬季管理，浇足水，做好防冻工作，葡萄、苹果、梨等成品苗一定要进行埋土防寒，埋土厚度不能少于10厘米。

新叶初展后（5月），每10天一次，连喷2～3次0.3%～0.5%的尿素；6月土壤追施氮素化肥每株50～100克；8月末9月初新梢停止生长时，为防叶片早衰，可每10天一次，连喷2～3次0.5%的尿素。若新梢生长过旺，为促使枝条成熟可喷0.4%～0.5%的磷酸二氢钾。

注意防治金龟子、蚜虫、红蜘蛛、刺蛾、舟形毛虫、天幕毛虫等。金龟子类可利用其假死性，在傍晚日落时振落捕杀。对受冻害和旱害的苗木应在饱满处重截，促发新技；未成活的植株应立即补栽。

第八章 生态果园土肥水管理

果树栽培是生态果园建设中的主要工作和任务。栽培工作的主要内容是在选择良种和“适地适树”的前提下，“培肥沃土、沃土养根、养根壮树、壮树促花、促花控果、控果保叶、保叶防衰”，并辅以修剪等措施，调节优化树体结构以及生长、结果和物质分配的关系。

“培肥沃土、沃土养根”属于果园土壤管理，“培肥”是为了“沃土”，“沃土”是“养根”的前提，“沃土养根”是“壮树”的途径和手段，“壮树”是“沃土养根”目的。果园土壤管理主要是通过土壤改良和有机肥的施用，培育肥沃土壤，为根系生长发育创造优越的环境，进而养育结构和功能良好的根系，为促进植株的健壮生长创造条件。树体健壮是果园持续高产优质的前提和基础。除了土壤培肥能够沃土外，合理耕作与地面覆盖也能够改土沃土并进而培育出健壮树体。

充足的营养和适宜的水分也是果园丰产优质不可或缺的条件，因此，果园除了“沃土养根、养根壮树”等土壤管理外，还必须进行科学施肥与合理灌溉。

一、土壤培肥

土壤是人类赖以生存和发展的基本资源和生态条件，是农业生产的基础，是供给果树生长结果所需要水分和养分的源泉；土壤结构和营养水平直接影响到果树生长发育和产量与质量的形成。“培肥沃土”的目的就是通过土壤培肥与改良，为根系创造良好的环境和营养空间，使根系在最适宜的条件下生长，进而使果树能够持续丰产、稳产、优质。

“培肥沃土”的技术措施主要包括土壤增施有机肥、深翻扩穴、土质改良、中耕松土、果园间作、树干培土、地面覆盖、平整土地、修筑梯田等，这里主要介绍土壤培肥原理和技术、果园耕作和地面覆盖等内容，其他的内容见其他章节。

1. 土壤培肥原理

（1）自然土壤与农业土壤的区别　农业土壤也叫耕作土壤，是在自然土壤的基础上，通过人类生产活动，如耕作、施肥、灌溉、改良等以及自然因素的综合作用而形成的土壤，如农田、果园、茶园里的土壤。农业土壤的主导因素是人类的生产活动。自然土壤是在自然成土因素（母质、气候、生物、地形地貌、时间）综合作用下形成的、未经人类开垦利用的自然植被下的土壤。自然土壤经过植物、土壤动物和微生物等生物作用以及温度、水分、风等自然力的作用，可以实现组分的变化和营养物质的循环，并在足够长的时间之后达到一种平衡状态。在这种平衡状态下，土壤养分含量稳定，环境条件协调，生物种类丰富，抗外界干扰能力增强，而生物多样性在这种平衡中起关键作用。

人为措施对土壤生物的影响起着决定性的作用，它使农业土壤的生物多样性明显不同于自然土壤。从宏观上看，农业土壤的优势生物是各种人工种植的作物，它们的生长发育受人为调控最多，而伴之以生的杂草则往往脱离人为控制；从微观上看，农业土壤的各类致病微生物种类和种群数量要远大于天然土壤。因此，农业土壤并不是一个平衡体系，它需要通过耕作、灌溉、施肥、收获、病虫害防治等人为干预，才能保证土壤维持其基本的特征，保持持续的生产能力，这也是农业土壤及其承载的农业生产体系对人们的要求。如果人为技术措施能够使得土壤养分富足，尤其代表土壤性能的有机质含量日益提高，土壤结构日益优良，则对于土壤的永续利用将会起到重要的推动作用。

(2) 土壤肥力与土壤的人工培肥　土壤肥力是农业土壤的本质特征，它是土壤经常地、适时适量地供给并协调植物生长发育所需要的水分、养分、空气、温度、扎根条件和无毒害物质的能力。土壤肥力包括土壤物理肥力、化学肥力和生物肥力，三者相互联系、相互影响，共同维持着土壤系统的肥力水平。

土壤物理肥力是土壤为植物生长发育提供所需的物理条件的能力，它具有维持土壤结构不被破坏、不被侵蚀和流失的能力，并对土壤生物和化学过程起到促进作用。土壤物理肥力主要取决于土壤结构状况，土壤结构是土壤物理学中最本质的部分，良好的土壤结构对土壤水、热、气、肥都能起重要的调节作用。土壤团聚体是土壤结构的基本单位，它的稳定性对土壤肥力、质量和土壤的可持续利用等有很大的影响。土壤团聚体形成受到土地利用方式、耕作干扰、有机肥施用以及种植制度和轮作方式等人类活动的影响。

土壤的化学肥力是指土壤提供给植物和食草动物生长、繁殖和形成优良品质所需要的适宜的化学和营养环境的能力，同时它应对土壤物理和生物过程以及养分循环具有积极的促进作用，主要表现为土壤养分全量、各种速效养分含量及交换性阳离子组成等。

土壤生物肥力是指生活在土壤中的生物有机体促进和满足植物生长、繁殖和优良品质所需的营养需求的能力，并且这一生物过程对土壤的物理、化学特性起到良好的促进和维持作用。土壤生物是土壤生态系统中极其重要和最为活跃的部分，在土壤养分转化循环、系统稳定性和抗干扰能力，以及土壤可持续生产力中占据主导地位。土壤生物在维持土壤系统稳定性、增强抗干扰能力、土壤养分转化循环、以及土壤可持续生产力中占据主导地位，通常土壤生物多样性越大、数量越多，土壤团粒结构就越好，土壤通气、透水及供应养分的能力也就越强。而土壤生物及其过程一旦受到严重干扰和损害，土壤养分转换循环的生物化学过程受阻，资源转化和利用效率下降，土壤退化和环境功能衰退，病虫害加剧，就会影响到土壤的可持续利用及农业的可持续发展。

土壤有机质是土壤化学肥力、物理肥力和生物肥力的物质基础，它与土壤矿物质构成土壤固相部分。土壤有机质是土壤中非常活跃且普遍存在的组分，也是形成土壤团聚体的主要物质，有机质胶结物质含量增加，有利于形成更多的水稳性团聚体。土壤有机质几乎对土壤本质的所有方面都产生强烈的影响，它是土壤质量衡量指标中最重要的指标，土壤有机质含量高，土壤营养元素含量高，土壤的水、气、热自动调节能力强，土壤生物活性和土壤呼吸作用较强，作物生长发育良好。

土壤培肥是通过人为措施提高土壤肥力的过程。具体讲，土壤培肥是通过精耕细作、合理施肥和灌溉等措施，培育营养齐全，缓冲能力强，供肥供水能力持续稳定，水、肥、气、热诸因子相互协调的土壤，将“瘦土”改成“沃土”，使肥土更肥。土壤培肥需要借鉴自然土壤发育过程中土壤各结构成分发育、优化及养分富集规律，通过人为地添加以有机物料为主的物质以及施加相应的耕翻等管理措施，促进土壤有机化过程，提高土壤有机质和矿质养分含量，改善土壤结构，使其适于作物生长发育。土壤肥力的维持主要是通过有机质的循环来实现的，通过土壤微生物和其他土壤生物的活动，使有机肥中的营养元素有利于作物吸收。

与土壤自然发育过程相比，土壤人工培肥的过程要快得多。通过施用作物秸秆、杂草等有机物料，可以在短短几年内将土壤有机质含量提高若干个百分点。但值得注意的是，人工培肥的土壤与自然发育的肥沃土壤有着本质的区别，人工培肥措施一旦中止，土壤性状会很快退化，表现在有机质含量迅速降低，土壤结构恶化，生产能力低下。自然发育的土壤生态系统较为完善、成熟，可以实现各生物因子的自组织，物质和能量循环稳定有序；而人工短时间内培肥的土壤，生物种类较少，物种种群比例不协调，加之人工管理措施造成的能量和物质收支极不平衡，因此，可以说这种看似协调、平衡的土壤类型暗藏着极其不稳定的因素。生产实践中，人们也总是强调施肥的连续性，强调产量水平的适中，以最大限度地降低人为措施对土壤生态系统的干扰。

2. 土壤培肥技术

（1）培肥物质使用原则　土壤培肥提倡利用豆科作物的轮作和土地休整，优先使用系统内的有机肥料，在有机肥不能满足需要时也可使用其它物质，但用于土壤培肥和土壤改良的物质必须是特定的土壤改良和轮作措施所必需的，目的是达到或保持土壤肥力或满足特殊的营养要求。该物质及其配料来自植物、动物、微生物或矿物，并允许经过物理（机械、热）处理、酶处理和微生物（堆肥、消化）处理；该物质的使用不应导致或产生环境不能接受的影响或污染，包括对土壤生物的影响和污染；同时，该物质的使用不应对最终产品的质量和安全性产生不可接受的影响。

为培肥土壤而施用肥料要以有机肥为主，所用有机肥应主要来自本生产体系内部，如在生态果园生产的农家肥、作物秸秆、绿肥和其他腐殖质，以及自然存在的泥炭、经腐熟的木质材料（树皮、锯木屑、木片）和来自未经化学处理的木料、饼粕类或米糠、菇类栽培后的残渣、制糖工厂的残渣。土壤培肥和改良也可使用无污染的一般矿渣、钙化海草、氯化钙、石灰石、石膏和石垩、镁矿、天然硫磺、氯化钠、微生物制品、生物动力学制品、植物制品和其提取物等。

应当以在本生态系统内制造的有机肥为主，也可以适当使用果园系统外的肥料，如未掺杂防腐剂的动物血、肉、骨头和皮毛、利用有机肥原料生产的堆肥、农家肥、海鸟粪、人粪尿（不得用于叶菜类作物和块根、块茎类作物）、没有合成添加剂的食品工业副产品、用物理方法得到的海草或海草产品、秸秆等，还可慎重使用客土、购入的有机质肥料、添加化学肥料所制成的有机质、经化学处理过的有机质或矿物质、高分子土壤改良剂、粪堆肥、堆积的或厌气菌堆积的粪肥（在作物收获前 4 个月不能使用）、植物碾碎的籽粉（棉籽粉、亚麻籽粉、油菜籽粉等）、鱼的乳状物、骨粉、动物性液肥、血粉、羽毛、皮革粉、经过分类处理的都市废弃物、木灰、窑灰、天然磷酸盐、泻盐类、螯合矿物质、硼酸岩、微量元素肥料、合成的润湿剂等。

如果在生态果园开展有机农产品生产，则土壤培肥禁止使用化学肥料、含有重金属和过量农药残留及放射物质等的作物残渣与生物材料、未经分类的城市废弃物、下水道污泥、废纸、纸浆、未经净化处理的家畜排泄物和鲜人粪尿等。按照中国认证机构国家认可委员会 2003 年颁布的“有机产品生产和加工认证规范”，从事有机生产的农场每生产年施入土壤的纯氮不得超过每公顷 170 千克。非人工合成的矿物肥料和生物肥料只能作为培肥土壤的辅助材料，而不可作为系统中营养循环的替代物，这些矿物质主要包括：胶状的软岩石和硬岩石磷、硫酸钾镁、钾盐镁矾、富含钾的有机再循环物、农用石灰石、牡蛎壳、矿化石膏和硫镁矾。矿物肥料必须保持其天然组分，禁止采用化学处理提高其溶解性。用于有机肥堆制的添加微生物必须来自于自然界，而不是基因工程产物。禁止使用化学肥料和城市污水污泥。怀疑肥料存在污染时，应在施用前对其重金属含量或其它污染因子进行检测。矿物肥料、工业废渣如碱性炉渣、粉煤灰等肥料中的重金属含量应符合相应的国家标准。

（2）间作绿肥　凡用作肥料施用的绿色植物体均称为绿肥。

绿肥作物产量高，肥效好，种植绿肥不仅能增加土壤中氮、磷、钾等矿质营养成分，而且可以保持水土，改良土壤结构，增加土壤通气性。绿肥易于栽培，成本低，还可以做饲料，过腹还田，是一种优质肥源。间作绿肥是培肥和充分利用土壤的有效措施。绿肥有豆科绿肥和非豆科绿肥两类，其中，豆科绿肥利用得最为广泛。我国常用的豆科绿肥作物有紫云英、田菁、苕子、豌豆、蚕豆、苜蓿、三叶草、绿豆和草木樨等。豆科绿肥可充分利用土壤和植物根系的固氮菌，通过共生固氮，将大气游离氮固定成植物可利用氮素。据测定，草木樨绿肥一般每 666.7 米^2 可产鲜草 1 500千克，鲜根 200 千克，翻压后可增加土壤氮素 108 千克，磷酸 1.1 千克，钾 7.5 千克，相当于施入硝酸铵 32 千克，过磷酸钙 6 千克，硫酸钾 15 千克。

绿肥在果园施用主要为树下压青。具体方法是在树冠外开 20～40 厘米深的环状沟或条状沟，将刈割下的绿肥与土一层一层的相间压入沟内，最后覆土、踏实。绿肥与土相间压入可避免绿肥腐烂后体积缩小，造成沟内空隙，使根系抽干。翻压绿肥的时间，以花期或花荚期最好，因为这时肥分含量高，植株柔嫩，容易腐烂，鲜草产量也较高。为调节氮、磷、钾等的相对平衡，可在每 100 千克绿肥中混入 1～2 千克过磷酸钙。绿肥树下压青用量，可依据绿肥的种类、肥分高低、土壤肥力和需肥情况等而定，一般每 667 米^2 施用鲜绿肥1 000～2 000千克。

绿肥也可通过堆沤后使用。主要采用挖坑沤制，可在离水源较近的地方，根据绿肥数量挖一定容积的坑，将绿肥切成小段，先在坑底铺 30～40 厘米厚，上面撒上 10%的人粪尿或马粪，加过磷酸钙 1%，再加土 6 厘米，适量浇水。依次层层堆放至 3～4 层，最上层用土封严踏实。夏季经过 20 天左右，冬季经过 60～70 天，即可腐烂施用。

（3）果园生草　生草是模拟农业土壤形成过程中天然植被的生长发育而对土壤进行的一种培肥方式。草类发达的根系能够利用土壤中难溶性养分，草根的代谢活动有利于促进土壤难溶性养分的分解，提高土壤养分的供给能力；草类残体留在土壤还可以有效改善土壤结构，增加土壤有机质含量，利于作物和草类生长发育。同时，草根密度大，在土层中成网状，与土壤接触密切，且可以大量吸收土壤中多余的水分，防止雨季降水对土壤的侵蚀，也有利于土壤培肥。生草后还有效地改善了土壤的环境条件，使得土壤温度、水分等变化平稳，为土壤生态系统中生物因子创造了良好的生活条件。与天然植被对土壤的自然培肥相比，人工生草由于有计划有目的地播种、施肥、浇水、控制其他草类、刈割和病虫害防治等，培肥地力的过程要快得多。果园生草与间作绿肥只在草种选择和草类利用方面有所差别，其他方面类似，土壤培肥是两者要相统一。

（4）果园覆草　覆草是通过人工措施，在短时间内向土壤施入大量的有机物料，通过微生物作用将其降解，形成有机质，释放出矿质养分。覆草培肥也是模拟了自然土壤发育过程中，利用了植物自然凋落物对土壤的培肥作用。但与天然土壤发育过程相比，有机物料的施入量要大得多。覆草的作用开始表现在土壤浅表层，主要是通过改善土壤的温度、水分、光照、通气等物理因子，进而改善土壤生物因子的生活环境，从而在一定时间内加快了土壤原有养分的循环过程。这一点在丘陵山地、土层较浅薄的地块尤为明显。随着覆草时间的延长，有机物料降解后形成的有机质和释放出来的矿质养分融入土壤体系中，才真正意义上培肥了土壤。

（5）增施有机物料　往土壤中施入大量的作物秸秆和杂草等有机物料，通过耕翻或挖坑深埋，腐烂后可以有效地增加土壤有机质含量，培肥地力。实际上这是一种变相的施入有机肥的措施，只是肥料腐熟过程在土壤中完成而已。而且，为了防止施入有机物料初期微生物自身繁殖与作物争夺速效养分，还要随同有机物料一起施入一些速效性的肥料，如氮素肥料。

对于黏重土壤，施入有机物料，尤其粗大的有机物料后，可以显著改善土壤的通气状况，其自身的通道孔隙和腐解后形成的疏松多孔结构的有机质，为作物根系生长发育和微生物活动创造了良好的条件。因此，在黏重土壤上，提倡深施粗大有机物料。

在底层含盐量较高的土壤，深施的有机物料腐解后形成的疏松多孔结构的有机质起到过滤层的作用，可以有效地减少盐分随水往土壤表面的运移。

(6) 因土施肥，调剂土壤养分　砂质土壤有机质少、保肥力差、养分缺乏，果树生长后期容易脱肥，应增施有机肥料。黏质土壤保肥力强，养分转化慢，宜用发热的有机肥料作基肥。阳坡地应施猪粪、牛粪等凉性肥料；阴坡地、下湿地宜施骡马粪等热性肥料。生土地上应多施有机肥料，配合施用速效性矿物质。

(7) 有机肥和无机肥搭配使用　有机肥和无机肥均有各自的优点，无机肥的优点是肥效快，短期内能大大提高土壤肥力，但长期单一使用将导致土壤结构板结、肥力下降、环境污染等一系列问题；有机肥恰好相反，其肥效慢，有利于良好土壤结构的形成和土壤肥力的持续提高。因此，有机肥与无机肥结合使用可以取长补短，充分发挥有机肥和无机肥的作用。在实践过程中，有机肥和无机肥的搭配，要根据不同生态区、不同土壤类型和肥力状况以及不同作物的需求等特点而确定。

(8) 客土改良、调剂土质　黏重土壤保水保肥性能好，但土性凉，通气差；砂质土，土质疏松，通气性强，但保水、保肥性差。针对这些特点，采取客土办法，黏砂相掺，取长补短，把原来过砂或过黏的土壤调剂成黏砂适宜的壤质土，能有效地协调耕层土壤的水、肥、气、热状况。砂土掺黏，增施优良黏土矿物还可提高土壤的阳离子代换量，从而提高保肥力。例如，施蒙脱石25吨相当于施100吨的高岭土。

(9) 合理轮作　不同作物从土壤中吸收的养分数量和比例不一样，各种作物根系伸长的深度和吸收能力也有差别，因此，不同作物轮换种植可以充分利用地力，在不增加灌溉施肥的情况下，获得更高的产量。用豆科作物参加轮作，更有助于恢复并提高肥力。据研究，绿豆和黄豆，在良好栽培条件下，每公顷可固氮45～60千克，多年生豆科饲草，如苜蓿，每年每公顷固氮量可达150千克以上。通过在果树行间轮作，可明显改变土壤生态条件，提高果园土壤肥力。

二、耕作与覆盖

果园合理耕作与地面覆盖能够起到改土和沃土的作用。果园土壤耕作方法主要有清耕法、清耕覆盖作物法和免耕法。清耕法（耕后休闲法）即果园内除果树外不种任何植物，经常耕作，使保持土壤疏松无杂草状态。清耕后土壤养分分解迅速，肥效快，但长期采用清耕法，土壤有机质会迅速减少，土壤结构受到破坏，山坡地冲刷和水土流失严重，天敌锐减，蒸腾增大。实行清耕的果园，产业单一，果园内很多空白生态位，光、热、水、土、气资源浪费比较严重，果树产业的可持续发展受到限制。生态果园土壤耕作应废除单纯清耕制，实行清耕覆盖和免耕结合的土壤管理制度。

1. 清耕覆盖作物

清耕覆盖作物即在果树需肥最多的生长前期保持清耕，后期或雨水较多的季节种植覆盖作物，待覆盖作物长成，适时翻入土壤作绿肥，这种方法称覆盖作物法。这种土壤管理方法兼有清耕与生草法的优点，而减轻了两者的缺点，如清耕可熟化土壤，促进有机质分解，增加有效氮，减少草类对水分、养分的消耗，保蓄水分和养分；后期播种间作物，可吸收利用土壤中过多的水肥，有利果实成熟，提高品质，并可防止水土流失；覆盖物翻耕后还可增加土壤有机质。

注意覆草作物除具备间作作物条件外，还需要具备生长期短，前期生长慢，后期生长快，枝叶繁茂，翻入土壤后易腐烂分解，对栽培条件无特殊要求和耐阴等特点。覆盖作物播种期因地而异，夏季多雨可采用夏季覆盖作物，冬季气候温和多雨可播冬季覆盖作物。

2. 果园免耕

果园免耕指果园全园或一部分土壤不耕作或很少耕作（故又称零耕法或最少耕作法），利用除草剂除草。免耕省工高效，土壤结构保持自然发育状态，无“犁底层”，适于果树根系生长发育。免耕果园光照、通风好，特别是果树树冠下通风透光更好。洁净的地面有反射光，可改善树冠内光照状况。免耕果园易清园作业，果树病虫潜藏的死枝、枯叶、病虫果、纸袋等可一次清除，效率高。免耕用的除草剂，可结合灌溉、地面追肥或喷施农药使用。

果树与其他农作物相比，种植密度小，土地空余面积大，杂草对果树的影响较小，对杂草的防治的要求比较低，果园里可以允许一些低矮的草类存在，或允许高秆杂草在其幼苗期存在。所以，现代果树生产中的免耕法，是在人们承认果园有一定量的杂草有利无害的前提下实施的。但实施免耕的果园，通常要求土壤肥力较高，尤其是土壤有机质含量较高，因为免耕条件下土壤有机质含量下降得很快；若土壤肥力低，则对人工施肥的依赖性大。在低洼易涝地区、土壤结构差的黏土地上采用免耕法效果不好。较密植的果园，实施生草、覆盖较困难，实施免耕更合理一些。

实施免耕的果园对果园杂草种类、数量应有清楚的了解，了解杂草的状况，并依据此制定除草对策，包括免耕和施用除草剂的方法。主要应了解哪些种类的杂草是危害大的杂草（生长高大、攀援性茎蔓、禾本茎枝、“串根性”地下茎和粗大主根等）、危害的主要时期、在果园杂草中占的比例等，只有清楚了解这些情况，才能正确地选择除草剂种类、用量、施用时期和施用方法。还要了解各种除草剂性能，结合果树情况正确选用除草剂，因为每种除草剂均有其特定的除草对象，广谱性除草剂只是少数，果园尽量不用全杀性除草剂，而采用选择性除草剂。

3. 中耕、浅刨和冠下压土

有些树种，比如桃和樱桃树等，根系较浅，对土壤通气条件要求比较高，雨后和浇水之后常常由于土壤水分较多及土壤板结而影响土壤通气性，因此，雨后和浇水之后的中耕松土是一项十分必要土壤管理工作。特别是进入雨季之后，大樱桃的白色吸收根向表层生长，这种现象俗称“雨季泛根”。“雨季泛根”说明土壤含水量过多，是深层土壤的透气性差造成的。中耕松土一方面可以切断土壤的毛细管保蓄水分，同时消灭杂草，减少杂草对养分的竞争，还可改善土壤的通气状况。中耕深度一般以5～10厘米为宜。中耕次数要看降雨情况和灌水次数及杂草生长情况而定，以保持樱桃园清洁无杂草、土壤疏松为标准。中耕时要注意加高树盘土壤，防止雨季积涝。

一些果品产区的果农有刨树盘的习惯，浅刨土壤在一定程度上能起到耕翻土壤的作用，既可增强土壤透气性，又有较好的蓄水保墒效果。黄土高原果区刨翻树盘的做法是在封冻前翻刨整个树盘，刨深度30～40厘米，近浅外深，切断并刨除细根，同时在树的下坡方向培土埂，筑成水簸箕，拦蓄雨、雪；河南枣区刨翻树盘的做法是在土壤封冻前在树干周围挖深、宽各30～40厘米的坑，把掏出的土撒开，这样土壤经过冬春季冻晒可消灭部分害虫，也可减轻鼠害。在春旱严重的北方，春季浅刨是一项有效的抗旱保墒措施。浅刨时应距树干50厘米，以免伤及粗根。

冠下压土可加厚土层，促进果树根系生长。冠下压土的时间，应依当地气候条件和果园状况而定，可在春季期间（5～6

月份）杂草幼嫩时压土，或于秋季气温高的时节（8～9月份）压土。冠下压土时连同杂草、草根一起压入土中，可除草灭荒，又可增加土壤有机质并减小表土的温差变化。

树干培土也是一项冠下压土的土壤管理措施，在樱桃园应用比较多，即在定植以后在树基部培起30厘米左右的土堆。培土除有加固树体的作用外，还能促使树干基部发生不定根，增加吸收面积，并有抗旱保墒的作用。培土最好在早春进行，秋季将土堆扒开，这样可以随时检查根颈是否有病害，发现病害及时治疗。土堆的顶部要与树干密接，防止雨水顺树干下流进入根部，引起烂根。

4. 营养沟改土

山地果园土层浅，土壤瘠薄，干旱缺水，土壤保水保肥能力差，有机肥源比较缺乏。针对这种情况，可在距树干50厘米处每株挖4条放射沟；近树干处，放射沟的深度与宽度各20～30厘米，树冠边缘处沟的深度与宽度各40～50厘米；放射沟挖后，将腐熟或半腐熟轧碎的玉米秆、麦秸和杂草以及有机肥每株各20～30千克与土壤等量混合填入，接近填满时将复合肥和尿素每株各1～3千克撒入沟中，填满土，然后灌水。营养沟改土明显改变了根系分布和密度，施肥沟与原土的交界区域形成明显的根系分布中心。营养沟改土不仅明显提高细根比例，而且也刺激了生长根的发生，使各类根系均发育良好且比例合理。

5. 果园覆盖

果园覆盖能保湿保墒，提高肥料利用率，雨季能有效防止水土流失，旱季能起到很好的抗旱作用。通过覆盖还能调节土壤温度（冬季升温、夏季降温），促进果树正常生长，提高果实品质，并有效地控制杂草生长。果园覆盖物可以是薄膜，也可以是秸秆或杂草，还可以是砂石。

(1) 果园覆草　果园地面覆草能使表层土壤温度相对稳定，保持土壤湿度，提高有机质含量，增加团粒结构，在山丘地缺肥少水的果园内覆草尤为重要。覆草还可促进根系生长，特别有利于表层细根的生长，促进树体健壮生长，有利于花芽分化，提高坐果率，增加产量，改善品质。覆草时间一般以夏季为最好，因为此时正值雨季、温度又高，草类容易腐烂，不易被风吹走。

覆草主要在冠下树盘内进行。覆草的种类有麦秸、豆秸、玉米秸、稻草等多种秸秆。数量一般为每 667 米^2 2 000～2 500千克麦秸，若草源不足，应主要覆盖树盘，覆草厚度为 15～20 厘米。覆盖前，要把草切成 5 厘米左右，撒上尿素或新鲜尿液后堆成垛，进行初步腐熟后再覆盖效果更好。覆草时，先浅翻树盘。覆草后用土压住四周，以防被风吹散。刚覆草的果园要注意防火。每次打药时，可先在草上喷洒一遍，集中消灭潜伏于草中的害虫。覆草后若发现叶色变淡，要及时喷一遍 0.4%～0.5%的尿素。

覆草果园在秋后要浅刨一下；秋施基肥时，不要将覆草翻入地下，草要每年或隔年加盖。4～5 年深翻一次，翻后再覆草。追肥时可扒开覆草，多点穴施，施后适量灌水。覆盖物与树干应保持 10～20 厘米的距离，以降低根茎部份湿度，减少病虫为害，同时还能防止出鼠啃咬树皮。黏性重的土壤不宜采用覆盖，以免造成土壤湿度过大、缺氧，而使根系生长不良。排水不良的果园，覆草会使土壤过湿而引起根部及根颈各种病害，因此要首先解决好排水问题。覆盖秸秆多年后，易引起根系上浮。为减轻根系上浮，覆草要在深翻的基础上进行，覆草前先深翻改土，使根系能够向深层充分发展；还要在覆草 3～4 年后浅翻 1 次，并清耕 2 年，即覆草与清耕相间进行；同时适当压沙压土，加厚活土层。

(2) 地膜覆盖　果园地面覆盖薄膜能减少水分蒸发，提高根际土壤含水量和土壤温度，有利于早春根系生理活性的提高，促进微生物活动，加速有机质分解，增加土壤肥力；覆膜还能明显提高幼树栽植成活率，促进新梢生长，有利于树冠迅速扩大。覆盖地膜还可避免土壤中有机质在深耕条件下过分分解和流失，保持土壤有机质及氮、磷、钾的含量。

果园薄膜覆盖一般在春季进行，覆盖时可顺行覆盖或只在树盘下覆盖；7～9月份气候炎热，覆盖地膜会使根系闷热而生长差甚至死亡，故以覆草为佳；10～11月份气温和雨量均适宜，覆膜作用不大。施肥要在覆膜前的冬、春季应一次施足，不要中途再揭膜施肥。

地膜覆盖栽培并不是在原有栽培的基础上，简单地盖上一层塑料薄膜的方法。地膜覆盖前须先进行耕翻、整地、松土、清耕、施肥、灌水、耙地等，覆膜时地膜要与地面紧密接触，松紧适中；地膜展平，无折皱，无斜纹；膜边缘入土深度不少于5厘米，且尽量垂直压入沟内；覆膜后顺行间隔一定距离横向膜上压土块，以防风刮。人工覆膜最好3人1组，即由1人伸展并固定地膜，2人分别对畦两侧培土，以固定薄膜并压实盖严。

（3）*地膜覆盖穴贮肥水*　地膜覆盖与穴贮肥水技术结合，效果更好，一般可节肥30%，节水70%～90%，在土层较薄、无水浇条件的山丘地应用效果尤为显著。具体做法是将作物秸秆或杂草捆成直径15～25厘米、长30～35厘米的草把，放在5%～10%的人畜尿液中浸透。在树冠投影边缘向内50～70厘米处挖深40厘米、直径比草把稍大的贮养穴（坑穴呈圆形围绕着树根），依树冠大小确定贮养穴数量，冠径3.5～4米，挖4个穴；冠径6米，挖6～8个穴。将草把立于穴中央，周围用混有有机肥的土填埋踩实（每穴5千克土杂肥加200克磷矿粉、300克粉碎豆饼），并适量浇水，然后整理树盘，使营养穴低于地面1～2厘米，形成盘子状，每穴浇水3～5千克后覆膜。覆膜时将农膜裁开拉平，把营养穴盖在膜下，每穴覆盖地膜1.2～2米^2，地膜边缘用土压严，在穴中心上方的地膜上穿一小孔，以便以后施肥浇水或承接雨水，并在小孔上压一小石块，以防水分蒸发。

施肥一般在花后（5月上中旬）、新梢停止生长期（6月中旬）和采果后3个时期进行，每穴追肥5%～10%腐熟的人畜尿液4千克左右。进入雨季，即可将地膜撤除，使穴内贮存雨水；一般贮养穴可维持2～3年，草把应每年换一次，发现地膜损坏后应及时更换，再次设置贮养穴时需改换位置，逐渐实现全园改良。

（4）*铺压砂田* 砂田是明清时期在甘肃陇中地区所发展起来的一种旱地利用方法，它是用河流石子铺地10～13厘米，耕种时拨开砂石，种之于下，然后取砂石掩盖，作物从石缝中或石层间长出。在雨水稀少的旱田上铺上一层卵石，能够蓄水保墒、抑制蒸发、控制泛碱、提高土温等。在果树栽培中采用砂田法，可以全园铺砂和树盘铺砂，以全园铺砂效果最好。具体方法是在果树定植后施足基肥，于秋深翻充分接纳雨水后耙耱保墒，在冬季土冻结后铺砂，厚度以10～15厘米为宜。每年施肥时将砂层刮起，然后开沟施入后再将砂层复原。砂田可利用多年，抗旱增产效果明显，可在年降水量二三百毫米的干旱条件下，夺取高产丰收。

三、养根壮树

果树生根、发芽、长叶、抽梢、开花和结果等一切器官的建造都需要叶片制造的同化产物，而叶面积的大小、同化能力的强弱以及同化时间的长短，无时无刻不受到根系的影响。根系通过吸收水分、养分和合成一些活性物质，保证叶片的生长发育和功能的正常发挥。

“叶靠根养，养叶必须养根”，养根是果树栽培的技术基础，只有养好根系才能保证果树的营养需求和健壮生长。要养好根系需要了解和认识根系的功能和习性、根系生长发育规律以及影响根系功能和生长发育的内外因素，这是做好果园土肥水管理的依据。

1. 根系的功能和地位

根系除具有将果树植株固定在土壤中的功能外，主要是从土壤中吸收水分和溶解在土壤中的营养物质，并由输导组织将吸收的水分和养分输送到地上部。同时，根系还有贮藏营养物质的作用。在冬季休眠时，根系将光合同化物和一些矿质营养贮存起来，供翌年春季新生器官生长发育所需，从而缓冲各器官对当年营养物质的竞争。根系还具有转化、合成某些有机物的能力，例如，根系可通过谷氨酸脱氢酶将吸收的铵态氮与 α-酮戊二酸结合而形成谷氨酸和谷酰胺，并输送至地上部；根部多余的谷氨酸还可转化成精氨酸，以精氨酸的形式运往茎叶。根系也能合成细胞分裂素、赤霉素等激素类物质，沿木质部运输至地上部，调节和控制各器官的形态建成及生长发育。根系还可分泌有机酸，使土壤中难溶性盐类溶解，提高肥料利用率。根系与土壤真菌共生形成菌根使根系不受土壤中有毒物质的危害，能分解土壤中果树根系无法吸收的物质使之为根系吸收。

根系是植物的“根本”，任何影响根系发育的因素均会影响整个植株的生长发育；根系又是农业生产措施的主要调控中心，土壤耕翻、施肥及浇水等措施都是为根系创造适宜的生长环境与合理的营养空间。而根系对环境非常敏感，易受到外界因素的调控，这为栽培管理提供了内在条件和依据。

2. 根系的生长发育规律

根系具有再生能力，当根系切断后能愈合并能刺激发根发芽。具有很强的可塑性，各种环境因素，如温度、水分、养分等的微小变化都会引起根系较为明显的反应。根系具有较强的趋肥性、向湿性和忌渍性，当土壤养分和水分分布不均匀时，根系会趋向养分浓度高和比较湿润的地方，例如，在有机肥小碎块里常常密布着多分枝的根，滴灌的滴头附近以及肥料带或穴附近根系比较密集等。

在果树生命周期内，通常垂直根优先生长，当树冠生长到一定大小后，水平根系迅速向外伸展；树冠最大时，根系生长分布也达到最广范围。在幼年期，垂直根自然分枝能力较低，水平根则有较强的分枝能力，较易诱发吸收根；进入盛果期，水平根仍有不断分枝的能力。健壮的果树，通常在幼年期发根快且根系数量多、生长势强，根系骨架建造迅速且质量好；结果期根系发根高峰来得早、持续时间长、生长适度，没有大规模、频繁的根系更新。

在果树年生长周期内，根系活动先于地上部，根系生长与新梢生长互相交替进行，大部分果树一年内有2～3次生长，无绝对休眠期，只要条件适宜，一年内均可生长。

苹果根系开始生长的时间要早于枝条的发芽开花，一年内通常有3次旺盛生长期。第一次出现在3月下旬至4月上旬（春季发根高峰），随着开花及新梢速长，根系生长渐弱；第二次开始于新梢停长后，于6月下旬至7月上旬达到高峰（夏季生根高峰），随果实速长和花芽大量分化，根系生长渐弱；第三次出现在苹果采收后，从9月持续到11月（秋季发根高峰），此期树体同化物大量回流积累，根系养分吸收相对增加。其中以夏季生根高峰发根数量最多，生长量最大；秋季根系生长持续时间比较长，但生长势弱；而春季发根是秋季新根生长的延续，秋季发生新根的多少直接影响着翌年春季新根的数量。当年结果多、树势弱的苹果树无明显的春季生根高峰。

梨树根系活动一年内仅有两个生长高峰，而且第二次生长高峰很弱。第一次在5月下旬至6月上旬；第二次在9月下旬至10月上旬。桃树是浅根性果树，根系受温度影响较为明显，当土温在5℃时，根系开始生长，15℃时开始旺盛生长，22℃时生长最快。桃树根系生长一年也有两个高峰，第一次是在5月上旬至7月上旬，随土温升高而逐渐停止生长；10月上旬土温稳定在19℃时，根系开始第二次生长，11月土温降至11℃时，即停止生长进入冬季休眠期，此次生长高峰很弱，延续时间也很短。葡萄根系一年也有两次生长高峰，第一次在6月下旬至7月，是一年中生长的最高峰；第二次在9月下旬，但较弱。

3. 影响根系生长发育的因素

（1）营养物质　营养是果树根系形成的能量基础和物质保障。来自叶片的营养物质对根系形成影响明显，如摘除成熟叶去掉碳源，吸收根的形成受到强烈抑制；给树冠遮阴，果树根系的吸收活性很快降低；早期落叶的树，几乎找不到白色新根；大年结果过多，新根生长变弱；主干环剥后，根系变小，生长变弱。这主要是叶片制造的养分不能保证根的需要的缘故，因为新根的建造需要原料，这些原料主要来自叶片；根系生长和吸收需要能量，能量是由根通过呼吸作用氧化分解碳水化合物产生。

除受来自叶片制造的营养物质影响外，根系生长发育也受自身吸收与合成的矿质元素和有机养分的影响。例如，早春和秋季土施尿素或有机肥，明显增加新生白色根的数量；在营养充足的区域，须根明显增多，营养缺乏的土壤类型中，须根呈细长型、尖削度变小以及分枝很少；而营养富足的土壤中的须根细短、尖削度大、分枝多而且密度大等。在富营养的土壤中，根系表现出快速生长以及分枝增多的现象。充足的磷供应有利于主根长度的增加，高浓度磷和硝态氮对侧根的生长有抑制作用，而低浓度磷和低浓度硝态氮更利于侧根的伸长。通常情况下，当土壤溶液中营养浓度高时，根系粗短，总生物量大；当营养浓度低时，植物则发育成长而纤细的根系。

（2）土壤通气性　生命活动离不开氧气，果树地上部处在自由空间，空气流通、氧气不缺，但果树根系处在土壤中，土壤中的空隙有限，这些空隙又常被水分占据，尤其在黏土地和夏季雨水过多时，土壤氧气不足常成为限制根系生长和吸收的因素。据研究，土壤中氧气的含量达到15%以上时，新根生长最旺盛；10%左右时，根系生长正常，5%左右时，根系生长缓慢；3%以下时根停止生长。土壤空隙大，空气容量就大，土壤不板结，气体交换就顺利，土壤中氧气就不缺乏；“根生土中间，喘气最为先”，凡是丰产优质的果园，绝大多数都分布都在透气性良好的土壤上，因此在改土养根时要注意深翻松动粘紧的土层，并防止土表板结。不同树种对土壤中氧气的要求也不一样，比如，桃、樱桃根呼吸旺盛，需氧量高，杏、苹果次之，梨、枣、葡萄等要求较低，因此，在较黏重的土壤上梨、葡萄、枣树可正常生长，而苹果、杏特别是桃、樱桃就表现不正常。

(3) 土壤水分　适宜根系生长的土壤相对含水量在60%～80%，越接近这个范围的上限（80%），果树长出的“豆芽状”的白色延长根就越多；而越接近或略低于这个范围的下限（60%），根的分枝增加，网状吸收根较多。“豆芽状根”越多的树，枝叶生长越旺盛，而网状吸收根多的树，树势中庸偏弱，容易成花结果。因此，通过控制土壤含水量可以控制根系类型和树势，进而控制生长和结果。

在干旱条件下，当土壤持水量降低到一定时（一般在土壤相对含水量40%左右），根系生长完全停止，细根衰老加快；严重干旱时，叶子会夺取根中的水分，根系在干旱时受害比地上部叶片萎蔫更早，新根首先死亡。

水分过多也不利，一是水多使地上部分枝叶容易徒长，消耗大量养分，不易形成花芽；二是水多的土壤可溶性养分易随水渗漏流失，土壤容易贫瘠；三是水分过多，占满了土壤的空隙，恶化了土壤的透气性，影响根系的正常呼吸，进而限制根的生长和吸收；此外，较长时间的积水还会使土壤产生许多还原性产物（如甲烷、硫化氢等）而毒害果树。因此，旱时要及时灌水，灌水要适量，不要大水漫灌；灌水多时和雨季及时排水，注意保持适宜的土壤水分，对养根壮树十分重要。

(4) 土壤温度　每种果树的根系生长都有最适宜的生长温度，不同树种、品种的果树，其根系最适温度都不一样，根系的适宜生长温度为20～25℃，原产于北方的果树要求的温度较低，而原产于南方的果树要求的温度较高。一般苹果新根春天初长温度为7℃，旺盛生长温度为18～21℃，超过30℃停止生长。梨与苹果接近，葡萄新根在12～13℃生长，26～28℃停长。土壤温度对根系生长的影响主要是在低温条件下，原生质粘性增大，根的生理活动减弱同时水的扩散变慢，会影响吸收率；土壤温度过高则会造成根系的灼伤与死亡。

寒冷的北方，早春地温回升落后于气温，土壤温度较低，影响根系的生长和吸收，果树栽植1～2年内，根扎得不深；同时，由于根系吸水不足于支付地上部失水，易造成干旱伤害，使早春出现抽条现象。

(5) 土壤养分　在一般情况下土壤养分不会像氧气、水、温度那样，成为完全限制根系生长和吸收的因素。这是因为土壤再瘠薄，也还存留一定的自然肥力，但是，根系生长势的强弱却与土壤养分的多少有着密切的关系。经调查试验，土壤越肥沃，养分越富集，根系相对集中；土壤越贫瘠，根系生长越疏散。在土质条件不好、肥水投入不足时，根系体积庞大，分布的深而广，而这要耗用大量的光合产物，使分配于花芽分化和果实形成等方面光合产物量减少，必然会限制果树树势和产量的提高。因此，保证肥水充足，使根系生长相对集中且活性强，更有利于丰产。

果树根系总的吸收能力取决于根系体积、根系密度和根系活性三个方面（即根系分布范围、根系数量和根系吸收能力）。根分布范围减小后，如果单位土壤体积内根系数量增加，单位根的吸收能力提高，则可补偿由于体积变小而带来的影响，从而维持较高的总吸收能力。在保肥差的沙土地，或肥水差的山坡地等，根系延伸生长加长而分枝少，密度小；而在施肥足的定植坑内，根系分枝多，密度大。这说明通过施肥改土，可以调节根系分布和加大根的密度。实践证明，通过改土和多施有机肥等措施使根际土壤中养分富集、水分适度、透气良好，能够明显提高根系密度和活性。

在水分适宜的条件下，氮素多而磷、钾等养分缺乏时，新根延伸长而分枝少，易呈徒长现象；在磷钾肥充足时，根分枝多，密度也大；但在磷钾肥充足而缺氮时，根系衰老过程会加剧。因此，为促进根系生长，增加根系密度并延长根的寿命，提高根的活性，必须注意使土壤中各种养分适度。在正常情况下，增施养分齐全的有机肥十分重要。如果土壤养分不足，可在增施有机肥时混入一些化肥。

(6) 其它因素　除了土壤透气性、水分、温度和养分外，影响果树根系生长和吸收功能的还有土壤微生物、酸碱度、含盐量等。土壤微生物直接参与土壤中的物质转化，它一方面把动植物残体分解成多种简单物质供植物吸收，另一方面又把一些物质合成新的复杂物质供植物利用。实际上，土壤微生物在分解有机质过程中所产生的物质对植物生长非常重要，如氨基酸、柠檬酸、糖及一些活性物质等是化肥无法替代的。

土壤 pH 值主要影响土壤微生物的活动和根系对养分的吸收，并进而影响果树的生长发育，比如，生长在 pH7.5 以上的碱性土壤上的果树，常出现缺铁黄叶现象，这是因为在 pH 值高时，铁成为不可利用态，如果把土壤 pH 值调整到 7 左右时，不可利用的铁元素就会转化成可利用态，缺铁失绿症状会减轻或消失。在土壤 pH 值不适宜的土壤上单靠施用所缺元素矫治缺素不能解决根本问题，最好的办法是增施有机肥或有机质，以改土为本。

土壤含盐量高一般是由化肥施用过多或多年连续使用化肥造成的。在土壤含盐量超过 0.20%的情况下，新根的生长就受到抑制，超过0.30%时，根系就受毒害。在根的生长吸收受到限制时，地上部开始出现各种元素的综合缺乏症，随后出现盐害、枯梢、焦叶。选用耐盐力较强的树种、采用地膜覆盖或滴灌和树盘覆草等措施，可减轻盐害。

土壤水、肥、气、热、pH值、微生物、含盐量等这些因素相互影响，它们对于果树根系的生长和吸收都同等重要，比如当土壤温度低时，即使水分、养分、透气性都适宜，根系也不能生长；当水分过量，通气性就变劣，抑制根系呼吸，削弱根系吸肥吸水能力，甚至引起土壤还原性物质积累，致果树受害；当土壤缺水，即使土壤养分再充足，透气性再好，温度再适宜，根系也难以吸收利用。只有在各种因素同时具备又协调适宜时，才不会对果树产生不良影响，因此，果园土壤改良、施肥和水分调节等，必须综合考虑各种条件，注意它们的同步与协同效应。

四、科学施肥

施肥的目的一是提高土壤肥力，保持土壤生产力的可持续性，二是及时补充植物正常生长发育所需的营养元素。营养不足或不平衡均会影响正常生长，适当施肥可以解决这个问题。

1. 施肥基本原则

生态果园施肥要从产品产量和质量以及环境质量安全考虑，要根据果树本身的营养吸收和利用规律，针对各树种和品种的不同要求，进行配方施肥、营养诊断施肥等。肥料以有机肥、长效复合肥为主，化肥为辅；以生物菌肥、腐植酸类等复合微肥为补充，施肥量“前重后轻、重视底肥”。为保证土壤肥力不断提高和满足果树养分需求的双重要求，尽量多施一些肥料；要通过合理施肥使果园土壤有机质含量逐步达到1.5%以上，做到用地养地相结合。

不同肥料的有效成分和肥效时间差别较大，如有机肥和矿物肥料一般养分释放缓慢，肥效时间长。就有机肥而言，其肥效表现与其有机质在土壤中的分解、矿化释出的养分要素及有效养分释放速率有密切关系。有机肥养分释放速率还受碳氮比影响，碳氮比较低，有机质分解较快，养分含量及释放速率均较高。施肥时要充分考虑肥料种类、施肥量和施肥时间等因素。

2. 施肥量的确定

施肥量主要依据品种特性和产量确定。生长旺盛、产量高的品种需肥量（尤其对含氮有机肥的需要量）大于生长缓慢、产量较低的品种；晚熟品种需肥量大于早熟品种。对于红富士苹果来说，各种优质肥料的总施肥量应达到果实产量的10%。山东蓬莱曲受彭的果园连续多年667 $米^2$ 产10 000千克，一棵树的产量在250千克左右，他每棵树的总施肥量达25千克，其中三分之一是加钙的氮磷钾缓释肥、三分之一是微量元素复合肥、三分之一是商品有机肥；采用放射沟方式施肥，施肥时将上述肥料与挖出的土壤均匀混合，然后回填到放射沟内，踏实浇水；每年只在秋季或早春施一次肥，曲受彭将这种施肥方法，称为“一炮轰”技术。

施肥量还要根据环境因素而确定。阳光充足时，光合生产力增加，需要供给多量的高氮有机肥。相反的，如阴天多，光线不足，氮素需要量减少，多施高氮有机肥易导致徒长减产。光线不足时，果树对钾素营养需求较高，需要供给较多富钾肥料，如草木灰、钾矿粉。水分不足而限制果树干物质积累时，肥料的需要量也应减少。高温季节土壤有机质中的氮素释放较快，根系对养分的吸收率亦高，这时高氮有机肥的用量就应降低。温度低时，吸收受阻最严重的元素为磷，这时需要多施一些富磷肥料，如磷矿粉、禽粪等。土壤中某种元素的供给量低，则供给该种元素的肥料需要量就高，施用效果亦大，反之则小。土壤排水不良或土壤紧密而通气不良时，钾的吸收最易受抑制，故需要多施富钾肥料。

确定施肥量还要考虑栽培管理因素。病虫害较重及杂草大量滋生时，氮素被竞争，需要多施富氮有机肥。一般情况下，栽植密度提高时，肥料需要量亦随之提高，但密度高到某一程度时，肥料需要量不再增加，甚至减少。用稻草等材料覆盖树盘，对保持土壤水分及改善土壤物理性等有很大效果，并在其分解中释放各种元素，其中以钾素最多。因此，有稻草等秸秆覆盖的果树对钾肥的供给量可减少，但因生长旺盛，其氮肥需要量应增加。免耕土壤的土壤有机质分解较少，氮素损失较多，需要增加高氮有机肥的施用量。土壤长期保持浸水状态，硝化作用旺盛，氮素损失较大，高氮有机肥需要量增加。

幼树施肥比例一般为氮：磷：钾＝1：1：1，每666.7米^{2}每年施纯氮、纯磷（P_2O_5）和纯钾（K_2O）各5～10千克；结果树通常为1：0.8：1左右，每生产100千克苹果需追施纯氮0.5～0.7千克、纯磷0.2～0.3千克、纯钾0.5～0.7千克。有机肥做基肥的施用量，如按树龄计，每增1年，宜增加15千克（表8.1）。如按产量计，产量22 500千克/公顷以下时，1千克果实施有机质肥料1.5千克左右；产量22 500千克/公顷以上时，1千克果实施用2.0千克左右有机质肥料。基肥施用量，应占全年总施肥量的70%以上；施基肥用时，应按优质、丰产的平衡施肥要求，适量配合施用磷、钾肥料和微量元素肥料，通常基肥中掺入的氮肥量占全年施氮肥量的1/3左右、磷肥量占1/2及钾肥量占1/2～1/3。

各类肥料之间也有很大差异，有的富含氮素，如来源于动物废弃物的有机肥；有的富含磷素，如禽粪；有的富含钾素，如来源于植物的堆肥等。还有的肥效快，如人畜粪尿和其他液体有机肥等，可以根据需要选择。据粗略估算，一吨禽（鸡、鸭、鹅）粪营养元素含量大致相当于碳酸氢铵138千克，尿素63千克，硝铵 88 千克，过磷酸钙 139 千克，硫酸钾 3 千克；一吨猪圈粪相当于碳铵 37 千克，尿素 17 千克，硝铵 24 千克，过磷酸钙 29 千克，硫酸钾 2 千克；一吨大粪相当于碳铵 14 千克，尿素 6.5 千克，硝铵 9 千克，过磷酸钙 22 千克，硫酸钾 2 千克；一吨灰粪相当于过磷酸钙 42 千克，硫酸钾 9 千克。以垃圾堆制的有机肥，可能含有较多的重金属，选择时要慎用。

表 8.1　依树龄而确定的果树参考施肥量

单位：千克/株

树龄（年）	有机肥	硫酸铵	过磷酸钙	草木灰
1～5	50～100	—	—	—
6～10	100～200	0.5～1.0	1.0～1.5	1.0～1.5
11～15	200～300	1.0～1.5	2.0～2.5	2.0～2.5
16～20	300～400	1.5～2.0	3.0～4.0	3.0～4.0
＞20	400～600	2.5～3.0	4.0～5.0	4.0～5.0

3. 施肥要求

（1）依据果树需肥规律　果树作为多年生木本植物，其养分吸收和利用有其独特的一面。春季是果树萌芽、开花、幼果生长、花芽分化和春梢旺长期，树体对养分的吸收特别大，营养供应对树体生长的影响相当大。但因为春初气温较地温高，地上部开始萌芽时，地下部的根系还没有活动，尚不能吸收养分，在此时施肥并不能立即对树体所需的养分有所补充。春季树体所利用的养分，主要是头一年秋天树体内贮藏的养分，它们主要是秋季果实采后至落叶前，叶片和枝条内剩余养分回流或采收前后施用的基肥被树体吸收后贮存在树体和根系当中的。自春梢旺长至果实采收期，树体内的养分一方面用于树体本身生长和花芽分化，另一个方面，又为果实生长提供必要的营养物质，这个时期的施肥应以速效肥为主，但施肥的类型、数量和方法有特定的要求。果实采收以后，养分处于回流阶段，树体内的多种养分开始贮藏在地上部树干和地下部根系当中，以备第二年春天利用。在冬季到来、地温降低以前，根系还能进行养分的吸收、同化，此期要加强果树根系施肥，贮备营养，为第二年树体生长和产量形成打好基础的重要措施。

传统的施肥方式往往是为了得到更高的果品产量，在果品的生产过程当中，注重在果实生长发育阶段大量的施用化肥，提高单果重量，而并不注重对果实内在品质和采后果园的管理以及有机肥的使用。这样会因为花芽分化时营养不足，花芽量不足，或者因为化肥施用量过大，引起枝叶徒长。花芽养分被竞争，从而出现坐果率低的现象；或者因为在夏季化肥施用量过大，树体枝叶茂密，遮阴现象严重；或者使果实着色不良，果实个虽大，但因营养不均匀，风味下降等，果实的外观品质、内在品质和果实的耐贮性等品质下降，以及一些生理病害的发生加重等现象。因此，需要改进传统的果园施肥方法，不用化肥，多施有机肥，前重后轻，重视底肥，根据果树树体营养吸收规律，结合果品标准化生产要求进行施肥。

(2) 早施多施基肥　优质丰产果园的土壤有机质含量应在2%以上，但目前绝大多数果园土壤有机质贫乏，不到1%。这就需要广开肥源，增加基肥数量并合理施用。基肥以有机肥（土杂肥）为主，施基肥要考虑到树体生长与改良土壤的双重需要，有机肥的施用量应适当提高，可掌握在每生产1千克果施2千克左右肥的标准。所以，一个每667米^{2}产1 500千克左右的中产果园，有机肥的用量要在3 000千克左右。施基肥最适宜时期是秋季（落叶前1个月），其次是落叶至封冻前，以及春季解冻至发芽前。

秋施基肥能有充足的时间腐熟，并使断根愈合发出新根，因为此时正是根系生长高峰期，根的吸收力较强，吸收后可以提高树体的贮藏营养水平，并可促进花芽的发育。树体较高的营养贮备和早春土壤中养分的及时供应，可以满足春季发芽展叶、开花坐果和新梢生长的需要。而落叶后和春季施基肥，肥效发挥作用的时间晚，对果树早春生长发育的作用很小，等肥料被大量吸收利用时，往往就到了新梢的旺长期。所以采收后应当马上灌水，使土壤湿润后施下以锯木屑、泥炭、蔗渣、稻壳、猪粪、牛粪、羊粪、油粕类（黄豆粕、花生粕、芝麻粕、菜子粕、棉子粕、蓖麻粕等）、米糠、蛤壳粉、磷矿粉、骨粉、血粉、海草粉及少量炭化稻壳、木炭屑、浮石或麦饭石、虾蟹壳粉和有益微生物等混合堆积发酵制成的有机肥，另外酌量使用石灰及其它含钙镁的材料做基肥，然后喷洒溶磷菌。在干旱又无浇水条件的山地丘陵果园，基肥也可在雨季施用，注意不伤粗根；旱区雨季施肥肥效快，比冬春施基肥效果好。

沼液是水溶性及含有多种养分的速效肥料。长期使用沼液肥可促进土壤团粒结构的形成，使土壤疏松，增强土壤保水保肥能力，改善土壤理化性状，提高土温，使土地有机质、全氮、全磷及有效磷等养分均有不同程度的提高。使用沼液肥做果树基肥时，需在11月上旬将发酵好的沼气肥料直接与秸秆土混合，分层埋入树冠外围的滴水线附近施肥沟，不要使肥料过多的接触根系，以免肥害伤根。落叶果树沼气肥用量一般每株4～8千克，常绿果树每株4～6千克。沼渣也是很好的基肥，除提供养分外，还有明显的培肥改土效果，宜深施，最好集中施用，如穴施、沟施，然后覆盖10厘米左右厚的土，以减少速效养分挥发。

（3）合理追肥

①有机肥的追施　氮是果树生长与结果的基础，在一定限度内增施高氮肥料，能够明显地改善叶片的光合性能，增进树势和产量。但过量追施氮肥易引起枝叶旺长，成花困难，果实品质下降。来自动物残体的堆腐物和人畜粪尿等有机肥富含氮素，高氮有机肥适宜用量应根据土壤的肥沃程度、保肥能力及树体类型综合考虑确定，一般成年树和进入结果期的树比幼龄树多施，密植园比稀植园多施，瘠薄地多施。尽管高氮有机肥为有机氮肥，但

其有效成分也容易流失，山地沙地果园土壤保肥能力差应少施勤施，以在浇水后养分能渗到根系集中分布层为宜。为弥补土壤氮素因降雨淋溶造成的损失，雨季后可少量追施氮肥。

在盐碱度较高的土壤，当 pH 值达 7.5 以上时，土壤中有效磷含量普遍较低，果树会因缺磷常有枝细芽秕不易成花的现象，这类土壤应土施或根外追肥追施富磷有机肥（如海鸟粪等的淋洗液）对早结果和丰产是不可缺少的。

沼液肥是一种优质有机肥，作追肥使用时，一般在果树每次抽梢前 10 天，用 60%的沼液肥，每株 2 千克；新梢抽生 15 天，每株施 3 千克；在采果前 8～15 天施入 80%的沼液肥，每株 2～3 千克。也可在生长期间每 15 天施沼液肥一次，10 月中下旬结束施肥。沼渣也是一种优质有机肥，含腐殖酸平均 11%左右，氮、磷、钾速效养分含量也较高，其肥效优于沤制有机肥。沼渣作追肥，应深施、覆土，深度 6～10 厘米时效果最好，每 667 米^2 用量1 200～1 600千克。

以上施肥都必须在果树树冠外围挖土 10～15 厘米深，混土施入。高温期间选阴凉天气施肥，以免对果树造成肥害。

②因树追肥　根系吸收养分以后，养分会优先运往代谢最活跃的部位，并进一步促进这个部位的生长发育。如新梢旺长时追肥，肥料多进入新梢旺长部位，而且进一步促进旺长，而梢叶停长后，旺长部位的中心优势减弱或消失，追肥的养分进入各器官的差异减少，分配比较均衡，对树冠的弱势部位（如短枝）辅养作用就相对大些，有利于芽的分化。所以树体长势不同，花果量不同，施肥的目的也就不同，因而施肥的时期也不应相同，施肥必须与植株类型相结合。

生长较弱的树，包括“小老树”，为了加强枝叶生长，应当着重在新梢正在生长时供应养分，最好在萌芽前，新梢的初长期分次追肥，追肥结合灌水，促进新梢生长，使弱枝转强。生长旺而花少或徒长不结果的树，为了缓和枝叶过旺生长，促进短枝分化，应当避开旺长期，而在新梢停长后追肥。其中，应以秋梢停长期（8月末9月初）为主，春梢停长期（6月上、中旬）为辅。春梢停长期，追施高氮有机肥时，注意用水不能过大，以免刺激过早过旺地生长秋梢。施肥种类上也应“因树制宜”地加以调节。实践证明，氮肥助枝叶生长作用明显，弱枝复壮多用高氮有机肥。磷钾肥有缓和过旺生长的作用，对徒长不结果树宜增加磷钾肥的用量，适当减少氮肥用量。主要采用穴施法（在树冠下挖穴施肥）和沟施法（包括条状沟和环状沟）。

③根外施肥　果树根外追肥是将肥料直接喷施在树体地上部枝叶上，可以弥补根系吸收的不足或作为应急措施。根外喷肥不受新根数量多少和土壤理化特性等因素的干扰，直接进入枝叶中，有利于更快地改变树体营养状况。而且根外追肥后，养分的分配不受生长中心的限制，分配均衡，有利于树势的缓和及弱势部位的促壮。但根外喷肥不能代替根际追肥，二者各具特点，应互为补充。

根外追肥所用肥料主要是液体有机肥、沼液和草木灰、海藻、禽粪等的浸体液。沼液肥作苹果叶面喷肥适用浓度为20%，一般隔10～15天喷一次。根外喷肥后10～15天，叶片对肥料元素的反应最明显，以后逐渐降低，至第25～30天则消失，因此，如想在某个关键时期发挥作用，须在此期内每隔15天一次连续喷施。秋季采收后到落叶前和早春萌芽前是根外追喷肥的两个重要时期。特别是大年树，早期落叶树，因秋季和第二年早春新根数量少，土壤追肥的吸收量受限，所以秋季喷尿素，则可以弥补贮藏营养和早春根系的吸收的不足，对春季一系列生长发育都非常有利，花器官发育好，坐果率高，短枝粗壮。

④依据营养诊断结果追肥　营养诊断是通过对果树植物组织分析、土壤测定和树体外观形态观察，对果园土壤果树的营养状况进行客观的判断，进而指导施肥和其他管理措施。其中土壤测试和叶分析是最主要的营养诊断方法，主要测定土壤和叶片中

氮、磷、钾、钙、镁、铜、铁、锰、锌、硼等元素的含量，将分析结果与标准值比较，以了解各营养元素的丰缺状况；或在果树生长发育过程中，以营养元素不足时表现出的直观缺素症状，诊断树体营养状况，判断营养元素的盈亏（苹果主要缺素症见表8.2）。

表 8.2　苹果缺素症特征

元素	叶　片	枝　梢	果　实	其　它
氮	色淡，黄绿～黄色；老叶黄化脱落，嫩叶小而红；叶柄、叶脉变红	短而粗，僵硬而木质化，皮呈红褐色	果小，早熟早上色，色暗淡不鲜艳	
磷	小而薄，暗绿色，叶柄、叶脉变紫；叶片紫红色斑，叶缘月形坏死斑	新梢基部叶先表现缺磷症	色泽不鲜艳，含糖量降低	花芽形成不良，抗逆性弱
钾	色淡黄～青绿，边缘向内枯焦、皱缩卷曲，挂在树上不脱落	细弱，停长早，形成许多小花芽	果小、着色差，含糖量降低	老叶先表现
钙	叶小，有褪绿现象，嫩叶先表现，出现坏死斑，叶尖，叶缘向下卷曲	小枝枯死	不耐贮藏，生理病害如水心病、苦痘病多	根停长早，短而膨大，分生新根
镁	叶薄色淡，叶脉间失绿黄化,叶尖,叶基绿色，失绿由老叶向上延伸到嫩叶	枝细弱易弯，冬季可发生枯梢	果实不能正常成熟，果小色差无香味	
铜	出现坏死斑和褐色区域	反复枯梢，形成丛状枝		
铁	嫩叶先变黄白色，叶脉呈绿色的细网状，叶片上无斑点	生长受阻，树势衰弱	坐果少	花芽分化不良
锰	老叶先失绿黄化，由边缘开始，沿叶脉形成一条宽度不等的界限，严重时叶片全部变黄			缺锰叶片呈等腰三角形

（续）

元素	叶　片	枝 梢	果 实	其 它
锌	小叶片，新梢顶部轮生、簇生小而硬的叶片	中下部光秃	病枝花果少、小、畸形	
硼	叶变色，畸形	枯梢、簇叶、扫帚枝	缩果病，表面凹凸不平、干枯、开裂	受精不良，落花落果严重

4. 施肥方法

果园施肥方法通常分为土壤施肥、根外追肥和灌溉施肥。

(1) 土壤施肥

①土壤施基肥　中熟品种在秋季采收后施基肥，晚熟品种在采果前施基肥；以有机肥为主，混入少量速效氮肥和磷肥。幼树结合扩盘深翻宜采用“条沟”、“环状沟”施，结果果树宜采用“放射沟”或“条沟”施，深度50～60厘米。在清耕园或带状生草园的非生草地段，具体施肥方法如下：

环状（轮状）施肥：即在树冠投影边缘稍外（幼树）或内（成龄树）挖环状沟，宽30～50厘米即可，深达根系集中分布层，一般40厘米左右即可。将有机肥与表土混匀填入沟内，底土作埂或撒开风化。劳力紧张或肥料紧缺的园子，也可不挖完整的环状沟，而挖间隔的几段（月牙沟），这样不仅可起到施肥补肥作用，而且利于保护根系少受伤害。大树每次挖4～6个环状沟（月牙沟），小树可挖2～3个，每次力争使月牙沟总长度达半圆（即每次可使一半的根的营养状况得到改善）。雨季水大的地区，沟上要起15～20厘米高的垄，以免沟内积水。黏重、盐碱土可于沟内加施粗大有机物，以增加透气性，减轻盐害。环状沟施肥方法操作比较简单，挖沟方便，劳动效率高，施肥适于幼树和初结果树。由于树冠外围粗根少而且较深，环状沟施肥不易切断过粗的骨干根。不过每次施肥仅是在外围，树冠内膛的根系得不到更新，营养条件日趋恶化，自疏和死亡加快，引起内膛粗根光秃。比较好的施肥方法是放射沟施肥。

放射沟（辐射状）施肥：由树冠下向外开沟，里面一端起自树冠外缘投影下稍内（通常大树距离主干1米、幼树距离主干50～80厘米），外面一端延伸到树冠外缘投影以外，挖放射沟3～6条（图8.1）。沟的规格由肥料多少而定，一般为内深、宽20～30厘米，外深、宽30～40厘米。挖的过程中保护大根不受伤害，粗度1厘米以下的根可适当短截，以促发新根，使根系全方位得到更新。肥料与表土混匀填入沟中，底土作埂或撒开风化。雨水大的地区需在沟上起垄（15～20厘米高）防止沟内积水；黏重、盐碱土壤可以加施粗大有机物改良。施肥后覆土，第二年施肥时，沟的位置应错开。这种施肥方法伤根少，能促进根系吸收，有效地改善树盘内根系的营养条件，从而促进树冠内膛短枝的发育。适于成年树，但在密植园、大树冠下采用这一方法很不方便。

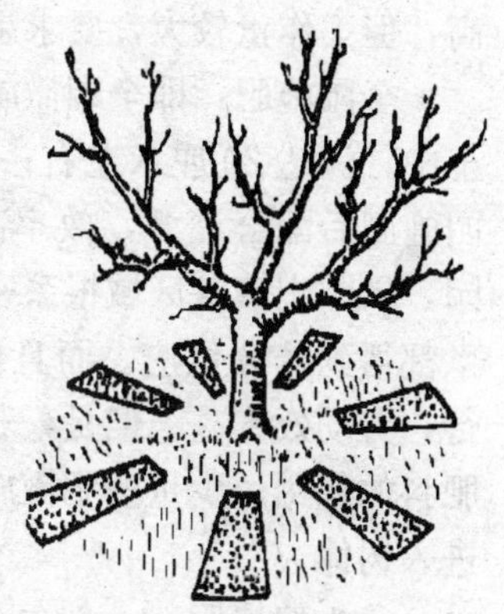

图8.1　放射沟施肥方法示意图

条沟施肥：在果树行间沿树冠外缘顺行向开沟（图8.2），

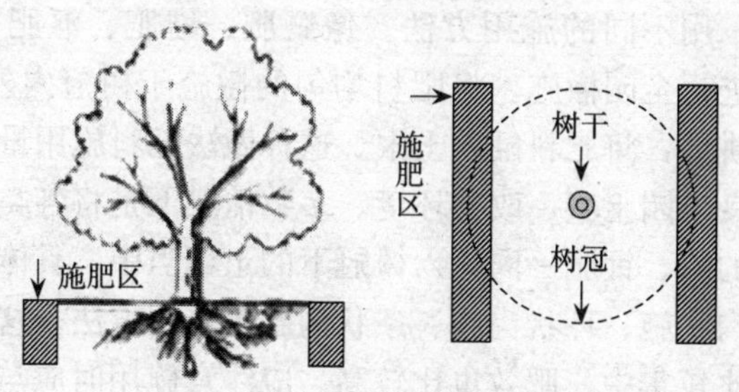

图8.2　条沟施肥方法示意图

随开沟随施肥并及时覆土，可以结合果园深翻进行，密植园可采用此法。这种方法改土效果较好，便于机械或畜力作业，效率高，但工作量较大，要求果园地面平坦。

全园施肥：即全园撒施，将肥料均匀地撒在地面，然后翻入土中，深达20厘米左右；生草条件下，把肥撒在草上即可。全园施肥后配合灌溉，效率高。全园施肥适用于成龄果园或密植园，果园土壤各区域根系密度均较大，撒施可以使果树各部分根系都得到养分供应。而且便于结合秋季深翻等用机械、畜力进行，劳动效率高。但是，若肥料较少，全园撒施则不能充分发挥肥料的作用。少量的肥撒施后其浓度低，化学势低，不利于肥分进入树体。

②土壤追肥　一般每年3次。第1次在土壤解冻后到萌芽前，即花前追肥（3～4月），以氮肥为主，磷肥为辅，选用磷酸二铵或三元素复合肥。677米^{2}施肥量：幼树约20千克，结果树40千克左右。第2次在花芽分化至幼果膨大期（5～6月），以磷、钾肥为主，兼施氮肥。667米^{2}施磷酸二铵30千克左右。第3次在果实生长后期（7～8月），以钾肥为主，可每666.7米^{2}施硫酸钾50～70千克，采用“穴施”或“浅放射沟施”，沟深、宽各20厘米左右，追肥后及时灌水。最后一次追肥距果实采收时间不少于30天。

③土壤施肥应注意的问题　土壤施肥应根据基肥的性质和土壤条件，采用不同的施用方法。像厩肥、堆肥、沤肥等有机肥料，可以进行全园撒施。将肥料均匀的撒施于树冠内外的行间，然后结合耕地，将肥料翻入土中。这种做法肥料施用量大，且比较利于改良果园土壤，改善环境。多数情况下是将各类有机肥和施作底肥的磷、钾肥一同埋入树冠下的土壤当中，具体施用的方法有放射沟状施、环状沟施、条状沟施等施用方法。这种施肥方法，肥效比较集中，肥效也比较高。应注意施用时应与上一年施肥的位置错开。氮、钾元素在土壤中的流动及扩散快，富含氮钾

的有机肥应分期施用，其基肥用量在砂质土壤应小于粘质土壤，施肥位置应较后者远离根系。磷素不易移动，磷肥应以全量或多量作为基肥施用。因磷肥施在土壤表面不易被根部吸收，应以条施方式施入适当位置。

山区干旱又无水浇条件的果园，因施用基肥后不能立即灌水，所以，基肥也可在雨季趁墒施用。但有机肥一定是充分腐熟的精肥，施肥速度要快，并注意不伤粗根。在有机肥源不足时，一方面可将秸秆杂草等作为补充与有机肥混合使用，另一方面，有限的有机肥还是要遵循保证局部、保证根系集中分布层的原则，采用集中穴施，以充分发挥有机肥的肥效。集中穴施，就是从树冠边缘向里挖深50厘米，直径30～40厘米左右的穴，数目以肥量而定，然后将有机肥与土以1∶3或再加一些秸秆混匀，填入穴中再浇水。另外，磷钾肥甚至锌肥、铁肥等最好与有机肥混合施用，以提高其利用率。

（2）根外追肥　包括枝干涂抹或喷施、枝干注射、果实浸泡和叶面喷施。枝干涂抹或喷施，适于给苹果树补充铁、锌等微量元素。枝干涂抹可与冬季树干涂白结合一起做，方法是白灰浆中加入硫酸亚铁或硫酸锌，浓度可以比叶面喷施高些。枝干注射可用高压喷药机加上改装的注射器，先向树干上打钻孔，再由注射器向树干中强力注射。注射硫酸亚铁（1%～4%）和螯合铁（0.05%～0.10%）用于防治缺铁症，同时加入硼酸、硫酸锌，对防治“小叶病”和“缩果病”也有效果。土壤施肥效果不好时，可用树干注射。

叶面喷肥是生产上最常用的根外追肥。苹果树通常全年喷4～5次，一般生长前半期2次，以施氮为主，尿素浓度宜为0.3%～0.4%；生长后半期2～3次，以施磷、钾为主，磷酸二氢钾浓度宜为0.3%～0.5%，尿素可为0.5%～0.7%。最后一次距果实采收时间不少于20天。苹果叶面喷肥时期、种类、浓度及作用参见表8.3。

表 8.3　苹果叶面喷肥时期、种类、浓度及作用

喷布时期	肥液种类及浓度	作　　用
萌芽前	1%～2%尿素 1%～2%硫酸锌	促进萌芽与坐果 防治小叶病
花期	0.3%硼砂	防缩果病，提高坐果率
落花后至果实套袋前	0.2%氨基酸复合肥，或 5%～15%腐熟人尿 0.1%～0.3%硫酸亚铁、柠檬酸铁，或黄腐酸二铵铁 0.3%氯化钙，高效钙 0.3%硼砂	增加坐果，提高品质 防失绿症 防缺钙症及果实苦痘病 防缩果病
采前约1个月	0.3%～0.5%磷酸二氢钾或 3%～6%草木灰（浸出液） 0.3%氯化钙、高效钙	促进着色和叶片健壮 防止缺钙及果实苦痘病
采后至落叶	3%～6%硫酸锌 0.8%～1.0%尿素	防治小叶病 促进叶片健壮，防止早衰

（3）*灌溉施肥*　灌溉施肥是将肥料通过灌溉系统（喷灌、微量灌溉、滴灌）进行果园施肥的一种方法。灌溉施肥中的肥料要素已呈溶解状态，能更快地为根系所吸收利用；灌溉时期灵活，可完全根据果树的需要而安排；养分在土壤中分布均匀，既不会伤根，又不会影响耕作层土壤结构；能节省施肥的费用和劳力。

灌溉施肥技术实际就是果园水肥一体化技术，该技术首先根据作物需水生理和土壤条件（土壤容重、田间持水量、土体厚度等）设计供水系统，制定灌溉制度（灌水定额、每次灌水时间、灌水周期、灌水次数及灌溉定额）。然后根据作物营养生理、目标产量和土壤条件（土壤养分、土壤质地、结构等），确定施肥制度（施肥时间、次数、数量、配方比例），合理实施水肥耦合。最后制定水肥耦合操作程序：

先将果树专用冲施肥溶解于配肥容器中。加肥前，灌溉系统

先运行15～30分钟，待果园中灌溉区所有喷头正常喷水后，再启动注肥泵向输水管中加肥。注意调节注肥泵压力大于抽水机出水压力，控制加肥速率，使灌入果园的肥料浓度少于千分之一。加肥结束后，灌溉系统要继续运行30分钟至1小时以上，以洗刷管道，保证肥料全部施于果园土壤，并下渗到要求深度。

灌溉施肥须注意以下问题：①喷头或滴灌头易堵塞，必须施用可溶性肥料。②两种以上的肥料混合施用，必须防止相互间的化学作用，以免生成不溶性的化合物，如硝酸镁与磷、氨肥混用会生成不溶性的磷酸铵镁。③灌溉施肥用水的酸碱度以中性为宜，碱性强的水能与磷反应生成不溶性的磷酸钙，会降低多种金属元素的有效性，严重影响施用效果。

五、合理灌溉

俗语云："多收少收在于肥，有收无收在于水"，可见水分在农业生产中的重要地位。通常认为土壤含水量在田间持水量的60%～80%范围内最适合于大多数果树根系的生长发育，越接近上限，发生强旺生长根的比例越大，反之，发生细弱吸收根的比例大。但实践证明，如果土壤含水量长期稳定在这一水平范围，虽然根系发达，植株生长强旺，但花芽分化较少，产量低下。因此，近年来人们提出了"旱生栽培"的理念，即将果园土壤含水量降低，控制在田间持水量的40%～50%，或者通过交替灌溉技术，使得总有部分根系处在轻微干旱胁迫状态，抑制植株营养生长，促进生殖发育。

1. 合理灌溉的依据

果树灌溉既要考虑果树本身的需水规律，也要考虑果树对水分的生态需求和果园水分流失。通常土壤中的水分主要通过土壤蒸发、渗漏、径流损失和植物蒸腾散失，而只有通过植物蒸腾的水才会对植物生长产生有利作用。我国北方春季干旱，土壤的蒸发量远大于蒸腾量，而夏季降雨散失后，仍能满足树体需要，且有多余。所以，土壤水分的管理应是春季以保水为主，积极灌溉抗旱，夏季则需排水防涝。

果树灌水应在果树受到缺水影响以前就进行，而不要等到果树已从形态上显露出缺水症状时，如果在果实出现皱缩、叶片发生卷曲等才进行灌溉，将对果树的生长和结果造成不可弥补的损失。灌水要依据果树需水及其对环境的反应规律，在敏感期和关键期灌水；而为了节约有限的水资源，在果树需水的非关键期就要控水。对多年生苹果，关键的需水期一般在春季萌芽和开花前以及越冬前，夏季干旱期长的地区，果实膨大期也是需水关键期。根系主要分布区的土壤可利用水，在苹果盛花期后第40～50天可允许降至25%，而在果实膨大期至新梢停长期间，最多可降低至45%。

2. 灌溉时期

多年生果树关键需水期一般在春季萌芽开花前、果实膨大期以及越冬前。据多年研究结果，从产量和品质两方面考虑，桃树的花期及果实最后迅速生长期、柑橘幼果期及壮果后期至成熟、苹果果实细胞分裂期和果实迅速生长期，是需水关键期，不能缺水。控水应选在果树需水的非关键期，例如，桃树控水在果实细胞分裂期、果核硬化期和采果之后进行。在需水的非关键期进行控水，对于栽植密度高的果园还具有矮化作用，对于维持树冠体积也有较好效果。

确定果树具体灌水时间还要考虑果树各个物候期的需水要求及当时的土壤含水量。一般而言，一年中，在果树生长期的前半期，应充分供水，以利生长发育和结果；在后半期，要适当控制水分，以使果树停止生长，适时进入休眠期，做好越冬准备。

根据各地的气候特点和果树各个物候期的需水特征，一般要保证以下四个时期的灌水：

①花前水，又称催芽水。在果树发芽前后到开花前期，若土壤中有充足的水分，将会促进新梢的生长，加大叶片面积，增强光合作用，使开花和坐果正常，为丰产打下基础。因此，春旱地区，花前灌水将能有效促进果树萌芽、开花、新梢叶片生长，以及提高坐果率。一般可在萌芽前后进行灌水，但以提前尽早灌水效果更好。

②花后水，又称催梢水。果树新梢生长和幼果膨大期是果树的需水临界期，此时期果树的生理机能最旺盛。若土壤水分不足，果树叶片因强烈蒸腾而吸收幼果水分，甚至吸收根部水分，致使幼果皱缩和脱落，并影响根系吸收作用，使果树生长减缓，产量显著下降。因此，这一时期若遇干旱，应及时进行灌溉，以保证新梢迅速生长，提高坐果率，并促使幼果膨大。花后水是保证果树高产的关键水，一般可在落花后 15 天至生理落果前进行灌水。

③花芽分化水，又称成花保果水。就多数落叶果树而言，花芽分化时正值果实迅速膨大期及花芽大量分化期，应及时灌水。这样既可以满足果实膨大对水分的要求，保证提高当年产量，又能促进花芽健壮分化，形成大量有效花芽，为来年丰产创造条件。

④休眠期灌水，即冬灌或称封冻水。一般在土壤结冻前进行冬灌，可起到防旱御寒作用，保证果树安全越冬，且有利于花芽发育，并在土壤中储足水分，促使肥料分解，有利于果树次年春天生长。我国北方地区，冬春比较干旱，更有必要进行冬灌。

3. 灌水量

果园的灌水量依果树的种类、品种和砧木特性、树龄大小以及土质、气候条件而有所不同。耐旱树种，如枣树、板栗等及砧木是水分要求较低的树种，灌水定额可以小一些；耐旱性较差的树种，如葡萄、苹果、梨等，灌水定额应大一些。幼树少灌水，结果果树可多灌水。沙地果园、保水能力弱的土壤，宜采用小水勤灌，以免水分和养分流失；盐碱地果园灌水应注意地下水位上升，防止返盐、返碱。一般成龄果树一次最适宜的灌水量，应以水分完全湿润果树根系范围内的土层为原则。在采用节水灌溉方法的条件下，要达到的灌溉深度一般为 0.40～0.50 米；水源充足时可达 0.80～1.00 米。喷灌、滴灌、渗灌、穴灌因径流少，省水；而地面灌溉费水，灌溉量要大一些。

果树在各个物候期内的灌水次数主要取决于各个时期的降水量和土壤的水分状况。一般年份，上述各个灌水时期通常需灌水一次，即可满足果树该时期的需水要求。但在其他时期，若果园土壤含水量降低到田间持水量的 50%时，必须及时进行灌水。在干旱地区，水资源不足时，应保证果树的需水临界期灌溉，一般果树的需水临界期为果实膨大期，此时灌水的水分生产效率最高。生产上也可根据经验简单判断土壤含水量，如表 8.4 和表 8.5 所示。

表 8.4　土壤各级墒情大致含水量（%）

土壤类型	干墒	灰墒	黄墒	褐墒	黑墒
砂土、砂壤土	3	8	12	16	20
轻壤土、中壤土	4～6	8～10	12～14	16～18	20～22
重黏土、黏土	6～8	10～12	14～16	18～20	22～24
感觉	手捏土，感觉干燥，无凉意	手捏土，稍感湿意	手捏土，明显感到湿意	手捏土可成团，手上有水湿痕迹	手握土时可挤出水迹

注：资料来自陕西果树所《苹果基地技术手册》

表 8.5 几种土壤的容重及田间持水量

土壤质地	容 重	田间持水量	
	(克/厘米^3)	重量(%)	容积(%)
砂土	1.45～1.60	16～22	26～32
砂壤土	1.36～1.54	22～30	32～42
轻壤土	1.40～1.52	22～28	30～36
中壤土	1.40～1.55	22～28	30～35
重壤土	1.38～1.54	22～28	32～42
轻黏土	1.35～1.44	28～32	40～45
中黏土	1.30～1.45	25～35	35～45
重黏土	1.32～1.40	30～35	40～50

来源同表 8.4。其中:田间持水量容积%=田间持水量重量%×土壤容重

目前确定灌水量的方法有以下几种:

①灌水量的计算 根据不同土壤的持水量、灌溉前土壤湿度、土壤容重、要求土壤浸湿的深度等,计算出一定面积的灌水量。公式如下:

灌水量=灌溉面积×土壤浸湿深度×土壤容重×(田间持水量-灌溉前土壤湿度)

此公式计算出的数值,只是理论数值,具体到某一地块,还应当根据当地气候条件(风、日照、湿度等)以及作物种类、品种、树龄、栽植密度、间作等加以调整,使之更符合作物生长发育的需要。例如,果园漫灌一次大水,每 667 米^2 约需 60 吨水,其中蒸发、渗漏损失近 2/3,有效期约 15～25 天。

②根据作物需水量确定灌水量 可以按照下列公式计算:

单位面积需水量=(经济产量×干物质%+非经济量×干物质%)×蒸腾系数

其中,蒸腾系数又叫作物需水量,是形成 1 克干物质需要蒸腾的水克数,苹果一般为 200～500 克。例如,某苹果园每 667

米² 产 2000 千克，果实含水 85%，枝叶根生长量1 500千克，含水量 50%，蒸腾系数 400，则每 667 米² 全年需水量为：(2 000×15%+1 500×50%) ×400÷1 000=420（吨）。

实际灌水量可根据作物需水量和当地降水量来确定。自然降水中大约只有 1/3 被果树利用，自然情况下，即使降水量比较大的地区，由于降水时间和分布不均，也应酌情补水。干旱地区更需要灌溉，例如，我国西北地区，一年需分 4～5 次灌水，每次 35～40 吨/667 米²。

4. 果园节水灌溉

节水灌溉是在不影响果品产量和质量的前提下尽量减少灌水量和灌溉次数。果园节水灌溉策略主要有隔行交替灌溉和调控亏水度灌溉，隔行交替灌溉见第五章，这里重点介绍调控亏水度灌溉。

调控亏水度灌溉（简称调亏灌溉，英文简称 RDI）是 20 世纪 70 年代中后期出现的一种节水灌溉技术，它是依据大多数果树营养生长（枝条生长）速度与生殖（果实生长和花芽分化）速度存在的差异，利用作物自身的调节和补偿功能，在作物生长发育的某些阶段主动的施加一定的水分胁迫，人为地让作物经受适度的缺水锻炼，改变光合产物的分配方向，在不影响产量的同时限制营养器官生长及有机合成物的总量，从而达到节水的目的。此外，因营养生长的减少还可提高种植密度，提高总产量，减少剪枝工作量，还能改善品质。

调亏灌溉使得果树大量生长冗余减小，株型紧凑，通风透气条件改善，落花落果现象缓解，根系分布较深，根冠比增大，根系吸收水分和养分的能力增强；而且调亏结束后复水，果树总生物量和产量的提高，新叶的数目明显增多，光合面积增大，光合产物出现补偿和超补偿现象，使得“源”对“库”的供应相对充足，明显地促进了果实的形成和生长；RDI 使养分的分配模式发生变化，同化物不仅由营养器官向生殖器官的分配增加，而且使更多的养分向果实运转和分配。

调亏灌溉因树种而异，桃树 RDI 比较成熟。桃树 RDI 时段一般选在开花后 4～6 周到收获前 4～6 周这一段时间。在这段时间内，其枝条生长很快，而果实生长相对较缓慢。此时，如果进行充分灌溉，则由于枝条的迅速生长使得树冠过分茂盛出现树冠郁闭，在夏季必须进行大量的枝条修剪；同时，枝条的过分生长会与果实竞争营养而致使减产；此外，此时枝条的过分生长也与花芽分化竞争营养，而减少第 2 年的花量。如果在此时进行 RDI，则可减少枝条的生长，而基本不影响果实的生长，达到节水和减少夏剪工作量的目的。在果实收获前 4～6 周时，枝条生长已基本停止，而果实正处于迅速膨大期，此时应恢复充分灌溉，使果实能吸收足够的水分和养分，迅速膨大。试验表明，经过调亏灌溉处理的桃果实普遍比未调亏灌溉处理的大，这不仅提高了果树产量也提高了水果品质，经济效益大大增加。

苹果树枝条生长与桃树的基本一致，但果实生长曲线有一定差别；苹果果实没有发育中期的缓慢生长阶段，调亏灌溉掌握不好会影响产量。但在干旱缺水、不能进行充分灌溉的地方，也可以应用调亏灌溉技术。曾有人建议，在苹果盛花期后的 40～50 天，可把根系集中分布区土壤可利用水控制在 25%左右；而在果实开始膨大至新梢停长期间，根系集中分布区土壤水分最多可降低至土壤可利用水分的 45%左右。

第九章　生态果园果树整形修剪

整形是根据果树生长结果习性、立地条件、栽培制度、管理技术以及栽培目的等，通过修剪培育一个有效光合面积较大、产量负担较高、便于管理并能够持续优质生产的合理树体结构的过程。修剪是根据果树生物学特性或特殊需要，通过对枝干和花果的人工处理（如短截、疏枝、摘心、回缩或应用化学处理等），以改善光照条件、调节营养分配、促进枝类转化、调控生长结果及构建合理树形的技术和措施。整形是通过修剪完成的，修剪是在一定树形或树形规划的基础上进行的。生态果园果树整形修剪要从果园生态合理性考虑，兼顾果园间作、果园养殖、综合管理以及多种经营等的布局要求。

一、整形修剪的目的和依据

1. 整形修剪的作用和目的

整形修剪可以调节果树生长和结果的平衡。例如，以营养生长为主的幼龄果树，往往枝量多，树形紊乱，生长过旺，不易成花结果，而通过拉枝、扭梢和摘心等修剪处理，则可减缓树体营养生长，促其形成花芽，使营养生长转向生殖生长（开花结果）。通过整形修剪可改变树体内部营养物质的生产、运输、分配和利用，进而对果树生长与结果产生影响；整形修剪还可以调节叶果比和花芽与叶芽的比例以及果实负载量等。

光合作用是果树积累有机物质的基础，整形修剪能够改善果园通风透光，增强叶片光合能力，提高果实品质，减少果树病害。例如，将喜光的桃树整成开心树形、杯状形或盘状形，以及通过改变枝条延伸方向和调整枝条密度等，可改善整个树体或局部的光照条件，使每一个枝条都能见光，从而延长光照时间，增强光合作用，增加树体营养积累。光照条件改善后，果实的着色程度和含糖量也相应提高。

整形修剪可以促进果树按照设计方向生长扩大，摆开架式，迅速形成合理的骨架。通过开张骨干枝的角度以及合理布局结果枝组等，能够达到改善内堂光照、培育健壮枝组的目的。果树枝条生长势有强有弱，通过修剪调节，可以合理分配养分，抑强扶弱、均衡树势，达到树壮果丰的目的。

果树在不同生长期阶段，对树冠的要求有很大差异。在幼树期，需要树冠快速扩大，力争用最少的年限占满它应占的株行距空间，尽早进入丰产时期；在成年期，当树冠超高超宽时必须对树冠加以控制，以防止郁闭并保持有效结果体积。整形修剪可以对树冠自如扩控，从而满足上述要求。

2. 整形修剪的依据

在整形修剪实践中，要达到预期日的，必须考虑果树树种和品种的生物学特性、树龄和树势、修剪反应的敏感程度、栽植密度和方式、生态条件和管理水平、栽培目的等因素。

（1）果树生物学特性　果树生物学特性主要体现于果树枝芽特性和结果习性。枝芽特性包括芽的异质性、芽的熟性、芽的潜伏力、萌芽力、成枝力、枝条的极性和分枝角度、树体的干性和层性等；结果习性主要指花芽着生位置、结果枝类型、枝条连续结果能力和结果母枝状况等。

苹果和梨虽然同为仁果类树种，但其生物学特性有明显差异。梨树顶端优势强于苹果，在同一株树上，通常表现为树体上强下弱、树冠外强内弱、枝条前强后弱；其次梨树中心干粗大，干性强；第三梨树层性更明显；第四梨树枝条开张角度小；第五是梨树生长期长。在幼龄期，梨树枝条直立性强于苹果，进入盛果期后，骨干枝的角度又变得比苹果树的更为开张。梨树萌芽力比苹果高，其一年生枝条上面的芽，第二年除极少数瘪芽外几乎都萌发；但梨树成枝力弱于苹果，即枝条上的一年生芽在第二年能萌发并长成15厘米以上新枝的能力弱。不过，与苹果相比梨树成花比较容易，结果早，结果部位（果台）易发生1～2个果台副梢，果台副梢一般当年就可以形成花芽，连续结果能力强，稳产性能好。梨树隐芽寿命长于苹果，因此，缩剪和更新修剪，就比苹果更为方便。

由于苹果和梨上述差异，对幼龄梨树主枝的剪截要轻于苹果，亦即要比苹果更强调轻剪多留；要使梨树主枝顶端的高度与中心领导枝的高度相近，以防出现上强下弱现象；为防止梨树进入盛果期后主枝弯曲下垂，第一层主枝的开张角度可以相对较小，一般保持在40°左右，而不必像苹果树那样，一开始就要整成80°以上的基角；梨树的萌芽力高，成花容易，进入结果期后要注意控制花量。梨树稳芽寿命比苹果树长，可以利用其基部多年生隐芽，更新骨干枝和树冠，而苹果树4年生以上枝段进行缩剪时，就较难进行更新复壮，有时还可能导致被缩剪的枝条快速衰老或干枯死亡。

核果类果树（桃、杏、李、樱桃）的生物学特性明显不同于苹果和梨。比如，大樱桃幼龄期生长势很强，萌芽力和成枝力均高。短截后只在剪口下抽生3～5个枝条，其余的萌芽皆变为短缩枝；但顶部强枝往往生长过旺，容易造成下部光照不足，因此，对于幼龄树的整形修剪，应适当轻剪，以夏季修剪为主，促控结合，抑前促后，从而迅速扩冠、缓和极性、促发短枝和提早结果。核果类果树的芽子具有早熟性，在生长季进行多次摘心可促发二次枝、三次枝，比如，大樱桃在夏季摘心后，顶部可发生1～2个中、长枝，下部芽可萌发形成短缩枝。在整形修剪上，可利用芽的早熟性对旺树旺枝进行多次摘心，以迅速扩大树冠，加快整形过程；同时通过夏季重摘心控制树冠，促进花芽形成和培养结果枝组。

核果类果树顶芽是叶芽，侧芽为花芽，比如，大樱桃结果枝顶芽是叶芽，侧芽是纯花芽；花芽开花结果后形成盲节，盲节处不再发芽。在修剪结果枝类时，剪口芽不要留在花芽上，而应剪留在花芽段以上2～3叶芽上；否则，剪截后留下的部分结果以后就要死亡，变成干桩，减少结果枝数量，影响产量，而且这种枝段上的叶片少，其上所结果实个头小、品质差。核果类果树喜光、极性生长比较强，若对外围枝短截过多，会造成外围枝量大、枝条密挤，树势上强下弱，内部小枝和结果枝组衰弱、枯死，内膛空虚。因此，修剪成龄树时，要注意减少外围枝量，抑强扶弱，改善冠内光照条件，提高冠内枝的质量，延长结果枝组的寿命。

（2）树龄和树势　处于幼龄至初果期的苹果和梨等果树，一般长势旺盛，枝条直立，角度不易开张，长枝较多，中、短枝较少，花果数量较少；进入盛果期以后，树体长势逐渐稳定并转为中庸或者偏弱，总枝量显著增加，中、短枝比例增大，枝条开张，花果数量增多。因此，对幼树和初果的树，要适当轻剪，增加枝量和枝的级次，扩大树冠，促进提早结果和早期丰产；对进入盛果期的大树，则要控制和调节花果数量，适当加大修剪程度，搞好更新复壮，防止树体衰老。对于长势过旺的树，不论是处于何种年龄阶段，修剪量都应从轻；对于长势过弱的树，要在增强树势和增加枝量后，再适当修剪。

（3）栽植密度和栽植方式　栽植密度大的果树，一般采用枝条级次低、小骨架和小树冠的树形。为促进其提早结果和早期丰产，要特别强调开张角度，控制营养生长，促进花芽形成和抑制树冠扩大等。对栽植密度较小的果树，要适当增加枝条级次和枝条总量，以便迅速扩大树冠，充分利用空间，促进成花结果。在计划性密植果园，对永久性植株和临时性植株，要采取不同的整形修剪策略。对永久性植株的修剪可采取常规措施；对临时性植株则要采取促花、压冠和控长的措施，促其早结果、多结果。当临时性植株影响永久性植株树冠扩展时，要进行移栽、间伐或皆伐。

(4) 修剪反应的敏感程度　果树和枝条对修剪反应的敏感程度因树种、品种、枝条部位、枝条类型的不同而有很大差异。例如，短枝型和长短枝型苹果花枝，对其进行同等程度的花上缩剪时，其修剪反应各不相同。短枝型苹果品种缩剪后，其反应往往是长势稳定，坐果率高；而对长枝型苹果品种缩剪以后，特别是在幼龄果枝上进行缩剪时，其反应往往是促进新梢旺长，降低坐果率。再如，对生长旺盛且直立生长的苹果一年生枝，在芽体萌发之前（即4月初）拉平后，金冠萌发短枝的能力最强，红富士次之，秦冠苹果树较弱，萌发中枝的能力则反之。确定修剪反应主要依据剪口或锯口下枝条的生长、成花和结果情况，以及全树的总体表现。对于苹果结果初期的树，修剪反应可根据3年生枝段上的分枝情况和其上1年生枝的生长长度判断。

修剪后，如果3年生枝段上的1年生枝长度与延长枝相近或超过延长枝，并且抽生几个中、长枝时，说明修剪反应比较强，要采用轻剪手段；如果3年生枝段上，仅生有一串弱叶丛枝，而且这些叶丛枝只生长几片小叶，说明修剪反应比较弱，可以适当加重修剪；而如果3年生枝段上多数为中、短枝条，1年生枝的长度显著短于延长枝，并且抽生出部分叶丛枝时，说明修剪反应比较温和，前数年的修剪量比较适宜，当年可以继续沿用。

(5) 立地条件和管理水平　立地条件和栽培管理水平不同，果树生长发育和结果状况不一样，对修剪的反应也不一样。土质瘠薄和干旱果园，往往树势较弱、树体矮小，果树成花快、结果早。在这种果园除适度密植外，要采用低干矮冠树形，骨干枝要短留，要多短截少疏枝，注意复壮修剪。土层深厚、土质肥沃、肥水充足的果园，往往树势强盛、枝量较大，果树成花较难、结果较晚。在这种果园，除适当稀植外，应注意采用大、中冠树形，适当提高树干，加大层间距，多留枝条，轻度修剪，重视夏季修剪。在气温较低的地方栽植葡萄，为便于冬季埋土防寒，整形修剪方式要适应下架埋土需要，主蔓要低，适当多留芽眼；反之，不需要下架埋土的葡萄园，修剪可相对较重，芽眼留量可适当减少。

二、果树主要树形及其结构

果树的树形多种多样，生产上常用的主要有以下几种类型：

1. 有中心干形

有一个明显的中心干，根据结构特点又分为疏散分层形、纺锤形、圆柱形、主干形等。

（1）疏散分层形　又称主干分层形，一般有5～7个主枝，在中心干上分2～3层排列，第一层3个，第二层2～3个，第三层1～2个。每层间距60～100厘米，同一层3个主枝之间的角度为120°。这此种形符合有中心干的果树的生长特性，主枝数适当，造形容易，结构牢固，多用于大、中冠果树，如苹果和梨等仁果类。

（2）纺锤形　分为自由纺锤形（图9.1）、细长纺锤形和高纺锤形。自由纺锤形一般树高2.5～3.0米，冠径3.0米左右；细长纺锤形和高

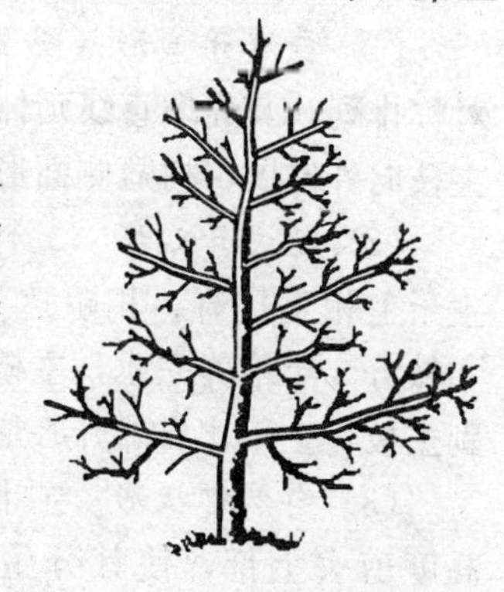

图9.1　自由纺锤形

纺锤形的冠径进一步缩小、树高进一步增大，适合高密度栽培。纺锤形树体具有强壮的中央领导干，中心干上培养数个近水平的主枝，主枝不分层，上短下长。主枝细长，一般没有侧枝。这种树形多应用于矮化或半矮化栽培，主要适用于分枝多、树冠开张、生长不旺的果树，如梨、李、矮化及半矮化砧苹果等。

(3) 圆柱形　由纺锤形发展而来，因树形近圆柱状而称为圆柱形。树高近 2.5 米，冠径约 1.5 米，中心干不分生大主枝，而是配置 10～12 个小主枝，直接作为结果枝组。枝组短，上下差别不大，结果 2～3 年后从基部更新。

(4) 主干形　由自然树形适当修剪而成，有中心干，主枝不分层或分层不明显，树形较高，一般高达 4～6 米，甚至更高，枣、银杏、核桃、橄榄等粗放栽培的果树常用这种树形。

2. 开心形

无中心干，2～4 个主枝向外延伸呈开心状，主枝两侧培养较壮侧枝。开心形光照条件好，适用于干性弱、喜光的树种，核果类果树多用此类树型，苹果、梨也偶尔采用。常用的开心形树型有：

(1) 自然开心形（图 9.2）　3 个主枝在主干上错落着生，对称排列，其先端直线延伸，在主枝侧外方分生副主枝。基部副主枝向外伸展，树冠侧面形成两层，树冠中心保持空虚。

(2) 延迟开心形　3 个主枝在主干上相互拉开，相距达 1 米，3 主枝分 3 年培养完成，主枝上培养副主枝，主干比自然开心形高。

(3) 自然杯状形　主干留一定高度剪去上部，使其分生 3 个主枝，向四周斜生，均衡发展，而后

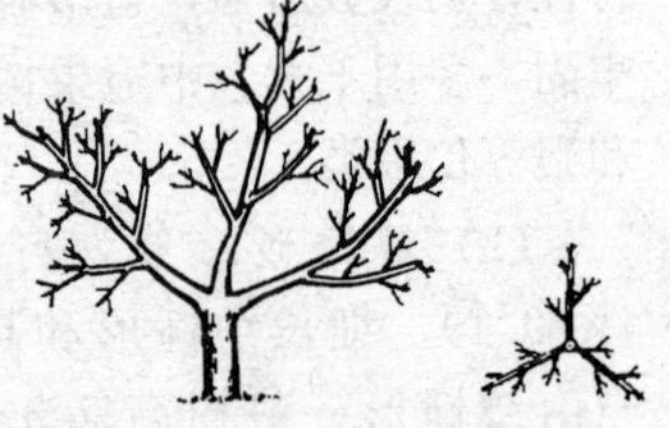

图 9.2　三主枝自然开心形

再使3个主枝各分生2个势力相等的大枝，以后逐年二叉分生，直至左右邻近的树枝相接近为止，而树冠中心始终保持空虚，成为杯状。

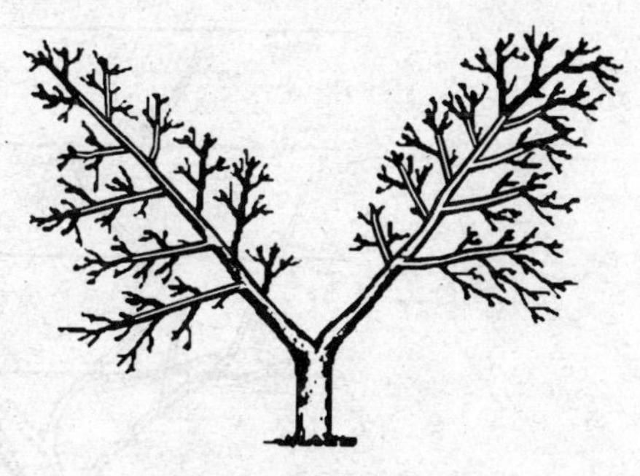

图 9.3　两主枝形

(4) Y字形　也称两主枝开心形（图9.3）。每株仅两个主枝，成Y形，与地面成60°夹角，主枝上直接着生结果枝组。常用于桃、梨密植园，在苹果上也偶有用到。

3. 篱壁形

篱壁形的特点是株间树冠相接、果树群体成树篱状，有些篱壁形果树可以自然直立，有些需篱架支撑。篱壁形树形适宜密植，光照较好，有利于丰产优质和机械化操作，主要用于蔓性果树，如葡萄、猕猴桃等，对于高度矮化密植栽培的木本果树也可采用篱壁形整形。常用的篱壁形树型有：

(1) 单篱架形　篱架的高度因品种、树势、树形、气候、土壤条件及肥培管理水平而定，通常为1.8～2.2米，架上拉2～4道铁丝。作龙干式整形，用短梢或超短梢修剪。利用单篱架栽培，通风透光条件良好，有利于提高果实品质及机械耕作。

(2) 棕榈叶形　具有较强的中央领导干，6～8个主枝在主干上沿着行向平面分布；主枝分3～6层在主干上呈规则或不规则分布，每层两个主枝顺行向对生，层内距较小或没有，主枝斜生或水平。需要立支架并绑缚，多用于仁果类或核果类果树。

(3) 自然扇形　主枝斜生，在行向分布成不完全平面（图9.4）。干高20～30厘米，主枝3～4层，每层两个，与行向保持

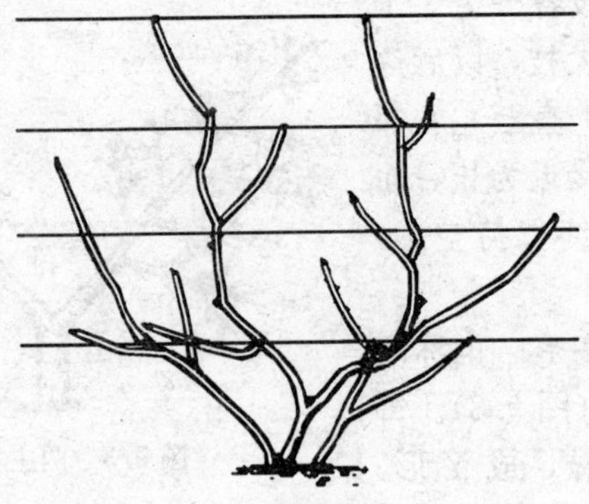

图 9.4　自由扇形

15°夹角，第二层主枝与行向保持和第一层相反的 15°夹角，与上下相邻两层主枝左右错开，主枝上留背后或背斜枝组。葡萄等藤本植物的篱壁式扇形，一般选留 4 主枝，均匀分布于篱架上。

4. 棚架形

主要用于蔓性果树，如葡萄、猕猴桃等，但也用于梨、苹果、柿等干性果树。常用的棚架形树型有：

(1) 棚架形　是蔓性果树，如葡萄、猕猴桃等常用的架形，在梨、甜柿等木本果树生产栽培上，也有应用。大棚架架宽 6 米以上，小棚架在架宽 6 米以下。在平地上、无需埋土越冬的地区常用水平大棚架；在山地和需要埋土越冬的地区常用倾斜小棚架。

(2) 篱棚形　为篱架和棚架的混合形。常用于庭园绿化果树。开始为篱架形，以后果树向上生长在顶部形成棚架形。

5. 匍匐形

在我国东北和西北，如新疆、黑龙江、辽宁等省区栽培苹果、桃、梨及葡萄等果树时，为了抗御冻害、安全越冬而采取了匍匐栽培的树形，这种树形有利于越冬前树体的埋土防寒作业。在寒地可减少腐烂病为害，增强树势；并可控制树势，使果树早结果早丰产，提高果实品质，增加经济效益。其缺点是栽培费工，且抑制生长，一般产量不及立式树形。

6. 丛状形

丛状形无主干或主干很短，着地分生多个主枝，形成中心密闭的圆头丛状形树冠（图 9.5）。适用于灌木果树，如石榴、无花果、金柑等。核果类果树，如樱桃、肥城桃、深州蜜桃等也有应用。丛状形整形容易、修剪轻，结果早、早期产量多，但枝条多影响通风透光和品质，后期产量的提高常受影响。

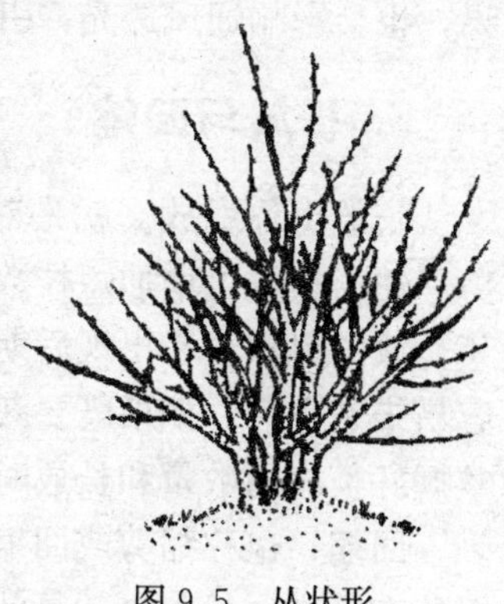

图 9.5　丛状形

三、整形修剪的主要手法和作用

果树冬季修剪主要用疏枝、短截、回缩、长放、破顶、折枝、留桩、开角等，生长季修剪常用抹芽、摘心、剪梢、揉（捻）枝、抽枝、目伤、环剥、环割、环刻、倒贴皮、大扒皮、疏花、疏果（包括果粒和果穗）、疏叶等。

1. 疏枝

就是将枝条从基部疏除。疏除枝梢，能够减少枝叶量，改善光照条件，利于空气流通，提高光合效能，还有利于花芽形成和提高果实品质。疏除营养枝可削弱整体和母枝的生长量；疏除果枝可增强整体和母枝的生长量。但疏枝过多，枝条过于稀疏，总枝叶量不足，叶面积太少，营养积累不足。

2. 短截

就是剪去枝条的一部分。短截可增加新梢枝叶量，促进营养生长；但短截过多，营养生长过旺，不利于枝条成熟和成花结果，也会影响通风透光，引起内堂郁闭，使果树病害加重。

3. 长放与回缩

长放也称甩放。就是对部分枝条任其连年生长而不进行修剪。幼树长放可增加短枝数量和加快成形，提高早期产量。但连年长放的树，容易出现后期内膛光秃和大小年结果现象，树体也容易未老先衰。如果既要获得早期丰产，又要保持健壮树势，除掌握好长放的数量和长放时间外，还应及时进行回缩。

回缩，也称缩剪或回缩修剪。缩剪一般剪在多年生枝部位。缩剪有促进生长和更新复壮的明显效果，因此，缩剪多用于骨干枝和结果枝组的更新复壮，这可保持长势旺盛，抑制树冠衰老。

4. 抹芽与摘心

抹芽也叫掰芽，就是在果树发芽后至开花前，去掉那些多余的芽。此时芽子很嫩很脆，用手轻轻一抹，即可除去，故称抹芽或掰芽。抹芽能够集中树体营养，使留下来的芽子得到充足的营养，更好地生长发育。

摘心即摘去新梢顶端幼嫩部分的 3～5 节（图 9.6），以促发 2 次或 3 次枝。除骨干延长枝外，其他新梢都可在长到 20 厘米左右时摘心。摘心能够增加枝量，扩大树冠，还能够

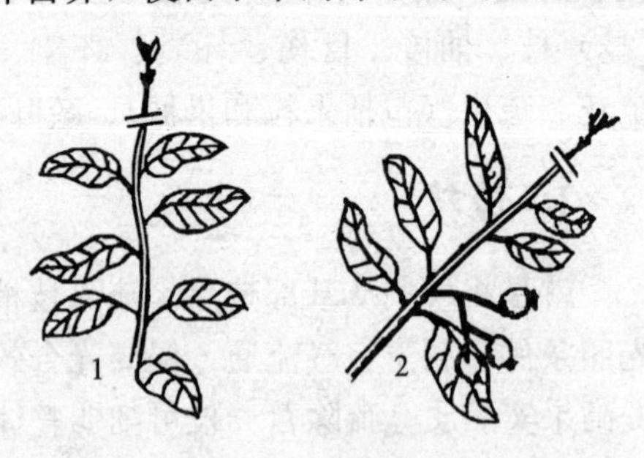

图 9.6　新梢摘心
1. 苹果新梢摘心　2. 苹果果台副梢摘心

控制营养生长。

5. 扭梢和拧枝

扭梢即在新梢尚未木质化时，将背上的直立新梢、各级延长枝的竞争枝，以及向里生长的临时枝，在基部 5 厘米左右处，轻轻扭转 180°，使木质部和韧皮部都受到轻微损伤，但以不折断为度（图 9.7）。扭捎后的枝条，长势大为缓和，还可能形成花芽。

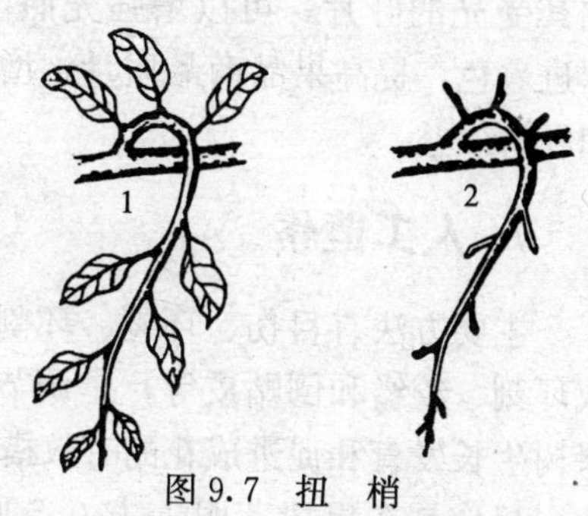

图 9.7　扭　梢
1. 生长季扭梢　2. 落叶后形成短枝

拧枝也叫拿枝或枝条软化，是控制 1 年生的直立枝、竞争枝和其他旺长枝条的直有效措施（图 9.8）。其方法是在枝条开始木质化时，从枝条基部开始用手揉力弯折枝条，以听到轻微的“叭叭”维管束断裂响声为准，也就是群众所说的“伤筋不断骨”，以不折断新梢为度。经过拧枝的枝条，削弱了顶端优势，改变了延伸方向，缓和了营养生长，有利于成花结果。

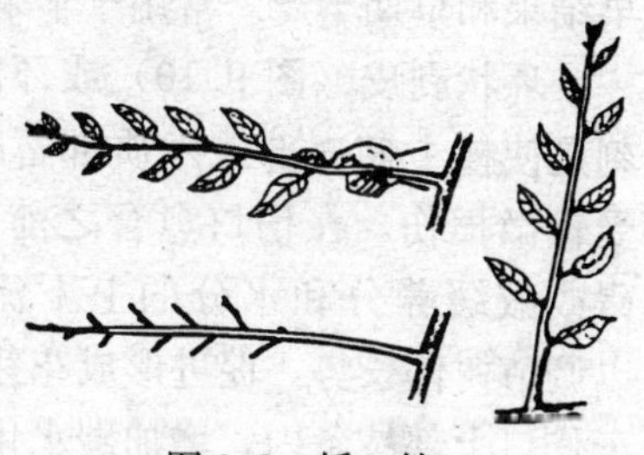
图 9.8　拧　枝

6. 疏花、疏叶和疏果

疏花疏果是调节生长和结果、克服大小年和提高果品质量的有效措施，也是修剪工作的继续。疏剪花芽和疏花疏果，都能节省树体营养，提高坐果率。疏叶会减少叶面积，影响光合作用和营养物质的积累，一般较少采用，但在红色品种（如红富士、新红星苹果等）着色之前，适当摘除贴在果面上的以及果实周围影响其受光的叶片，可以增强光照，促进着色，提高果品商品质量，增加经济效益。

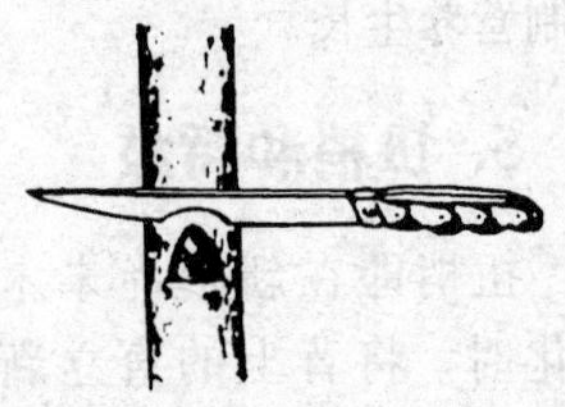

图 9.9 目 伤

7. 人工造伤

主要方法有目伤、环剥、环割或环刻、绞缢和倒贴皮等，是调节果树生长发育和促进成花的有效措施。

目伤是在果树芽眼上方 0.5 厘米左右处，用刀或细锯刻伤一下，深达木质部（图 9.9），可以促进芽眼萌发，增加枝量和营养积累，提早结果和早期丰产。常用于苹果树。

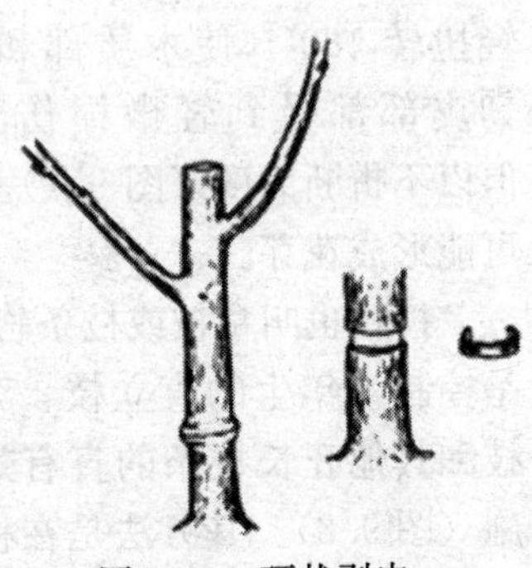

图 9.10 环状剥皮

环状剥皮（图 9.10）或环割环刻是使枝干韧皮部或木质部暂时遭受轻微损伤，在伤口愈合之前，阻碍或减缓养分和水分的上下流通，以调节树体长势，促进形成花芽。环剥或环刻可使光合产物积累于伤口上部枝条内，增加碳水化合物的含量，促进花芽形成。花后 10 天进行主干环剥，可明显地抑制营养生长，提高苹果坐果率。环剥时剥口的宽度，以不超枝条粗度的 1/10 为宜，而且要能在当年愈合。周长在 10 厘米以下的幼树，因积累的营养物质较少，剥后成花效果不显著，即使成花也不易坐果。对乔砧大树，环剥多用于辅养枝或加密的临时株上，在永久株的主干上要慎用。

倒贴皮（图 9.11）就是在枝干的适当位置，整齐地剥下一段树皮，到转过来再贴到原来的部位，可抑制幼龄旺树的营养生长，利于成花。绞缢（图 9.12）和环剥的效果相近，只要运用得当，也可促进成花，但如绞缢过重或锯伤过深，也易造成死枝和死树。

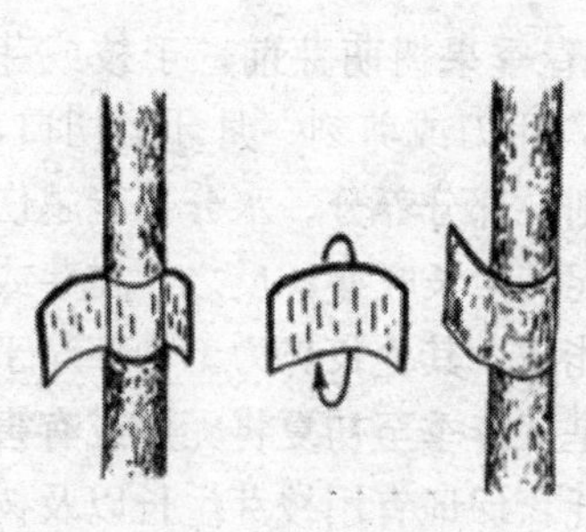

图 9.11 倒贴皮

图 9.12 绞 缢

8. 开张主枝角度

加大主枝开张角度，可以抑制直立枝条的顶端优势，利于中、下部芽的萌发和成枝，防止基部光秃。开张角度一般 70°左右，对于平地果园和容易旺长的乔砧果树及矮砧果树，枝条开张的角度可适当大些；山地、丘陵和干旱瘠薄地果园的乔砧果树，枝条开张的角度可适当小些。开张枝条角度的方法包括撑枝、拉枝、坠枝等。

四、果树四季修剪要点

修剪应改变冬季修剪为主的传统做法，要实行四季修剪，全年进行，突出夏秋修剪。

1. 春季修剪

春季修剪也称延迟修剪，即将冬剪推迟至萌芽后进行。春季修剪可促进萌发，缓和长势，调整花量，增加坐果。春季修剪主要对冬剪时长留、甩放的发育枝拿枝软化、拉枝刻芽（目伤），提高萌芽率，增加中短枝比例利于成花。春季修剪在树液流动时调整骨干枝角度，开张树冠，可缓和生长势。春剪多采用刻芽、除萌、摘心、疏枝、环剥等措施。

刻芽也称目伤（图 9.9），是在春季果树萌芽前，于枝或芽的上方（或下方）0.2～0.3 厘米处，用刀或剪刻一月牙形切口，深达木质部。在芽或枝上刻伤时，则一部分养分、水分不能越伤口而上升，转流入于芽或枝，从而促其生长旺盛；反之，在芽或枝的下方刻伤时，其目的正相反，能减少其生长势力。刻芽对于幼旺树枝量的增加效果显著。除萌是从春季至初夏将无用或有害的枝除去，主要是减少养分无益消耗，保证有用枝芽生长以及树冠通风透光。对拉枝后背上萌发过多的芽可隔 20～30 厘米抹去。有时，为保护过大的剪锯口，可对所发萌蘖选留 1～2 个较平斜的芽，其余全部抹去。

春季对新梢摘心可增加分枝级次，缓和生长势，有利于营养积累和花芽形成，提高坐果率；5～6 月份对旺梢连续摘心 2～3 次，有利于培养枝组，促进成花；对竞争枝和直立枝摘心，可加强延长枝的生长，培养墩实枝组。春季通过疏剪花芽，可调节花、叶芽比例，有利于成龄树丰产、稳产；对坐果率低的品种，进行花期环剥（割）能够提高坐果率；疏除或回缩过大的辅养枝或枝组，有利于改善光照条件，增产优质果品。但由于春季萌芽后，树体的贮备营养，已经部分地被萌动的枝、芽所消耗，一旦将这些枝、芽剪去，下部的芽重新萌发，会多消耗一些营养并推迟生长，因此，长势明显削弱，所以，春剪多用于幼树和旺树，而且不宜连年施用。

2. 夏季修剪

夏季修剪可及时抹除剪、锯口处的萌蘖和拉枝后背上萌发的过多萌芽，并能够促使侧芽萌发，提高中短枝数量和枝组质量，以及控制大枝旺长。只要时间适宜，方法得当，夏季修剪可调节生长和结果的平衡关系，促进花芽形成和果实的生长发育。夏季修剪还可充分利用枝条 2 次生长，调整或控制树冠，有利于培养结果枝组。但夏季树体内的贮备营养较少，夏剪后又减少了部分枝叶量，因此，夏季修剪对树体营养生长的抑制作用较大，但修剪量宜轻。夏季修剪剪枝量一般占总枝量 10%～20%，最多不超过 30%。在幼树和旺树上，夏季修剪的效果较为明显。

夏季修剪方法主要采用摘心、扭梢、环剥、环刻、拉枝、疏梢、拿枝、别枝等，可根据具体情况具体时期灵活运用。为增加分枝数量、快速形成树冠，应在新梢迅速生长初期进行；为促进花芽形成而进行的扭梢、环剥或环刻等，应在花芽分化期以前进行；为促进花芽形成和芽体饱满所进行的扭梢、摘心，则应在新梢缓慢生长期进行；为扩大树冠、促使树体通风透光、促进花芽分化可在 6 月末至 7 月上中旬拉枝。为抑制生长、促生花芽，可在 7～8 月份捋枝或别枝（别枝即将直立强旺枝别在附近平斜枝下，使之呈水平、下垂状态）；8 月上中旬对辅养枝过多的大树可疏除部分层间大枝，以改善风光条件，提高花芽质量。对幼旺树可行新梢短截，短截方法是对直立旺梢或外围竞争梢于秋梢基部“戴帽剪”，促发二次枝并形成花芽。

3. 秋季修剪

秋剪可以改善树体结构，促进通风透光，具有健壮枝梢、充实芽体的作用。秋剪是在新梢生长停止、进入休眠以前进行。此时养分向树体和根系回流，开始进行营养贮藏；通过适度修剪，可使树体紧凑，改善光照条件，充实枝、芽，复壮内膛枝条。秋季修剪也和夏季修剪一样，在幼树和旺树上应用较多，对控制密植园树冠交接效果明显。其抑制旺长的作用较夏季修剪弱，但比冬季修剪强，削弱树势也不明显。秋剪疏除大枝后所留下的伤口，第 2 年春天的反应比冬季修剪的弱，有利于抑制徒长。

秋剪主要采取疏枝、摘心、疏梢、拉枝、拿枝和戴帽等手段。疏枝主要是疏除过多的大枝、交差郁闭枝和徒长枝。通过疏枝可改善树体光照，增进果实着色，促进光合作用，增加有机营养的合成和积累，提高树体营养水平。于秋梢基部摘心，可在春秋梢交界处形成2～3个副梢花芽；延长枝长至60厘米时摘心，可利用二次枝扩大树冠，加速成形；在结果初期的树冠中，对内膛生长较旺的发育枝，可通过摘心，促发分枝形成结果枝组，以增加结果，达到早期丰产目的。秋季拉枝具有易拉、定型快、缓势效果好、成花率高的特点。拉枝要以非骨干枝开角为主，群枝开张角度可在85°左右；对于开张角度小的骨干枝开张角度可控制在40°～50°，树龄大的果树可适当加大开张角度；对早春刻芽促萌的新梢和当年长梢进行拉枝或捋枝，能够促使枝梢发育成熟健壮，芽体分化充实饱满，以利于成花结果和越冬抗寒。国庆节前后，将未封顶新梢的细嫩部分全部摘除，可使养分流入并蓄积于已木质化的组织内，从而提高叶片光合效能，使枝条组织充实，芽眼饱满。注意秋季修剪可适当提高，但不宜大杀大砍。

4. 冬季修剪

冬剪自秋季落叶后到翌春萌芽前进行。冬季修剪主要对树体骨架和结构进行合理调整，平衡树体各部分的长势，调节营养生长和生殖生长的关系等，包括大枝数量的控制、枝组比例、枝组大小、总留枝量和花芽数量的调整及树冠大小的控制。

冬季修剪首先按树形要求调整和培养好各级骨干枝，并使之生长均衡；其次，通过调整开张角度，明确中心干、主侧枝、辅养枝和枝组间的主从关系；最后，枝量增加期间，应轻剪、长放、多留枝，枝量充足时，应注意更新复壮。幼树修剪量占总枝量10%～20%，盛果期树为30%左右。修剪后幼树缓放枝与短截枝的比例为10∶1，宜重剪品种为10∶2；结果树缓放枝与短截枝的比例为10∶3，最多不超过10∶4。冬季“抽干”严重的地区，不宜冬剪。

五、垂柳式与高纺锤树型培养

1. 垂柳式树型整形修剪技术

垂柳式整形是山东省沂源县燕崖乡果农王春祯探索出的一种果树整形修剪技术，利用该技术曾创出每 666.7 米^2 产出苹果13 800千克的纪录。

（1）垂柳式树型的特点　垂柳式树型树高 3～4 米左右，冠径 2 米，干高 0.8～1 米；主枝分为 3 层，层间距 1 米左右每层 3 个主枝，交叉排列；主枝开张角度 70°左右，主枝上着生结果枝或串式结果枝组，全部下垂，下垂枝间隔 30 厘米左右，形似垂柳。修剪以缓放为主，主要采用拿枝、拉枝、撑枝、别枝等方法，严禁环剥，以保证树势健壮。

垂柳式整形修剪与传统修剪技术的不同，主要在于对旺长枝条的处理。传统的做法是将直立旺长的枝条大量疏除，而垂柳式整形修剪则保留直立旺长枝，利用下垂长状枝结果。它是在直立旺长枝条达到一定长度和粗度后，将枝条向下扭转使其下垂，整个植株似“垂柳状”。长状枝下垂后，其上可形成大量优质极短枝，从而形成大量优质花芽，提高果实的产量和品质。垂柳式树型树冠体积中等，枝量多，但绝大多数枝条向下悬垂，互不遮挡，通风透光，比较适于密植果园。

垂柳式整形不用环剥、环割和摘心，只要一次性拿枝、别枝或拉枝，使枝条分布均匀，全树成垂柳状即可。因垂柳式树型树冠体积小、结果面积集中，可大幅度减少疏花疏果、人工授粉、套袋、摘袋及果实采收等用工，管理方便。采用该整形修剪技术，苹果定植第 3 年见果，4 年丰产，比主干疏层形和纺锤形提前 1 年结果，提前 4 年进入丰产高峰期，每 666.7 米^2 最高产量可超过10 000千克。垂柳式树型的果实全部着生于下垂的结果枝上，果形端正。此外，垂柳式树形自上而下枝条垂直，排列有序，喷药时无论平喷或是斜喷，叶片和果实各处都可着药，防治病虫害的效果好。

（2）树型培养和修剪要点

①幼树垂柳式整形　建园时选壮苗、大苗，最好按 3 米×4 米株行距定植。定植后在 1.2 米处定干，定干剪口下 20 厘米为整形带，整形带以下的芽子全部抹除，使主干最终高度保持 0.8～1.0 米。对不够定干高度的苗木，栽后可在嫁接部位以上选 1 壮芽作顶芽剪截，待生长至定干高度以上后再行定干。发芽后，在整形带内保留顶端壮芽使其形成中心干，在其下选择不同方向的 3 个壮芽培养第 1 层的 3 个主枝，3 主枝错开排列在主干上。定植当年秋季，在第 1 层 3 个主枝长达 1 米以上，将它们均拉至 70°左右。冬剪时将中干及主枝上的竞争枝条剪除，保留辅养枝。在第 1 层主枝向上约 1.2 米处剪截中心干以培养第 2 层主枝，第 1 层主枝拉开后缓放。

第 2 年春季发芽前对拉开的主枝进行刻芽，刻芽间距为 20 厘米左右。刻芽后，疏除主枝上发生的旺长、直立和过密枝条，其余枝条间隔为 20～30 厘米保留，任其生长。秋季落叶后，这些新枝长度已达 80 厘米以上并且木质化，可将这些枝条向地面扭弯，使其下垂，然后用细绳或铁丝固定，做成垂柳状。注意扭拉枝条时不能将其折断。对第 1 层主枝前端的延长枝也同样向下垂直扭弯并固定，使主枝水平部分的长度保持在 1 米左右。经 1 年的生长，上年剪截的中干已经开始形成第 2 层主枝，将顶端枝保留作中心干延长枝，并选留第 2 层 3 个主枝。3 主枝水平夹角呈 120°向 3 个方向延伸，与第 1 层主枝上下错开，并拉至 70°。冬剪时，对中心干延长枝在距第 2 层主枝约 1.2 米处短截以培养第 3 层主枝。

第 3 年春、秋各按照对第 1 层主枝的处理方法，对第 2 层主枝进行刻芽。按照培养 1、2 层主枝的方法培养第 3 层 3 个主枝。

3个主枝呈120°水平夹角延伸并与下层主枝错开，秋季拉枝。冬剪时不再留中心干，树高控制在3米左右。第4年按1、2层主枝的处理方法对第3层主枝刻芽，至此，树形基本形成。

②大树垂柳式改形　大树改形指将原有的主干疏层形或纺锤形大树改造为垂柳式树型，具体方法是逐渐疏除层间过渡枝，加大层间距；逐年疏除主枝上的侧枝，在主枝上促发和保留长枝，对长枝缓放并向地面扭拉形成垂柳状。

改造时注意对保留的主枝不要短截，而是将主枝的前端向地面垂直弯折固定。这样处理后，会促进主枝形成大量背上旺枝，将背上旺枝下拉后即可形成垂柳树型。对于结果老树，主枝上的原有结果短枝应全部保留使其继续结果，待下垂的结果枝形成结果能力后，再逐步疏除。

各长枝被拉向地面后，主枝上以及长枝的折弯弓背处会发出大量的背上枝，对这些背上枝除疏除少量过密的以外，其余全部保留、缓放。特别是果枝折弯弓背处发生的背上直立枝更应注意保留。保留这些枝条可以增加枝叶量，养根壮树，也可以培养成后备结果枝。原下垂的结果枝结果2～3年后结果能力下降，需将其剪除，而将附近的后备结果枝向地面垂直弯下，补充空间。以后各年均依此法进行更新处理。

(3) 采用垂柳式树型需注意的事项

①垂柳式树型整形修剪主要采用拿枝、拉枝和别枝，枝条以缓放为主，很少短截，更不需要环剥。垂柳式树型适用于一些容易发生旺长枝条的果树，如苹果、甜柿、梨树等。该整形修剪技术非常适宜密闭果园的改造，老树改造后产量成倍增长；但老弱病树不宜采用此树形进行改造。

②该树型产量高，施肥、浇水量比采用传统树形的果园要增加1倍。每666.7米^{2}用土杂肥6 000千克以上，生物有机肥和化肥400千克以上，并注意微量元素的补充。要结合施基肥，每年秋天深刨果园，保证浇透封冻水和芽前水。

③枝条下拉的时间，宜在每年的5～6月或秋季果树落叶后进行。5～6月拉枝有利于花芽的分化；秋季枝条大多已经木质化，柔韧程度高，不易拉折，此时拉枝有利于明年的花芽分化。垂直下拉枝条的长度必须达到0.8～1米以上。对达不到长度的枝条，可以缓放任其生长，待达到长度后再下拉。

④为充分发挥垂柳式树型高产潜力，必须高标准建园。建园时需挖通壕为定植沟，定植沟为南北向，沟宽100厘米、深80厘米。挖沟时应将上下层土壤分开，回填时将上层耕作层（约30厘米）土放在低层，然后铺20厘米碎秸秆，再按照每666.7米^{2}土杂肥5 000千克、复合肥30千克与下层土拌匀后回填在上面，并及时灌透水沉实。

2. 高纺锤树型的培养与修剪

高纺锤形是20世纪90年代末期欧美一些国家，为适应超高密度栽培而对细长纺锤形改造后推广应用的新树形。该树型树高3～4米，干高0.8～0.9米，主枝30～50个，冠径0.9～1.2米，与其他常用树形的区别见表9.1；栽植株行距0.9～1.3米×3～3.2米，每667米^{2}栽植量达140～242株。高纺锤形培养方案如下：

表9.1　高纺锤形与其他常用树形结构和修剪特性比较

树　形	高纺锤形	细长纺锤形	自由纺锤形	小冠开心形
树高（米）	3.5～4.0	3.0～3.5	2.5～3.0	2.5～3.0
干高（米）	0.8～0.9	0.7～0.8	0.6～0.7	0.7～0.8
定干高度（米）	0.9～1.0	0.8～0.9	0.7～0.8	0.8～0.9
冠径（米）	0.9～1.2	2.0～2.5	2.5～3.0	3.5～4.5
采用的砧木	矮化砧	矮化砧	乔化砧	乔化砧
栽植密度（株/亩）	100以上	80～100	40～80	20～40
主枝数量（个）	30～50	15～20	10～15	4～7
主枝开展角度（度）	90～120	80～90	70～80	70～80
主枝与中干直径比	1∶5～7	1∶4～5	1∶2～3	1∶2

（续）

树　形	高纺锤形	细长纺锤形	自由纺锤形	小冠开心形
主枝长度（米）	0.8～1.2	1.0～1.5	1.5～2.0	3～4
主枝间距（米）	无	0.1～0.15	0.2	0.3～0.4
主枝冬季处理	不剪	不剪或轻剪1次	轻剪2次	成形后不剪
中央干冬季处理	不剪	轻剪2～3年	轻剪3～4年	落头开心

（1）定植当年　利用多侧枝矮化砧大苗建园，要求苗木直径不低于16毫米，有10～15个侧枝，第1侧枝距地面不少于80厘米，其他侧枝交错分布且长度不超过30厘米的，栽植时尽可能少修剪，确保中心干健壮生长。对于侧枝数达到10～15个的苗木，栽植时仅疏除直径超过中央干直径1/2的大侧枝和和位于中央干60厘米以下的侧枝；对于有较少较大侧枝的苗木，仅去除直径超过中央干直径2/3的大侧枝；各延长头不短截。对于侧枝较少，苗高低于1.5米的，冬剪时将侧枝全部留1厘米斜桩短截，促进翌年长足侧枝。轻短截中央干延长头，在春季及时疏除顶部与中央干竞争的2～3个侧枝，保证中心干的健壮生长。夏季将长度25厘米的侧枝拉至水平以下呈下垂状，防止其发展为强壮的骨干枝，直到树体生长缓和，并开始大量结果。

在土层浅、沙土地和风大的地区，采用矮砧高纺锤形的植株易出现倒伏和中央干偏斜现象，应设立架固定。可每隔10米左右立一个2.5～3.5米高的水泥桩，间隔1米拉2～3道12号钢丝，将中央干和延长头固定。

（2）定植第二年　春季在中央干分枝不足处进行刻芽或涂抹细胞分裂素等药剂促发分枝，对第一年选留不当的过粗（粗度大于同部位中央干直径1/4）分枝留1厘米斜桩短截。将处于中央干距顶端1/4范围内10～15厘米以上长度的侧生新梢全部扭梢，确保中心干的优势和健壮生长。

夏季形修剪同第一年，基本不留果，如果栽植的是优质大苗并且树势强健可少量留果，每株可留15个左右的果，但中央干顶端（上部 50 厘米）不能留果。冬季基本不修剪。

（3）定植第三年　冬季疏除直径超过中央干直径 2/3 的粗大侧枝，严格控制中央干顶端（上部 50 厘米）结果，尤其是对于部分腋花芽，可以通过疏花及早去除顶端果。依据产量目标和树体长势决定下部分枝的留果量，每株可留 30～50 个果。适当夏剪改善透光性，其他修剪基本同第二年。

（4）定植第四年　树高应达到 3 米以上，分枝 50～80 个，整形基本完成。果树进入结果期，如果树势较弱，春季疏除花芽，减少结果量。

（5）成龄树修剪与更新　第 5 年以后，每年疏除树体上部直径超过中央干直径 2/3 的 1～2 条粗大侧枝，同时疏除中央干上部 60 厘米范围内的、直径超过 2.5 厘米的所有侧枝；在去除大侧枝时留马蹄形剪口，使剪口下发出侧生弱枝而转化成新结果枝。连年进行，使树体保持上小下大、上部全部由小结果枝组成的圆锥形树冠。适当轻度夏季修剪，使树冠和果园保持通风透光。疏花疏果，使负载量维持在 100～120 个果/株。

第十章 促花控果与保叶防衰

花芽分化是由营养生长向生殖生长转变的关键环节，是开花结果的基础，而开花结果是形成果树产量和获得收益的源泉。所以，花果数量和质量直接决定着果树产量和效益。但为促进果树生产优质、高效及可持续发展，在保证花果数量和质量的前提下，还要对花果进行细致管理，对花果数量和质量精心调控，合理负载，稳定树势。

叶片是光合作用的主要器官，叶片早衰早落直接影响后期果实发育和品质提高，不利于花芽进一步分化和果树营养贮藏水平的提高；叶片早衰早落还使树势衰弱，降低树体抗逆性，降低产量，大小年现象严重，缩短结果年限等。在生产上一定要加强管理，保护好叶片和树体，注意协调优化生长、结果和物质分配的关系，防止叶片早衰和早期落叶以及树势早衰。

一、促进花芽分化，提高花芽质量

果树花芽分化可分三个时期，即生理分化期、形态分化期和性细胞分化期。这三个时期分化成功与否，直接决定来年的产量。生理分化期一般在谢花后四周开始，大约是 40 天左右；形态分化期在生理分化期之后，一直持续到春梢停止生长 4 个月左右，主要是花冠和花萼的形态分化；性细胞分化期通常在次年萌芽至开花期。生理分化是叶芽转变为花芽的内部生理变化过程；

形态分化是花器官的生长和形态变化过程，从外观可看到芽体的不断膨大；性细胞分化是在前两者完成的基础上分化出雄蕊和雌蕊的变化过程。苹果花芽分化通常从春梢停长后开始，一直持续到9月份，其中6～7月主要是短枝花芽形成期，8～9月则是副梢和腋花芽形成期。促进花芽分化和提高花芽质量，要根据花芽分化时期，提早采取措施。

1. 合理追肥，保证充足营养

果树花芽形成与树体营养、芽体分化状态、外界环境条件有密切关系，其中营养是花芽形成的物质基础。树体健壮、长势中庸的树易形成花芽，原因在于这类树生长量适宜，叶片多而功能强，新梢能及时停长，地上部能积累较多的碳水化合物，根系也能供给适量的氮、磷、钾元素，营养充足；而旺长树枝叶生长量大，叶片生产的光合产物被旺长的枝条消耗多，树体营养积累少，所以，旺长树难成花。树冠郁闭的树，虽有不少叶片，但因缺少阳光，叶片不能正常进行光合作用，本身也无营养积累，花芽也难形成。

花芽分化需要充足的营养，如果营养不足，只能造成停长，而不能分化花芽，但如果大量使用氮肥或激素会促进旺长，也不能分化花芽。为促进花芽分化，应在花芽生理分化期间（如苹果在6月上旬）从根系集中均衡追施氮、磷肥，可采用尿素、磷肥按1∶2的比例配施，或用100克尿素加600克磷肥化成水后灌入根系土壤中。同时，在叶面喷施有机液肥，并配施部分中微量元素。为花芽分化创造良好的营养供给条件。花芽分化期是果树养分竞争比较大的时期，此期施肥要同时满足枝叶生长、果实发育和花芽分化的养分需要。

此外，采收过晚，果实消耗养分时间长，影响树体贮藏养分的积累和花芽的进一步发育，适期采收对提高花芽质量十分有益。

2. 合理修剪，改善光照条件

花芽分化和花芽本身的发育需要比较强的光照，受光条件对花芽数量和质量起决定作用；同时光照条件直接影响叶片的光合作用和营养积累。如果果园郁闭，树冠内膛枝条得不到充足的光照，花芽质量就会变差。因此，果园一定要通风透光，保证夏季“树对面要能见人，树底下有斑点光”。为达到这一要求，应对树体及时落头开心，降低树高，疏枝缓势，清除郁闭枝叶，并及时拉开大枝角度，疏除多余枝条。

花芽形成的早晚与花芽质量有密切关系，中短枝停长早，花芽质量好，长枝停长晚，花芽质量差，顶花芽优于腋花芽。通过合理修剪，如拉枝、摘心等措施，促进枝类转化，使树体及时转向生殖生长。旺树和旺枝以营养生长为主，不易进行花芽分化，还往往使果园和树冠内膛郁闭。对于旺树和旺枝，首先通过拉枝、撑枝和坠枝等手段，使主枝基角达到70°～90°，甚至使枝条下垂；还要通过摘心或环切或环剥来增加或促进养分积累，促进花芽形成。环切环剥在红富士促花中的作用十分显著，但采用时要注意以下情况：

（1）如果果树负载多，应以环切为主，尽量少环剥，反之则应以环剥为主，切、剥结合。

（2）在临时株上，环切环剥处理可重一些，切剥均可用，在永久株上，环切环剥处理则要轻一些，并且要分枝类使用。在永久株上，对永久主枝可环切，力争不环剥；对永久株上的临时主枝，环切环剥可灵活应用。

（3）在一株树上，对基角小的主枝，可多道环切或环剥；对基角大的主枝，可双道环切，尽量不剥。对基角大于90°的主枝，不要环切和环剥。

（4）在冬剪后，对于枝条微上翘和建壮的长放枝，可在其基部单环或双环环切，使其上的春梢尽可能早停长早成花，从而形成结果枝串。

(5) 环切和环剥要坚持"强枝重切（剥）、庸枝轻切（剥）"的原则。

3. 合理使用调节剂

植物生长调节剂是影响花芽分化重要因素，比如赤霉素，植株在赤霉素含量低时有利于成花，含量高时则不利成花，因此，减少赤霉素含量和抑制赤霉素的生物合成可有效促进花芽分化。赤霉素主要产生于种子和嫩枝嫩叶尖上，结果数量和嫩枝嫩叶数量少，赤霉素含量低，反之含量高，摘心、去叶和疏果都能减少赤霉素的含量，所以能够促进花芽分化。赤霉素生物合成抑制剂，如多效唑、烯效唑、比九（B9)、矮壮素（CCC）能通过抑制赤霉素的合成而降低内源赤霉素含量，也可以有效促进花芽分化，比如，向果树喷布 200 倍 15％多效唑，控长促花效果非常显著。抑制剂处理通常采用叶喷、涂茎、灌根等方式。

4. 严格疏花疏果，合理留果

花芽质量与花芽数量有一定的相关性，在一定水肥条件下，花量过大，花芽质量一般会降低。为此，应根据产量确定对树体的控制程度，以形成相对合理的花芽数量，这可通过严格疏花疏果，保持合理的留果量，进而保证优质花芽的形成（疏花疏果具体做法详见本章其他部分）。

5. 加强病虫害防治，防病保叶

花芽分化和芽体质量需要足够的养分供应，早期落叶会降低果树养分积累，因此，应根据病虫害发生情况，及时喷药保护叶片，防止早期落叶。需要加强对叶螨、蚜虫、顶梢卷叶蛾、食叶害虫及白粉病的防治，保证叶片的完好率。特别是对于顶芽为花芽和依靠长枝结果的品种，花芽在枝顶，只有保护好顶芽，才有可能保证花芽的形成，所以，一定要注意对顶梢卷叶蛾的防治。

6. 不违农时，适时促花

芽体细胞处于持续分化状态是形成花芽的先决条件，进入休眠、芽内细胞停止分裂的芽也不能分化花芽；有利于苹果花芽分化的适温为20℃，低于10℃则停止分化。这就要求促进花芽形成的各项措施，必须不违农时，在适宜时间促花，可以取得事半功倍之效。

土壤中水分变化会影响花芽的分化和发育，在6～8月花芽分化期要控制浇水，通过适度干旱以促进花芽形成和饱满。即花后四周浇一次透水，四周后控制浇水，大约1月半左右，使花芽顺利完成生理分化。自然降雨多的年份，做好排水，旱地果园应采用穴贮肥水，地面覆盖和节水灌溉等栽培措施，稳定土壤水分，保证优质花芽的形成。合理控水结束后要大量浇水，2周浇一次，连浇2～3次，以促使果实膨大和花芽饱满键壮。

对地势较低、排水不良的山地、畦地，或土壤黏性较重的果园，可在花芽分化初期进行局部断根，对根系分布较浅的果树进行晒根，把根颈周围的土壤扒开，晒根20～30天为宜，对花芽分化期在10月以后的果树，注意防霜冻，白天扒开土壤，下午要覆土、盖草。

二、辅助授粉，保花保果

授粉受精不良是造成果树落花落果的主要原因，而辅助授粉是保花保果的重要措施。多数果树品种自花结实率很低，需要异花授粉才能正常结果；即使能够自花结实的品种，辅助授粉后也明显提高产量，因此，合理配置授粉树是促进授粉的有效手段。但既便配置了适宜的授粉树，由于一些果树（如杏、樱桃等）开花较早，花期常遇低温等不利天气的影响，特别在沿海地区，往往在花期出现低温和多阴天气等，不利于昆虫活动，易造成授粉受精不良，坐果率下降，并最终影响产量，这就需要辅助授粉以提高座果率。辅助授粉方法主要有利用昆虫授粉、人工授粉、花期喷生长调节剂和微量元素、预防花期冻害、挂花罐、摘心环剥等。

1. 利用昆虫授粉

利用昆虫授粉主要是通过昆虫的访花活动而达到授粉目的。在内陆地区早春回暖快，花期多晴朗天气，有利于昆虫访花，但须注意花期禁止喷药，以免危害访花昆虫。

利用昆虫授粉是人工辅助授粉的主要形式，而果园放蜂是利用昆虫授粉的主要手段。果园放蜂是以蜂类为携带花粉的媒介，在蜂类采蜜过程中完成不同品种互相授粉的技术措施。花期放蜂是一种有效的授粉方法，可以大大提高授粉工效，而且可避免人工授粉时间掌握不准，以及树梢及内膛授粉操作不便等弊端。果园放蜂多采用人工饲养的商业蜜蜂或专用壁蜂。

（1）蜜蜂授粉　一般一只蜜蜂一次飞行可采60多朵苹果花，一天可飞出20多次；蜜蜂授粉的有效范围为40～80米，一箱蜂可控制大约5 000米^2 的果园。授粉蜜蜂最好选择较耐低温的中华蜜蜂，在开花前2～3天将其放入果园，使蜜蜂熟悉果园环境。为使蜜蜂主要采访目标树种（如苹果）的花，可在放蜂前，用浸过目标树种花（如苹果花）的糖水饲喂蜜蜂。一般来说，白昼温度18～28℃，风力三级以下时，蜜蜂的活动频率最高，因而传粉效果也好。在花期遇到低温或阴雨时，蜜蜂活动频率降低，需要进行人工授粉。在花期高温干燥的年份，果树花朵柱头失水快，授粉期较短，放蜂量应当增加30％～50％。

（2）壁蜂授粉　壁蜂属独栖性授粉昆虫，经人工集中做巢，可驯化为群聚性而用于果园授粉。一年中，除花期35～45天访花采粉外，其余时间壁蜂均在巢管里生长发育，不需人工喂养，投资少，管理技术简单。壁蜂授粉能力是普通蜜蜂的70～80倍，有效授粉范围为40米，开始飞行的气温为12～14℃，比蜜蜂低4～5℃，一天采粉10小时，一次性访花授粉的坐果率为90%以上。在低温时或混栽果园，花期较长，可在主栽品种开花前3天放蜂，共放蜂两次，其间隔不超过10天，每次放蜂量为每667米^{2}100头左右；在高温时或单一品种果园，花期短，放蜂一次即可。在树种单一的苹果园中，果树花期比较集中，可采花时间短，花蜜饲料不足；在这种情况下，可于行间每隔20米，种植5～10株早春开花的十字花科蔬菜，以延长果园花期，补充壁蜂所需的花蜜饲料。

2. 人工辅助授粉

人工授粉就是采用授粉器具把人工采集的花粉散落到不同品种柱头上的授粉方法。一般选择花粉量大、授粉亲和性高的栽培品种作为供粉品种，在供粉品种花朵球状分离期、主栽品种盛花期前3～5天采花，在室内散射光条件下用摄子剥取花粉囊，并在室内20～25℃散射光条件下晾晒大约两天，使花粉自然开裂，散出花粉。这时可用指形管或其它器皿盛放花粉，准备田间人工授粉。花朵开放当天柱头分泌黏液较多，有利于花粉在柱头附着，因此宜在柱头旺盛分泌期进行人工授粉。详细过程如下：

（1）采花　在主栽品种开花前，选择适宜的授粉品种，采集含苞待放的铃铛花，带回室内。注意采花时不要影响授粉树的产量，采花量根据授粉面积来定。通常每10千克鲜花能出1千克鲜花药；每5千克鲜花药在阴干后能出1千克干花粉（包含干的花药壳），可供2～3.33公顷果园授粉用。对于苹果，在采花前，可先按下列公式算出每666.7米^{2}果园需采的鲜铃铛花数（克）：

$$X=A\cdot B/K_1\cdot K_2\cdot K_3$$

式中：

X——每667米^{2}果园授粉需采集的鲜铃铛花数量（千克）；

A——每666.7米^{2}的产量（千克）；

B——每千克果数；

K_1——花果坐果率（一般按 20%计）；

K_2——1 克干花粉可授花朵数（一般4 000朵）；

K_3——0.5 千克鲜花可产干花粉重量（克）。

（2）取粉　采回的鲜花立即取花药，将两花相对，互相揉搓，把花药放在光滑的纸上，去除花丝、花瓣等杂物，准备取粉。

取粉可采用阴干取粉或烘干取粉方法。阴干取粉是将花药均匀摊在光滑洁净的纸上，放在相对湿度 60%～80%，温度 20～25℃的通风房间内，经 2 天左右花药即可自行开裂，散出黄色的花粉。烘干取粉包括火炕增温烘干取粉和温箱烘干取粉。火炕增温烘干取粉即在火炕上垫上厚纸板等物，放上光滑洁净的纸，纸上平放一温度计，将花药均匀摊在上面，保持温度 22～25℃，一般维持 1 天左右即可。温箱烘干取粉即找一纸箱或木箱，在箱底铺一张光洁的纸板或报纸，放温度计，摊上花粉，上面悬挂一个 60～100 瓦的灯泡，调整灯泡高度，使箱底保持 22～25℃，经 24 小时左右即可。干燥好的花粉连同花药壳一起收集在干燥的玻璃瓶中，放在阴凉干燥的地方备用。

温度是影响花药质量的重要因素，温度过高则花粉发芽率低，出粉量少；过低则烘干所用时间长。取粉时应注意温度要适宜，特别是在采用烘干法取粉时。适宜的烘干温度为 20～25℃，温度要相对稳定。晾干和烘干的花粉发芽率可达 50%，而晒干的花粉发芽率仅 10%～20%，因此切忌在阳光下曝晒花粉。

大量取粉时，可将花朵置于油漆光滑的桌面上，用手轻轻揉搓花朵，过筛取得花药；也可在 0.25cm 孔径的铁筛中盛放花朵，筛下面铺上白纸，然后用手轻揉花朵，花药即漏落在白纸上；或采用花粉机制粉。

（3）授粉　开花当天授粉坐果率最高，所以，在初花期（全树约有 25%的花开放时）就要抓紧授粉；同时，要注意分期进行，一般于在初期和盛花期授粉两次效果比较好。一天中，授粉宜在上午 9 时至下午 4 时之间进行；可用毛笔或铅笔的橡皮头削成三角锥形作为授粉器，也可用羽毛等作为授粉工具。授粉方法一般有四种：

一是点授，用旧报纸卷成铅笔样的硬纸棒，一端磨细成削好的铅笔样，用来蘸取花粉，也可以用毛笔或橡皮头。花粉装在干净的小玻璃瓶中，授粉时用毛笔或纸棒蘸花粉向初开的花心轻轻一点，一次蘸粉可点3～5朵花，一般每花序授1～2朵。每株树上要根据树龄、树势和管理水平来确定授粉花朵，开花多而肥水条件差的树可少授一些，反之则多授一些；内膛、下部强枝和直立的枝上的花多授一些；外围、上部的弱枝和下垂枝先端枝的花少授一些。在开花过密的枝上，可每隔一簇花授一簇。为了节省花粉用量，可加填充剂稀释花粉，一般在1份花粉中加入2～4份干燥的淀粉或脱脂奶粉、滑石粉等。人工点授时间和人力集中，用工多，为节省人工，可只授中心花。如授粉面积大、花量多，宜在枝段上间隔距离授粉；也可结合“以花定果”技术，定位定量点授，要比预留果量多点授20%～50%的花朵，花后定果。

二是花粉袋撒粉，将花粉混合50倍的滑石粉或干面粉，装在两层纱布袋中，绑在长竿上，在树冠上方轻轻振动，使花粉均匀落下。

三是用鸡毛掸子辅助授粉。如果园为多品种混栽，可在盛花期用鸡毛掸子授粉，即把鸡毛掸子绑到竹杆上，先在授粉树上滚动，沾上花粉后，再到主栽品种上滚动，反复多次。

四是机械喷授，即用喷雾器通过喷雾、喷粉进行授粉，在花期遇有大风时，不宜应用喷粉和喷雾授粉法。

喷雾授粉又叫液体授粉，是将一定比例的花粉与生长调节剂等物制配制成水溶液，通过花期喷雾把花粉液体传送到柱头上的授粉方法。喷雾授粉雾滴飘移，全树授粉，省工省时。喷雾授粉需要制备花粉液体，这可把一定量的花朵在清水中浸泡10～15分钟，过滤即可（花粉悬浮液）。为了提高坐果率，可在花粉液中加入生长调节剂、蔗糖等授粉促进物质，可按照每5毫升花粉加白糖100克、硼砂2克和水500毫升配成水悬液。授粉喷雾时雾滴愈细，雾化程度愈高，液体授粉的效果愈好。为避免雾滴过大而在柱头形成水珠，通常要求喷雾器械的工作压力在15～20千克/厘米^2，雾滴直径120微米以下，有效射程达到7～10米。为了使较多的花朵吸收花粉溶液，液体授粉宜在盛花初期，连续喷2～3遍。要注意喷雾授粉时，花粉液要随配随用，不宜放置太久，要求配好后，在两个小时内喷完，以免降低花粉的生活力，影响授粉效果，喷雾前要先行过滤，以防堵塞喷头。

喷粉授粉即在花粉中加入一定的稀释剂（如10～50倍滑石粉等）用喷粉器喷撒授粉；稀释花粉的填充剂易吸水使花粉破裂，要在4小时内喷完。喷粉授粉的方法可提高人工授粉效果，一般一株15年生的成龄大树，5分钟就可细致喷布一遍。特别是在花期整齐的年份，应用喷粉授粉更为适宜。但喷粉的花粉用量较大，一株15年生的成龄树，需用花粉2～5克，要相应增加采花、取粉的数量。

3. 喷生长调节剂和微量元素

花期正确应用生长调节剂和微量元素，可以明显提高坐果率，如花期喷两次0.3%的硼砂混加0.3%的尿素，花后喷50～100微克/克的细胞分裂素（如6-BA），苹果坐果率明显提高。目前国内应用的生长调节剂主要是萘乙酸、赤霉素等，使用浓度一般为15～25毫克/千克。如金冠苹果，在盛花期喷布25毫克/千克赤霉素，其坐果率比对照提高8.9%；用500毫克/千克细胞分裂素在落果后3天喷布，可使金冠苹果提高坐果率16%。

硼能促进花粉萌发和花粉管的生长，有利于受精过程的完成，提高坐果率。果园花期喷硼浓度为0.2%～0.3%，一般在50%的花朵开放时喷布，可以与糖混合喷施。钼对坐果也有重要作用，在长期坐果率低的果园，喷硼和糖虽然均能收不到满意效果，而如果在花期或花前再喷用0.1%～0.2%的钼酸铵或钼酸钠会明显提高坐果率。春旱时，在花期给果树喷水对提高坐果率也有一定作用。

4. 预防花期冻害

为预防花期受晚霜冻害，在晚霜多发地区，可根据具体情况选择采取以下措施：

（1）选择适当位置建园　一般地势低洼、闭合谷地容易积累冷空气，造成冻害；而在山梁丘陵、倾斜地和阳坡地栽树，空气流通，冻害几率少。在晚霜多发地区，应选择背风向阳的南向或东南向坡建园，以减少或避免冬天寒冷空气的直接侵袭。

（2）营建果园防护林　防护林既能有效防风，也能在早春提高地温、防止霜冻。营建果园防护林也是预防花期冻害的措施之一。

（3）增强树势　同样环境下，由于管理不同，树势强弱也不同。树势强，受冻较轻；树势弱，受冻较重。培养健壮树体，也是预防冻害的措施之一。

（4）春季灌水　春季进行灌水可显著降低地温，延迟发芽。发芽后至开花前再灌水1～2次，一般可延迟开花2～3天。而在冻害前灌水又可提高地温和树温，可预防和减轻冻害．晚霜期间如有条件可采取喷灌，喷灌强度应为每小时喷洒在地面上的水深5毫米。

（5）在晚霜多发地区，发芽期树冠喷滑石粉200倍液反射日光降温，可延迟花期2天，以利躲避晚霜危害。

（6）果园熏烟　在花期当凌晨3时气温降至－1℃时采取果园熏烟，熏烟能使园内气温提高2～3℃，可减轻或防止霜害。可用作物秸秆和草类等物干湿交互成层堆积，点火后适当压土，使其不起火而烟雾漫布全园，每150米^{2}果园用3个烟堆，每个烟堆的直径约1.5米、高约1米；在微风时烟堆应设上风处，无风时则均匀分布。

也可用烟雾剂熏烟。制作烟雾剂是按照锯末（经干炒或晒干）30%、细煤粉35%、硝酸铵25%、柴油10%质量比例充分拌匀后，填入直径35厘米、高35厘米的纸筒中，压实封口，中间放入20厘米长的麻炮火药捻，上端盘成圈，筒外露出4厘米左右供点火用。大部分烟雾剂摆布在果园上风方向，第一排烟雾剂间距10～20米1个，第二排为20～30米，第三排150米。当花期凌晨3时气温降至－1℃时点火熏烟，在风速1米/秒时，每667米^{2}果园烟雾剂用量为150千克，增温稳定时间约40～60分钟。

(7) 枝干涂白　涂白可推迟萌芽开花3～5天，避开晚霜，还能预防冬季枝干冻害、日灼和病虫为害。涂白液常用配方为：生石灰8～10份、水20份、石硫合剂原液1份、食盐1份、食用油0.1～0.2份。配制时，先分别用1/2的水化开石灰和食盐，然后加入石硫合剂、油、面粉，充分搅拌均匀即可。枝干涂白时，树干上涂白高度要在1米以上，下部主枝在30厘米以上；成龄树涂前要刮除老翘皮，在枝杈部位要重点涂抹。

(8) 药剂防冻　萌芽前全树喷布萘乙酸钾盐（浓度250～500毫克/千克）溶液或顺丁烯二酸酰肼、马来酰肼0.1%～0.2%溶液，可抑制芽的萌动，推迟花期3～5天。萌芽初期喷0.5%氯化钙后，可延迟花期5天。

(9) 喷布肥料　在霜冻发生前1～2天，对正在开花或谢花的果树喷布磷酸二氢钾，可提高花器、幼果及枝条的细胞液浓度，增强抗冻能力，同时兼有施肥的作用。盛花期用100千克清水加0.8千克11%硼砂，再加0.4千克46%尿素配成硼砂尿素混合液喷布，对晚霜冻害可起到一定的缓解作用。对受冻较轻的花进行1～2次授粉，同时，喷布0.5%蔗糖水＋0.2%～0.3%的硼砂，或喷布0.2%的钼肥，也有减轻冻害和提高坐果率的作用。

(10) 利用腋花芽结果　腋花芽一般比顶花晚开花 2～4 天，在顶花芽受冻害时，利用腋花芽也可弥补部分产量损失。

5. 挂花罐或挂花枝

挂花罐或挂花枝也是对授粉品种缺乏的一种补救办法。适合在小面积果园和庭院果树上采用。做法是在初花期，剪取授粉品种的花枝，插在瓶、罐的水中，再挂在需要授粉的树上。从初花期到盛花期，连挂两次，授粉效果良好，坐果率明显提高。

6. 环剥、摘心

在花期环剥枝干或结果枝组基部，可抑制营养生长，使环剥口以上累积较多的碳水化合物供幼果生长发育，提高坐果率。如对盛果期的红星和密植栽培的 4 年生金冠，在花期进行树干环剥，可使坐果率提高 40％～90％。

早期摘心也可提高坐果率。比如，当苹果新梢生长 10 厘米左右时（5 月上旬），对果台副梢和旺长新梢摘心，能控制新梢旺长，减少其对幼果争夺营养的能力，从而促进坐果，提高坐果率。

7. 控制采前落果

采前落果又称后期落果，是采收前 1 个月左右落果的现象；越接近采收，采前落果越重。目前元帅系、津轻、旭、红玉、祝、北斗等苹果品种，其采前落果都较重。通常采前土壤含水量低、氮素过多，会加重落果；气候温暖的果区或采前气温持续较高的年份，特别是晚上气温持续较高的果区或年份，采前落果更严重。

采前落果是果梗与果枝之间产生离层造成的，只要促使果梗继续生长，就能抑制离层发育，也就能抑制或延迟采前落果。采前喷布生长素类物质就能抑制离层发育，比如，在适期采收前 5

周，每隔 10～12 天周密喷布 3 次 30 毫克/千克的萘乙酸溶液，能明显减少元帅系和北斗苹果的采前落果。

三、疏花疏果，合理负载

1. 合理负载量的确定

通过合理负载，既保证当年产量较高，质量较好，又能够维持植株健壮，保证翌年适宜数量的花果形成，而不会削弱树势，缩短优质丰产高效生产年限。合理负载量要依品种、树龄、树势、栽植密度和环境条件等而确定，同时要参考和分析市场需求趋势。

通常要求早熟品种每 667 米^2 平均产量1 000～2 000千克，单果重 150～200 克，可溶性固形物含量 11%～12%；中熟品种每 667 米^2 产量1 500～2 500千克，单果重 180～220 克，可溶性固形物含量 12%～13%；晚熟品种每 667 米^2 产量2 000～3 000千克，留果量10 000～15 000个，平均单果重 200～250 克，果形指数 0.88 以上，红色品种着色 70%以上，可溶性固形物含量12%～14%。在土壤肥沃、营养充足的果园，负载量要求可进一步提高。

目前确定负载量主要采取叶果比或枝果比、干截面积法及间距留果等方法：

（1）枝果比或叶果法　一般大型果的苹果品种，如红星、金冠、富士等，可每 3～5 个枝留 1 个果；小型果品种，如国光为 3～4 个枝留 1 个果。折合叶果比，大型果品种为每 30～50 片叶留 1 个果，小型果为每 20～30 片叶留 1 个果；乔砧红富士苹果叶果比标准为 50～60∶1，矮化砧则以 30～40∶1 较宜。在梨可每 3～4 个枝留 1 个果，鸭梨和栖霞大香水梨可每 3 个枝留 1 个果。鸭梨、油梨等品种的叶花与花芽的比值宜在 2～3∶1 的范围内。桃的叶果比值通常掌握 30～60∶1，早熟品种叶果比 40∶1、晚熟品种 60∶1 比较适宜。山楂结果枝与营养枝的比值宜掌握在 4∶6～5∶5。

(2) 干截面积法 树体的负载能力与其树干粗度密切相关，多年生木本果树树干的粗度（树干截面积）可作为确定留果量的指标（图 10.1）。苹果适宜的留花、留果量为：

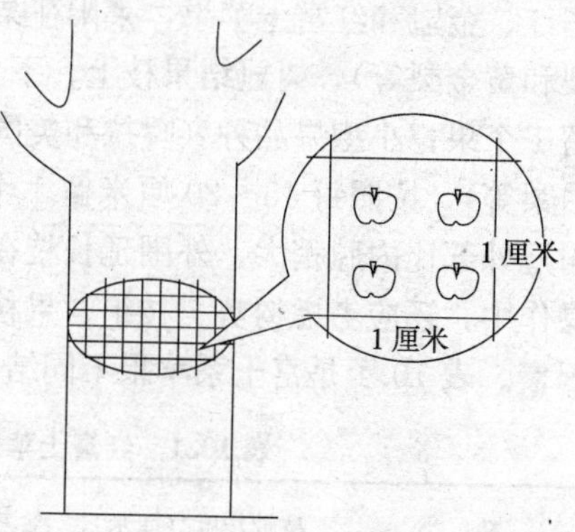

图 10.1 依据树干截面积确定负载量

$$Y=(3\sim4)\times0.08C^2\times A$$

Y 指单株合理留花、留果量（个）；

(3～4) 指每平方厘米树干截面积留 3～4 个果（按每千克 6 个果计算）；

C 为树干距地面 20 厘米处的周长（单位为厘米），$0.08C^2$ 为树干截面积；

A 为保险系数，以花定果时 A 取 1.20，即多留 20%的花量；疏果后定果时 A 取 1.05，即多留 5%的果量。

使用时，将距地面 20 厘米处的干周数值，代入公式就可以计算出该株适宜的留果（花）个数。为使用方便，可以事先按公式计算出不同干周的留花、留果量，制成表格，使用时量干周查表即可。

(3) 果实间距法 树冠的容积是有限的，只有在一定的距离内，容纳适宜的枝叶量，才能保证一定数量的果实能够生长发育。所以，适宜的花、果留量，也可按花、果间距来确定，即按一定距离留果，使果实均匀分布于全树各个部位，这也是目前生产上普遍采用的方法。一般苹果、梨等大中型品种（如红将军、华红、金冠和红富士苹果，莱阳茌梨、砀山酥梨、新高梨、黄冠梨和黄金梨等），树冠结果枝上、下，左、右平均每 20～25 厘米留 1 个果；小型果品种（嘎拉和美国 8 号苹果、巴梨、茄梨、京白梨等），按照每 15～20 厘米留 1 个果；细弱枝间可适当加大，树冠外部比内膛稍大，外围延长枝在 1 年生部位不留果。在具体操作中，还应考虑树势、枝组、果枝粗壮程度、果台副梢长短等因素。表 10.1 是富士系苹果不同结果枝的留果标准。

表 10.1　红富士苹果留果标准

枝　类	枝轴长度（厘米）	参考叶片数（片）	建议留果量（个）
短轴结果枝	30～50	40～70	1～2
中轴结果枝	60～100	80～150	3～5
长轴结果枝	100 以上	200	5～8

确定合理负载量主要是为了提高果实品质，保障持续高产稳产和获取最高的效益。但要注意高产与高品质并不天然矛盾，不能为了提高品质而盲目限产。通常认为苹果每 666.7 米^2 达到 2 500千克，果实品质尤其是果实大小就会下降，但山东蓬莱的一个苹果园，连续多年每 666.7 米^2 产量达到10 000千克，果实平均单果重比附近每 666.7 米^2 产量2 500千克的还要高、品质还要好；在山东沂蒙山区，如沂源，也有这样的典型。这说明高产与高品质并不天然矛盾，在投入成本相近的条件下，高产未必低品质，低产也未必高品质。

果树生产的目的是为了获取高的经济效益，即使高产园的优质果比率有所下降，但由于产量基数大，优质果的总数量并不少，经济效益会提高。胶东半岛的牟平观水镇5 000亩苹果园，不少 667 米^2 产量近5 000千克，优质果率在 80%以上，许多果园每亩纯收入已超过 1 万元。高产导致品质下降的关键在于土壤营养不足和树体结构不良，所以，确定合理负载量一定要考虑土壤是否肥沃、营养是否充足和树体结构是否合理，这是高产优质的基本条件。高产才有高效益，追求高产、通过高产夺取果园高效益，是目前提高经济收益的基本途径。

2. 疏花疏果基本要求

疏花疏果时间上要“早”、操作上要“严”。以疏蕾为主，桃树间隔10～15厘米留一花，苹果每隔20～25厘米留一花序，每花序留中心花蕾和1～2个边花蕾。疏花后要保证授粉，花后10天要定单果，6月下旬至7月初清理畸形果。“人工疏果除为主、化学疏除为辅”，化学疏除可用0.6～1.0波美度石硫合剂于花盛期重点喷洒柱头。

（1）*疏花基本要求*　疏花包括疏花芽、疏花序和疏花朵，疏花比疏果更能减少养分消耗，促进枝梢生长；同时，疏花比疏果省工，通常可提高工效5倍以上。因此，在确保坐果的前提下，疏花比疏果效果更显著。人工疏花的时间，一般在盛花初期至盛花末期。在实际操作时，为避免花期降温对座果的不良影响，疏花常常分期分批进行。

第一次疏花是疏花芽，即在花芽萌动之前，通过修剪剪除过量花芽。疏剪花芽是各类果树常用的一种疏花方法，尤其是“大年期”的苹果树。疏剪花芽先要调整好枝的合理布局，然后再考虑疏除过密花芽。对于苹果可在冬剪时先把长、中果枝的花芽疏除，使花芽量得到初步调整，花芽膨大时再进行花前复剪，疏除部分花量过多的枝条，使花芽与叶芽的比例达到1∶2～3。

第二次疏花是疏花序，即在花序露红至花序分离期人工摘除过量的花序。

第三次是疏花朵，即在花梗伸长期至初花期每一花序留一中心花，而将其余花朵及时摘除。对大多数苹果品种而言，花序的中心花花形大、花粉质量高，在疏花朵时一般都保留。疏花朵一般从花梗近基部摘除或剪除花朵，而在花序上保留0.5～1厘米的花梗，残留的花梗在疏花后1～2天可自然脱落。对坐果率低的品种要适当多留花，如苹果中红星系、乔纳金、陆奥等品种。

为了免擦碰和损伤保留下的花芽与花朵，无论是疏花芽还是疏花序或花朵，都要从里到外，从上到下，依次进行。疏花时还要注意花量在整个树体上的合理布局，一般掌握树冠内膛和下层要多留少疏，外围和上层要多疏少留；辅养枝要多留少疏，骨干枝要多疏少留（骨干枝延长枝不留），并多疏两头，少疏中间；强枝要多留少疏，弱枝要少留多疏；大、中型枝组可多留少疏，小枝组要少留多疏，而且在枝组上，应留前疏后（下）。

（2）疏果基本要求　疏果通常从落花后一周开始，分两次进行，花后 20 天内结束。第一次疏果称花后疏果，第二次疏果将最终确定全树的果实数量，通常称为定果。第一次疏果在落花后 6～10 天进行，该期疏除的主要对象是花序上的密集果；第二次疏果通常在花后 10～20 天进行，对于苹果要在套袋之前完成。如果前期留果量过大，到 7 月上中旬时明显看出超负荷时，要坚决进行后期疏果。疏果时首先要疏去病虫果、畸形果、边果和发育不良的小果，去除梢头果；留果应选择果形端正，中长果枝和果梗向下的为主。

3. 不同果树的疏花疏果技术

（1）仁果类　仁果类果树可在蕾期用疏果剪剪除整个花序，也可在花序伸出到分离时疏去边花，留中心花，花量多时可将整个花序疏去。梨树则应疏去花序基部的 1～3 朵花及中心小花。

疏果一般在花后 10 天开始，1 个月疏完。疏果时，要先将发育不好的小果、畸形果和病虫为害果一律疏去，然后再按确定的留果量将多余的果实全部疏除。根据果枝的长势，壮果枝可留双果或单果，弱果枝不留果或只留单果。无论留单果或双果，都要注意选择果枝的年龄和部位，一般 3～4 年生基枝上所着生的果枝结果好，果枝年龄过大，果个变小。多数苹果品种以短果枝结果为好，花序中心的果个大、端正、果形指数高，要注意保留；边果果形偏斜，果形指数小，可优先疏除。梨树应选留果底圆的、萼洼狭而有些凸出的、果柄长而粗的果实，还应选留在枝条侧面和下方的，并在果实上方有叶片遮盖的果实。树势弱、花芽细瘦的树，宜留第 3～4 个果；树势强，花芽壮的树，可留第 5～6 个果。

（2）核果类　核果类果树，可从盛花初期开始用手轻轻抹去多余的花朵或花蕾。一般多抹除各级延长枝上的花，枝杈之间的花、纤细枝、短弱枝上的花、预备枝上的花和树冠各部的畸形花、病虫为害的花以及各类果枝上部的多余花。还要注意疏单花，留复花芽花，疏上、下花，留两侧花。桃人工疏果的时间可分两个阶段，第一阶段在新梢长约 5 厘米左右时（北方约在 4 月底到 5 月上、中旬）；第二阶段在 5 月下旬，幼果已膨大，出现大小果时。

（3）其他果树　葡萄树，除在冬芽萌发后，进行抹芽外，在开花前要疏花序和掐序尖等。核桃树，可在休眠期至雄花芽膨大期抹除全树雄花芽 90％～95％，具体时间在雄花芽膨大呈桑椹状时进行最好。板栗树是在结果枝上出现的雄花序生长至 2 厘米左右时，保留上部 4～5 个雄花序，其余的雄花序全部抹除。

4. 化学疏花与疏果

当果园面积较大时，为了节省时间，也可以考虑化学疏花与疏果。

化学疏花是在花期喷施化学调节剂刺激花朵脱落的疏花方法。化学疏花时，除药剂浓度外，树体生长势以及果园环境温度都会影响疏花效果。一般来说，生长中庸的苹果树在果园温度 21～26℃喷药，其疏花效果比较稳定。果园温度过高或高低时，容易出现疏花不彻底或疏花过度等问题，应引起重视。

常用化学疏果剂有萘乙酸和萘乙酰胺，在幼果直径为 10～13.5 毫米时喷施 5～10 毫克/升萘乙酸可导致落果，萘乙酰胺比较温和。西维因是一种有机氮杀虫剂，盛花后 7～25 天喷布 800～2 000毫克/升，对果实有良好的疏除作用。敌百虫是一种有机磷杀虫剂，苹果在盛花后 10～15 天喷施 600～2 000毫克/千克的敌百虫，疏果效果显著。甲酸钙制剂可通过抑制柱头的活性而阻止受精，在顶芽中心花盛开后 3 天和 5 天喷布两次 5～10 克/升的甲酸钙制剂，也有良好的疏花作用。化学疏花与疏果省力省工效率高，但效果不稳定，易受各种条件影响，使用时要慎重。

四、果实套袋，改善外观

1. 果袋的种类与规格

果袋有单层袋和双层袋两种，一般红色品种用双层袋，黄色品种用单层袋。目前生产上主要给价值较高的红富士苹果等的果实套袋，主要套以日本小林、韩国、中国台湾、国产双层袋。

果袋质量直接影响套袋效果，选袋不当不仅不会提高果实品质而且会严重损伤果实，还会造成一些虫害（如康氏粉蚧）的发生。果袋质量决定于袋纸的质量和制作工艺，通常双层袋的效果优于单层袋。双层袋的外袋纸质要经得起风吹日晒雨淋，透气性好，不渗水，遮光性强；内袋不褪色，蜡层均匀，日晒后不易蜡化；果袋上要留有透气孔，袋口有扎丝，内外袋相互分离。

2. 套袋的时期和方法

套袋要掌握好时期，一般在生理落果后进行。比如，苹果要在谢花后 30～40 天套袋，一般在 6 月中下旬到 7 月上旬。这时 6 月落果已经结束，果实优劣表现明显，果柄木质程度和果皮老化程度增高，不易损伤果子。套袋前进行疏花蔬果和喷药，套袋时先使纸袋膨胀，然后将幼果套入纸袋中央并用铁丝扎紧袋口。

3. 摘袋的时间与方法

要根据果实特点和市场确定是否摘袋以及摘袋时间，葡萄和梨等可以带袋采收上市，苹果等要在采前30天左右摘袋。苹果套袋果摘袋时间太早，果子暴露时间长，日灼和轮纹病易发生，且着色差；如果摘袋太晚，果实含糖量低，风味淡，且采收后易褪色；若单从着色考虑，可稍晚（采前29天）摘袋。摘袋要在晴天上午10时至下午4时进行，先去外袋，3～4天后再去里袋。摘除袋时应一手托果子，一手解袋口扎丝，然后从上到下撕烂外袋，这样可以防止拽落果子。

4. 套袋注意事项

套前防病虫：虽然套袋有预防病虫的功效，但有些病虫在套前已侵染果实，如果不搞好套前防治，病虫就会在袋内继续危害果子。从花期到袋套前是果实染病的敏感时期，轮纹病、霉心病易在此期侵入果内，潜而不发，此期又是康氏粉蚧、蚜虫、红蜘蛛、潜叶蛾等多种害虫的并发期，这时要注意喷药防治病虫。

套前防缺素：花后到袋套前是果实钙、硼等多种元素吸收的高峰期和果实纵径增长的关键时期，果实缺素会呈现各种症状，如斑点、畸形等，袋套前喷肥可防止缺素症发生，并可提高坐果率，增加单果重．喷肥与喷药可结合进行。

认真进行疏花疏果：疏去弱花、晚茬花、腋花、梢部花。定果时每20～25厘米留一个果，留中心果，果柄长的果；疏去花萼不闭合的果、小果、扁果、畸形果、肉质柄果、朝天果、病虫果、有伤果。

套袋顺序：应先上后下、先内后外、逐枝逐果、整株成片进行，以便管理，套时不要将铁丝扎在果柄上。

适当晚采：推迟到立冬前后采收，这样可提高含糖量，增加着色面，口味变浓。

5. 生产中存在的问题及解决方法

日灼：与袋纸的透光性、果袋有无透气孔、套袋时果子是否悬于果袋之中，以及高温有关。应注意选择质量高的果袋，套袋时不要让果子贴在纸壁上，将果子放中间，高温天气注意果园喷水，剪大透气孔。

果实有斑点：主要是土壤黏重，通风透光不好，轮纹病菌浸染，康氏粉蚧危害，苦痘病发生，应注意合理修剪，增施有机肥，套袋前喷药喷肥。

果实失水：主要是高温干旱，蒸腾加剧，叶片枝条内汁液浓度升高，引起“库”“源”逆转，果实内水分养分倒流于枝叶中引起，应注意给果园少量多次灌水，如有喷灌滴灌设施最好。

五、辅助处理，增进着色

辅助处理包括摘叶、转果、铺反光膜、采后增色等，它们都是促进果面均匀着色的技术措施。

1. 摘叶

（1）摘叶时期　从果实着色期开始，在果实摘袋后 3～5 天要及时摘叶。对大多数中晚熟红色果树品种，如红乔纳金苹果，采前 15～30 天是果皮色素发育明显加快的关键时期，应在此期间摘叶；中熟品种果实发育期较短，如红津轻、芳明苹果等，一般在采前 15～20 天摘叶。密植条件下的晚熟果树品种，如红富士苹果，为获得果面红色均匀的优质果，可在采前 30～40 天摘叶。容易着色的果树品种，如首红、银红、艳红等元帅系短枝型苹果贴果叶多，摘叶量较大，为避免摘叶对后期光合作用的影响，摘叶时期可推迟到采果前 10～15 天。有些果树品种，如富士系晚熟苹果，果实着色相对缓慢，采前摘叶通常分两次进行。

第一次摘叶在采前20～30天之间进行，主要摘除贴果叶，第二次摘叶在采前7～10天进行，主要摘除果实周围长枝上遮光叶片。在黄土高原海拔600米以上的旱作果园，果实后期着色快，摘叶期应比一般果园晚5～10天。树冠中下部及内膛光照差，果面着色慢，应比正常的摘叶时期提早3～5天摘叶。

（2）摘叶方法　整叶摘除是采前摘叶常用的方法，摘叶时左手挟住果枝，右手将贴果叶从叶柄摘除即可。短枝型苹果叶丛枝叶片密集，不易摘除，常用疏果剪疏叶。有时遮盖果面的仅仅是叶片先端的一部分，只需剪除先端叶片，也就是半叶摘除法，在短枝型苹果中半叶摘除最为常见。也可进行转叶，即在采前将直接遮挡果面的叶片扭转到果实侧面或背面，使其不再遮挡果面，从而达到果面均匀着色的目的。

采前摘叶操作时，全叶摘除、半叶剪除及转叶技术通常交替使用。叶片肥大的功能叶，常常剪半叶或转叶，而当叶片密集交叠时，则需要将整片叶摘除。采前摘叶可分为两次进行，第1次摘叶的对象是那些直接遮在果实上的贴果叶片和邻近果实的遮荫叶片，摘叶时通常从叶柄处直接扳下或用指甲从叶柄上端摘除；第2次摘叶是摘除果实周围的新梢及附近延长枝上过密的叶片，由于树冠上部及南部叶片对全树光照影响大，通常摘叶程度也高于其它冠区。第2次摘叶不宜过早，大约在采前5～10天进行。

（3）摘叶程度　摘叶的程度因品种、树形及栽培方法而有较大差异。为不影响树体的发育和花芽分化，一般果园采前的摘叶量为2%～5%，首红、新红星等短枝型红色品种果实遮光叶片需全部摘除，但摘叶量要在10%左右，摘叶量超过15%时花芽质量受到影响。红富士苹果可将靠近果实的叶片摘除，但叶片不能摘除过多，一般可占全树总叶量的20%～30%，以免造成光合产物不足，降低着色。自由纺锤形的全树总枝量及总叶量均高于开心形，其摘叶程度也重。

2. 转果

转果与摘叶的作用相似，也是促进果面均匀着色的一项技术措施。摘叶是为了消除果面绿色斑块，转果是为了消除果实阴阳面着色的差异，最终获得全面着色的优质果实。

（1）转果时期　一些果树的红色品种，如红色的苹果品种，花青苷的合成往往在采前3～4周形成高峰，当果面着色接近品种固有的色彩时，花青苷合成则趋于平缓，在这期间进行转果，既保证了阳面的基本着色，又调节了阴面花青苷合成，达到了交替照光，均匀着色的生产目的。转果一般在采收前10～20天进行，也就是果实阳面基本表现出品种色泽时转果。无袋栽培的果实开始转果时间较早，有袋栽培的则是在摘袋到采收的中间转一次果。

（2）转果方法　根据果实着生位置及品种差异，采前转果可采用单向转果、双向转果及连续转果几种方式。单向转果通常在果实阳面基本着色之后（大约采果前12～15天时）一次转果。多次转果的第一次转果在采前15～20天开始，然后每隔3～5天或不定期转果。转果时要戴上线手套，左手握果枝，右手轻轻托住果实底部，使果实轻轻转动150°～180°，并与背光一侧的邻近枝条靠拢，以固定转果后果实的位置。元帅系短枝型苹果果柄粗壮，一次转果角度过大容易转落果实，可采用两次转果的方法，第一次转果时使果实朝一个方向转动90°～120°，7～10天后再将果实朝相反方向转动180°～200°。转果操作时动作要轻，不要转落果实，手套不要磨擦果粉，枝条不要擦伤果面。有些果实邻近没有支撑物，转果后容易回转，可在这些果实的阴面拉一布绳或塑料绳，使果实有依托。

（3）注意问题　采前转果对果实着色的作用十分明显，但转果不当也易引起果面灼伤。需要避免高温期转果，可选日落前或阴天转果；设立保护设施，如立支柱时设置空间遮阳网，来减少采前强光高温危害；在长期实行生草制的果园可以抑制和缓解果实日灼伤的发生。为防止枝条擦伤，转果后可在枝条和果实之间垫一薄的泡沫塑料。

3. 铺反光膜

在果实着色期于地面铺反光膜，增加果园由地面向树冠的反射光，可显著提高树冠内部光照强度，特别是增加树冠中、下部的光照，对促进果实含糖量有显著效果。

反光膜有多种类型，常见的有平面反光膜和立体反光膜两大类。平面反光膜质地较薄，由基质和反光层两部分构成，基质层厚度 0.015～0.080 毫米，其上涂有银灰色粉层，起反光作用。立体反光膜是近年来研制和生产的又一种反光膜，该膜的表面凹凸不平，自然光照射到立体膜之后，能产生各个方向的散射光，相当于在果园地面建立了若干个方向各异的第二光源，使得不同树冠区域及果实的不同果面位置都能接受反射光。

铺反光膜的时间为果实着色期（采收前 30～40 天）。铺膜的方式通常有全园铺膜、树行铺膜及树盘铺膜三种。密植园可在树行两侧各铺一长条反光膜，在稀植正方形栽植园，主要在树盘内和树冠投影的外缘铺大块反光膜。为了使树冠下的银色反光膜发挥其应有的反光作用，树冠的枝、叶量不能过密，除了整形修剪时注意留枝量外，还应在铺反光膜前适当地摘叶，争取树冠的地面透光率为 30%以上。通常，每个树冠下用三幅银色反光膜，每幅面积为 1 平方米，其中一幅用剪刀从中央裁为两个半幅。果实套袋树，在完全除袋和第一次摘叶后进行；果实未套袋树，在果实开始着色和适当摘叶后进行。顺树行在树冠下的两侧，各铺一幅；行内在树冠下的两侧，各铺半幅。反光膜的外缘与树冠外缘对齐，反光膜的周边用砖石压实。铺反光膜不能拉得太紧，以免因气温降低反光膜冷缩而造成撕裂，影响反光膜的效果和使用寿命。采果前收起反光膜，洗净擦干后保存，供翌年使用；每幅银色反光膜可用2～4年。

4. 采后着色

主要用于可上色的果树品种，如为使早熟苹果更早上市，可实行人工着色，使采收提前1个月左右，而且色泽艳丽美观，时逢供应淡季，经济效益大增，中晚熟品种采后着色处理后，也会使经济效益大增。

（1）人工着色前的准备　在果实自然成熟前1个月左右（7月下旬）就开始做人工着色的各项准备工作。首先选一地势高燥、排水良好、向阳无遮挡、离水源较近或有自来水的地方，整理备用。然后根据每次采收量准备苇箔（1.5米×1.7米）、木杆（或其它支撑物）、细绳等。同时在选好的场地搭着色架，架高60厘米左右，宽1.4～1.5米，长度不限，用绳将木杆接处绑牢。之后准备喷水用具，一般喷水龙头或喷水管均可。喷水头多用喷灌龙头代替，喷水管多用直径1.7厘米左右的塑料管或胶管（其上钻有密集的小眼），长度与着色台等长。另外，准备一台喷水马达。最后还要准备与蚊帐网眼大小的黑色和白色的覆盖网，网的宽度与苇箔相等，长度与着色台等长，白网用量为黑网的1/2。

（2）着色方法　先将苇箔平铺于着色架上，然后将果实果柄朝上，逐个排放于着色台上，范围以不超出网的覆盖面为度。摆好后，将白网盖在果实上，在白网上面再盖两层黑网。人工着色一般选用早熟的、着色系的套袋品种。为了避免除袋后的果实在着色时日灼和失水，并且创造果实着色时的适温，果实的人工着色要在连续喷水条件下进行。覆盖好3层网后，将喷水龙头放在场地四周，或以水管悬吊于着色台之上，进行喷水。24小时以后，先揭最上层黑网，48小时后，揭去第二层黑网，72小时之后揭去白网。然后再继续喷水两天，即可停水，装筐上市。全部着色过程为5天。经过人工着色的苹果，从胴部到果肩部，色泽鲜艳，但萼洼部位因未受光，一般不着色。

日本对津轻苹果等品种，人工着色的办法是：选择房后、墙后背阴通风又高燥平坦之处或树下，在地面铺 10 厘米左右厚细砂，将果子果柄朝下，单层整齐排列（留有空隙）于砂上，为果实造成 10%左右的光照、10～20℃的温度、90%以上空气湿度的条件。每天傍晚喷凉水，降低温度，增大温差，防止果实失水。4～5 天后翻动果实，使果柄朝上，再经 4～5 天，即可使果实全面着色。

除了上述措施外，还应有配套的其他栽培技术，如科学施肥，特别是注意控氮、增钾、增磷；改善光照条件；防治病虫，保护叶片；适当晚采或分批采收及合理供水，特别是后期适当控水，能够促进果实着色，还可提高果实含糖量。

六、谨防日灼，控制裂果

1. 谨防灼果病

苹果等果树的果实易发生日灼，日灼主要是在土壤久旱时果树体内水分亏缺，蒸腾作用受阻的条件下，直射阳光照射所引起。果树体内缺水时即使很短时间的直射阳光照射，也会因局部温度骤升而受到灼伤。为有效防止果实日灼，可进行：

①粘纸护果　对于外露而无叶保护果实（如顶梢和树冠外缘），且在下午 1～3 时受太阳直射的果实，应用粘纸保果法保护好。即把一张 32 开大小的纸，沿苹果绕成倒置的漏斗状粘挂于果柄处，给苹果戴一顶“遮阳帽”，从而避免太阳光直射。

②灌溉与暮喷　高温时期，叶片蒸腾量大，容易因土壤缺水而形成日灼，因此，伏旱时期，果园应及时灌溉。用较细喷头，在傍晚时分，对树体进行全方位喷水（暮喷）降温可有效防止日灼病的发生。

③减轻日光直射枝干　主要多留内膛枝和枝干上涂石灰乳来解决。主枝角度越大，日灼会加重，在选择树形和整形时，可通过减小主枝角度而减轻光线直射枝干。

④树盘覆草　树盘覆盖农作物秸秆等，能保持土壤水分，稳定地温；覆盖厚度15～20厘米，并压土防风吹散。

⑤防早期落叶　注意适时防治引起苹果早期落叶的苹果叶螨、山楂叶螨、二斑叶螨、蚜虫、金纹细蛾等果树害虫以及灰斑病、褐斑病等；也可喷适量叶面肥、生态膜制剂等，以减轻病害发生。

⑥使用抗旱性砧木　经常发生干旱的地区，应特别注重选用耐旱砧木进行嫁接，如未用抗旱砧木者，也可使用根接法接上抗旱砧木。抗旱砧木可使果树根系深扎于土中，能够稳定持久吸收充足的水分。

⑦果园生草，改善生态条件（详见其他章节）。

2. 改善果形指数

在市场上，消费者对果形有特定偏爱，比如，对元帅系、富士系、金冠系等苹果品种，人们更喜爱果形指数（纵径/横径）较大的果实，尤以元帅系苹果的果实为甚。为满足消费者的喜好，需要采取措施提高果实的果形指数，比如，苹果疏花后，于蕾铃期(5%的中心花含苞待放时)至盛花期(50%～75%的中心花开放时)以后10天，对保留的花朵喷布普洛马林或其类似产品300～1 200倍液1～2次，能明显地改善果形指数。喷布药剂时，可选无风或微风、晴天的傍晚和早晨露水干后进行，注意药剂应以良好的雾状，均匀地喷布花朵，特别是花托(花柄与花朵交界的膨大部位)，如果花托喷布不匀，有可能形成偏斜不正的果实。

3. 控制果实裂果

大樱桃、枣、桃、葡萄、苹果等果树的一些品种，在采收前经历干旱后遇到大雨，它们的果实时常发生裂果。裂果会严重影响果实品质，尤其是外观质量，降低果实商品价值。

裂果是果实发育后期出现的一种生理失调现象，主要是果皮生长不能适应果肉生长引起的，与果实成熟过程中果肉渗透压增加和果皮延展性差有关。裂果的数量和程度，因品种特性和降雨量的不同而不同。通常含糖高、吸水力强、果面气孔大、气孔密度高，以及果皮强度低的品种，如艳阳、水晶、滨库等大樱桃品种裂果重。大樱桃在果实发育的第三个时期（即第二次迅速生长期），裂果指数随着单果重的增加而增加，果实采收前，降雨量大或大量灌水时，会加重裂果。鉴于上述情况，为预防和减轻裂果，可以选择抗裂果品种、稳恒土壤水分状况，以及加强树体管理，保持树势中庸等措施。

①选用抗裂果品种　栽植抗裂果品种是防止裂果的基本措施之一。不易裂果的苹果品种有鸡冠、秦冠、元帅系等，易裂果品种有国光、大国光等，在裂果严重果区，少栽或不栽易裂果品种。大樱桃裂果比较严重，但目前尚未发现完全抗裂果的大樱桃品种，不过有些品种，如拉宾斯、萨米特等比较抗裂果，在容易发生裂果的地区，可以选用这样的品种。也可根据当地雨季来临的早晚，选用雨季来临前果实已经成熟的早熟品种或中早熟品种，如早红宝石、意大利早红、美早、红灯、芝罘红等。

②保持水分供应稳定　在果实生长期如遇干旱，特别是果实膨大期降雨较少时，要采取补水措施，小水勤灌，维持相对稳恒的土壤含水量。还要防止果实淋雨、防止果树根际水分剧烈变化，采用避雨栽培、设施栽培等。

③加强树体管理，保持树势中庸　在施肥上，尽可能多施有机肥，少施化肥，控制氮肥用量。应用化学药剂，可于9月下旬喷1次B9，或于采前1～3周喷0.2%的氯化钙1～2次，也可用15%多效唑300倍液于6月下旬至7月中旬各喷1次，对减少裂果有一定效果。

④果实套袋与果面喷保护剂　喷果面保护剂，如500～800倍的高脂膜、200倍石蜡乳剂等，也可减少果皮微裂。给果实套袋也可以减轻裂果。

七、保护叶片，防止早期落叶

1. 保叶防衰的意义

叶片是光合作用的主要器官，植物体内90%的干物质都来自叶片的光合作用，器官建造、产量形成等都要依靠这些光合产物，叶片的光合作用是果树生长发育、开花结果的物质基础。要提高果树产量必须保证适宜的叶面积（总叶面积/单位土地面积=3～4）、叶片质量好（叶片厚、亮、绿）、春季叶片早形成、秋季叶片晚衰老等。但在生产中往往由于种种原因而导致叶片早衰早落，使秋季叶片数量和质量下降，光合作用减弱，这直接影响后期果实发育、品质提高、花芽进一步分化和果树营养贮藏水平等。

秋季气候条件适宜，叶片完全成熟，此时叶片光合速率最高。叶片早衰早落将导致果树同化功能下降，不能很好地为树体制造贮备营养，树体营养积累水平低，来年树体生长发育的所需的物质条件差，会使来年果树萌芽、开花、坐果和幼果发育受到极大影响。由于果树开花消耗的营养达贮藏营养的40%，10～20厘米以内新梢的生长均靠上年贮备的营养，因此，叶片早衰早落会使贮备营养难以满足翌年开花和抽梢所需，常造成翌年花芽瘦小而且量少，坐果率低，幼果发育慢，新梢细短等，进而形成结果小年。

叶片早衰早落使树体叶面积指数低，树体的正常生理机能如呼吸、蒸腾、吸收、贮备等受到限制，大大降低了树体的抗逆性，病虫乘虚而入，很容易引起春季腐烂病、干腐病等暴发。受病虫侵害而早落的叶片会使病虫越冬数量倍增，给来年防治带来极大困难。

2. 叶片早衰早落的原因

早期落叶的原因主要在于果树营养不良、树冠郁闭、干旱或积涝、药害或肥害、负荷过大、病虫害严重等。

（1）果树营养不良　果树营养不良包括树体贮存营养不足、树体缺素和营养不均衡等方面。多年生果树春季展叶、开花、坐果等主要依靠上一年的贮存营养，而4、5月份叶片还没有完全成熟，光合作用弱，有限的营养优先满足新梢需要，若贮存营养不足，大量营养物质会流向新梢上部，枝条中下部的叶片就会因缺乏营养而变黄，严重时落叶。连年环剥、剥口太宽、环剥次数太多、主干环剥或环割圈数太多等都能致使伤口愈合质量差，营养运输不畅，使树势衰弱，引起整个树体或部分骨干枝上的叶片先变黄后脱落。土壤缺乏有机质、土壤盐碱化或粘重土质等因素都可能导致营养不良，使果树早期落叶。

树体缺乏某些元素，造成营养失调，引起叶片异常，严重时导致叶片早落。比如，树体缺氮，新梢基部叶发黄，逐渐扩及梢部，叶柄与新梢夹角减小，遇风脱落，形成光干；树体缺磷，新叶小而薄，叶柄及叶背的叶脉呈紫红色，叶柄与新梢夹角减小，遇风易落，严重时老叶变成花叶，自行脱落；果树缺铁，新梢幼叶的叶肉先变黄，而叶脉两侧仍保持绿色，叶呈绿色网纹状；重时全叶呈现黄白色至白色，病叶从边缘变褐焦枯，最后全叶枯死并早落；树体缺镁，最初少数新梢顶端的叶片稍显褪绿，此后新梢基部成熟叶片外缘和叶脉间出现绿色斑块，逐渐变成黄褐色或深褐色，经2～3天以后，病叶卷缩脱落，最后在顶部只留几片淡绿色的叶片；果树缺钙导致结果树新梢过早停止生长，幼叶卷曲，叶边缘发黄，叶中脉有坏死斑点，严重时叶片早落。

（2）树冠郁闭　叶片形态建造和功能维持需要足够的光照，

树冠郁闭、光照不良，叶片光合效能低，树体营养差，树势衰弱，会出现黄叶、落叶，尤其果树内膛。实践表明，树冠内膛光照减弱到全光照30%以下时，叶片的合成能力低于消耗变成了寄生叶，叶黄且薄，久而久之因光照恶化引起内膛落叶。光照不良主要存在于密植果园和树体主干矮、骨干枝角度小、枝量过大、通风透光条件差的果园。

(3) *干旱或积涝* 由于长期干旱，果园土壤里的水分损失严重，远远不能满足树体的需求，根系不能及时运送养分和水分，从而导致叶片失绿。处在这种极度干旱情况下，常引起木栓化加快，生理调节失衡，自疏现象严重，最终导致叶片早落。这种落叶主要是发生在基部的小叶上，严重时大叶也能脱落。若夏秋长期干旱与高温叠加，即会加剧叶片的呼吸及蒸腾强度，打破水分供给平衡，使脱落酸含量提高，各个器官对水分竞争激烈，使果树因饥渴发生叶片早衰早落。夏季高温期由于突降暴雨或是连续多日阴雨连绵，以致果园积水，土壤板结，透气性差。在这样的环境下，最易造成根系生理功能下降，输导组织受阻，树体不能进行正常的生理运作，致使叶片变色萎缩，出现青干或干枯。这种落叶一般在树冠中内部发生较重。雨季后期，由于土壤含水量过大会引起秋梢旺长，旺长的秋梢从枝中下部叶片中吸收养分，而根系因积水窒息，吸收能力下降，造成中下部叶片营养不足而脱落；同时，雨季后期，果园湿度大，易发生斑点落叶病。

(4) *病虫为害* 这是叶片早衰早落的重要原因。病害有叶部病害和根部病害，叶部病害主要是早期落叶病（如苹果褐斑病、灰斑病、轮斑病、斑点落叶病等）病菌引起的早期落叶。褐斑病是造成苹果早期落叶的主要病害，其中红富士苹果为早期落叶病的易感品种，受害后，叶早落，削弱树势，常引起二次发芽、开花，果实不能正常发育，甚至引起早期落果。花叶病是是危害果树叶片的病毒性病害。发病较轻时，叶片上出现大小不一、没有一定形状的鲜黄色病斑；发病严重时，病斑布满全叶，整个叶片成为黄绿相间的花叶，病树提早落叶。果树根系被紫纹羽、白纹羽、圆斑根腐病病菌侵染以后，先从小根、须根开始发病，顺小根延伸到大根，影响了根的吸收功能，也能引起地上部的叶片黄化或干边，严重时叶焦枯脱落。引起苹果树早期落叶病的害虫主要是金纹细蛾、旋纹潜叶蛾，这些害虫潜入叶片表皮下取食叶肉，使被害叶片的表皮与叶肉分离，叶片扭曲、皱缩、干枯，引起早期脱落，严重削弱树势，影响花芽形成。

（5）药害或肥害　选药不当，用药浓度过高，药剂溶化不好，混用不合理，喷药频繁或时期不当，均易发生药害，引起叶片发黄，甚至脱落。一般情况下，水溶性强的无机药剂最易产生药害，如铜、硫制剂。有机肥没有经过充分腐熟分解、施肥量大、过于集中，烧伤根过多会引起落叶；叶面喷肥浓度过高或喷肥时间、方法不当，多施氮肥等皆有可能引起肥害而造成落叶。

（6）负荷过大　果树结果负荷超量，营养消耗过大；同时，过多的果实刺激叶片功能亢进，加快衰老，果实采收后，功能亢进的叶片一时不能适应而造成脱落。

3. 防止叶片早衰早落的措施

（1）改善根际环境，养好根系　“叶靠根养，养叶先养根”。防止早期落叶，首先是加强土肥水管理，改善根际生态环境，提高园内土壤有机质的含量，改善土壤通透性和理化性状，进而促进根系养分吸收，提高树体营养水平，培养健壮树体；同时实行配方施肥，忌偏施氮肥，增施磷钾肥和微量元素，提高光合作用，控制过旺树势，增加树体贮存营养，提高树体抗病虫能力。这可结合秋施基肥，深翻土壤，在秋季果实采收后落叶前，及早施入有机肥，施用量可按照每千克果施3～5千克土杂肥，并混入适量氮、磷肥和微量元素肥（钙、锌、铁肥等）。比如，土杂肥与硫酸亚铁按5：1的比例混合后，沟施于树冠下，覆土灌水，幼树1～1.5千克/株，大树2～2.5千克/株，以补充树体中铁的含量。

在搞好土壤改良和增施有机肥的同时，在春梢速长期，当中、短枝顶部1～3片叶发生失绿时，分别于5月上旬、5月中下旬、6月上旬，各喷1次0.5%尿素+0.3%硫酸亚铁溶液或黄腐酸二胺铁200倍液；也可用0.1%硫酸铁和0.1%柠檬酸铁10毫升左右进行树干注射，用0.5%～3%硫酸铁灌注根际土壤。树体缺镁时，可在春季展叶后，土施硫酸镁0.5千克/株；叶片出现缺镁症状时，也可立即喷0.3%硫酸镁溶液。树体缺钙可以在谢花后2～5周内，叶面喷施氨基酸钙350倍液或其他钙肥，间隔12～14天，连喷2～3次；采果前40～50天再喷1次。同时，加强综合管理，合理负载，协调生长与结果的根系。

(2) 合理修剪，增强树势　通过修剪等措施，建立通风透光的树体结构，提高光能利用率。因为通风透光的小气候，能够使树体在遭受外界高温、雨水、高湿等不良环境时，进行自我调节、自我缓解等，从而减轻伤害。修剪时，重点疏剪下垂冗长枝、内膛徒长枝、直立枝、重叠枝、交叉枝、病虫枝、细弱枝，采用提高树干高度，减少大枝数量及分枝级次，开张骨干枝角度，加大层间距，中心干落头开心等方法，改善果园通风透光条件，增强叶片的光合效能，改善树体营养。

(3) 合理灌排，均衡水分供应　果园应做到小水勤浇，防止大水漫灌，尤其避免在高温时灌大水。低洼处注意排水，防止积水。雨后或灌水后，要及时划锄松土，保持土壤上虚下实。上部疏松，有利于通气、渗水和养分的分解；下层土壤略紧，能保水保肥。

(4) 防治好病虫害　褐斑病、灰斑病、轮纹病是引起早期落叶的主要病害，这几种病都是由真菌引起的，7～8月份是这几种病菌的盛发期。防治这些病害，需及时清除园内的枯枝、落叶、杂草，刮除翘皮，并集中烧毁或深埋，以减少病虫源，压低病虫源密度，如果能做到细致周到，可以消灭越冬病、虫源的

50％～90％。对早期落叶病，在萌芽期喷布5波美度石硫合剂，铲除初次侵染菌源；套袋前可喷25％多菌灵600倍液或70％甲基托布津可湿性粉剂800倍液；6月中旬（即套袋后）至8月下旬，杀菌剂均以喷施石灰倍量式波尔多液200倍为主，或交替喷50％多菌灵800倍液，每隔15～20天喷1次，连喷3～4次。

对于因根部病害引起的早期落叶，可以在秋季结合扩穴施肥时，向土壤撒药，药剂选择多菌灵、退菌特等皆可；每棵树150克药剂，混土后撒在树盘上，或树穴上部。对金纹细蛾和旋纹潜叶蛾，可于孵化期喷施25％灭幼脲3号悬浮剂1 500～2 000倍液，或20％除虫脲悬浮剂1 000～1 500倍液，于成虫活动盛期喷80％敌敌畏乳油800～1 000倍液，及成虫活动盛末期喷30％蛾螨灵2 000倍液或30％辛脲乳油1 500～2 000倍液。

（5）防止药害或肥害　根据病、虫的耐药性，结合农药的性质，正确选择农药，严格按说明书配制和使用农药，不可随意加大浓度和用量；施药时避开大风、高温、高湿、阴雨天气。如果遇到药害，要暂停用药，运用喷清水冲洗，喷施中和缓解药物，追施速效肥料，使用植物生长调节剂，加强树体管理等方法，缓解受害程度，减少损失。施用的有机肥要经过充分腐熟分解；化肥施肥量不要过大、过于集中；叶面喷肥浓度不要过高，要避开高温时间喷肥等。

八、科学管理，防止树体早衰

1. 树体早衰原因

苹果短枝型和嫁接矮化砧的品种、桃树、葡萄、日本和韩国培育的梨等一些品种，在措施管理运用不当时，极易出现树势早衰、产量下降的问题。主要表现为叶片变小、变薄、易黄化、早期落叶；新梢短、成条难、结果枝衰老快、果台副梢少、枝组连续结果能力差；果个偏小、果实品质下降等。树体早衰原因与叶片早衰原因类似，树体早衰原因主要在于：

①叶片早衰早落会直接导致树体早衰。

②土壤肥力不足，营养不良　矮化型苹果和日本和韩国培育的梨等品种要求土壤有机质含量在3%～5%，而我国果园土壤有机质含量多在1%以下，两者相差很远。这样低的土壤有机质含量，难以长期满足果树正常的生长发育。

③砧木选择不当　栽种时苗木选择不当，甚至带菌；砧木不是该苗木的优良砧木，亲合性差，抗性弱，适应能力差，易感病。

④树体负载量过大　只顾追求产量，不注意合理地疏花疏果，结果过多，结果后枝条下垂，造成营养生长和生殖生长失调，贮藏营养严重不足，导致树势衰弱。

⑤修剪不合理　大砍大杀、滥用造伤手段、环剥过重；不注意保护树体，造成树体伤痕累累，使桃树多处流胶；修剪时间不合适，致使葡萄伤流过重，养分流失，致使树体干枯死亡。大树不注意培养内膛枝、结果枝更新回缩不及时，致使树体结果部位外移，内膛空虚，结果枝越来越少，最终绝产。

⑥施肥不合理　偏施氮肥，忽视磷钾肥及有机肥的施用，甚至多年不施肥，造成土壤板结，透气性差。有机质及微生物的含量很低，一些微量元素被固定，而不能被树体吸收，导致营养不良现象的发生，如黄叶病、小叶病等，引起部分果园早期落叶，严重时树体死亡。

⑦病虫害防治不及时　病害蔓延，引起落叶；蛀干害虫进入木质部大量取食，破坏养分运输通道，阻碍养分的正常运输，这也会导致树体衰弱。

2. 防止树体早衰措施

(1) 加强土壤管理，保证肥水供应　充足的肥水供应是防止果树早衰的基础，而加大有机肥的施用，提高土壤有机质含量，是复壮树势的根本。凡土层薄、肥力差的果园，可结合施肥逐年向外深翻扩树盘，不断加厚活土层。果实采收后至落叶前增加有机肥和化肥施用量；行间种植三叶草、紫花苜蓿等绿肥，或全园覆草，适时翻入地下，千方百计增加土壤有机质含量。

多次根外追肥，前期以氮肥为主，中期以氮、磷、钾混合肥为主，后期以磷钾肥为主，可在新梢旺长期施入磷酸二铵、果实膨大期施入尿素，7 月底至 8 月初施入三元复合肥，果实采收后 10 月上旬喷布 1 次 2%～3%的尿素，以利延缓叶片衰老，提高叶片光合功能，增加树体贮藏养分的积累。

着重做好发芽前、开花前、谢花后、套小袋前、果实第 2 次膨大期、采收前、采收后及封冻前几个时期灌水。做到各生育期适时灌水，尤其在土壤含水量低于 60%时和伏旱时注意灌水，以利于增产和改进果实品质，促进树体生长发育。一般土壤质地较好的沙壤土地块，一年灌水 8～10 次。

（2）合理负载，保持树势　按照果树年龄、树势、营养状况等，控制结果枝与营养枝的比例，严格疏花疏果、合理负载。疏花疏果，不仅能提高坐果率，增大果个，提高果实品质，还能节约树体养分，保持健壮树势，防止树体衰弱。比如，巨峰葡萄的结果枝与营养枝的比例应控制在 2～3：1，枝间隔 10～15 厘米为宜；对富士苹果一般树每隔 25 厘米留 1 个花序，对重度衰弱树应将花全部疏除。对于黄金梨，花枝数量占总枝量的比例要控制在 30%左右，多余的花枝可进行破花修剪，以转化为翌年的结果枝。

（3）合理修剪，恢复树势　按照疏弱留强、适度重剪、弱枝强剪、老枝回缩的原则，及时更新，以保持树势健壮。有中干的树种一定要保持中心干领导干和延长枝的生长优势，使其少结果，只要中心干生长势强，对延缓树衰作用极大。及时疏除、回缩过密的辅养枝，打开光路，保证树体充足的光照。对于已衰弱的树，要多疏弱枝、弱花，多留壮枝、饱满芽，并注意利用背上枝、背上芽抬高角度，以利更新复壮；对已衰弱的单轴延伸枝组、冗长和细弱的下垂枝应一次回缩到背上强枝处，切忌枝枝破顶，更不能一次疏大枝过多。对于直立枝、竞争枝和徒长枝，只要位置合适不过密，都要保留利用，培养成新的骨干枝或结果枝组。

对超过 3 年的结果枝，要及时进行回缩更新，通过频繁更新结果枝，将结果枝的年龄控制在 1～2 年以内，以保持壮枝结果，提高结实能力。对在树冠内膛合适位置生长的新梢，要不间断地适当短截，促生分枝，以形成健壮的结果枝组，为结果枝组的更新所用。对于根系更新，可于抽梢前，在树冠滴水线下挖沟，将衰老或腐烂根剪去，暴晒 1～2 天，再在沟内施入优质腐熟农家肥。山地果园还要适当培土护根，以利形成新根。

尽量减少伤口，不提倡环剥主干，只对幼旺树或生长强旺的大枝适当环剥，但剥口不易过宽，剥后及时包扎，严格控制环剥宽度；对生长势缓和、进入盛果期的树不运用环剥技术。

（4）及时防治病虫害　休眠期结合冬季修剪，剪除各种带病组织，刮剥皮，清扫枯枝落叶、病叶、老皮、病穗、烂粒，刮除粗皮、翘皮及病斑，并集中深埋或烧毁；深翻树盘，浇封冻水，树干涂白。萌芽前喷一遍 3～5 波美度石硫合剂。在生长季节要 10～15 天喷 1 次药，应以不同杀菌剂交替使用。对腐烂病及时刮治，严重者应在 3 月中、下旬进行桥接。

（5）选择合适砧木，尽量避免重茬，防止叶片早衰早落　砧木不当，苗木抗性弱、适应性差、易感病，从而导致早衰；应用矮化砧木的果树由于早结果、产量高，也易出现树早衰现象。所以要严把苗木关，选用纯正和适宜砧木，对矮化果树要合理负载并加强营养管理。重茬果树也易树体早衰，所以要尽量避免重茬，栽种前应尽量清除土壤中的残根、落叶，并用抗性砧木，比如用甘肃桃做桃树砧木可减轻或克服重茬病。叶片是制造营养的器官，叶片早衰早落会减少养分积累，同时早衰叶片也会产生促进衰老的物质，如脱落酸、乙烯等，这些物质的积累同样会促进树体早衰，因此，防止叶片早衰早落是防止树体早衰的必要措施。

第十一章 生态果园中的畜禽养殖技术

畜禽养殖是实现生态果园物质良性循环的重要环节。在果园养殖畜禽时，要选择一些易管理、适应性强的种类和品种，要加强畜禽免疫防病，防止疾病传播，还要注意控制畜禽数量，同时畜禽养殖要与果园种草相结合，科学放养与种植。目前，果园养殖主要为养鸡、养鹅、养兔或养猪等。

一、果园养鸡技术

鸡食量很大，喜欢啄食果园内的金龟子、吉丁虫、蝼蛄、蛴螬、地老虎及多种害虫的幼虫；鸡粪为果园提供了优质有机肥，所以，果园养鸡可灭虫又可产粪。果园养鸡要与种植牧草相结合，散养圈养相结合，以散养为主。这样在为果树积累有机肥的同时，可有效解决并利用家禽粪便，减少环境污染。此外，果园养出的鸡，风味独特、品质好、无腥味、味道鲜美，价格好，效益高。技术要点如下：

1. 种草与草种选择

结合养地和为鸡只提供饲料，要在园内和周边种植牧草，如菊苣、紫花苜蓿、三叶草、黑麦草、百麦根等。最好实行禾本科与豆科牧草混种，一年生和多年生牧草兼有，以多年生草为主。适用草种有豆科的白三叶、苜蓿，禾本科的鸭茅、无芒雀麦、黑麦草、早熟禾等。同时，还要专门种植一些禽类喜食易食的叶菜或叶类牧草，其中菊苣、苜蓿、苦荬菜为最佳首选，苦荬菜还可防止禽病。菊苣、苜蓿、苦荬菜、籽粒苋可在春夏季种植，菊苣、苜蓿、黑麦草等则在秋季种植。

2. 鸡品种选择

果园养鸡采用放牧为主、舍饲为辅的饲养方式。因为生长环境较为粗放，鸡品种应选择饲养适应性强、抗病力强、耐粗饲、行动灵活、勤于觅食的地方草鸡或地方草鸡血统占 75%以上的杂交鸡种，同时注意选择的鸡品种对严寒和雨淋要有一定的适应性。如柴鸡（又称小笨鸡、草鸡）、麻鸡、固始鸡、三黄鸡、北京油鸡、肖山鸡、寿光鸡、江村黄等，它们对环境要求低、活动量大、肉质好、抗病力强，比较适于果园养殖。生长快、活动量小、对环境要求高的大型鸡品种不适于果园养殖。鸡种选择还应根据市场的需求来确定，并注意出栏时节，一般满足日常供应的鸡种，应选用体型小的品种，如广东三黄鸡、广西麻黄鸡等；如供应春节市场可选用体型较大的品种，如星杂 882 等。

3. 场地选择

用于养鸡的果园最好远离人口密集区，离开村庄一定距离，交通便利，地势高燥，通风和光照条件良好。果园放养场地的土壤应未被传染病和寄生虫污染，透气性和透水性良好，土质以沙壤为佳；若是黏质土壤，最好在放养区设立几个沙池。放养场地的坡度不宜太大，并有充足的水源供鸡饮用，水质要好，未受过污染，无异味。在行距大、果树稀疏、树冠较小、透光和通气性能较好，或树龄在 3～5 年以下的果园放养为佳。园地周围要用旧鱼网或纤维网围拦，以便于管理。

4. 鸡舍和其他设施搭建

应在果园中间地段，选择避风平坦处，搭建高约 2 米，跨度

5～6 米，长 10～30 米的简易鸡舍。鸡舍地面铺沙土或浇水泥，鸡舍饲养密度以每平方米 6～10 只为宜，鸡舍坐北朝南或坐西北朝东南。在一个地方养几群鸡时，鸡舍之间应相互远离，以防因鸡群密度过大破坏放牧场植被、引起疫病传播等。为有利于防病，在一个地方养几批鸡后，可转移地方再建。根据鸡群多少和果园面积，在园内还要适当搭建一些避雨棚，防止鸡群被雨淋打、烈日暴晒和意外惊吓等。同时，要保证园内有充足的清洁水源，没有的话要在果园中每隔一定的距离放一个饮水器，使鸡有充足的饮水。

仔鸡幼小抵抗力差，不能直接进入果园饲养，要为仔鸡创造一个舒适的生长环境，如建设仔鸡保温房。保温房要建在向阳避风，地域开宽，地皮干燥，水源充足，道路便利的地方；保温房面积根据饲养量确定，以每平方米 20～30 只雏鸡计算，将温房内分为若干小区，以每小区饲养 400～600 只来设计。

5. 放养密度与规模

果园放养密度应宜稀不宜密，一般每 667 米^2 放养 40～80 只。放养过密，饵料不足，鸡群寻食逃跑，比较难管理，而且需要增加精料饲喂量，影响鸡肉和蛋的口味，还影响鸡群生长，破坏果园土壤松疏结构；放养密度过稀，饵料利用不充分，浪费资源；效益不明显。放养时还要注意鸡群之间应有一定的距离，一般在 200 米以上，这样可以防止疾病的互相传播。放养规模根据劳力、场地、资金及市场销路而定。

6. 鸡只调教与饲养管理

1～3 周龄的仔鸡抵抗力差，不能直接进入果园放养。3 周后开始放养，放养时要注意外界气温，初期选择晴天，在小范围里进行试牧，每天放养 2～4 小时，以后再逐步扩大放牧范围和延长放牧时间。放养初期以全价料饲喂，第 1 周早晚在舍内喂饲一次，中餐在休息棚内补饲一次，第2周以后中餐可以免喂，早餐喂饲量也由放养初期的足量减少至7成，5周龄以上的大鸡还可以降至6成甚至更低些，上午一般不投料，但晚餐一定要吃饱。补饲量依季节而异，秋冬季节果园杂草和昆虫少，可适当增加补饲量，春夏季节则可适当减少补饲量。

在放养初期注意边撒边敲饲料盆，或吹哨子，进行归牧调教。补料自3周龄起逐渐改喂谷物饲料，5周龄后全部换为谷物杂粮，7周龄后白天放养不放料，从而人为地促使鸡只在果园中寻找食物，以增加鸡的活动量，采食更多的有机物和营养物，提高鸡的肉质和风味。但在阴雨天鸡不能外出觅食，这时需要及时给料，每只鸡给料25克左右。

天气晴好时，在清晨把鸡群放出鸡舍；每天放养时间不能过早，过早天气寒冷，雏鸡抵抗力差，难以成活；太阳落山前，应将鸡唤回鸡舍。雨天，果园有高大果树遮雨，而且鸡的羽毛已经丰满时，可以将鸡舍门打开，任其自由进出活动；若果树尚小，没法避雨，则不宜将鸡放出。气候突变，应及时将鸡唤回。夏季晚上，可在果园悬挂一些白炽灯，以吸引更多的昆虫让鸡群捕食。根据放养的数量，放置水盆或水槽，给予充足的清洁饮水。

在果园内须限定鸡群活动范围，可用尼龙网或竹篱笆设置围栏，将果园圈定划分为4～5个放养小区，分区轮牧。一般放一周换一块，放养周期1～2个月，这样鸡粪喂养果园小草、蚯蚓、昆虫等，给它们一个生息期，等下批仔鸡到来时又有较多的小草、蚯蚓等供鸡采食，如此往复，达到鸡与果双丰收。

7. 疾病防治

在果园内，鸡只活动范围广，疾病防范难度大，要加强防病免疫工作，按照免疫程序，对雏鸡逐只予以免疫注射，免疫要质量高、剂量足，特别是对一些主要的传染病，如马立克、新城疫、法氏囊等，丝毫不能放松。根据当地疫情流行情况，可按照如下程序免疫：1日龄，皮下注射马立克疫苗；10日龄，用新城疫与传染性支气管炎H120疫苗滴鼻；14日龄，用法氏囊B87疫苗滴口，并用鸡痘疫苗刺翅；21日龄，用新城疫与传染性支气管炎H52滴眼；42日龄，用新城疫和传染性支气管炎二联四价疫苗饮水免疫。

鸡只放养20～30天后进行第1次驱虫，相隔20～30天再进行第2次驱虫。驱虫药物可使用驱蛔灵、左旋咪唑或丙硫苯咪唑。第1次驱虫每只鸡用半片驱蛔灵，第2次驱虫用1片；可在晚上补食时将药片研成粉拌于饲料中，注意一定要拌匀，以防药物中毒。

还要做好定期消毒、闲置消毒和进场消毒，发现病鸡隔离饲养，避免交叉感染。消毒可在鸡出栏后，地面清洗后用2%～3%的烧碱水泼洒，然后每立方米空间用福尔马林28毫升与高锰酸钾14克对鸡舍空间进行熏蒸。为更有效地杀灭病原微生物，应采用“全进全出”制。在饲养一批鸡清栏后，果园场地的鸡粪采取翻土20厘米以上，然后地面上用生石灰或石灰乳泼洒消毒，以备下批饲养。放养场地不准外界人和鸡进入，以防带入传染病。

8. 严防中毒

果园使用农药防治病虫害时，要巧妙安排，穿插闲置进行。农药使用一要选用低毒农药，二要在安全期放养。可将鸡群停止放养3～5天，或将果园分区、分片用药，农药毒性过后再进行放养。果园附近不要有农药污染的水源。果园养鸡应常备解磷定、阿托品等解毒药物，以防万一。

9. 建立生态食物链，增加活性饵料

果园生态养鸡重在营建“果树结果—鸡食园中虫草—鸡粪肥园养树滋草—树荫为鸡避雨挡风遮阳”的生态链。为给鸡只培

养丰富食物，延长食物链，可行间铺草覆盖，草料每 667 米^2 每年不少于1 000千克；在初夏或雨季，趁墒在行间空地和周围播种矮秆小杂粮如荞麦、燕麦、谷子等，这些作物在秋季成熟后能为鸡提供优质的子实饲料来源。

春季的金龟子、红蜘蛛、象甲、行军虫、枣尺蠖等，夏秋季的蚂蚱、蟋蟀、毛虫、蜘蛛、食心虫、蚯蚓等，冬前快入土和已入土的成虫、幼虫、虫卵、蛹茧等，是鸡的优质活食。为增加鸡的活性饵料，可在果园养虫喂鸡，一般每只成鸡每天可用 25 克左右的虫饲喂，但未满 20 日龄的雏鸡不适宜用虫饲喂。养虫方法如下：

（1）**牛粪育虫** 将晒干整碎的粪、粗米糠（或麸皮）与灶土（或干污泥）按照重量比 70∶15∶15 混合，洒些水，使其湿润，然后堆成若干小堆，用稻草或麦秆编成草帘盖上，10 天后，土堆里就育出虫来。扒开土堆让鸡自由啄食，鸡吃完后，将鸡粪和地皮泥铲起来，再堆成小堆，10 天后又会育出虫来，如此可反复多次。

（2）**糟粒育虫** 挖长、宽、深分别为 200 厘米、50 厘米、70 厘米的土坑，先铺入 6 厘米厚的杂草，然后放 33 厘米左右厚的酒糟、糖糟或牛、马粪，上层覆盖 8 厘米厚的稻草，最后用 6 厘米厚的泥土封闭，每天在土坑上淋水，10 天左右就可育出虫，然后扒开土坑让鸡吃完虫后，立即封闭，8～10 天又可育出虫来，如此可反复数次。

（3）**稻草育虫** 将 6 千克左右的稻草切成 4～6 厘米长，煮软后埋入 20～30 厘米深的土坑里，盖上 6 厘米厚的肥泥，再用肥泥和泥土混合糊好封闭，每天在土堆上淋水（用米汤和潲水更好）。7～10 天后，就可育出虫来，扒开土坑让鸡吃完再封土，如此反复 4～5 次。一般每千克稻草育出的虫，可喂 20 只鸡。

（4）**土堆育虫** 用地皮、垃圾、酒糟、鸡毛等混合好，洒水搅成半糊状，堆成 0.7～1 米高、2.4 米宽、7 米长的土堆，四周用泥土封闭，经过10天左右，堆内可育出多种虫子，扒开土坑让鸡啄食，一般可供100只鸡吃7～10天。吃完后，在堆上再加鸡毛、垃圾、酒糟等物进行糊泥封闭育虫，通常鸡毛越多，育虫越多；酒糟越多，育虫越快。

（5）繁殖蚯蚓　在背阳的地方，最好在黑壤肥地上挖一个坑，宽2米，深1米，坑内先铺一层20～30厘米厚的马粪或牛粪，然后再铺一层10厘米左右厚的稻草，上面盖10厘米厚的泥土，在这层泥土上面放20条活蚯蚓。最后，在上面铺一层牛、马粪以及稻草和泥土，经常淋些粪水或用水冲洗后的鸡粪水，经常保持坑内湿润，15天后，就可以育出大量蚯蚓。蚯蚓不仅可以做鸡的活性饵料，引入园内还可促进土壤有机物的腐化分解，加速有效养分的释放，提高土壤肥力。

10. 草地的管理与利用

当牧草覆盖率达到90%，牧草生长到15～20厘米时方可放牧。每周换一个小区，20～30天轮牧一次，轮牧时不能驱赶鸡群，应采取诱导方式将鸡引诱到放牧地点。每出栏一批鸡要搬迁一次，避免草地环境中病原微生物的增殖导致鸡群发病增加，同时利于草地对鸡粪的吸收，增强草地保养和恢复，及时补种牧草。

11. 其他注意问题

最好在果园里盖两座鸡舍，轮流消毒、划片放养。果园养鸡3年后应换个场地，以便给果园场地一个自然净化的时间。由于果园内的飞鸟、老鼠等可以将一些病的病原体传播给畜禽，所以要加强畜禽免疫防病。一批鸡养成后，及时清理果园，地面用生石灰或石灰乳消毒。对矮小果树结果，严防鸡群啄食果实。同时要防止天敌和兽害，如鼠、黄鼠狼、野狗、山獾、狐狸、鹰、蛇等天敌。果园若要施用有机肥，特别是使用鸡粪作为肥料，应将有机肥充分发酵后再施到果园中，防止有机肥中的病原微生物传染给鸡。

二、果园养鹅技术

鹅有取食青草和草籽的习性，对杂草有一定的防除和抑制作用。同时，鹅在果园觅食，可把果园地面上和草丛中的绝大部分杂草吃掉，从而减轻滋生的害虫对果树的危害。鹅粪含有氮、磷、钾等元素，可提高土壤的肥力，促进果树生长，节约肥料，减少肥料投资。果园养鹅，环境舒适，有利于鹅只生长发育，增强鹅群体质，减少疾病发生。另外，果园养鹅离村较远，可避免和减少鹅病的互相传染。此外，鹅不论白天，夜里只要见来了生人他就大声呱呱叫，特别是夜间更为明显，因此，鹅还当狗用，帮主人看好果园。果园养鹅是一种互相促进的高效益种养形式。

1. 禽舍建设

禽舍宜建在果园中部，便于鹅向四处食草。禽舍地势要高、平坦、通风、朝南；禽舍的面积以每平方米饲养3～4只鹅计算，每舍以养40只为宜。舍前建有一定面积的运动场，便于补饲、免疫注射、消毒、观察和休息。果园养鹅量一般每667米^{2}放养30～50只。可在果园中搭建若干个草棚，棚内建有多个产蛋窝，利于鹅休息、躲雨防晒和产蛋。园中还要建一个大水池，便于果园浇水和鹅戏水、交配等；水池水应保持流动，水质好。

2. 鹅品种选择

各地养鹅主要根据当地消费习惯和条件，如江苏省习惯饲养太湖鹅，安徽喜欢养雁鹅、皖西白鹅，广东省习惯饲养当地灰鹅、狮头鹅，东北喜欢养豁眼鹅、籽鹅等。果园养鹅要结合当地习惯，以饲养耐粗饲、食草量大、生长快的品种为主，如四季鹅、隆昌鹅、扬州鹅、狮头鹅等。

3. 牧草种植

鹅属草食型家禽，其生长发育需要大量的青绿饲料和部分粗饲料。为保证青绿饲料来源，要利用果园空闲地种植部分豆科植物和黑麦草、狼尾草等。在常绿果树果园养鹅主要以野生杂草为主，可适当播种一些耐荫牧草如白三叶等；在落叶果树果园养鹅，每年秋季树叶稀疏时，在林间空地播种黑麦草，至来年 3 月份开始养鹅，实行轮牧制，当黑麦草季节过后，果园杂草又可作为鹅的饲料，鹅粪可提高土壤肥力。如此循环，四季皆可养鹅。在幼龄果园养鹅可利用树木小、空地阳光充足的特点，种植多种牧草，如黑麦草、菊苣、红三叶、白三叶等养鹅，待树木粗大后再利用上述两种方法养鹅。

4. 雏鹅的挑选与饲养管理

要选择健康雏鹅，具有正常出壳、叫声响亮、眼睛晶亮灵活、绒毛洁净有光泽、握在手中挣扎有力、爱动、腹部饱满且柔软等特点。

雏鹅体小娇嫩，对外界环境适应能力不强，一定要做好保温降湿工作。保温工作尤为重要，可采用红外线保温灯等增温。第 1 周育雏温度为 27～28℃，3 周后降至 20～22℃；舍内湿度为 63%～70%，并做好禽舍的通风换气。禽舍保持清洁干燥，地面可铺平稻草或煤球渣，并经常更换。注意及时免疫接种和场地消毒，在 1 日龄时应注射小鹅瘟疫苗，15 日龄左右注射鸭瘟、霍乱二联苗。

雏鹅的饲养初期实行舍饲，以后逐步向放牧过渡。舍饲主要喂给水、草、料，应遵循精细加工、少给勤添的原则。雏鹅运回后，在育雏室内适当休息，当绒毛已干并能站立时，便可饮第一次水，俗称“潮口”。饮水器内水深 3 厘米为宜，饮水要清洁，最好是凉开水，水温以 25℃为宜，水内应添加 0.05%的高锰酸钾，连饮7天，可防止消化道疾病。出壳后24～36小时内开食，开食必须在潮口后雏鹅起身有啄食行为时进行。开食饲料常用碎米和小米，经清水浸泡2小时左右沥干再用。青饲料（除去烂叶、黄叶、泥土和茎秆）切成1～2毫米的细丝。开食时可先青后精、先精后青或青精混合；饲喂以八成饱为宜。

在晴朗无风的日子里可让小鹅适当下水、戏水。雏鹅初次放牧的时间，可根据气温而定，通常热天在出壳后3～4天，冷天在出壳后10～20天进行初次放牧。放牧前喂少量饲料，并让雏鹅在水池边草地上自由活动半小时，让其下水活动几分钟，再赶上岸让其梳理绒毛，待毛干后赶回育雏室。放牧时要注意选择好头鹅和训练“语言信号”；选好放牧场地，要求离鹅舍近、道路平坦、水质干净无污染、草鲜嫩、噪音小。放牧要迟放早收，上午在草上露水干后放牧，下午收鹅时间要早些。注意防鼠、防蛇。20日龄后，雏鹅开始长大，即可全天放牧，只需夜晚补饲1次。放牧鹅群以300～500只为宜，并且日龄相同。

5. 育成期的饲养管理

4周龄以后，小鹅觅食力、消化力、抗病力大大提高，对外界环境的适应力增强，肌肉、骨骼和羽毛迅速生长。此间鹅的食量大，耐粗饲，在管理上一般以放牧为主，同时适当补饲一些精料。在放牧初期，一般上下午各一次，中午赶回鹅舍休息；天热时，上午要早放早归，下午晚放晚归，中午在凉棚或树荫下休息；天冷时，则上午迟放迟归，下午早放早归。随日龄增长，慢慢延长放牧时间，根据鹅的采食高峰在早晨和傍晚，要尽量做到早出晚归，使鹅群能尽量多食青草。鹅的消化吸收能力很强，为保证其生长的营养需要，晚上要补喂饲料，饲料以青绿饲料为主，拌入少量精料补充料或糠麸类粗饲料。夜料在临睡前喂给，以吃饱为度。

在放牧过程中，须用桶备足水。热天不能在烈日曝晒下长久放牧，要多饮水，防止中暑，中午在树荫下休息，或者要赶回鹅舍。50日龄以下的中鹅羽毛尚未长全，易被雨淋湿而产生疾病，遇雷雨、大雨时赶回鹅舍，不能放牧。育成鹅对外界比较敏感，放牧时将竹竿高举、雨伞打开等突然动作，都易使鹅群不敢接近，甚至骚动逃离，不要让狗及其他兽类突然接近鹅群，以防惊吓。放牧时要尽量少走，不应过多驱赶鹅群，归牧时防止丢失。早晨放牧前应认真观察鹅群的精神状态、粪便、饮水、活动等情况；收牧时认真观察鹅群的采食、活动、交配等情况，发现异常时应及时采取措施。

放牧鹅群一般以200～300只。无论何种形式的果园养鹅都应注意要适当补充精料，以满足鹅生长发育的营养需要；同时在果树施药期间，应停止放养一段时间。施过农药（包括除草剂）的草地至少要经过一次大雨淋透，并经过一定时间后，才能安全放牧。

一般育成率达到90%、10周龄体重达到成年体重的70%（如大型品种的体重达到5～6千克，中型品种3～4千克，小型品种2.5千克左右主要指肉用品种）的育成鹅转入育肥期。

6. 育肥期的饲养管理

育成鹅在60日龄左右从中选出留种鹅的进入后备期饲养，其余的鹅应进行育肥。通过育肥可加快育成后期生长速度，保证肉鹅的出栏膘情、屠宰率和肉质，鹅的肥育期一般10～14天。育肥以舍饲、自由采食为多。日喂3次，夜间1次。喂富含碳水化合物的谷类为主，加一些蛋白质饲料，也可使用配合饲料与青绿饲料混喂；肥育后期改为先喂精饲料，后喂青绿饲料。肥育期要限制鹅的活动，控制光照及保证安静，减少对鹅的刺激，让其尽量多休息，使体内脂肪迅速沉淀，供给充足饮水，增进食欲，帮助消化。同时要保持场地、饲槽和饮水器的清洁卫生，定期消毒，防止疾病发生。对于有特殊生产要求的鹅，如肥肝生产，还要根据肥肝生产的要求进行强化育肥。

7. 疾病防治

在饲养过程中，把好引种关，引进的种雏和种鹅，必须来自于健康和高产的种鹅群。外来鹅隔离观察 20 天后，未发现疾病的才允许混入原来的鹅群或鹅场。在饲养管理过程中，要根据鹅的品种、大小、强弱不同，分群饲养，按其不同生长阶段的营养需要，供给相应的配合饲料，保证鹅体的营养需要。在供给足够的清洁饮水外，要经常让鹅下水游泳，增加放牧时间或运动时间，增加鹅的运动量，提高鹅群的健康水平。

经常清理鹅场垃圾，及时清除粪便；垫料要经常更换，用具要经常清洗和消毒，及时清除鹅病中间宿主和传播媒介。要保持鹅舍干净、干燥、通风、舒适，要保持场地清洁卫生、干燥。饲养密度要合理，放牧环境要安静，尽量减少各种应激反应。逐日观察记录鹅群的采食量、饮水表现、粪便、精神、活动、呼吸等基本情况，统计发病和死亡情况，及时发现、隔离、治疗和淘汰病鹅，以减少经济损失。

实施有效免疫计划，认真做好免疫接种工作。雏鹅应在出生后注射抗小鹅瘟血清，每只 0.3～0.5 毫升；若雏鹅已感染了小鹅瘟，即在鹅群中已发现有患小鹅瘟病的雏鹅时，全群鹅都应注射抗小鹅瘟血清，每只 0.8～1.0 毫升。10～15 日龄皮下注射鹅副粘病毒灭活苗，每只 0.3 毫升，根据疫情可同时免疫禽流感灭活疫苗 0.5 毫升。4 周龄以后的仔鹅再用禽霍乱疫苗免疫。

感冒、拉稀等可用青霉素、氟哌酸、恩诺沙星、病毒灵等药物；口服丙硫苯咪唑 30 毫克/千克体重或盐酸左旋咪唑 25 毫克/千克体重定期驱虫。阴雨季节，应注意防止饲料的霉变，可用制霉菌素 1 万～2 万单位/千克拌料预防。果树喷药时，应把鹅关在运动场内，待过了农药有效期后再放牧；如果发生中毒，应及时诊治，注射阿托品或特效解毒剂。

三、果园养肉兔技术

肉兔饲养简单，野杂草、树叶、作物秸秆都是养兔的好饲料；果园一般远离闹市，空气新鲜，格外宁静，既有背阴的条件，又有向阳的场所，适合肉兔生长。为防止树冠郁闭，果树需要生长季修剪，修剪下的叶片可以作为肉兔饲料，充分利用果园废弃物。兔粪肥效较高，发酵快，速效性好；兔粪还可杀死地下害虫。发好的粪尿浸好过滤后，可叶喷，不仅补肥，还可杀灭蚜虫、蓟马、红蜘蛛等多种害虫。同时，利用果园空地建造简易兔棚，投资小，见效快，幼兔从出生到上市一般只需5个月。

1. 兔种选择和种兔利用

果园养肉兔应当选择抗病力强、生长发育快、适应性广、出肉率高、兔肉品质要好的优良品种，如新西兰兔、加利福尼亚兔、日本大耳兔、哈白兔、塞北兔等，这些兔饲养到90天左右即可屠宰，兔肉鲜嫩，口味好。

为有效地控制病菌传入和降低成本，同时又可避免新购入仔兔因环境突变发生应激反应导致生长停滞，应饲养足够的种兔坚持自繁自养。种兔要健康无病，体质健壮，生长快，各部发育匀称，肌肉丰满，臀部发达。种兔一般7月龄进入繁殖期，可繁期为4～5年，最佳利用年限为1～2年。种兔在第一个繁殖年内生产力最强，以后逐年下降15％～20％，一般利用年限2～3年为宜。3岁以上以及有近亲血缘关系的种兔，应及时淘汰或者留作商品兔。自繁自育还要注意利用兔子的杂交优势，即用引入的高产品种和本地母兔杂交，其杂交一代的抗病力强、耐粗饲，表现出显著的杂交优势，便于饲养管理。

2. 兔舍选址、设计及建造

为了提高种兔的生产性能，必须为兔创造一个良好的生活环境。兔舍应建在地势较高，通风、采光好，清洁干燥，环境安静的地方。兔舍设计应符合家兔生活习性，有利于生长发育及生产性能的提高，便于饲养管理和提高工作效率，有利于清洁卫生和防止疫病传播。

兔舍建筑材料，特别是兔笼材料要坚固耐用，防止被兔啃咬损坏；在建筑上应有防止家兔打洞逃跑的措施。兔舍离地面20～30厘米，一般用木制门砖垒隔墙，隔成62厘米×70厘米或70厘米×80厘米的小间，并设有托粪板。兔舍窗户的采光面积为地面面积的15%，阳光的入射角度不低于25°～30°。兔舍要便于排水和通风，要设置排粪沟，使粪尿能够顺利排出舍外，从而降低舍内湿度和有害气体浓度。为了防疫和消毒，在兔场和兔舍入口处应设置消毒池或消毒盘，并且要方便更换消毒液。建好的兔舍要能有效地防止猫、黄鼠狼等肉兔天敌的侵入，同时夏季能防止蚊蝇入内传播疫病。

3. 不同类型和发育阶段肉兔的饲养管理

（1）仔兔的饲养　仔兔出生后要吃到足够的母奶，必要时应进行人工哺乳，用牛乳和鱼肝油、鸡蛋、食盐配成混合乳进行饲喂。出生11～12天双眼睁开，开眼仔兔要适时补喂饲料；出生16～18天仔兔跟随母兔试吃饲料，这时要喂饲一些易消化、适口性好的青料，如少量豆浆、牛奶、米汤、嫩草、菜叶等，少量多餐，20日龄后逐渐变为以饲料饲喂，如麦片、豆渣、无机盐等，25天后转为以饲料为主，母乳为辅，40日龄开始断奶，转入幼兔群饲养。要防止鼠害。

（2）幼兔的饲养　断奶至90日龄为幼兔期。幼兔生长发育快，饲养管理一定要跟上。要喂给易消化、体积小、营养水平高的优质饲料，少量多餐，定时定量，喂量随日龄增长而增加，必要时分群饲养，减少应激，防疫灭病，选优去劣。60日龄开始放出笼外活动，多见阳光，以增强体质。

（3）青年兔的饲养　90日龄后是生长发育最快的时期，要保证多种营养的需要，多喂优质干草、青饲料及无机盐，力求多样化，为繁殖和肥育打下基础。在4个月内精饲料要吃饱吃足，5个月龄以上要控制精料喂量，防止过肥。

满3月龄的青年兔已性成熟，为防止早配乱配，公母兔必须分开饲养，4月龄以上公兔单笼饲养。种公兔1笼1兔，防止互相咬斗，与母兔要保持距离，兔笼要经常消毒。根据空怀期、怀孕期、哺乳期配给母兔不同的饲料，在空怀期要多喂青草、青菜、胡萝卜；在怀孕期要补充优质青绿料；在哺乳期要保证饮水，冬季最好饮温水，在日粮中增加青草、菜的数量。兔喜静，应在夜间供给充足的料，让其自由采食，每次供料不要过多，应采取少给勤添的方法，每夜供料应在2次以上。

（4）肉兔肥育　肥育在骨架长成后进行。幼兔育肥一般不去势；成年兔育肥，去势后可提高兔肉品质，提高育肥效果。适合肉兔的温度通常是5～25℃，同时需减少光照和活动范围，尽量保持安静，不让肉兔运动，以达到迅速生长目的。肉兔采用全价颗粒饲料自由采食时，肉兔增重快，饲料报酬高；采用颗粒料饲喂时，一定要供给足够的饮水。肉兔肥育饲料要根据肉兔的营养需要而配制，必须以精料为主，青料为辅，并添加骨粉、食盐，少量多餐。最适于做肥育的饲料源的有大麦、麸皮、燕麦、豌豆、马铃薯、山芋等。

为了使肉兔皮毛充分丰润，多在冬季宰兔，即约在11月至翌年2月之间。肥育兔由于缺少运动和光照，身体抵抗力比较差，容易患病，因此要特别注意环境卫生。兔的肥育期长短主要依据品种本身的生长特点和商品兔收购要求来确定，一般在90～120日龄，体重在2～2.5千克时屠宰较为理想，饲料效率也最高。

（5）种兔的饲养管理　种公兔、种母兔都应保持中等膘情，除喂配合饲料外，还应保证青绿饲料和矿物质的供给，供给清洁卫生的饮水，并加喂夜草。笼养公母兔要适当运动，最好每周运动两次，每次 1 小时左右。运动能促进家兔的新陈代谢，增进食欲，增强抗病力，提高公兔的配种能力，减少母兔空怀和死胎，提高母兔产仔率和仔兔成活率。

一般大型兔种的公兔初配年龄为 6～7 个月，母兔 5～6 个月；中小型兔种的公兔初配年龄 5.5～6.5 个月，母兔 5～6 个月；防止过早配种，禁止近亲交配。母兔的发情周期为 7 天～15 天，发情持续 2～3 天。若发现母兔在笼舍内表示不安或乱跑，食欲差，频频举尾，爬跨其它家兔，外阴潮红、肿胀、湿润，分泌的黏液较多，此时配种，可有效地提高受胎率。为了确保母兔怀孕和防止假妊娠，在第一次配种后，间隔 6～8 小时，再交配一次。壮年公兔每天可配 2 次，连配两天后应休息 1 天。

母兔怀孕后，除了喂给全价营养物质外，还要做好护理工作，防止流产。为了避免流产，母兔怀孕后要一兔一笼，防止挤压，不要无故捕捉和随便搬动母兔，怀孕 15 天后最好不要注射疫苗，摸胎时动作要轻，饲料要新鲜卫生。母兔产前 2～3 天，把已消毒好的产仔箱放入兔笼内，供其拉毛筑巢。母兔分娩完毕应喂给加少许食盐的麸皮水或温米汤，以解渴和促进泌乳，在产后 3 天内，应喂些抗生素，以防发生乳房炎等疾病，把初生仔兔按时送进母兔笼舍内吮乳。3 天后可根据母兔奶量情况，可补少量的煮黄豆。如果采用母子分开的办法，仔兔每天只需定时哺乳一次。每次喂奶后要检查母兔奶水是否被吃完，以防止母兔发生乳房炎。

4. 不同季节的饲养管理

（1）春季饲养管理　春季气候温暖、干燥，阳光充足，是母兔繁殖和仔、幼兔最多的季节。但春季天气由寒变暖，昼夜温差较大，应切实做好幼兔的保暖工作。春季日温变化不定，时寒时热，病原微生物繁殖旺盛，也是兔子发病、仔幼兔死亡的高峰期。每只肉兔可服1片土霉素以防止感冒和肺炎的发生。适当控制饲料数量，防止贪食拉稀，收刈的青草要晾干，合理储存，保持绿色。春季饲养应以精、粗料为主，适当搭配青饲料，多采用各类兔子的全价饲料喂兔，特别是仔、幼兔；在搭配青饲料时最好掺入适量的大蒜、葱、韭菜、车前草等有一定杀菌能力和除湿健胃的青绿植物。春季母兔在繁殖盛期过后，出现体弱、奶水质量下降，不利春产仔兔的营养，所以，春季要强化仔兔“补饲”，以减少春季幼兔死亡。还要保持笼舍清洁、干燥，及时对笼舍、食槽、饮水器消毒，做好主要疫病的预防接种及药物防治工作。

(2) 夏季饲养管理　夏季高温高湿，对各类兔子都极为不利。兔子汗腺不发达，被毛浓密、散热难，高温高湿环境不仅严重影响兔子食欲，还会导致中暑死亡。所以，夏季要做好防暑降温工作，但不提倡在舍内洒水或储水降温；最好在舍外利用藤蔓植物遮阳、加大通风换气能力，必要时在屋顶浇水降温等。在饲养上，应喂饲青饲料为主，适当搭配精料，并注意饲料的适口性和采用早、晚喂食等方法，尽量让兔子吃饱，注意不要喂露水草和雨后堆放发热的草料。避开高温时段饲喂，建议早上5时以前开喂，晚上9时后再喂。要供足饮水，并在水中加入少许食盐或0.1%的碘酊。夏季应作一次全场的清洁大扫除、大消毒，保持兔舍的清洁卫生。种兔一般应停止繁殖，让其休息、补养一段时间，但为了提高母兔的年繁殖效力，在“立秋”前后，可抢配一批，尤其是中小型品种。

(3) 秋季饲养管理　秋季天高气爽，气温逐步转凉，肉兔开始进入繁殖和换毛季节，营养消耗大，在饲养上，应调整饲料营养，尽可能多供应青绿饲料，尤其是胡萝卜、南瓜等含维生素丰富的饲料，并在配合饲料、颗粒料中添加维生素A、D、E，精心饲喂，尽快使肉兔恢复体质。同时，仔细观察种兔，做好适时配种和产仔母兔及仔兔的养护工作。此外，不要忘记为冬季备好草、料。除做好干草等粗饲料的收储外，在适宜种植冬、春季型草种的地区，要按时播种黑麦草等优质牧草，并做好前期管理。

（4）冬季饲养管理　冬季气温低、日照短、缺青绿饲料。肉兔一般耐寒，但寒冷对仔兔、幼兔的生活威胁较大，当气温低于0℃时要保暖防寒，如关闭门窗，在笼上加盖塑料薄膜，加垫草，舍内加热；增加精饲料的喂量，以提高兔子自己的抗寒能力等等。

同时在防寒保暖措施时，注意舍内通风换气，减少粪便产生的氨气对兔的刺激。仔、幼兔饲养最好集中到有加热装置，或有较好保温条件的暖房内，勤换垫草，保证光照，供给充足的饲料和饮水。

5. 肉兔疾病防治

（1）定期免疫　按免疫程序进行免疫。25～30 日龄时注射大肠杆菌疫苗；30～35 日龄时注射巴氏杆菌－布氏杆菌二联苗；40～45 日龄时注射兔瘟疫苗；45～50 日龄时注射魏氏梭菌疫苗；60～65 日龄时注射兔瘟或其他含兔瘟的联苗。青年兔、成年兔每年 2 次或 3 次定期防疫，各种疫苗注射间隔时间 3～5 天。严格执行操作规程，所使用的疫苗应符合《兽用生物制品质量标准》，注射疫苗要做好消毒工作；一兔一针，严禁混用，以免人为传染。

（2）定期投喂预防　预防用药要有计划地科学地定期投喂，预防球虫病的仔兔断奶后，每天每兔投喂氯苯胍 1 片，可连喂 45 天。预防胃肠炎、腹泻可在饲料中拌入止痢灵，每天每兔 1 克，持续使用 15～20 天。兔饲料中每隔 2 天拌入喹乙醇，每兔 1 片，连用 15～20 天，可预防兔巴氏杆菌病，尚可促进生长。另外，在夏天每隔 10～20 天投喂 1 次敌菌净。

（3）定期消毒，保持兔舍干燥、卫生　兔舍、兔笼、用具等必须定期进行消毒，消毒药剂要选择对人和兔安全、对设备无破坏性、无毒性残留的消毒药，如0.2%～0.5%的福尔马林溶液、10%～20%的石灰水或1%～2%的氢氧化钠溶液。每年开春后，兔场内外都要彻底消毒1次，以后每2～3周对周围环境进行喷洒消毒一次，每月对污水池、堆粪坑、下水道出口消毒一次。

（4）保证兔舍通风，防治呼吸道病，对发病肉兔要及时隔离治疗　兔舍要保持空气流通，防止兔舍内含菌量超标，春季每天要开窗2～3次，每次不低于30分钟，控制呼吸道病的感染率。如果感染发病，要及时隔离治疗。巴氏杆菌可采用磺胺嘧啶钠肌注，每千克体重0.05～0.2克，每日两次，连用5天，或链霉素肌注每千克体重1万～1.5万单位，每日两次，连用5天。波氏杆菌可肌注卡那霉素，每只兔每次0.2～0.4克，每日两次。疥螨病治疗时，用2%的敌百虫水溶液涂擦患处，或者用伊维菌素注射，7～10日后重复用药1次。

6. 果园养兔注意问题

（1）果园使用高效低毒类农药　为防止农药毒害兔子，要使用高效低毒农药防治果园病虫害，同时要避开农药喷洒期收割牧草和采剪果树叶片，饲喂肉兔的牧草和果树叶片一定要采自未用农药的果园地块或处在农药“安全期”。每一种农药喷洒后都有一定的毒杀期限，如敌敌畏、氧化乐果等多种有机磷农药的毒杀作用期为7天左右（遇雨季为3天左右），在7天后收割牧草或采剪果树叶片才比较安全。但为安全起见，防止兔子因取食残留农药的牧草或果叶而中毒，在农药毒杀作用期后，可先给个别兔子试用，经观察确认无中毒反应现象后，再收割牧草或采剪果树叶片供其他兔使用。

（2）对果园病虫害实行农业防治、物理防治、生物防治和生态控制　如使用诱虫灯、黄板、捕食螨等器具进行病虫害防治，尽量减少化学农药的使用，避免牧草和果叶的农药污染与残留。

（3）储备干叶料和干草料　在果叶、草料供应充足的季节，选择晴天采剪一些果叶和草料晒干，储藏起来备用。闲暇时间将红薯、花生的梗、茎、叶剁成小段晒干，用编织袋装好保存起来。待到冬季果叶和草料供应不足，或喷洒农药期间牧草和果叶不能采剪时，以及果叶和草料被淋湿不便采剪等情况时再拿来使用，以解后顾之忧。

（4）种植冬季牧草或农作物　在果树行间种植一些适宜本地生长又适宜喂兔的冬季牧草及农作物，如黑麦草、红花草、串叶松香草、苦荬菜、甘蓝等，以弥补冬季和早春季节青绿饲料的不足。

（5）适当补充精料　利用果园的生态条件养兔，主要以果叶、农作物秸秆及杂草等为饲料，但兔的生长需要全面、均衡的营养。对此，在喂果树叶片及草料的同时，适当添加一些精料，尤其是在冬季干草料的适口性较差，就更加需要精料的搭配，如豆粕、麦麸、玉米粉、米糠拌豆渣等掺入其他矿物质元素，以满足兔的正常生长需要。

四、果园养猪技术

养猪本身有很高的收益，同时通过猪消耗秸秆、杂草等能够制造大量高效有机肥，有机肥能够改良土壤，提高果品产量和品质；同时，果园养猪由于及时将猪粪尿转化为有机肥或用作了沼气池填料，可以减轻养殖业带来的环境污染。

（一）常规养猪技术

1. 场址选择

养猪场地一般选在地势较高和干燥的果园一角的背风向阳处。所处位置应当排水良好、水质清洁、交通便利但又要远离居民生活区或交通要道。在丘陵山地果园建养猪场应选择阳坡，坡度不易超过 20°。

2. 猪舍建筑

猪舍建筑形式应根据当地自然条件和经济条件，因地制宜选择开敞式或有窗式猪舍。果园猪舍最好依附山地台阶或其它建筑，地面高于沼气池并与其相配套，能使粪尿自动入池。猪舍坐北朝南或坐西北朝东南，这样有利于冬季避开寒风保持温暖，夏季吹进东南风保持凉爽，其次舍内地面要高于舍外地面并保持一定坡度，以利于舍内干燥和粪尿自流。

猪舍建筑设计应满足日照、通风、防火、防疫和进出方便等要求，并注意冬季能保暖、夏季能防暑。猪舍墙壁采用砖墙，屋顶采用瓦顶，砖砌或水泥地面稍有坡度，以利粪尿排出。猪舍温度以 10～25℃，相对湿度以 45%～75%为宜。猪舍围护结构应能防止雨雪侵入，保温隔热，能避免内表面结水，猪舍内表面应耐酸碱等消毒药液清洗消毒。猪栏应沿猪舍长轴方向呈单列或多列布置，猪栏一旁要建筑蓄肥池。猪栏面积要使猪群饲养密度符合表 11.1。

表 11.1　每头猪需栏面积参数表

猪群类别	每头猪占栏面积（米^2）	猪群类别	每头猪占栏面积（米^2）
空怀、妊娠母猪	1.8～2.5	培育仔猪	0.3～0.4
哺乳母猪	3.7～4.2	育成猪	0.5～0.7
后备母猪	1.0～1.5	育肥猪	0.7～1.0
种公猪	5.5～7.5		

3. 猪品种选择

目前，良种商品猪以三元杂交猪居多，市场上常分为“外三元”和“内三元”两类。“外三元”以杜洛克、大约克、长白等外来种猪杂交生产的后代，如杜长大、杜大长等杂交猪组合模式的三元商品猪；“内三元”则以长白、大约克、杜洛克、汉普夏等瘦肉型公猪与本地母猪经过两次杂交生产出来的后代，如大杜梅、大约梅等三元杂交的商品猪，其瘦肉率和生长速度略逊于外三元。生产水平较高的养猪场可选择“外三元”商品猪，一般农户和适度规模养猪场可选择“内三元”商品猪饲养，也可直接饲养单品系纯种猪，如“杜洛克”、“大约克”、“长白”、“皮特兰”、“汉普夏”等。

4. 饲料调制

根据发育进程，商品猪可划分为小猪阶段（体重20～40千克）、中猪阶段（体重40～60千克）和大猪阶段（体重60～100千克）。不同生长阶段商品猪营养需要不同，要根据它们的营养标准，对饲料合理搭配。由于饲料成本占养猪成本的60%～80%，因此，应调制和采用猪只最大增长幅度所需的全价饲料。

饲料按所含主要营养成分分为能量饲料，蛋白质饲料、矿物质饲料、维生素饲料和添加剂饲料。目前，市场上有多种1%、4%或浓缩料等预混料添加剂，以及全价颗粒状饲料。养殖户（场）可因地制宜按饲养标准自己配制或向厂家购买优质全价配合饲料。养殖户自己采购原料时，要注意玉米、豆粕、麦皮、米糠等不能有霉变，尽量购买新鲜的。配制时，玉米要粉细、各种原料混合搅拌要均匀，如果采用4%预混料时，无须另加其他矿物质。

5. 饲养管理

（1）哺乳仔猪的饲养管理　仔猪出生时实行照顾分娩，做好接生，防止仔猪被压死、冻死或因难产而死在腹中，降低仔猪死亡率。对于“假死仔猪”，可进行人工呼吸或将其浸泡在35～40℃温水中，头露出水面或用碘酊、酒精或氨水涂于仔猪鼻孔进行药物刺激。仔猪出生24小时内剪犬齿和尾巴，防止咬母猪乳头、咬尾和互相咬架，影响哺乳和猪的安全。

初乳中含有较高的免疫球蛋白和镁盐，可提高抗病力。在仔猪出生后 2 小时要让其吃到足够的初乳（最晚不能超过 24 小时）。为使窝仔猪均匀健壮，提高成活率，在出生后 2～3 天，要进行人工辅助固定乳头。要采取保温措施（如采用红外线灯或把仔猪放入保温箱中）给仔猪提供适宜的温度（一般 1～3 日龄仔猪适宜温度为 30～32℃，4～10 日龄为 28～30℃，11～30 日龄为 26～28℃），同时保持母猪安静，设护仔栏或护仔箱，防止仔猪被压。仔猪出生 3 天内，每次吃奶前用 0.01％的高猛酸钾温水溶液擦洗、按摩母猪乳房，预防母猪乳房炎和仔猪痢疾。生后 24 小时至于一周内对商品公猪要尽早去势，以减少刺激，促进伤口愈合。

在出生 3 天内，一般要给每头仔猪注射 100～200 毫克铁剂和 0.1％亚硒酸钠溶液 0.5～1.0 毫升，断奶时还要再注射亚硒酸钠，防止仔猪出现僵猪和断奶后患水肿病、白肌病。出生 3～5 日龄后，要给仔猪补喂加有少量甜味剂的清洁饮水；一般在 7 日龄开始补料，方法是在干燥清洁的木板上撒少许乳猪颗粒料，强制吃料 3～4 天，当仔猪开始采食乳猪料时，便可采用料槽。补料时，要尽量少添勤添，一般每天喂 5～6 次；舍弃吃剩的饲料，每天对料槽清洗消毒。出生 3 周以后母乳不能完全满足仔猪快速生长的需要，而仔猪在补料 10～15 天后可完全采食乳猪料，这时要选择营养浓度高且平衡、适口性和消化性好的乳猪饲料，少喂勤添，加大仔猪采食量；同时在断奶前 2～3 天减少母猪饲喂量和饮水量，减少仔猪哺乳量，促使仔猪多采食，减少断奶应激，这样也可降低母猪乳房炎的发生率。

（2）断奶仔猪的饲养管理　一般在仔猪出生后 3～6 周龄断乳断奶，断奶最好采用逐渐断乳或分批断乳，在 5 天内完成。断乳后要用原饲料（哺乳仔猪料）喂养 1～2 周，保持原圈（将母猪赶走，留下仔猪）和原窝（原窝转群和分群，不轻易并圈、调群），实行饲料、饲喂制度、操作制度逐渐过渡，减少断奶应激。断奶后5～6天内要控制仔猪采食量，以喂7～8成饱为宜，实行少喂多餐（一昼夜喂6～8次），逐渐过渡到自由采食，在不发生营养性腹泻的前提下，尽量让仔猪多采食。要保证仔猪充足的清洁饮水，并在断奶后7～10天内的饮水中加入新霉素、利高霉素、水溶性电解质等。

断奶仔猪入舍前，要对舍内、外进行彻底清扫、洗刷和消毒，待干燥后再用。入舍后要定期消毒（每周2～3次），及时清理粪便、尿等污物。仔猪断奶1～2周要求环境温度为26～28℃，3～4周为24～26℃，5周后应保持在20～22℃左右，要做好猪舍通风与保温工作，相对湿度应保持在40%～60%。仔猪入舍时，按猪的品种、体重大小、体质强弱等相近的原则组群，每群10～20头，并群时在夜间进行，要特别注意防止咬尾、咬耳等异食癖现象。入舍后，要及时进行调教，逐渐养成在固定位置排便、睡觉、进食和饮水的习惯。

（3）生长肥育猪的饲养管理　仔猪断奶后4周，体重达20～50千克时进入生长肥育阶段。对外购仔猪育肥，要在无疫区选调品质优良的健康仔猪，仔猪调回后，先隔离饲养，5～7日内不能过量采食，待猪只完全适应环境后，转入正常饲喂，并做好防疫注射和寄生虫的驱除工作，未去势的要去势。

育肥期间要给猪只提供舒适的生长环境条件，密切注意圈内密度、温度、湿度、光照等因素对猪生长的影响；供给充足清洁的饮水，一般冬季饮水量约为采食量的2～3倍，春秋季饮水量为采食量的4倍，夏季饮水量为采食量的5倍，水槽最好与料槽分开，自动饮水器要经常检查水的流速，防止水流不畅影响饮水。

在充分利用当地自然资源及农业副产品的基础上，采用全价配合饲料饲喂，做到定时、定量、定质。一般采用粉状料拌湿饲喂，粉料拌湿程度以手握指缝不滴水，手松即散为度。改变饲喂饲料时，要逐步过渡，一般需要 7 天过渡期。饲喂时每次饲料添加量要适当，少喂勤添，防止饲料污染腐败。禁止饲喂发霉、变质、生虫和被污染的饲料。不得使用未经无害化处理的泔水及其它畜禽副产品。

每天检查猪只采食、饮水、健康状况；按程序及时进行防疫注射、用药和驱除体内外寄生虫；及时处理病、残、死猪；实行全进全出制管理，打破疾病在猪群之间的传播。根据市场行情，适时出售，一般在体重 90～120 千克。

(4) *种公猪的饲养管理*　一般要求公猪品种纯，睾丸大、两侧对称，乳头 7 对以上，体躯健壮而灵活，膘情中等，腹线平直而不下垂。外购种公猪，要在无疫区的猪场选购，公猪调回后，先隔离饲养，5～7 日内不能过量采食，待猪只完全适应环境后，转入正常饲喂，并做好防疫注射和寄生虫的驱除工作。

公猪实行单圈饲养，定时定量饲喂，保证充足的清洁饮水，调教公猪定点排便，做好冬季防寒保暖和夏季防暑工作。每天定时驱赶和逍遥运动 1～2 小时，使公猪有适量的运动及合理的营养，以增加四肢的强度。各纯种及杂交品种公猪采食量有一定差异，在没有配种时，根据其个体大小喂 2.5 千克左右，用于交配公猪的日粮为 3 千克左右。公猪应当在自己的猪栏里或自己所熟悉的猪栏内进行配种。夏季在一早一晚、冬季在温暖的时候配种，配种前后一小时不能喂饮，严禁配种后用凉水冲洗躯体；公猪发烧后，一个月内禁止使用。不定期采集公猪精液进行镜检，评定精液质量，调整饲养管理，保持种公猪正常配种能力；严格执行配种计划，做到不错配、不漏配，认真填写配种记录，严防近亲配种；及时淘汰不能作种用的公猪。

(5) *后备猪和空怀母猪的饲养管理*　对后备母猪的饲养管理应着重骨骼和生殖器官的发育，保证其优良繁殖性能的充分发挥，延长繁殖寿命。后备母猪要实行小群饲养，每圈 3～5 头(最多不超过 10 头)，每头占圈面积至少 0.66 米^2，以保证其肢体正常发育；后备母猪必须饲喂专用料，而不能喂生长肥育猪料。适合配种母猪应当不肥不瘦（八成膘），骨骼和性器官充分发育。体质瘦弱不发情的母猪采用增加50%～100%饲料量以恢复体况发情配种；过肥不发情的母猪实行限制饲养减少或不喂精料，多喂青料，增加运动，使母猪减膘到配种的体况，并辅助以药物催情，以便发情配种。在配种前后一段时间喂给优质青绿饲料或青贮料，可促进发情和排卵。一般按风干物质算，可喂给其日粮构成的20%～25%。严格按照配种计划进行配种，防止乱配，配种后立即记录清楚；有条件可采用人工授精，能降低饲养成本，改进配种水平，提高繁殖成绩。

（6）妊娠母猪的饲养管理　母猪配种后要让其在适温的情况下保持安静，使子宫能有效地埋植更多的受精卵。此时期的母猪应尽量少受刺激，特别是要避免热应激，不得鞭打、追赶及粗暴对待母猪，不得大声吆喝，不得饲喂霉败、冰冻的饲料，以防止死胎和流产；配种后18～24天以及39～45天认真做好妊娠诊断，及时检测出复发情或未受孕的母猪。调教母猪定点排便，保持圈舍干燥卫生；做好夏防暑冬保暖工作，使温度保持在20℃左右，严禁舍内高温、潮湿、结冰、打滑，防止流产。妊娠一个月后，应让母猪充分运动，妊娠后期减少运动量，临产前停止运动，防止便秘，有力于产仔。发现病猪及时治疗并全群消毒，禁止使用容易引起流产的药物（如地塞米松等）；严防高烧，造成流产。母猪在产前7～10天转入产房适应环境，同时注意乳房、腿、阴户部分的刷洗，保持圈舍及猪体的清洁卫生。

母猪配种后尽快改为单圈或单笼饲养（妊娠前期可采用3～5头的小群饲养，后期单栏饲养），以便控制每头母猪的口粮。饲喂量要根据母猪妊娠的不同阶段决定，采取前低后高的原则。母猪妊娠初期（配种后4周内）应限制采食，一般日饲喂量为1.5～2.0千克，若采食量大，将会增加胚胎死亡。在妊娠中期（配种后4周至产前4周），要根据母猪体况限制饲喂量，饲粮应适当提高粗纤维的水平，增加饱感，防止便秘。要严防日粮采食过多，导致母猪肥胖。妊娠后期（产前4周至产仔）是胎儿迅速生长发育的时期，此阶段是胎儿迅速生长发育的时期，饲料喂量要增加，约3～3.5千克，以促进胎儿快速生长，并为产乳作一些储备。优质青绿和青贮饲料特别适合于饲喂妊娠母猪，有条件的猪场每天可适当加喂青饲料。

（7）哺乳母猪的饲养管理　母猪在产前7天进入分娩舍，并逐渐减少饲喂量，对膘情较差的可少减料或不减料。产前将母猪乳房、阴部清洗，再用0.1％的高锰酸钾水溶液擦洗消毒；产后注射一针青、链霉素，防止产期疾病。母猪在分娩过程中，要有专人细心照顾，接产时保持环境安静、清洁、干燥、冬暖夏凉，严防产房高温。

母猪产仔当天不喂饲料，仅喂麸皮食盐水或麸皮电解质水，1周内喂量逐渐增加，待喂量正常时要最大限度增加母猪采食量；饲喂遵循“少给勤添”的原则，要严禁饲喂霉变饲料；在泌乳期还要供给充足的清洁饮水，防止母猪便秘，影响采食量。母猪断奶前2～3天减少饲喂量，断奶当天少喂或不喂，并适当减少饮水量，待断奶后2～3天乳房出现皱纹，方能增大饲料喂量，开始催情饲养。

6. 猪病防治

（1）搞好猪场环境卫生，定期清洁消毒　必须每天清扫猪栏，每月对猪舍清洗、消毒，特别是猪只出栏后和进下一批猪之前，需要进行彻底的清扫和多次消毒，在疫病流行季节或受周围猪场疫情威胁时，需每天进行消毒；空栏猪舍、场地经彻底打扫后，用10％～20％生石灰水喷洒，或用2％～4％烧碱水、5％～20％漂白粉溶液，或用1∶300菌毒敌溶液等多次喷洒，消毒后，将食槽及地面用清水冲洗干净，然后才能接进猪只。猪场及猪舍门口应设立消毒坑或消毒池，消毒坑内可放1％～2％烧碱水或菌毒敌，车辆经消毒池后方可进入生产区内，消毒液一周更换2次。每批猪调出或转群，猪舍要彻底进行清扫、冲洗和消毒，并空圈5～7天。

（2）*加强饲养管理，增强猪体抗病力*　重视饲料和饮水的卫生，饲料要多样化，合理搭配和调制，以保证猪体对各种营养的需要。禁止用腐烂、发霉、刚喷撒过农药的饲草、饲料喂猪，要做到粗料细喂，定时定量，少喂勤添，不要突然改变饲料。要创造良好养猪环境，保持猪舍清洁、干燥、通风、保暖，气候炎热要做好防暑。要定期检查猪只采食、饮水和健康状况，对于发病猪要隔离治疗，特别照管，连续治疗3～4天仍无明显效果者，要予以淘汰捕杀。

（3）*加强防疫工作*　坚持防重于治的原则。凡从外面买来的猪，不要立即与原有猪只并群，要隔离观察15～30天，确认为无传染病时，才能和原有猪只并群，以免传播疫病。根据猪群免疫情况，进行各种疫病的免疫接种，如免疫接种猪瘟、猪肺疫、链球菌病等相关疫（菌）苗，甚至免疫接种伪狂犬病、蓝耳病、气喘病、传染性胸膜肺炎等特种疫（菌）苗。在使用疫苗过程中，要对疫苗的批次、注射时间、注射的品种及头数进行详细的记录，以便检查，严禁使用过期和封闭不严密的疫苗。通过对猪群逐只免疫接种，使猪群整体受到免疫保护。

（4）*定期在饲料中添加一些抗菌素预防疾病*　在猪群常见疾病中，有猪气喘病、传染性胸膜肺炎、链球菌病、腹泻等，它们早期可以用氟苯尼考、甲砜霉素、嗯诺沙星、磺胺类药物等添加在饲料中作为预防或防治，在饲料中添加阿散酸、强力霉素或洛霉定等则可以防治猪附红体病，添加磺胺-6-甲氧、磺胺间甲氧则可以防治猪弓形体病。

（5）*定期进行驱虫*　猪的寄生虫主要有蛔虫、鞭虫、疥螨和虱蚤等内外寄生虫，通常在小猪阶段进行第一次驱虫，体内蛔虫可用盐酸左旋咪唑或阿维菌素注射或拌料，体外寄生虫可用伊维菌素或双甲脒水溶液（10千克水中加入12.5%双甲脒乳油剂40毫升）喷洒或洗擦猪体患部，隔6～7天后再用药一次；在中大猪阶段用同样方法进行第二次驱虫。

7. 养猪注意问题

哺乳仔猪、妊娠和哺乳期母猪饲养要求高，而饲养生长肥育猪的技术比较简单。养猪经验不足或初次养猪的果园可购买断奶后4周的猪只，只进行肥育养殖，这样也可提高果园养猪效益。

养猪果园农药使用需严格执行安全操作规程，喷施农药应注意风向，避免喷入或飞入猪栏，避免喷洒猪体；农药使用期间（包括残留期）必须检查猪栏，严防猪只窜出，以防止猪只农药中毒。农具和饲具必须分开保管，不能用喂猪的饲具配制农药，也不能用配制农药的器具喂猪。禁止饲喂被农药污染的水、饲料、牧草、树叶等，只有超过毒物残留时间（一般7天）的牧草、树叶等方可饲喂。

猪粪尿是优质有机肥，可采用茅厕式方法积肥，即在猪舍一侧挖一个大积肥坑，用水泥砌面，加盖密封，使猪舍排出的粪逐渐蓄积于内，经过2～3个月的发酵腐熟后再行利用。若能在坑内放入适量的硫酸亚铁和过磷酸钙效果更好。

（二）发酵床养猪技术

发酵床养猪技术又叫自然养猪法和“懒汉养猪法”，是一种生态环保型养猪技术，具有有省工、省力、省水、清洁、高效等优点。该技术系许立杰、李铁坚等消化吸收日本和新西兰等地的养猪技术而创造的一种新型技术，技术要点如下：

1. 场址选择

养猪场一般建在果园一角的背风向阳处，不占用优质土壤，尽量少占耕地；场址地势高燥，排水方便，通讯良好；水源充足，水质良好；交通方便，又远离交通要道、旅游区和居民点，一般应距居民点2 500米以上，并处在居民点的下风向。

2. 猪舍的建造

建设猪舍要根据“因地制宜、因陋就简、坚固耐用、冬暖夏凉，四季养猪”的原则综合考虑。猪舍应坐北朝南或坐北朝南稍偏东一些，如不能，朝东也可以，但不能朝西或朝北。

饲养100头生长育肥猪的猪舍，一般宽5米（不要超过7米）、长24米，两端各2米为工作间。猪舍面积为5×20＝100米^2。在两远端设自动饮水及自由采食装置，使猪在吃料以后能够到对面去喝水；100头猪需要鸭嘴式饮水器4个，需要大型自动料槽2.5米长。为了增加通透性，利于发酵，猪舍地面不要用水泥硬化。

一般采用地上建猪舍。建猪舍时先在四周建1米高的围栏，立柱相距2.7～3.0米，柱高1.7～1.9米。北方建猪舍要在围栏立柱上面建钢筋架，钢筋架两侧宽度要比围栏宽出0.5米，以防雨水流入猪舍内。在钢筋骨架上覆盖无滴塑料薄膜，并用硬质钢丝紧紧压住；塑料薄膜上覆盖厚草苫。冬季将北、东、西3面封闭，南面部分敞开，并调整顶部草苫的覆盖面积，以确保猪舍温度可达20℃左右。夏天把四周薄膜掀起，形成凉棚。为了抵御暴风雨、暴风雪的侵袭，棚架与基柱的联接处必须焊接牢固，棚架各个联接点也必须加固。

南方猪舍的顶部可用波纹状石棉瓦，只设立柱和围栏即可，长年保持凉亭状态。在华中地区，冬季气温最低可达－7℃左右，猪舍东北、西面应遮挡，南面敞开。

在地下水位低或气温偏低的地区，可以建半地下或全地下猪舍，全地下猪舍挖深2.5米，只顶部有塑料薄膜覆盖透光，但应有通风窗或通气孔，保证冬暖夏凉。

3. 垫料的选择与处理

垫料作为猪粪尿、水分和微生物的栽体，应具有蓬松性、吸附性、松散性、新鲜、干燥和无毒的特性。

选择垫料要因地制宜、价格低廉。适合做垫料的物料很多，效果最好的是锯末（含甲醛等防腐剂的板材锯末不能应用，松木锯末带异味并含蜡质也不宜使用）。锯末不足，可选玉米秸（去掉根茬部份并铡短）、麦秸、稻草、稻壳及无毒树叶等。各种秸秆以10～15厘米长为宜，不能粉碎过细；粉碎的果树树枝条也可做垫料，但要避免枝条刺伤猪蹄。发霉变质的垫料不可应用。

垫料使用前先通过日光曝晒消毒，消毒后铺在猪舍地面上，最初50厘米左右，最后由于猪群踏踩，被压缩到40厘米左右，最好不少于40厘米。

生长育肥猪随猪出栏一次性将垫料清除；母猪每6～8个月清除1次。清除的垫料转移到另外的发酵棚继续发酵，每7天左右搅拌1次，然后封闭（留气孔），大约要经过7～8次，使垫料达到完熟。这种完熟垫料可重新铺在猪舍地面上30厘米，上面再铺10厘米新鲜垫料，重新养猪。

4. 发酵床的制作与养护

按1米^{2}垫料加350～400毫升/千克（或350～400克）发酵床专用菌，加适量水（水分添加量以喷洒后垫料能够用手握成团不滴水、一触即散为准）喷洒在30厘米厚的垫料上；喷洒后再在30厘米的垫料上覆盖10厘米没有发酵过的锯末和稻壳，就可以直接上猪。

猪群入圈前，要往猪舍内撒些健康猪的猪粪，以改变猪集中固定大小便的习惯。撒猪粪后，仍然会有些猪集中在一处排粪尿，造成局部过度潮湿妨碍发酵，这时要把过湿的垫料挪走，然后撒上新鲜垫料。雨季到来之前，检查排水沟，防止棚舍周围积水。

5. 进猪与猪的饲养

各类猪群在进栏前都要按照防疫程序进行免疫和驱虫。进栏猪的日龄以 50～90 天，体重 25～30 千克为宜，要求每群猪的日龄和体重尽量相近。凡来源不清楚，精神不振，个体过小的病态猪不能引进。

生长育肥猪大群好管理，不争斗打架，所以要实行大群饲养，每群 100 头，如数量不够至少也要 50～60 头。母猪实行小群饲养，每群 5～6 头；产仔和哺乳母猪在产前 1 周上产床，网上饲养，这可防止仔猪被压死压伤；没有产床的应设防压栏和保温箱。生长育肥猪实行自助餐式饲养，自由采食；母猪要定时、定质、定量喂饲。

6. 发酵饲料制作

制作发酵饲料尽量选取当地原料做饲料，饲料一般由米糠 40%、麦麸 30%、豆粕 10%、秸秆粉 18%、食盐 2%组成。可在 100 份饲料添加 1 份发酵液和 1 份红糖以及约 30%～45%的井水或河水（根据饲料干湿度增减水量），比如，发酵 100 千克饲料，需用1 000毫升发酵液和1 000克红糖，加水 30～45 千克；具体操作时先把红糖溶化，倒入发酵液，加水混匀后再与饲料混合拌匀，湿度以手控成团不滴水，一触即散为宜，然后装入容器（桶、缸或厚塑料袋）中，压实密闭，放在常温、能防鼠害的地方厌氧发酵，约 7～10 天，发出略带酸甜的浓郁酒曲香味，即发酵成功。发酵饲料摊开凉干密封可保质 6 个月。

利用发酵饲料喂猪时，可将发酵饲料与 6～9 倍的常规饲料混合后使用。也可按饲料的千分之一拌入发酵液或干粉直接用来喂猪。

7. 日粮设计要点

有足够的营养，才够获得理想的产出。发酵床养猪的猪日粮配合与一般配合饲料相同，一般按照玉米60%左右、豆饼18%左右、小麦麸15%左右，再加上适量的鱼粉、预混料（维生素、矿物质、微量元素）设计日粮。

8. 日常管理与猪舍降温

每天要注意观察猪的精神状态和粪便形态，如发现异常，要及时处理；要保证猪在24小时内随时吃上饲料和饮水；保持地面干湿适宜。注意猪舍通风换气，即使严冬季节也不要把猪舍封得很严，要在顶部或两侧设通风孔，中午应敞开向阳面的塑料薄膜。在猪场出口处建出猪台，以减轻劳动强度，保持猪群健康，保证肉品品质。育肥猪体重达60千克以上时，为了减少脂肪积累，增加瘦肉比例，可在饲料中掺入一定比例的草粉或秸秆粉。

每类猪都有适宜的生长温度，比如生长育肥猪的适宜温度为15～23℃，母猪20℃。发酵床启动后，生物发酵会产生一些热量。在冬天，可蒸发多余的水分，还能增加舍内温度，有利于猪群的生长发育。但在夏天，舍内温度会高于猪生长适宜温度，需要采取降温措施，比如舍内搭凉棚、顶部加厚覆盖阻档日光、利用果树树遮阴，或者舍内舍内顶部按装喷淋器，当气温接近30℃，于下午14：00～16：00时，每半小时喷水1次。

9. 疾病控制

采用发酵床养猪法，由于人们很少进圈，猪胃肠道内充满有益菌，空气得到净化，饲养的猪，猪群健康活泼，很少生病。但所有猪群进圈前必须在当地畜牧兽医部门指导下进行疾病预防及程序免疫；进圈前后还要普遍服用“虫蝇净”，以杀死体内外寄生虫以及粪便中的蝇蛆。还要在周围苍蝇栖息地使用“成蝇灭杀剂”，做到圈内外基本无蝇。为预防细菌病，可经常往猪圈内投放一些铁苋菜和车前草。发酵床养猪的圈内外消毒以生物消毒为主，但周围流行严重传染病后，要对舍内外进行常规消毒。

10. 肉猪出栏与出栏后的管理

当肉猪体重达到 90～110 千克时，应及时出栏上市。猪的出栏不是 1 次出完，少数未达到标准的，可多养一段时间。对选出的出栏猪，在前 1～2 天，进行淋浴，并涂上颜色，尽量使其安静。出场的前 1 天，把猪集中到紧靠出猪台的猪舍。

在母猪转群或肉猪出栏后，要把猪舍地面上的所有堆肥全部转移到发酵棚进一步发酵。所有用具进行清洁处理，自动饮水器及其它器具要检修。周围环境要清扫、消毒。地面撒上石灰，侧壁和柱子进行涂布消毒。

第十二章　生态果园病虫害控制技术

病菌、害虫和杂草等是果园有害生物，控制有害生物要遵循“以防为主，综合防治”原则，搞好预测预报，尽早预防。发生病虫草害后，优先采用农业防治和物理防治方法，积极采用生物防治和生态控制方法，合理使用化学防治技术，严禁使用相关标准禁止使用的农药种类，按照病虫害发生的经济阈值，经济、安全、有效地控制病虫草为害。

一、控制病虫害的基本策略和方法

果园有害生物主要指影响果树正常生长发育，对果树生产造成经济损失的生物，包括病原菌、虫（昆虫、螨）、草、鼠、软体动物等。控制有害生物的基本策略是预防为主，并从果树与有害生物构成的生态系统出发，综合应用各种农业的、生物的、物理的防治措施，创造不利于病虫草滋生而有利于各类自然天敌繁衍的生态环境，保证农业生态系统的平衡和生物多样化，努力减少各类病虫草害所造成的损失，逐步提高土地再利用能力，以维持果树生产持续、稳定、高效地发展。

采取积极措施，让果树在自然生长的条件下，依靠自身的抵御能力提高抗病、虫、草的能力；通过改变病虫草的生态需要来调控病虫草的发生，将病虫草危害程度降到最低；尽最大可能地依靠品种抗性、肥水管理、耕作、轮作和间作等农业措施控制有害生物；通过建树篱、筑巢、促进植被多样化等手段设法提高天敌的自然控制能力，尽可能地少用化学药剂，综合应用各种非化学手段，积极预防和控制果树病虫草害的发生。

有害生物控制的基本方法是：

（1）优先采用农业措施，通过合适的能抑制病虫草害发生的耕作栽培技术，如采用抗（耐）病虫品种、平衡施肥、覆盖、深翻晒土、清洁田园、轮作间作等一系列措施等控制病虫草害发生。

（2）创造适宜的环境，保护和利用病虫、杂草的天敌，通过生态技术控制果树病虫草害的发生。

（3）尽量利用灯光、色彩等诱杀害虫，采用机械和人工方式除草以及热消毒、隔离、色素引诱等物理措施，防治病虫草害。

（4）特殊情况下，可采用有关标准和认证机构允许使用的植物源、动物源、微生物源、矿物源农药和低毒高效化学农药。

（5）有机果树生产不允许使用人工合成的除草剂、杀菌剂、杀虫剂、植物生长调节剂和其他农药，不允许使用基因工程生物或其产物。

二、病虫害的农业防治

农业防治就是利用病虫、果树及生态环境之间的三角关系，采用一系列的农业技术措施，促成果树生长发育的强势，进而抑制害虫的繁殖，直接或间接地消灭害虫，同时进一步创造有利于益虫的生存及繁殖的条件，利用益虫使果树免受或减轻病虫为害。农业防治是果树生产管理的一部分，不受环境、条件和技术等限制，技术简便易行。不论刮风下雨，不论山区和平原，也不论大人和小孩都可以操作。农业防治因改变了病虫害最适宜的生存环境，能够长期地控制病虫害的发生。农业防治方法主要包括创造不利于害虫孳生的条件，抑制害虫的生长和繁殖，培育和选用抗性品种等。这可从土壤、肥料、果树抗虫性、轮作间作、田间管理、忌避植物的选用和栽培等方面考虑。农业防治基本措施主要有：

1. 选用抗病虫品种，栽种抗性植株

抗性强的植株不容易感染病虫害，可少施药或不施药。应根据本地区病虫害的发展情况，选用适宜本地区栽培的抗病品种，并注意合理搭配和更新，做到良种良法配套。比如，欧洲葡萄品种容易受根瘤蚜侵害，而北美葡萄有抗根瘤蚜的作用，可做欧洲葡萄品种抗根瘤蚜砧木；中国梨抗火疫病，在梨火疫病发生比较严重的地区，种植中国梨比西洋梨好的多；苹果中的金帅、新乔纳金、津轻、王林、新红星等品种抗轮纹病，富士易感轮纹病，元帅系易得斑点落叶病，金帅、富士、王林、国光中等感病，红玉、祝光很少发病，金帅易受桃小食心虫危害，富士、国光较轻，苹果 MM 系砧木抗绵蚜，在发病比较重的地区，要优先选择抗性品种。

2. 深翻土地和改良土壤

以土壤作为栖息环境的害虫，土壤条件如温度、湿度、土壤含水量、热容量、土壤结构、pH 值等的改变，都会影响它们的生长、繁殖力及为害情况。特别是那些决定性因子的改变，均将显著地影响昆虫的寿命长短、发育进度和繁殖速度，因而也就显著地影响害虫的发生量及为害程度。土壤质明显影响地害虫的发生，比如，在砂质壤土易于发生粉介壳虫、根瘤蚜，潮湿的土地易发生蝼蛄、蟋蟀，而较松土地易发生夜盗虫、蛴螬。由于大多数害虫在生长和发育过程中，多多少少都与土壤有一定关系，因此，深翻改土不仅利于果树的生长，能够提高果树的产量，而且在害虫防治上亦有功效。

为防治病虫草害，土壤管理可从下面几点着手：

（1）改变土壤环境的生态条件，破坏害虫的发育与繁殖场所。

（2）将原来在地下的害虫翻至土壤表面，由于光、温度、湿度等物理因子和鸟类、青蛙、天敌昆虫等生物的捕食，促使它们大量死亡。蜗牛产卵于地下，在其产卵期进行中耕，将卵块暴露于地面经由阳光的曝晒，石灰质的卵壳很容易爆裂；余卵块虽未被翻至地面，但常因土壤疏松，遭受外界干燥空气影响也难于存活。

（3）利用深耕，将害虫翻入土层深处，使它们不能由土壤中羽化出来。

（4）把植物的地上部翻入土中，使为害植物地上部的害虫，因失去寄主而大量死亡，尤其是对杂草的清除，更具意义。

（5）深翻晒垡，可利用阳光消毒，如深耕 40 厘米，能够破坏病菌的生存环境，同时借助自然条件，如高温、太阳紫外线等，杀死一部分土传病菌。冬初翻耕不仅能直接消灭一部分害虫（如蛴螬），并且将大量害虫暴露地表（或浅土层中），使其被冻死、风干或被天敌啄食。

（6）深耕时，土壤中的一部分害虫，遭到农机具伤害而死亡；同时土壤中害虫的巢穴和蛹室在深耕时受到破坏，亦增加其死亡。

（7）深翻整地，施足腐熟基肥：深翻可促进病残株、洛叶在土下腐烂，并将地下病菌、害虫翻到地表，不利于其越冬，减少病源、虫源。尤其冬季树盘周围翻土，可以冻死越冬的病虫，如山楂叶螨、二斑叶螨，苹果绵蚜、枣尺蠖、桃小食心虫等。

3. 合理间作和轮栽

往往在同一地区连续栽培同样果树过久，则害虫发生越激烈，若以间作或轮作方式，可减少害虫的发生，如间作黑麦草、野百合、万寿菊能够抑制线虫为害。桃、苹果等果树忌地现象严重，在老桃园和老苹果园轮种其他作物3～5年，往往可以基本解决重茬问题。

4. 合理施肥

肥料种类及用量，往往影响害虫的发生。往往氮肥过多，果树趋于柔嫩，害虫易为害，如卷叶虫、褐飞虱及浮尘子类会发生较严重，而施用硅酸肥料，可缓和氮过多引起的为害；厩肥堆积过多，常引致蝇、蚊、叩头虫幼虫、金龟子幼虫等土栖昆虫的栖息繁殖。再如，苹果全爪螨和二斑叶螨繁殖能力随叶片中氮素含量增加而增长；树皮钾含量与果树抗腐烂病的能力正相关等。

生产中应当注意不要过量施用氮肥，以免引起技叶徒长，诱发病虫；提倡配方施肥和施用有机肥，多施磷钾肥。还要充分利用肥料的抑虫杀菌功能，如用鸡粪、棉子饼抑制线虫发生。此外，在10千克水中加兔粪1千克，放于在桶内或瓦缸内密封沤制15～20天，取液体浇淋于根部，能防治地老虎；在50千克水中加10千克草木灰，浸泡24小时，滤液可防治蚜虫；沼液、沼渣也有治疗根腐病的作用。多施有机肥、平衡施肥能提高植株抗病性，增强土壤的通透性，改善土壤微生物群落，降低腐生菌基数，提高有益微生物的生存数量，促进根系健壮发育。

5. 合理密植与修剪，改善通风透光条件

病虫害常常在郁闭条件下发生，如蚜虫和煤霉病的发生等，因此，及时修剪，增强树冠内通风透光能力，能够抑制病虫害的发生。

一定耕种面积内种植适当的株数，则通风、日照正常，生育条件良好，果树因而生长健壮，其抗虫性可以提高，虫害损失率也能够相对的降低。但过度稀植，不但不能充分利用土地，还因行间株间空隙大，杂草丛生，表土蒸发量大，容易干枯，产量也受限制。过度密植，能为某些害虫提供良好的发育与繁殖条件，

主要是田间小气候相对湿度高及光照的不足，可以诱致害虫的大量发生。但密植可在一定程度上抑制杂草的生长。

6. 彻底清园，减少潜藏的病原体

田间杂草应时常刈除以减少害虫寄生机会，残枝败叶也须加清除，以消灭内部害虫。秋季或早春清扫落叶，集中销毁，能消灭许多叶斑病菌及越冬的潜叶蛾类。若苹果园金纹细蛾发生重，且落叶中寄生蜂蛹越冬虫量大，要注意保护利用。结合修剪，剪除病虫枝（蔓）干、病芽、病蒂和根孽，摘除病虫果、叶，并销毁；如果虫蛀较深而该枝又必须保留的，可用竹签或钢丝捅进蛀孔，将虫掏出或刺死。剪除病虫枝可有效防治白粉病、枝枯病、天牛、食心虫、卷叶虫、苹果绵蚜、苹果瘤蚜、潜叶蛾、介壳虫等。此外，及时清除并烧毁死树、死枝和病虫植株残体，及时拣除落在地面上的病虫果，并销毁，勿在果园久放，可以减少病虫传播与为害。

7. 刮树皮和刮涂伤口

危害果树的各种害虫的卵、蛹、幼虫、成虫及各种病菌孢子、大都隐居在果树的粗翘皮裂缝里休眠越冬，而病虫越冬基数与来年危害程度相关，需要刮除枝、蔓、干上的粗皮、翘皮和病疤，铲除腐烂病、轮纹病、干腐病等枝干病害的菌源，对果树施以刮皮术，还能促进老树更新生长。

刮皮时间宜从入冬后至第二年早春 2 月间进行，不宜过早、过晚，以防树体遭受冻害及失去除虫治病的作用。一般来说，幼龄树要轻刮，老龄树可重刮。操作时动作要轻巧，防止刮伤嫩皮及木质部，以免影响树势。一般以彻底刮去粗皮、翘皮，不伤及青颜色的活皮为限。刮皮后，皮层要收集起来集中烧毁或深埋。刮皮后最好再喷一次倍量式波尔多液，然后对树干用净白剂（可按生石灰 10 千克、食盐 2 千克、硡黄粉 1 千克、植物油 0.1 千

克及水 20 千克的比例配成）刷白。

虫伤或机械创伤等伤口，是最易感染病菌和害虫最爱栖息的地方，应先刮净腐皮朽木，用快刃小刀削平伤口后，涂上 5 波美度石硫合剂或波尔多液消毒，大伤口还要涂保护剂，以促进伤口早日愈合。刮下的残物要清扫干净，集中烧毁。

8. 合理灌水

许多病菌疫情严重发生的主要条件是湿度得到满足，如灰霉病、疫病、霜霉病等等，往往湿度越大病害越重。所以，果园浇水忌大水漫灌，以免造成园内湿度过大，诱发许多叶部和根部病害发生，同时为保护果园内的蜘蛛和一些捕食性天敌昆虫（如步甲等），宜尽量采用滴灌、穴灌等节水措施。而结合覆膜，实行膜下沟灌控制湿度，推行膜下微灌、小水勤浇等，可以有效地控制空气湿度，减轻病害。

土壤湿度对地下害虫的生长和活动有着重要而直接的影响，例如，土壤湿度在 15%～20%时最适合地下害虫的发育及生存，当土壤含水量达到 35%～40%时，害虫的发育就受到阻止，就难以危害果树。所以，在不影响生长的情况下可以通过灌水来控制地下害虫的危害。

此外，大雨过后要及时排水，以免影响果树正常生长和降低果树的抗病虫能力，特别是对一些根部病害的影响。

9. 忌避植物应用

利用植物之间的关系，种植忌避植物以减少病虫害的发生。如细香葱种于苹果根附近可防疮痂病，亦可防苹果棉蚜，但禾本科草根会分泌抑制苹果树根的生长。苹果树易引起马铃薯患疫病，接近成熟的苹果会发散微量的乙烯气体而抑制周围树木生长，但会促进周围植物的开花成熟。有关忌避作物列于表 12.1 和表 12.2。

表 12.1　忌避植物所能驱避的害虫

忌避植物	科　别	被驱避的害虫
大茴香	伞花科	雀蛾、蚜虫
茴香	伞花科	蚜虫
胡荽	伞花科	多种虫类
芹菜	伞花科	纹白蝶
细香葱	石蒜科	蚜虫、苹果黑星病、疮痂病、野兔
大蒜	石蒜科	潜树皮害虫、象鼻虫、蚜虫等多种虫类
石蒜	石蒜科	鼹鼠、老鼠、狗、猫
薄荷类	唇形科	纹白蝶、蝇类、老鼠、蚂蚁、黄条叶蚤、蚜虫
迷迭香	唇形科	纹白蝶、胡萝卜蝇、黏虫、蜗牛、蛞蝓、苹果绵蚜
百里香	唇形科	纹白蝶
鼠尾草	唇形科	纹白蝶、胡萝卜蝇
牛膝草	唇形科	诱引豆金龟子、纹白蝶
青蒿	菊　科	纹白蝶、粉虱、蛾
甘菊	菊　科	疫病
金盏花	菊　科	蚜虫、线虫、夜蛾、芦笋长颈叶虫
波斯菊	菊　科	多种虫类
白花除虫菊	菊　科	多种虫类
苦艾草	菊　科	纹白蝶、黄条叶蚤、蛾、胡萝卜蝇、蚜虫、蚂蚁、粉虱
鱼尾菊	菊　科	瓜实蝇、蕃茄夜蛾、蚜虫、瓜叶虫、诱引金龟子
万寿菊	菊　科	土中线虫、番茄粉虱、幼蛾、粉虱
结球萵苣	菊　科	黄条叶蚤、温室多种虫类
艾草菊	菊　科	豆金龟子、瓜叶虫、瓜实蝇类、蚂蚁、蛾
大理花	菊　科	土中线虫
紫丁草	紫草科	纹白蝶、夜蛾、雀蛾
洋山葵	十字花科	增强马铃薯抗病力

（续）

忌避植物	科别	被驱避的害虫
辣椒	茄科	蚜虫、蓟马、螟虫
矮牵牛	茄科	蝇类、蚜虫、蚂蚁、豆类害虫、浮尘子
橡树	壳斗科	蛞蝓、切根虫、椿象
旱金莲花	金莲花科	蚜虫、温室粉虱、椿象、果树粉虱、绵蚜
荞麦	蓼科	叩头虫幼虫
白花天竺葵	牛儿科	诱引豆金龟虫、叶蝉
太阳麻	豆科	甘薯根瘤线虫、南方根腐线虫
野豌豆	豆科	切根虫、黏虫、鼠类

表 12.2　害虫所忌避的一些植物

害虫名	忌避植物
夜盗虫	迷迭香、野豌豆、除虫菊、大蒜、辣椒
切根虫	柏树皮及叶、野豌豆、艾草菊、迷迭香、除虫菊
蛾类	薄荷类、青蒿、金盏花、苦艾草、百日草、艾草菊、大茴香、紫丁草、万寿菊、迷迭香、鼠尾草 、旱金莲花、麝香草、亚麻、芹菜、荆芥、荨麻
纹白蝶	鼠尾草、芹菜、薄荷类、迷迭香、立麝香草、青蒿、苦艾草 、紫丁草、香茄、牛膝草、大麻
蚜虫	大茴香、茴香、迷迭香、大蒜、矮牵牛、金莲花、薄荷类、苦艾草 、细香葱、除虫菊、百日草、辣椒、胡荽、艾草菊、金盏花、荨麻
黄条叶蚤	亚麻、艾草菊、薄荷类、百日草、结球莴苣、山葵、荆芥、苦艾草、万寿菊、荨麻
潜蝇类	西红柿、芸香、艾草菊、苦艾草、亚麻、鼠尾草、薄荷类、迷迭香、波罗门参、韭菜、万寿菊、针叶树新鲜锯屑、百日草、旱金莲花
蓟马类	辣椒
齿虱类	青蒿、万寿菊、苦艾草、金莲花、洋葱、大蒜

（续）

害虫名	忌 避 植 物
椿象	旱金莲花、大豆、柏树皮及叶、艾菊草
象鼻虫	荞麦、大蒜
浮尘子	白花天竺葵、万寿菊、大理菊、矮牵牛、薄荷类
金龟子	艾草菊、曼陀罗、芸香、大蒜
线虫	万寿菊、太阳麻、大理花、旱金盏花、芦笋
蛞蝓、蜗牛	苦艾草、木灰、迷迭香、柏树皮及叶
蚂蚁	艾草菊、荷兰薄荷、欧洲薄荷、矮牵牛、苦艾草
鼹鼠	野豌豆、多年生甜豆、荷兰薄荷、大戟、篦麻、宿根野豌豆、石蒜、水仙、灌木状接骨木叶
蚊、畜蝇	豆类、蓖麻、欧洲薄荷、迷迭香、苦艾草、九层塔、欧洲苦艾、梓木、野豌豆、香茅、胡桃类
野兔	葱类、细香葱

10. 其他农业防治方法

（1）慎选防护林，铲除果园周围的桧柏树，消灭苹果、梨锈病的传染来源。

（2）种植诱捕作物：如在果园周围种向日葵等一些害虫喜食的作物，用于诱集食心虫，集中消灭。再如，芋艿是一代斜纹夜蛾最早、最喜欢产卵的作物，通过有目的地种植芋艿，可诱集斜纹夜蛾产卵，然后人工摘除、灭杀卵块或幼虫群。

（3）果园早春地膜覆盖，防止病虫上树；树干扎开口向下的纸筒，防止天鹅绒金龟子上树。

（4）树盘培土灭虫，闷死出蛰害虫：桃小出土后羽化前在树干周围 1 米内培 5 厘米左右厚的土，并压实，15 天后再培第二次土，阻止桃小或虫羽化。

（5）秋季树干缠草绳，诱导下树害螨、害虫聚此越冬，冬季解下草绳集中烧毁。

三、病虫害的物理防治

物理防治法范围很广，任何以器械、温度、湿度、颜色、音波、光线、微波、超音波、外加隔离、特殊图案等因素来防除虫害、鸟害、兽害的方式皆属于物理防治。

1. 隔绝、驱避

（1）病区隔离，工具消毒防止污染　以“预防为主”加强检疫，严格控制从外区域调运种苗和有机肥料，及时预防危险性病、虫、草等新的有害生物的传入和扩散，将病、虫、草“拒之国门之外”。同时园艺工具要经常消毒，防止通过工具传染病虫害。

（2）喷用防病膜　如高脂膜，主要原料来源于植物（如椰子），属植物源无毒性产品。其成品为白色“奶油”状水乳液，有芳香气味，易溶于水。喷洒在植物或其他固体上（土壤、果实等），可形成肉眼看不见的分子膜层，该薄膜层允许氧气和二氧化碳透过，而难以透过水分子。膜层遇水时，可自动扩展，维持连续的膜层，并通过物理效应驱避害虫、抑卵孵化、防治裂果、抵御风害、预防空气污染、防治小型害虫（蚜、螨、蓟马等）、增加产量、改善品质等。

此外，利用高岭土的纳米颗粒制成的微粒膜（particle film）喷在叶片或果实表面能有效地抑制害虫和日灼。

（3）采用防虫网覆盖技术，设网阻虫　防虫网是以优质聚乙烯为原料，经拉丝织造而成，形似窗纱，具有抗拉强度大、抗热、耐水、耐腐蚀、无毒、无味等优点，其防虫原理是人工构建隔离屏障，将害虫拒之网外，达到防虫保菜的目的。另外，防虫网的反射、折射光对害虫还有一定的驱避作用。

（4）非农药遮断法　在树枝上局部涂上凡士林油或黄油等阻碍物，以防止枝干上的若虫向果实部位迁移，即是非农药遮断法。与其它防治方法（例如温汤处理、套袋、清除园间废弃物与枯枝等）合并使用，防治效果更好。在植株基部涂抹石灰、木焦油、撒草木灰，亦有防除效果。另外也可于田区周围挖掘明沟并灌水，以防止移动性高的有害生物（例如蜗牛、尺蠖、黏虫等）入侵。

（5）果实套袋　套袋可防止多种病虫害，减少用药次数。套袋技术详见花果管理部分。

2. 人工灭虫

挖桃小越冬茧，人工捕捉；喷水冲刷红蜘蛛；人工刮除或刮刷枝干上的蚧虫、树裂缝中越冬的苹果绵蚜、红蜘蛛、梨木虱等小型害虫，或用铁丝刺杀。人工摘取害虫卵块、捕捉幼虫集中销毁等。美国加州的草莓农民曾利用吸尘器来捕捉有害生物。

硬纸圈/胶圈/胶瓶：纸圈一半埋在泥里，一半留在泥面，套着幼苗直至植株长大，能防治土壤昆虫在茎与泥土接壤的地方咬断幼苗。

树环：用来对付只会爬而不会飞的害虫和蜗牛。剪一条足够绕树一圈半的布条，绕树干包缠构成树环，在树环上涂上粘胶，每周检查一次，并清理黏着的昆虫遗体。

3. 高温灭虫杀菌

夏季耕后灌足水，盖上塑料薄膜能够提高地温，使土层 10 厘米处最高温度达 70℃，能够杀死大量病菌。土壤埋设电热线、施肥发酵升温等也可以杀灭土壤中的多种病虫害。土壤蒸气消毒（详见建园部分）也高温灭虫杀菌的方法。

4. 利用特异光线

黑光灯可以诱杀多种害虫，高压汞灯诱杀蝼蛄、地老虎；紫外线能够杀死多种病菌。近年开发的一种频振式杀虫灯，该灯将光波设在特定的范围内，近距离用光，远距离用波，加以色和味引诱成虫扑灯，灯外配以频振高压电网触杀，使害虫落袋，可降低田间落卵量，压缩害虫基数。频振式杀虫灯对多种害虫有很好的诱杀效果，对天敌也有一定的杀伤力，但诱杀到的天敌数量较少，显著低于高压汞灯、黑光灯，不足以影响昆虫的整个生态平衡。

5. 利用颜色进行防治

可使用黄板、蓝板或白板诱杀害虫；使用银灰膜或银灰拉网、挂条驱避害虫；使用镀铝聚酯反光幕可以增温、降湿、防止病害发生；使用多功能膜可以防病、抑虫、除草。

（1）铺挂银灰网膜驱避蚜虫　每667米^{2}铺银灰色地膜5千克，或将银灰膜剪成10～15厘米宽的膜条，膜条间距10厘米，纵横拉成网格状，利用银灰色驱避蚜虫。

（2）色胶板诱杀技术　利用害虫特殊的光谱反应原理和光色生态规律，用色胶板诱虫，可以有效控制害虫发展，在害虫可能暴发的时间持续不间断地使用，能及时监测果园害虫数量变动。目前，广泛应用的有黄色粘胶板和蓝色粘胶板，具体做法是将黄板或蓝板涂上机油（或凡士林等），置于高出植株30厘米处，黄板诱杀蚜虫、白粉虱、斑潜蝇、瓜实蝇和果实蝇等小害虫，蓝板诱集棕榈蓟马。据研究，同样面积时，长条状粘胶板诱虫效果比方形更好，制作时可用废旧纤维板或纸板剪成100厘米×20厘米长条，涂上黄色漆，同时涂一层机油，挂在行间或株间，高出植株顶部，每公顷挂450～600块（30～40块/667米^2），当黄板年粘满美洲斑潜蝇、蚜虫时，再重涂一层机油，一般7～10天重涂一次。

（3）黄色水盆　原理与黄色粘板同，在水盆内加少许肥皂，被吸引的昆虫会被浸死。

（4）反光纸　将反光纸悬于田间，风吹过时即会发出闪光，可驱吓雀鸟或某些昆虫，如蓟马。

6. 机械刺激

通过鼓风、喷水等进行抗逆锻炼，诱导作物抗性。对于红蜘蛛等害虫可以用强力水柱喷射向植株冲刷，但小心不要折断植株；也可在大雨时将盆栽拿出户外，能直接杀死或伤害害虫，或将它们敲落植株。这方法适合对付身体软而易受破坏或一经敲落不易再爬上植株的害虫。

四、病虫害的生态控制

生态果园是一个物种组成丰富、环境相对稳定、生物群落结构复杂的生态系统，系统内天敌和害虫之间相互依存、相互制约。病虫草害的生态控制即在果园生态系统的整体水平上，以生态学的原理为指导，充分利用果树、有害生物（病、虫、草、鼠）和有益生物（天敌和拮抗菌）之间的相互依存、相互制约关系，采取生态学的手段，创造有利于天敌或有益微生物增殖和不利害虫或病原微生物生存的环境条件；综合考虑果树区划、品种布局、间作、套种、轮作、抗性品种利用和农事操作，以果树为主体、以果园环境为基础，优化果园生态系统的结构和功能，尽可能地发挥果树和有益生物的自然控制作用，将有害生物控制在经济为害水平以下。在生态控制中，特别重视果树自身抗性、农业防治和生物防治等调控技术的灵活运用。

1. 增加果园植被多样化

增加果园中的植被多样化，一方面增加了天敌的食料，从而增加了天敌的种类和数量，尤其当天敌食料暂时缺乏时更为重要，另一方面植被多样化为天敌提供了必要的生存环境。

（1）果园生草　在果园生态系统中，自然因素对有害生物的发生与危害起着重要调节作用。试验表明，果园种草（三叶草和紫花苜蓿）可明显增加天敌的种类和数量，种草区较清耕区天敌数量明显增加，其中小花蝽、瓢虫、六点蓟马和蜘蛛数量最多，草蛉、寄生蜂和捕食螨次之。

根据当地实际情况，选择适宜的草种，如苹果园内留种夏至草和种植紫花苜蓿，繁殖东亚小花蝽。据研究，苹果园内留种夏至草和苹果树行间种紫花苜蓿，可以吸引果园周围的东亚小花蝽至果园内取食并繁殖；6 月上中旬小花蝽成虫和若虫数量达到高峰，故可在 6 月初刈割紫花苜蓿，促使东亚小花蝽迁移至苹果树上，增加苹果树冠上小花蝽的数量，并以苹果黄蚜为食，迅速扩大其种群数量，能有效地控制后来叶螨种群数量。南方橘园种植藿香蓟，能为多种捕食螨提供可食用的花粉，有利于控制多种柑橘叶螨。在果园地面种植牧草或花生、油菜等覆盖作物，为天敌种群提供了良好的栖息条件和充足猎物，促进天敌群落的早期发展，4～6 月份果园天敌总量大幅度增加，果树发生蚜虫和螨类的高峰期推迟，使前中期害虫得到很好控制。

（2）园内种植蜜源植物　如油菜等，可为食蚜蝇、寄生蝇和一些寄生蜂提供花蜜和花粉，有利于卵巢发育并提高产卵量或寄生率。

（3）果园周围、园内路旁可适当保留一些杂草　不仅能招引一些天敌，而且为蜘蛛、步甲等天敌提供隐藏场所。

2. 破坏病虫和杂草的最适宜的生活环境

许多病虫害的发生受环境因素的影响。通过控制病虫的环境条件，如破坏其适应的环境，可以达到降低病虫基数而控制病虫害的目的。许多病原物越冬场所隐蔽，如苹果绵蚜在苹果芽缝、树皮裂缝和土壤中越冬，这些隐蔽的生活环境，为有害生物物提供了安全的避难所。果园内部或果树树冠内堂通风透光条件差、湿度大，常引起多种叶斑病、霜霉病、轮纹病等病害的发生；果树枝梢的徒长易招蚜虫、卷叶蛾、梨木虱等害虫；果园积水常引起许多根腐病的发生。因此，必须通过一些措施改变这样的环境条件，才能有更有效地控制病虫为害，主要的技术同农业防治。

3. 创造拮抗菌最适宜的生活环境

拮抗菌是果园有益微生物菌群，广泛存在于果园植物的叶面、果面、树皮（茎面）、根面、根际、花器等处。这些有益菌类大多是腐生菌、非病原微生物和低致病菌系，有的对果树病原菌有较强的拮抗作用（包括寄生作用、拮抗作用和竞争作用）或诱发植株的抗病性，因而限制了病害的发展。在土壤中，重要的拮抗菌有放线菌或链霉菌（如5406抗生菌）、芽孢杆菌（如枯草芽孢杆菌）、荧光假单孢杆菌、放射农杆菌（K84）、木霉菌（如哈茨木霉、绿色木霉）等常常对果树根病有较好的控制作用。叶部的拮抗微生物可以直接或间接地影响叶面或其它部位的病害，或与叶面病原物进行营养的竞争或产生抗生素来抑制有害生物，如苹果叶面存在对黑星病菌有拮抗作用的木霉菌和毛壳菌。苹果树皮下的腐生真菌可抑制腐烂病菌的侵染和定殖。

但由于微生物菌群的自然平衡很难打破，或由于大量施用杀菌剂，或由于土壤理化性质及根系分泌物的影响，或由于大气环境等因素，拮抗菌不能完全控制果树病害，还必须通过必要措施增加拮抗菌的数量以加强其控害能力。这些措施有：

①增施有机肥和菌肥，如堆肥、厩肥、饼肥、沼肥、绿肥、植株残体等，改善土壤结构和理化性质，改善土壤微生物生存环境并增加拮抗菌的营养，进而促进拮抗菌的增殖和活性。

②叶面喷施菌肥，改善叶面拮抗微生物的营养，促进其增殖，以减轻叶斑病的发生。如喷施“增产菌”、日本的有效微生

物群菌（EM）菌肥等，并保持叶部一定的湿度。

③将人工培养的拮抗微生物直接施入土壤或喷洒在果树上，可以改变根围、叶围或其他部位的微生物群落组成，发挥拮抗微生物的优势，达到控制病害的目的。

④将带有拮抗微生物的抑菌土移植到未发生拮抗微生物的果园，以改善土壤微生物群落组成，起到长期抗病作用。

⑤利用自然的（如日晒）或人工的热力处理技术处理土壤，刺激土壤中拮抗菌的增殖，削弱病原菌的活力。

⑥近年来，随着甲壳素在农业上的开发利用，可以在果园土壤中施用甲壳素，以增加拮抗菌的种类和数量。

4. 保护害虫天敌及其最适宜生活环境

果园生态系统中，害虫天敌种类丰富（见"虫害生物防治"一节内容），数量大，控害能力强。但有时由于气象条件（如冬季严寒）和果园农事操作（如频繁使用杀虫剂）的影响，天敌种类数量较低，甚至造成天敌"真空"，致使自然控制作用丧失，造成次要害虫上升为主要害虫或害虫的再猖獗。因此，创造天敌良好的生存和繁衍环境，保护和恢复天敌的控害能力，是病虫害生态控制的基础。

许多取食蚜虫的瓢虫，如异色瓢虫、七星瓢虫等，常在山石缝隙等处越冬，冬季来临时，死亡率较高。可人工收集起来，置于暖处或地窖内安全越冬，待来年春暖后释放于果园内。许多食心虫为害的虫果内、虫梢、卷叶和潜叶内，常常有多种寄生蜂寄生这些害虫，田间人工防治时，应将这些虫果、虫枝、虫叶收集保存于大养虫笼内，待天敌羽化后放入果园。

在秋末天敌发生量大的果园，可在树干基部绑草绳、草把或布条，吸引树上的天敌（如塔六点蓟马、小花蝽、捕食螨、食螨瓢虫、蜘蛛等）于其中安全越冬，也可在果园挖坑堆草供蜘蛛、步甲等天敌栖息越冬，待来年天气转暖后放出天敌，并消灭其中的害虫。刮树皮防治枝干病害时，要注意保护天敌，可将刮下的树皮收集起来，置于保护器具中，待天气转暖后放出天敌，将树皮烧毁。在生态环境较简单的果园，可设置人工鸟巢，招引和保护鸟类进园捕食害虫。

五、病虫害的生物防治

生物防治是在任何条件下或借助于任何措施，通过其它生物的作用来抑制有害生物生存和活动从而减轻有害生物危害的方法，主要有以下策略和方法：

1. 利用有益微生物防治病害

在自然界中，微生物与微生物之间，微生物与病原物之间存在着相互抑制或相互促进的复杂关系。利用微生物防治病害，就是利用微生物抑制病原物对果树的侵害，比如某些真菌、细菌和放线菌对病原菌具有拮抗作用，它们被称为拮抗菌。拮抗菌能够通过分泌抗菌素直接对病原物产生抑制作用，如分泌的吡咯烷酮类抗菌素等能够防治果蔬采后病害。此外，拮抗菌还可以通过快速繁殖和生长而夺取养分，占据生存空间，消耗氧气等来削弱以至消灭同一生境中的某些病原物。拮抗菌也可以诱导寄主产生防御性反应，或直接寄生于病原菌而抑制病原菌的生长。

放线菌是人们最早研究并应用到生产中的生防微生物，生防价值最好的放线菌是链霉菌。链霉菌的代谢产物几丁质酶通过使菌丝畸变、细胞质凝集和外溢而抑制苹果树腐烂病菌等。木霉菌是广泛分布于土壤和植物体表面的一种腐生真菌，将哈次木霉孢子悬浮液喷洒到苹果树上，可明显降低干腐病的发病率。土壤农杆菌 K84 菌株（根癌宁）对根癌病也有明显防效。对生物防治具有很大潜力的菌类还有白粉寄生菌、隐球酵母、罗伦隐球酵母、黄隐球酵母、青霉、枯草芽孢杆菌和假单孢杆菌属的一些种等。曾有人从苹果园中分离到枯草芽孢杆菌的一株强拮抗菌，发现该菌株产生的抗菌物质，对镰刀菌等12种病原真菌具有抑制作用。

许多真菌能与高等植物的根共生而形成菌根。目前在果树上已分离到大量泡囊丛枝状菌根真菌（VAM），VAM与果树共生后，能促进果树对水分和养分的吸收，增强树势，从而提高果树的耐病性，并抑制根部病原菌侵染和传播。

拮抗微生物的利用可通过拌种、繁殖组织及贮藏器官浸渍、直接喷洒病害植株上、直接撒布在盆栽或田间土壤中等方式进行。直接利用自然界存在的拮抗微生物可通过以下三步骤进行：

①先分离出拟防治病原菌的拮抗微生物，如属风媒病，原则上直接从植物体上采集，如属土媒病，原则上从作物生长的土壤中分离；

②筛选拮抗力强的拮抗微生物，须测试微生物在各种温度、酸碱度、湿度及不同营养成分中的拮抗能力，选择在多种条件下拮抗能力表现稳定的菌株；

③拮抗菌的培养与调配，拮抗菌需要大量培养后才能被利用。为降低生产成本，培养原料应选用价格低廉并且能快速繁殖的拮抗微生物；而制成的产品，不论是粉剂、粒剂或液态都应能在室温中储藏。

2. 其他防治病害的生物措施

（1）诱导植物对病原物产生抗性　一些植物用病原物的无毒突变体或与之亲缘关系密切的腐生菌接种，可以对后来病原物的侵染产生抗性，人们把这个现象称为“免疫”和“交互保护”或“诱发抗性”。如用桃树和樱桃根系接种土壤杆菌K84能够防治根癌病，接种柑桔衰退病毒的弱病毒株系能够抵抗衰退病毒的侵染，接种栗疫病的低毒菌株能够有效防治栗疫病等。

（2）利用抑病土、土壤添加有机物　抑病土指能自然降低病害发生程度的土壤或所有不利于病害发生的土壤。连种抗病植物品种的土壤，由于根系分泌物中的某些物质能抵御病菌侵入而成为抑病土。在抑病土中，即使病原接种体密度很大，而病害危害的严重程度也会受到明显的限制。

有机添加剂可以改变病菌的腐生生活，产生刺激物或抑制物质，平衡土壤碳氮比，改变土壤微生物相，增强土壤的抑菌作用，使存在土壤中的有害微生物保持着静止休眠的状态。有机土壤添加剂可用稻壳、蔗渣、蟹壳粉、松树皮、烟叶渣、甘油等组合成，也可利用珍珠石、砂、蛭石、泡棉、泥炭土、树皮及其它废弃物配制成抑病（菌）介质，而菇类废弃堆肥、稻壳、鱼粉、虾蟹壳粉、拮抗微生物等制成的有机土壤添加剂能抑制种苗立枯病。

(3) 利用“陷阱”植物　经济价值不高的作物作为“陷阱”植物，诱导病原物休眠结构而使其提前萌发，或者非寄主植物根泌物刺激其萌发，在没有感病寄主植物的条件下，这些病原物会因饥饿或者其它微生物袭击而死亡。

(4) 利用植物天然产物　罗勒等植物叶片中的香油精，可防治贮藏果品的黄曲霉和杂色曲霉病，大蒜水溶液或有机溶剂浸出液中含有很有效的杀病原真菌和细菌的因子，茄属和番茄属植物中的一种糖甘生物碱——番茄碱对30种采后病原菌具有毒性，果蔬的挥发性物质对其采后病害的抗性反应也会产生影响。植物的根分泌物中也存在着某些物质，使植物体本身具有抗病的潜在活性。

(5) 阻止病原物形成传播体，使病原物不能产生后代　白粉病菌重寄生菌可破坏病原菌产孢结构，使其不能形成孢子而继续传播。镰刀菌一些分离物可以寄生并破坏谷子白发病菌的卵孢子和黑麦麦角菌的菌核，从而中断其产生后代。通过清除和治理中间寄主、传播介体、无病寄主，能有效控制繁殖体的扩大，蚜虫传播病毒，可以通过消灭蚜虫而控制病毒病的发生；刺槐、杨树、侧柏等是一些病原菌的中间寄主，要避免用它们作防护林。

(6) 取代或排除病残组织中的病原物　清理、焚烧、深埋病残组织；加速病组织腐解（因腐生菌的定殖和发展）造成营养物消耗和代谢物积累，如果这时病原物不能形成休眠结构，就会“饿死”或被其它微生物寄生而消解；淹水也会加速病组织腐解。此外，直接施用强力拮抗菌于病残组织或利用作物体生态系中的活跃成员，如某些荧光假单孢菌和芽孢菌迅速占领并定殖病残体，可使病原菌不再有立足之地。

(7) 保护寄主并增强其健康水平　可以通过接种有益微生物保护剪锯口及花器官、果实、保护种子、幼苗和根系等易感染部位，如接种5406菌、农杆菌K84、枝状芽孢霉、枯草芽孢杆菌、VAM菌根菌等，树干涂白也有良好的保护作用。向果树喷布100～200倍高蛋白物质，如豆浆、鱼血等能够减弱病毒对果树的侵染能力；接种弱病毒株提取物可以增强果树对该病毒的免疫能力。接种共生益菌，如固氮菌、VAM菌根菌、磷细菌、钾细菌等能够改善果树营养状况，从而增强寄主的健康水平。

3. 以菌治虫

昆虫病原菌种类很多，目前用于害虫生物防治的主要是昆虫病原细菌中的苏云金杆菌（简称Bt)、杀螟杆菌和昆虫病原真菌中的白僵菌、虫霉菌（防治蚜虫)、座壳孢霉（防治柑橘粉虱）以及汤氏多毛菌（防治柑橘锈螨)。

(1) 苏云金杆菌治虫　苏云金杆菌即Bt，多用于防治鳞翅目害虫，也有用来防治鞘翅目或双翅目害虫的亚种菌剂，如用Bt制剂防治的害虫主要有苹小卷叶蛾、黄斑卷叶蛾、桃小食心虫、刺蛾类、尺蠖等鳞翅目害虫。苏云金杆菌对害虫的低龄幼虫效果好，30℃以上施药效果最好。

(2) 杀螟杆菌治虫　杀螟杆菌是一种细菌杀菌剂，产品有杀螟杆菌粉剂，该菌粉有雨腥气味，对人、畜无毒，对作物无药害，对害虫天敌也安全，对蚕有毒害。杀螟杆菌对鳞翅目多种害虫有较强的致病力。在干燥条件下保存菌粉，数年后其芽孢和伴孢晶体不丧失毒力。对害虫的作用方式与BT乳剂相同，可防治鳞翅目多种害虫幼虫。

（3）**白僵菌治虫**　白僵菌是目前应用最多的昆虫病原真菌，可用来防治桃小食心虫、刺蛾、卷叶蛾、天牛、梨木虱等害虫。桃小食心虫幼虫感染白僵菌后，虫体表面长满白色菌丝和分生孢子，因虫体失水，虫尸僵硬干瘪，故名白僵菌。白僵菌需要有适宜的温湿度（24～28℃，空气相对湿度90%左右，土壤含水量5%以上）才能使害虫致病。该制剂对人畜无毒，对果树安全，但对蚕有害。害虫感染白僵菌死亡的速度缓慢，经4～6天后才死亡。

（4）**蚜霉菌治虫**　寄生蚜虫的霉菌类在田间常引起蚜虫疾病的流行，蚜霉菌制剂可用来防治苹果黄蚜等多种蚜虫。被蚜霉菌寄生的僵蚜体内充满菌丝，体表覆盖灰色霉状物，很快产生分生孢子，并强烈地弹射出去，继续感染其他蚜虫。蚜霉菌剂一般残效期较短，使用时需适当增加喷药次数，但对天敌安全，有利于天敌的自然控制。

（5）**引进微生物治虫**　果园生态环境较稳定，温湿度适宜，有利于病原微生物的繁殖和流行。可从害虫的病尸上分离苏云金杆菌菌株和各种病毒，再释放到果园中，能很好地抑制病害再感染和流行。从外地引进的白僵菌、虫草菌、苏云金杆菌、增产菌、茶尺蠖核型多角体病毒等也能在果园很好地建立种群并扩散。

4. 以病毒治虫

昆虫病毒是以昆虫为宿主并使宿主发生流行病的病原病毒，其中有许多能引起感病农业害虫的死亡，现已开发出了商业化病毒杀虫剂，如棉铃虫核多角体病毒等。果树害虫病毒病也有好多，在欧洲和美国，苹果蠹蛾颗粒体病毒和苹小卷叶蛾颗粒体病毒制剂已商品化，并且用于杀虫剂的抗性治理；在欧洲，用苹小卷叶蛾核多角体病毒能有效地控制该害虫的为害。

昆虫病毒的应用技术：①直接用昆虫病毒制剂（多为粉剂）进行喷粉或调成悬浮液喷雾，若用悬浮液或乳悬液，则直接兑水喷雾。②据害虫在田间死亡的症状，采集感病昆虫，研磨后，用纱布过滤，兑水喷雾，防治害虫效果良好。如每 667 米^2 用感病的枣尺蠖死虫 7 条，兑水 80～90 千克喷雾，可有效控制其为害。

使用病毒制剂的注意事项：①做好害虫的预测预报工作，在害虫的低龄幼虫期用药效果显著。②掌握好病毒杀虫剂的使用浓度。杀虫剂的浓度以每毫升药液含有包含体的数量来表示。田间应用时，要保证病毒的剂量。③根据害虫的为害时间、为害习性，掌握好一天中喷药的时间。尽量避开阳光强烈的时间用药，以保证药效发挥。④田间虫口密度大时，可增加防治次数，或加入少量低毒杀虫剂混用，现用现配。

5. 以虫治虫

以虫治虫即用捕食性昆虫和寄生性昆虫来防治害虫。用于防治害虫的天敌昆虫有寄生蜂、草蛉、蚂蚁等。

（1）重要的天敌昆虫类群

①寄生性天敌　主要包括寄生蜂和寄生蝇两大类。这些天敌营寄生生活，将其卵产于害虫寄主的体内或体表，幼虫在寄主体内取食并发育，从而引起害虫的死亡，而天敌成虫自由生活，取食花粉、花蜜或植物蜜腺（如叶片蜜腺）分泌的蜜汁等，有的也不取食。

寄生蜂种类很多可寄生多种害虫的幼虫和蛹。网皱革腹茧蜂和窄径茧蜂等可寄生苹小卷叶蛾，甲腹茧蜂可寄生桃小食心虫、聚瘤姬蜂可寄生梨小食心虫、花斑马尾姬蜂可寄生天牛等。三叉蚜茧蜂寄生苹果黄蚜，可使被寄生的蚜虫成“僵蚜”。蚜小蜂（日光蜂）寄生苹果绵蚜，还寄生苹果黄蚜若蚜。赤眼蜂科可寄生苹小卷叶蛾、梨小食心虫等。

寄生蝇主要寄生许多鳞翅目害虫的幼虫和蛹。重要的有稻苞虫赛寄蝇，寄生苹小卷叶蛾、梨小食心虫、梨大食心虫等；日本追寄蝇，寄生苹果金毛虫、梨小食心虫等；金光小寄蝇寄生苹果巢蛾；普通怯寄蝇寄生苹小卷叶蛾等。寄生蝇的成虫白天活动，多栖息于植物叶片、花上，取食花蜜补充营养。

②捕食性天敌　捕食性天敌靠直接取食猎物或刺吸猎物体液来杀死害虫，其成虫和幼虫以相同的方式杀死猎物，致死速度比寄生性天敌快的多。捕食性天敌包括瓢虫类、草蛉类、食虫蝽类、食蚜蝇类、食蚜瘿蚊类、捕食性螨类和蜘蛛类。

瓢虫类有七星瓢虫、异色瓢虫、龟纹瓢虫、黑背小毛瓢虫等，主要通过成虫和幼虫捕食苹果黄蚜（绣线菊蚜）、苹果瘤蚜、苹果绵蚜等，在果园中以异色瓢虫和龟纹瓢虫发生量大，捕食作用明显。深点食螨瓢虫捕食山楂叶螨和苹果叶螨。黑缘红瓢虫捕食朝鲜球坚蚧、日本球坚蚧。异色瓢虫、龟纹瓢虫捕食梨木虱。

草蛉幼虫称“蚜狮”，能捕食多种果树蚜虫、叶螨、叶蝉、蓟马、介壳虫、鳞翅目低龄幼虫和卵。在我国果园发现的种类有大草蛉、丽草蛉、中华通草蛉、叶色草蛉、晋草蛉、亚非草蛉、牯岭草蛉等，其中中华通草蛉成虫不取食蚜虫。

食虫蝽类为捕食性半翅目昆虫，在果园中主要有花蝽科的微小花蝽、东亚小花蝽、黑顶黄花蝽等，主要捕食蚜虫、叶螨、蚧类、木虱及鳞翅目幼虫和卵。

食蚜蝇类的幼虫是果树蚜虫的重要天敌。果园中主要有大灰食蚜蝇、黑带食蚜蝇、斜斑鼓额食蚜蝇、狭带食蚜蝇等，成虫取食花蜜、花粉。

食蚜瘿蚊类有食蚜瘿蚊和食螨瘿蚊，食蚜瘿蚊能捕食苹果黄蚜、桃蚜等果树蚜虫，食螨瘿蚊主要捕食苹果上的山楂叶螨、苹果叶螨和二斑叶螨。

捕食性螨类，如西方盲走螨、东方钝绥螨、拟长毛钝绥螨、虚伪钝绥螨等在果树害螨的综合治理中起着非常重要的作用。蜘蛛类，如草间小黑蛛、三突花蛛、星豹蛛、鞍形花蟹蛛等，能捕食果园蚜虫、螨类、蓟马、叶蝉和鳞翅目幼虫、成虫等。

果园其他重要的捕食性天敌昆虫还有日本方头甲，能捕食多种介壳虫；中国曲胫步甲的幼虫能爬至果树上捕食苹小卷叶蛾幼虫，对苹小卷叶蛾具较强的控制作用；塔六点蓟马是多种果树叶螨的天敌。

（2）天敌的引进和移植　从外地引进和移植天敌是控制本地害虫的一项重要工作，但应注意几方面的问题：①引进由专门的机构负责。②注意天敌的分类，引进的天敌要准确鉴定。③引进天敌国家或地区（原产地）的气候条件要与本国（或本地）相似，即要注意引进天敌的生态型问题。

（3）人工助迁天敌　果园周围的路边或其它场所的杂草如小飞蓬、艾蒿等植物上因蚜虫发生量大，招引了大量天敌如多种瓢虫、草蛉、小花蝽等天敌，可采集起来，置于一定容器内，然后再释放于果园，控制果树蚜虫等害虫。此外，若有的果园缺乏某种天敌，特别是一些专一性天敌，也可从已存在天敌的果园或其它树木上转移至果园内，如多种捕食介壳虫的瓢虫类。

（4）大量繁殖和释放天敌　天敌的人工繁殖和释放是害虫生物防治的重要途径。我国在几种果树害虫天敌人工繁殖并释放已成功，如用柞蚕卵和人工寄主卵工厂化繁殖多种赤眼蜂以及利用人工寄主卵大量繁殖多种寄生蜂如赤眼蜂、平腹小蜂等。天敌的释放技术有两种，一种是接种式释放，即在害虫发生初期天敌尚未发生或发生量较少时，或在害虫的某一发生阶段，定期少量补充释放某种天敌，将害虫控制在早期或持续地控制在低密度水平。另一种是淹没式释放，即害虫大发生时，将室内大量繁殖的天敌象使用杀虫剂一样，大量释放至田间，在短时间内将害虫控制在经济受害水平以下。害虫防治时，要针对害虫的为害程度高低或发生量多少，灵活地选用不同的释放方式，以节约防治成本和有效地控制害虫。

（5）天敌的保护利用　详见“生态控制”部分。

6. 利用昆虫激素

昆虫激素即昆虫内激素，是由昆虫内分泌器官分泌调节昆虫生长、发育和变态与生殖等生命活动的激素。利用昆虫激素防治害虫宜采取预防策略，在害虫发生早期即使用。处理面积应较易隔离、或大于害虫的移动范园，以减少怀卵雌虫再侵入。在害虫相较简单、属单一关键害虫时，以及对世代长、单（寡）食性、迁移性小（如毒蛾雌虫不活动）、有抗药性的害虫以及钻茎蛀果或地下害虫（如咖啡木蠹蛾、杨桃蛀虫、甘薯蚁象等）更为适宜。

昆虫激素有昆虫的保幼激素、蜕皮激素、性信息素和告警激素等。目前性信息素应用比较普遍和成功。性信息素是雌雄昆虫进行性行为化学通讯的媒介物，利用性信息素（性诱剂）通过干扰昆虫正常的交尾行为可以达到防治害虫的目的。性信息素可用于：①害虫监测，根据诱虫时间和诱虫量以指导害虫防治；②害虫的诱杀防治，即在果园设置一定数量诱捕器，诱杀雄虫，减少雌雄交尾率和雌虫产卵率；③干扰害虫交配（迷向防治），即在田间大量设置性信息素散发器，使性诱剂气味散发弥漫至空间，使雄虫分辨不出真假，失去交尾机会，从而压低了害虫的密度，迷向法一般性诱剂用量较大。以下是几种重要害虫性信息素的防治办法：

（1）桃小食心虫　用于预测预报时，用500微克的性诱剂诱芯水碗诱捕器（口径为16～18厘米的大碗）诱蛾，水碗内放少许洗衣粉，诱芯距水面约1厘米（以下同），诱捕器以铁丝悬挂于粗枝上，离地面约1.5米。每果园用诱捕器5个，逐日统计诱蛾量，以田间最早见蛾期作为地面防治适期，用以指导地面喷洒杀虫剂。树上防治期预测要配合田间定期查卵，在诱蛾高峰期，卵果率达到1%时，开始喷低毒杀虫剂防治。用于防治害虫时，于越冬幼虫出土期，在苹果树上挂桃小食心虫诱捕器2个/667米^2，同时采取树冠下地面喷药杀死出土幼虫的方法，即能达到防治目的，基本不必在树上喷药。

（2）苹小卷叶蛾　用于成虫测报时，用商品诱芯制成水碗诱捕器，悬挂于果树枝上，诱捕器距地面1.5米左右，每果园5个，诱捕间距为15～30米，从田间苹小卷叶蛾老熟幼虫化蛹后1周时将诱捕器挂出，以后逐日检查诱捕器内诱捕的雄成虫数，记录后将雄虫取出，以便下次记录，利用此法可以准确测报成虫的始、盛期，以便指导松毛虫赤眼蜂的释放或使用其它低毒杀虫剂与生物杀虫剂。用于诱杀防治时，在苹果园设置诱杀型诱芯，每667米^{2}用5个诱捕器，诱捕间距15米，可诱捕大量雄蛾，从而降低了虫果率（苹小卷叶蛾幼虫能啃食苹果）。

（3）梨小食心虫　用于测报时在北方苹果、梨产区，于苹果落花后半个月、梨落花后1个月左右，在果园设置5个诱捕器，（每枚含性诱剂200微克）距地面1.5米左右。当诱捕到成虫时，在苹果、梨上调查梨小食心虫的产卵情况。当卵果率达到1%时，可指导适期施药防治。用于诱杀防治时用梨小食心虫乳胶诱芯诱捕器置于梨园，每667米^{2}用性诱剂0.134克，诱杀雄虫，可明显降低梨果受害率。或用梨小食心虫性诱剂（200微克）诱芯，碗内加入5%糖醋液，制成诱捕器，较单用性诱剂诱蛾量提高4～5倍，不仅诱杀雄蛾，而且诱杀了大量雌蛾，降低了产卵量。在桃园每667米^{2}挂一个诱捕器，平均可诱到30～40头雄蛾，新梢可免遭受害，且虫果率明显降低。

（4）苹果蠹蛾　至目前为止，该害虫主要分布于新疆和甘肃敦煌，是其它省份的检疫对象。国外有合成的性外激素，此种性外激素以每诱芯50～100微克剂量引诱效果最好。诱捕器以挂在果树偏上部为宜，采用诱杀与施药相结合的方法更好，可减少用药次数。或采用圆形塑料水盆诱捕器，诱芯固定在水面上约0.5～1厘米处，平均每公顷设置1～2个诱捕器，诱捕器挂于果树的冠外围1.5～2.0米高度的枝条上，以监测该检疫对象的有无。

（5）其他害虫　防治金纹细蛾可在苹果园悬挂商品诱芯，每667米^{2}挂1～2个，从金纹细蛾越冬代成虫发生期挂出，连续诱捕。在棉铃虫盛发年份，于果园或周围花生田、棉田挂棉铃虫诱芯，每 667 米^2 设置 5 个诱捕器，可诱杀棉铃虫雄虫。在苹果园使用 500 微克诱芯的诱捕器，每 667 米^2 挂 1 个诱芯，可使桃蛀螟雌雄交配率和虫果率明显下降。

使用昆虫性诱剂防治害虫时应注意：①购买性诱剂诱芯时，要注意诱芯的类型是用于测报、诱杀还是干扰交配（迷向），要根据害虫的发生情况选用。②对于世代多、发生量大的害虫及食心虫类，需连续多年应用性诱剂才能取得好的防治效果。③临时不用的性诱剂诱芯要包好并保存在冰箱内冷藏，以免失效。

7. 利用其它有益动物防治害虫

（1）昆虫病原线虫　昆虫病原线虫是专门寄生于昆虫体内的线虫，昆虫病原线虫一般是在害虫取食时随食物进入口腔，然后至消化道，或通过分泌唾液溶解昆虫体壁几丁质而穿过体壁进入虫体。利用病原线虫主要优点在于能控制某些较为隐蔽的害虫，特别是卷叶、蛀果、蛀茎者，如卷叶蛾、苹果蠹蛾、桃小食心虫、木蠹蛾等，较广泛用于林果害虫的防治。尤其在人工大量繁殖后，释放于果园，效果更好。

（2）益鸟　鸟类也是农林害虫的重要天敌类群之一，在自然界形成重要的自然控制力量，尤其是在控制果树害虫上作用更大。常见的益鸟有：

大山雀：山区、平原均有分布，喜欢在果园、灌木、阔叶林中活动，能捕食果园多种害虫，尤其是藏在隐蔽处的害虫。捕食的害虫有刺蛾、尺蛾、毒蛾、灯蛾等鳞翅目幼虫和蛹及鞘翅目中的金龟甲和天牛幼虫。捕食量很大，繁殖季节时的大山雀每天可捕食害虫 400～500 头。

大杜鹃：在我国分布很广，喜欢在开阔的林地，特别是近水的果园和林地处，以捕食甲虫和鳞翅目幼虫中的大型害虫为主，特别喜食一般鸟类不敢啄食的毛虫类，如天幕毛虫、舞毒蛾、枯叶蛾和刺蛾类幼虫。1 头成年杜鹃 1 天可捕食 300 多头大型害虫。

大斑啄木鸟：主要啄食树干中的鞘翅目害虫，如天牛的幼虫和蛹、象甲等，也捕食其它害虫如金龟甲和鳞翅目害虫。食量很大，每天可取食1 000～1 400头幼虫。

灰喜鹊：是果园和森林中主要留鸟，有群集活动习惯，喜欢在群集的果园和森林中群居和筑巢，可捕食金龟甲、尺蛾、舟蛾、刺蛾、蓑蛾等 30 余种害虫，1 只灰喜鹊全年可吃掉 1.5 万头害虫，故有“山林卫士”之称。

柳莺：是果园常见的一种小鸟，喜欢群居活动，主要捕食尺蛾、舟蛾、刺蛾、蓑蛾、金龟甲等害虫。

此外还有一些益鸟类，如麻雀、白头翁、黄鹂、八哥等也捕食多种害虫。

为保护益鸟要禁止人为捕猎或毒害，不要破坏鸟巢和伤及卵和幼雏，避免频繁地施用广谱性杀虫剂。可通过人工筑巢召引益鸟类，如人工设置木板箱，招引大山雀，木板箱应放在果园深处，或用心腐木材做为招引木招引啄木鸟类。也可人工饲养和驯化当地鸟类，必要时操纵其治虫。

六、农药的合理使用

在生态果园的病虫草害防治中，提倡以农业防治为基础，优先施用生物源农药，合理使用一些高效、低毒、低残留的化学农药，综合防治病虫害。在使用农药时，要严格遵守果品安全生产药剂使用准则，充分发挥农药的优势和潜能，降低单位面积农药使用剂量，提高农药对有害生物的控制效果，增加农药对人类、食品、环境和其他非靶标生物的安全性，降低生产成本，提高果品产量和品质。

1. 无公害食品农药使用原则

无公害食品生产提倡使用生物源农药、矿物源农药、化学诱抗剂和低毒高效低残化学合成农药。禁止使用剧毒、高毒、高残留和致畸、致癌、致突变农药。使用化学农药时，须严格按国家、行业和地方标准和规定执行。以无公害食品苹果为例，生产中常用化学杀虫、杀螨和杀菌剂的使用标准如表 12.3、表 12.4。

表 12.3　苹果生产中常用化学杀虫杀螨剂行业标准（NY/T 5012—2002）

农药名称	主要防治对象	每年最多使用次数	安全间隔期/天	农药名称	主要防治对象	每年最多使用次数	安全间隔期/天
三唑锡	叶螨	3	14	溴氰菊酯	桃小食心虫	3	5
联苯菊酯	桃小食心虫、叶螨等	3	10	顺式氰戊菊酯	桃小食心虫	3	14
毒死蜱	苹果绵蚜、桃小食心虫	—	—	甲氰菊酯	桃小食心虫	3	30
四螨嗪	叶螨	2	30	氰戊菊酯	桃小食心虫	3	14
溴螨酯	叶螨	2	21	吡虫啉	蚜虫	—	—
氯氟氰菊酯	桃小食心虫	2	21	丁硫克百威	蚜虫	3	30
氯氰菊酯	桃小食心虫	3	21	炔螨特	叶螨	3	30

表 12.4　苹果生产中常用化学杀菌剂行业标准（NY/T 5012—2002）

农药名称	每年最多使用次数	安全间隔期/天	农药名称	每年最多使用次数	安全间隔期/天
异菌脲	3	7	硫磺锰锌	—	—
双胍辛胺乙酸盐	3	21	石硫合剂	—	—
氯苯嘧啶醇	3	14	波尔多液	—	—
百菌清	4	20	菌毒清	—	—
多菌灵	—	—	腐植酸铜水剂	—	—
甲基硫菌灵	—	—			

注：使用方法及浓度按有关国家规定执行

在生态果园中允许使用天然的植物生长调节剂，如赤霉素类、细胞分裂素类，也可使用能够延缓生长、促进成花、明显改善树冠结构、提高果实品质及产量的调节物质，但禁止使用对环境造成污染或对人体有危害的植物生长调节剂。允许使用的植物生长调节剂有苄基腺嘌呤（BA）、玉米素、赤霉素类、乙烯利、矮壮素等，要求每年最多使用一次，安全间隔期在20天以上。禁止使用比久（B9）、萘乙酸（NAA）、2,4-二氯苯氧乙酸（2,4-D）等。

按照NY/T 5012—2002标准，苹果生产中禁止使用六六六、滴滴涕、毒杀芬、二溴氯丙烷、杀虫脒、甲拌磷、甲胺磷、甲基对硫磷、对硫磷、久效磷、磷胺、甲基异柳磷、特丁硫磷、甲基硫环磷、治螟磷、内吸磷、克百威、涕灭威、灭线磷、硫环磷、蝇毒磷、地虫硫磷、氯唑磷、苯线磷、水胺硫磷、氧化乐果、灭多威、福美胂等砷制剂。

此外，联合国环境规划署制定POPS公约（对某些持续性有机污染物进行限制的具有法律约束性的国际文书），要求2000年在全球范围内全面销毁、禁止和限制DDT、灭蚊灵、氯丹、毒杀芬、六氯苯、七氯、艾氏剂、狄氏剂及多氯联苯、多氯代呋喃、二恶英等12种有机污染物。我们国家禁止乐果、甲胺磷、六六六、滴滴涕、久效磷、甲拌磷、三氯杀螨醇、苏化203、溴甲烷、林丹、二溴氯丙烷、杀虫脒、毒鼠强、氟乙酰胺、氟乙酸钠、七氯、多氯联苯、五氯酚、五氯酚钠除草醚等23种农药投资。并且严禁六六六、滴滴涕、西力生、赛力散、毒杀芬、甲六粉、乙六粉、氟乙酰胺、氟乙酸钠、培福明、三环锡、普特丹、敌枯双、杀虫脒、二溴氯丙烷、18%蝇毒磷乳粉、除草醚、三氟杀螨醇、二溴乙烷（EDB）、艾氏剂和狄氏剂、汞制剂在农业上施用。

2. 绿色食品农药使用准则

（1）农药使用的原则要求　绿色食品中果品生产应从果树与

病虫草等构成整个生态系统出发，综合运用各种防治措施，创造不利于病虫草害孳生和有利于各类天敌繁衍的环境条件，保持果园生态系统的平衡和生物多样化，减少各类病虫草害所造成的损失。优先采用农业措施，通过选用抗病抗虫品种，用非化学药剂处理种苗，培育壮苗，加强栽培管理，中耕除草，秋季深翻晒土，清洁田园，轮作倒茬、间作套种等一系列措施起到防治病虫草害的作用。还应尽量利用灯光、色彩诱杀害虫，机械捕捉害虫，机械和人工除草等措施，防治病虫草害。特殊情况下，必须使用农药时，应遵守相应准则。

（2）AA级绿色食品农药使用准则　应首选经专门机构认定，符合绿色食品生产要求，并被正式推荐用于AA级绿色食品生产的农药类产品。在AA级绿色食品生产资料农药类不能满足植保工作需要的情况下，允许使用以下农药及方法：

①中等毒性以下的植物源杀虫剂、杀菌剂、拒避剂和增效剂。如除虫菊素、鱼藤根、烟草水、大蒜素、苦楝、川楝、印楝、芝麻素等。

②释放寄生性捕食性天敌动物，昆虫、捕食螨、蜘蛛及昆虫病原线虫等。

③在害虫捕捉器中使用昆虫信息素及植物源引诱剂。

④使用矿物油和植物油制剂。

⑤使用矿物源农药中的硫制剂、铜制剂。

⑥经专门机构核准，允许有限度地使用活体微生物农药，如真菌制剂、细菌制剂、病毒制剂、放线菌、拮抗菌剂、昆虫病原线虫、原虫等。

⑦经专门机构核准，允许有限度地使用农用抗生素，如春雷霉素、多抗霉素（多氧霉素）、井冈霉素、农抗120、中生菌素、浏阳霉素等。

生产AA级绿色食品禁止使用有机合成的化学杀虫剂、杀螨剂、杀菌剂、杀线虫剂、除草剂和植物生长调节剂。禁止使用生物源、矿物源农药中混配有机合成农药的各种制剂。严禁使用基因工程品种及制剂。

(3) A级绿色食品农药使用准则　生产A级绿色食品的农药应首选经专门机构认定，符合绿色食品要求，并被正式推荐用于A级和AA级绿色食品生产的农药类产品。在A级和AA级绿色食品生产资料农药类不能满足植保工作需要的情况下，允许使用中等毒性以下的植物源农药、动物源农药和微生物源农药；允许使用硫制剂、铜制剂。允许按有关要求有限度地使用部分有机合成农药。

生物源农药指直接利用生物活体或生物代谢过程中产生的具有生物活性的物质，或从生物体提取的物质作为防治病虫草害的农药。包括微生物源农药，如防治真菌病害的灭瘟素、春雷霉素、多抗霉素（多氧霉素）、井冈霉素、农抗120、中生菌素等，防治螨类的浏阳霉素、华光霉素等农用抗生素，以及活体微生物农药，如蜡蚧轮枝菌等真菌剂、苏云金杆菌，蜡质芽孢杆菌等细菌剂，还有拮抗菌剂、昆虫病原线虫、微孢子、核型多角体病毒等。

生物源农药还包括动物源农药，如性信息素等昆虫信息素（或昆虫外激素）和寄生性、捕食性的天敌动物等活体制剂。植物源农药也属此类，包括除虫菊素、鱼藤酮、烟碱、植物油等杀虫剂，大蒜素等杀菌剂，印楝素、苦楝、川楝素等拒避剂，芝麻素等增效剂。

矿物源农药指有效成分起源于矿物的无机化合物和石油类农药。包括无机杀螨杀菌剂、硫悬浮剂、可湿性硫、石硫合剂等硫制剂；硫酸铜、王铜、氢氧化铜、波尔多液等铜制剂。还包括矿物油乳剂，如柴油乳剂等。

有机合成农药指由人工研制合成，并由有机化学工业生产的一类商品化的农药，包括中等毒和低毒类杀虫杀螨剂、杀菌剂和除草剂，可在A级绿色食品生产上限量使用，但为避免同种农药在果树体内的累积和害虫的抗药性，准则中还规定在A级绿色食品生产过程中，每种允许使用的有机合成农药在一种作物的生产期内只允许使用一次，并要求严格按照有关标准（GB4285、GB/T 8321）控制农药剂型、最高用药量、施药方法、次数、距采收间隔期、最高残留等，苹果农药使用标准见表12.5。

此外，生产绿色食品严格禁止基因工程品种（产品）及制剂的使用。严禁使用剧毒、高毒、高残留或有三致毒性（致畸、致癌、致突变）的农药（见表12.6）。准则确定禁止使用的农药，主要根据如下原因：

①高毒、剧毒，使用不安全，如有机砷、有机汞；

②高残留，高生物富集性，如六六六，DDT；

③具有各种慢性毒性作用，如迟发性神经毒性，这类农药有杀虫脒、除草醚、草枯醚等；

④二次中毒或二次药害，如氟乙酰胺的二次中毒现象；

⑤三致作用，致畸、致癌、致突变，如二溴乙烷、溴甲烷等；

⑥含特殊杂质，如三氯杀螨醇中含有DDT，2，4，5-T中含二恶英；

⑦代谢产物有特殊作用，如代森类代谢产物为致癌物ETU（乙撑硫脲）；

⑧对植物不安全、有药害；

⑨对环境、非靶标生物有害，如拟除虫菊酯类杀虫剂对鱼毒性大；

⑩禁用有机合成的植物生长调节剂，以及各种遗传工程微生物制剂。

3. 农药合理使用方针

（1）对症下药　果树病虫和杂草种类繁多，目前农药品种也越来越多，而有害生物对农药的敏感性各异。因此，必须熟悉防

表 12.5 苹果农药合理使用的国家标准（GB4285，GB/T 8321）

农药名称	剂　型	防治对象	施药剂量（倍）	施药方法	每季最多使用次数	安全间隔期（天）	最高残留限量（mg/kg）	引用标准
双甲脒（螨克）	20%乳油	红蜘蛛	1 000～1 500 倍液（133～200mg/L）	喷雾	3	20	全果 0.5	GB/T 8321.5—2006
四螨嗪（阿波罗）	50%悬浮剂	红蜘蛛	5 000～6 000 倍液（83～100mg/L）	喷雾	2	30	全果 0.5	GB/T 8321.5—2006
氟氯氰菊酯（功夫）	2.5%乳油	桃小食心虫	4 000～5 000 倍液（5.0～6.2mg/L）	喷雾	2	21	全果 0.2	GB/T 8321.5—2006
唑螨酯（霸螨灵）	5%悬浮剂	红蜘蛛 锈壁虱	2 000～3 000 倍液（17～25mg/L） 1 000～2 000 倍液（25～50mg/L）	喷雾	2	15	全果 1.0	GB/T 8321.5—2006
氟虫脲（卡死克）	5%乳油	红蜘蛛	667～1 000 倍液（50～75mg/L）	喷雾	2	30	全果 0.2	GB/T 8321.5—2006
吡螨胺（必螨立克）	10%可湿性粉剂	红蜘蛛	2 000～3 000 倍液（33～50mg/L）	喷雾	3	30	全果 1.0	GB/T 8321.5—2006
联苯菊酯（天王星）	10%乳 油	桃小食心虫叶螨等	3 000～5 000 倍液（20～33ppm）	喷雾	3	10	全果 1	GB/T 8321.4—2006

（续）

农药名称	剂　型	防治对象	施药剂量（倍）	施药方法	每季最多使用次数	安全间隔期（天）	最高残留限量（mg/kg）	引用标准
噻螨酮（尼索朗）	5%乳油	红蜘蛛	1 500～2 000 倍液（25～33ppm）	喷雾	2	30	全果 0.5	GB/T 8321.4—2006
氯苯嘧啶醇（乐必耕）	6%可湿性粉剂	黑星病、炭疽病、白粉病	1 000～1 500 倍液（40～60ppm）	喷雾	3	14	全果 0.1	GB/T 8321.4—2006
多氧霉素（宝丽安）	10%可湿性粉剂	轮斑病斑点落叶病	1 000～1 500 倍液（67～100ppm）	喷雾	3	7	—	GB/T 8321.4—2006
二唑锡（倍乐霸）	25%可湿性粉剂	红蜘蛛等	1 000～1 330 倍液	喷雾	3	14	2	GB/T 8321.3—2000
氯氰菊酯	25%乳油	桃小食心虫等	4 000～5 000 倍液	喷雾	3	21	2	GB/T8321.3—1989
除虫脲	25%可湿性粉剂	桃小食心虫等	1 000～2 000 倍液	喷雾	3	21	2	GB/T 8321.3—2000
顺式氰戊菊酯（来福灵）	5%乳油	桃小食心虫等	2 000～3 000 倍液	喷雾	3	14	2	GB/T 8321.3—2000
甲氰菊酯（灭扫利）	20%乳油	桃小食心虫、红蜘蛛等	2 000～3 000 倍液	喷雾	3	30	5	GB/T 8321.3—2000

（续）

农药名称	剂　型	防治对象	施药剂量（倍）	施药方法	每季最多使用次数	安全间隔期（天）	最高残留限量（mg/kg）	引用标准
克螨特	73%乳油	红蜘蛛	2 000～3 000 倍液	喷雾	3	30	5	GB/T 8321.3—2000
异菌脲（扑海因）	50%可湿性粉剂	轮斑病、褐斑病等	1 000～1 500 倍液	喷雾	3	7	10	GB/T 8321.2—2000
溴氰菊酯（敌杀死）	2.5%乳油	桃小食心虫等	1 250～2 500 倍液	喷雾	3	5	0.1	GB/T 8321.1—2000
氰戊菊酯（速灭杀丁）	20%乳油	桃小食心虫等	2 000～4 000 倍液	喷雾	3	14	2	GB/T 8321.1—2000
硫丹（赛丹）	35%乳油	黄蚜	3 000～4 000 倍液	喷雾	3	15	1	GB/T 8321.6—2000
啶虫脒（莫比朗）	3%乳油	蚜虫	2 000～2 500 倍液	喷雾	1	30	0.5	GB/T 8321.7—2002
丙硫克百威（安克力）	20%乳油	蚜虫	1 500～3 000 倍液.	喷雾	2	50	0.05	GB/T 8321.7—2002
丁硫克百威（好年冬）	20%乳油	蚜虫	3 000～4 000 倍液	喷雾	3	30	0.05	GB/T 8321.7—2002
双胍辛胺乙酸盐	40%可湿性粉剂	斑点落叶病	800～1 000 倍液	喷雾	3	21	全果 1	GB/T 8321.7—2002

表 12.6　生产 A 级绿色食品禁止使用的农药（NY/T395—2000）

种　类	农药名称	禁用作物	禁用原因
有机氯杀虫剂	滴滴涕、六六六、林丹、甲氧 DDT、硫丹	所有作物	高残毒
有机氯杀螨剂	三氯杀螨醇	蔬菜、果树、茶叶	工业品中含有一定数量的滴滴涕
有机磷杀虫剂	甲拌磷、乙拌磷、久效磷、对硫磷、甲基对硫磷、甲胺磷、甲基异柳磷、治螟磷、氧化乐果、磷胺、地虫硫磷、灭克磷（益收宝）、水胺硫磷、氯唑磷、硫线磷、杀扑磷、特丁硫磷、克线丹、苯线磷、甲基硫环磷	所有作物	剧毒、高毒
氨基甲酸酯杀虫剂	涕灭威、克百威、灭多威、丁硫克百威、丙硫克百威	所有作物	高毒、剧毒或代谢物高毒
二甲基甲脒类杀虫杀螨剂	杀虫脒	所有作物	慢性毒性、致癌
拟除虫菊酯类杀虫剂	所有拟除虫菊酯类杀虫剂	水稻及其它水生作物	对水生生物毒性大
卤代烷类熏蒸杀虫剂	二溴乙烷、环氧乙烷、二溴氯丙烷、溴甲烷	所有作物	致癌、致畸、高毒
阿维菌素		蔬菜、果树	高毒

（续）

种　类	农 药 名 称	禁用作物	禁用原因
克螨特		蔬菜、果树	慢性毒性
有机砷杀菌剂	甲基胂酸锌（稻脚青）、甲基胂酸钙（稻宁）、甲基胂酸铁铵（田安）、福美甲胂、福美胂	所有作物	高残毒
有机锡杀菌剂	三苯基醋酸锡（薯瘟锡）、三苯基氯化锡、三苯基羟基锡（毒菌锡）	所有作物	高残留、慢性毒性
有机汞杀菌剂	氯化乙基汞（西力生）、醋酸苯汞（赛力散）	所有作物	剧毒、高残毒
有机磷杀菌剂	稻瘟净、异稻瘟净	水稻	异臭
取代苯类杀菌剂	五氯硝基苯、稻瘟醇（五氯苯甲醇）	所有作物	致癌、高残留
2,4-D类化合物	除草剂或植物生长调节剂	所有作物	杂质致癌
二苯醚类除草剂	除草醚、草枯醚	所有作物	慢性毒性
植物生长调节剂	有机合成的植物生长调节剂	所有作物	
除草剂	各类除草剂	蔬菜生长期	

治对象，掌握不同农药的药效、剂型及其使用方法，做到对症下药，才能达到应有的防治效果。如杀虫剂中的胃毒剂对咀嚼式口器的害虫有效，对刺吸式口器害虫则无效。避蚜雾只对桃蚜有效，而对瓜蚜效果差。杀菌剂中的甲霜灵对防治霜霉病有效，对白粉病和细菌性角斑病无效。

（2）适时使用农药　任何病虫害在田间发生发展都有一定的规律性，根据病虫的消长规律，讲究防治策略，准确把握防治时期选用适宜的农药，可以达到事半功倍的效果。在绿色果品生产基地，果树技术人员和果农都应掌握各种农药品种的作用、性质和施药时期等有关知识，并结合当地果园的实际情况适时防治。

（3）适量使用农药　掌握适宜的农药施用量是有效防治果树病虫害的重要环节。用药量过低，达不到防治目的；用药量过高，不仅增加生产成本，更重要的是污染环境，同时生产的果品达不到绿色食品的标准。因此，在绿色果品生产中，应严格按照各种农药的指定用量施用，不能随意增减。

（4）合理复配混用农药　科学合理地复配混用农药，可以提高防治效果，扩大防治对象，延缓有害生物的抗性，延长品种使用年限，降低防治成本，充分发挥现有农药制剂的作用。

（5）轮换或交替使用农药　长期连续使用同一品种或同一类型农药，容易使有害生物产生抗药性，特别是一些菊酯类杀虫剂和内吸性杀菌剂，连续使用多年，防治效果即大幅度下降。轮换使用作用机制不同的农药品种，既可延缓有害生物产生抗药性，充分发挥农药的药效，又能相应地减少由于抗性增强而不得不多施农药而造成的危害，有利于绿色食品的生产。对于某一种果树来说，有时在同一时期内需要使用几种药剂，合理混用可以起到兼治多种病虫和节省用工、降低成本的作用。

（6）采用安全高效精准的施药技术

①低容量喷雾技术　目前我国在病虫草害防治中普遍采用大容量、大雾滴喷雾技术，雾滴平均粒径在 20 微米以上，每公顷

药液量600～900千克，农药流失浪费现象严重。通过喷头技术的改进，使雾滴变细，增加覆盖面积，降低喷药液量，每公顷药液量30～300千克，不但节水省力，还可提高功效及节省农药用量。

②静电喷雾技术　通过高压静电发生装置，使雾滴带电喷施的方法。药液雾滴在叶片表面的沉积量显著增加，可将农药有效利用率提高到90%。

③气流辅助喷雾技术　传统的液流式喷头的一个不足之处是对众多叶片穿透性差。过去认为在没有风的条件下喷雾可以避免雾滴飘移，但现在认为，当果树冠层内的空气流动速度在1～5米/秒时，更有利于农药雾滴在生物靶标上沉积。气流辅助是用气流的运动把农药吹送到果树冠层，可以增加农药雾液对果树冠层叶片的穿透性，增加农药雾滴在植株叶片上的沉积量。采用侧流式风机及在喷雾过程中把果树罩起来的隧道式喷雾机，其农药的有效利用率可高达90%以上。机动背负气力式喷雾机采用小型柴油机为动力，用气流把农药液雾化后并吹送出去，有效喷幅在8米以上，作业效率很高，适合于小型果园作业。

4. 有害生物的综合防治

(1) 病虫草害综合防治的内涵　综合防治是对有害生物进行科学管理的体系，它从果园生态系统的总体出发，根据有害生物与环境之间的相互关系，充分发挥自然控制因素的作用，因地制宜，协调应用必要的措施，将有害生物控制在经济受害允许范围的水平之下，以获得最佳经济效益、生态效益和社会效益。

病虫草害综合防治是植物检疫、农业防治、生物防治、物理机械防治和化学防治五大内容的综合运用，在生态学、经济学、措施安全有效和综合协调的观念指导下实施。生态学观念是把病虫害防治看成一个生态学问题。经济学观念即选择运用防治措施要讲求实效，尽量节省人力、物力和财力，降低防治成本，力求以最低的投入获得最好的防治效果。综合防治特别强调既能有效防治病虫草害，又能最大限度地减少对天敌的杀伤，避免和减少环境污染，增大安全系数。

在一定区域内，果园各类生物与周围环境形成一个具有自然调控能力的生态系统，系统内的病虫害数量及其时空分布与其所处生态系统的各种因素之间建立了一种动态平衡。病虫草害综合防治就是在保持果园系统相对稳定的前提下，充分利用这种动态平衡，通过农事活动，加强有利因素，增强生态系统对病虫害的自然调控能力，使病虫害的发生数量稳定在经济允许的水平下。综合防治必须根据病虫害的特点、发生时期、地点，科学地选择运用防治措施并加以有机协调，在果园生态系统中多点多方位起作用，最终把病虫害造成的损失控制在最低的范围内。

(2) *病虫草害综合防治的策略和方法* 病虫草害防治应从果树和病虫草等总体出发，坚持“以农业防治为基础，优先采用生物防治，协调利用物理防治、生态防治，科学合理应用化学防治”综合防治措施，创造不利于病虫草滋生而有利于各类自然天敌繁衍的生态环境，保护和利用农田有益生物，保证农业生态系统的平衡和生物多样化，把病虫草危害损失控制在允许的经济阈值以下；同时，最大限度地降低农药使用量，最大限度地避免农药对环境的污染，使农产品中的农药残留量控制在国家规定的范围以内，达到优质、高产、高效、无害的目的。

对病虫和杂草要采取“预防为主，综合防治”的策略，使果树在自然生长的条件下，依靠果树自身对外界不良环境的自然抵御能力提高抗病、虫、草的能力，通过改变病虫草的生态需要来调控病虫草害的发生，将果树受病虫草的危害程度降低到最低。尽可能地依靠选用抗性品种、合适的肥水管理、作物轮作、间作、套种和混作的农业措施，通过建树篱、筑巢、促进植被多样化等手段设法提高天敌的自然控制能力，以及综合应用各种非化学手段，积极预防和控制果树病虫草害的发生。主要途径包括提高果树对病虫的抵抗能力；消灭病虫来源或压低发生基数；改善农田环境条件，创造有利于果树生长发育、不利于病虫孳生蔓延的条件；及时采取适当措施，在病虫草害大量发生、显著为害之前将它们直接消灭。

生态果园病虫草防治要优先采用农业措施，通过合适的能抑制病虫草害发生的耕作栽培技术，如采用抗（耐）病虫品种、平衡施肥、调整播种期、覆盖、深翻晒土、清洁田园、轮作倒茬、间作套种等一系列措施等控制病虫草害发生。创造适宜的环境，保护和利用病虫、杂草的天敌，通过生态技术控制果树病虫草害的发生。尽量利用灯光、色彩等诱杀害虫，采用机械和人工方式除草以及热消毒、隔离、色素引诱等物理措施防治病虫草害。农业、生物和物理方法难以控制病虫草害时，可使用的植物源、动物源、微生物源、矿物源农药；在特殊情况下，也可采用允许使用的高效、低毒、低残留化学农业农药。但有机农业不允许使用人工合成的除草剂、杀菌剂、杀虫剂、植物生长调节剂和其他农药，不允许使用基因工程生物或其产物。

第十三章　仿生栽培与果园生物多样性保护

生态果园重视生产的生态性，强调回归自然、胜似自然，要求为提高生态、经济和社会三者的整体效益，必须按照自然规律、遵照自然法则进行生产管理，而这些规律和法则蕴藏在果树及果树与环境构成的生态系统中。仿生栽培就是模拟果树个体内在的生长发育规律以及果树与外界环境形成的生态关系、依据这些规律和关系进行果园管理和各种农事操作的一种栽培方式，它是建设生态果园和果园生态化管理的重要技术。

生物多样性是生物机体之间的变异性及其各组成部分的生态复杂性，包括物种内部的多样性（遗传多样性）、物种之间的多样性和生态系统的多样性。生物多样性是农业生产的物质基础，也是仿生栽培的重要依据。生物多样性为农业生产提供了丰富的生物资源和多样的环境条件，如为动植物遗传改良准备了基因，给作物传授花粉，通过微生物给土壤提供肥力及通过昆虫和野生动植物控制害虫等，为种植和养殖提供了多样的环境等。生物多样性是生态系统稳定性的物质保障，因为生物多样性越丰富，群落的稳定性越高，生态系统抗干扰的能力越强，比如，对害虫的抵抗力，复杂群落很少发生爆发性的病虫害，而大规模单一植物物种的栽培，群落结构简单，很容易发生特定害虫害。因此，建设生态果园需要保护果园及其周围的生物多样性。

一、仿生栽培

1. 仿生栽培的含义

仿生栽培是模仿生物自然规律和自然法则栽培植物的方法，它依照植物个体内在的生长发育规律以及植物与外界环境形成的生态关系而进行农事管理和操作。比如，根据果树发育阶段多、周期长、对环境条件要求高等特点进行集约栽培；模拟野生果林的生境结构和组成，进行密植栽培、综合经营、加厚耕作层、覆盖免耕和综合防治病虫害等；模拟生态系统物质循环规律，合理增施化肥、有机肥和生理活性物质及二氧化碳肥；根据植物异株克生进行合理间作、轮作、套作等。

仿生栽培有利于克服单纯人工栽培造成的植物生长不适应，能够改善生态和生理状况和提高栽培效益，有利于促进农业生态资源的合理利用、作物类型和品种的多样化以及生物多样性保护等，符合生态农业和农业可持续发展的基本原则和目标。立体农业、间作套作、生草栽培等都属于仿生栽培的重要形式。

2. 仿生栽培的类型

（1）生理仿生　生理仿生指模拟作物个体内在的生长发育规律进行的栽培。比如，根据果树幼树离心生长的特性，采取轻剪长放的修剪原则加速树冠形成；根据老树向心生长，采取重剪回缩的方式，促进老枝更新；根据树冠的分层性和中心主干的有无，采用开心或分层性树形；根据根系和树冠的相关性，通过促控根系来调节树冠大小和长势；根据树体内所含和土壤所缺少的营养元素实行配方施肥；模拟作物内源激素及其发生规律，根据体内激素的结构和类型，提取开发具有激素活性的物质，并根据体内激素变化规律外施生长调节物质等。

一个稳定的物种，其代谢类型、生理过程和生物学性状是相互协调和相对稳定的，因此，防止内外条件剧变，稳定作物生理状态，也是一种生理仿生。比如，植物嫁接时，输导系统突然中断，水分供应不上，上下组成（砧木与接穗不同）和器官间的平衡发生了改变，引起植株生理剧变，因此，需要采取措施，尽可能稳定其生理条件，加速过渡。而采取靠接法可让砧木与穗穗愈合后再剪断接穗根系，逐步中断输导系统，嫁接绑缚、培土、灌水、覆盖等以保证水分供应，这就属于生理仿生栽培。作物移栽会大量断根使供水减少，破坏地上地下的平衡，而采取营养钵育苗、移植前断根、带土移植或用木箱移植可以保证多带根系；根系沾泥浆、应用保湿剂、选阴雨天移植或雨季移栽、休眠期移栽，栽后及时灌水等，可以保证水分平衡，避免水分条件激烈变化；再如，果实一次性采收，会引起生理功能剧变，而实行分批采收，逐步改变果树的生理状态，等等，这些都属于生理仿生的做法。

（2）**生态仿生**　生态仿生指模拟作物与外界环境的相互关系进行栽培。每一种作物都有其最适宜的生长发育环境，适地适作、土壤改良和设施栽培等即是一种生态仿生栽培。实行果树生产区划、山地土壤熟化培肥、涝洼地深沟高畦栽培、模拟降水进行喷灌、模拟果树下层环境进行荫棚育苗、模拟种子越冬进行低温处理或沙藏等都属于生态仿生的做法。生态仿生栽培还包括：利用大棚、温室、人工气候室，创造较合适的气候条件进行葡萄、草莓、樱桃、桃、杏、香蕉等的保护地栽培；模拟土壤团粒结构和功能，施用土壤团粒结构促进剂，或进行沙土掺粘或黏土掺沙；模拟土壤胶体成分和功能，增施有机质或土壤吸水剂等等。

苗木移植时会改变原来的生长环境，造成生态不适应，按照仿生栽培的原则，移植时要尽可能保持与原来的环境相似，如就地育苗、带土移植、栽植深浅适度、不扰乱土层等；“植树无期，勿使树知”，即体现了仿生的原理。灌水往往造成土壤水分、通气、温度等生态条件剧变，灌水时应当注意减少水、气、热的变化，如清晨灌水可以减少土壤温度的变化。漫灌时水、气、热变化最大，沟灌、穴灌、喷灌、滴灌居中，自动灌溉和渗灌最稳定，更符合生态仿生的原则。

模拟和利用生态系统中生物间相生相克的关系进行栽培也属仿生栽培，如花期放蜂、人工辅助授粉、土壤施用活体微生物肥料、接种根瘤菌或菌根菌，果园释放害虫天敌或采用仿生农药控制病虫害、梨、柿园播种冬巢菜可抑制杂草。

在自然界，植物和其他生物一样，都不是单独存在的，而是分布在一定生物群落中。在群落中，各种生物之间以及与外界环境之间，存在相互协调和适应的关系，并且这种关系随着个体发育周期的变化而变化。如热带雨林的顶极成分，它们在幼苗生长时需要适当遮荫，否则它们会产生日灼；由于植物有乔木、灌木、草本、藤本等生活型的区别，它们在群落中处在不同的层次，具有不同的生物和生态学特性，这就必须创造相应的人工群落，使它们能各得其所。如果对一些种类集中栽培，形成单一植，它们不仅会加大种内竞争，也会因失去原来在群落中的种间协调而产生严重的病虫害。模拟植物自然群落的结构和条件进行仿生栽培，可以利用生物间相互制约的关系将病虫害控制在不造成经济损失的水平，同时又能保证生态、经济和社会三者效益最大，如合理密植、计划密植、果园生草、地面覆盖、建防护林、合理间作、套种、混作、立体种植等等，这些以及各种农业生态模式都是仿生栽培的具体实例。

二、生物多样性的含义与意义

生物多样性指一个系统、区域、国家乃至整个地球多种多样生命有机体（包括动物、植物、微生物）有规律地结合在一起的总称，或指生物及其与环境形成的生态复合体以及与此相关的各种生态过程的总和。生物多样性分为遗传多样性（物种内）、物种多样性（物种间）和生态系统多样性（生物与环境）三个层面，对果树来说，就是果树品种（基因）多样性、果树树种多样性和果园环境（生态系统）多样性。

生态系统的多样性是在利用各类土地、生物和水等资源的过程种形成的。对果园来说，生态系统多样性包括果园土壤、地形地貌、果园耕作制度、果树和果园中的各种畜禽，以及各种果树和畜禽内部的品种和种类，而且还包括那些支持果园生产的其他各种组成部分。物种多样性是人类为了满足对食品、营养和药物等多种需求而对各种动植物进行驯养和栽培的过程中形成的，例如，牛、绵羊、鸡和山羊等驯养家畜，苹果、柑橘、梨、桃、葡萄等各种栽培果树。物种内部的多样性是人们为了满足植物环境适应性和其他要求，而对作物或畜禽的具体特性的进行选择而形成的，例如，人们在通过对苹果的抗逆性、丰产性和果实品质的选择基础上，培育出多种多样的苹果品种，使许多品种作为重要种群而一直保存下来。

生物多样性取决于生物和环境的复杂性。生物本身是相当复杂的，对植物来说，除种类的复杂程度之外，也包括植物体内化合物的复杂多样。在一定的区域内，生物复杂程度常因该地不同的容量及限制而导致新层次的复杂性，并形成一定的生态系统，生态系统的复杂性会促使能量及物质的运转，增加了组成物种和类型的生物量，并增加新的环境类型，同时也会导致新物种和新类型的产生。复杂性在一定层次上能够增加系统稳定性，复杂程度愈高，抵抗环境变化的能力愈强、极限愈高。

生物多样性的意义在于它是维持生态平衡及人类赖以生存的最基本的条件，生物多样性的复杂化可以增强生态系统的抗逆性。一般说来，系统的多样性越高，系统内食物链就越长、食物网络就越复杂，共生现象也越多，群落波动性越小，系统的稳定性也越大。在果园进行多样化生产，实行种养结合，在果树行间间作和套种，通过合理布局，可以充分利用时间、空间效应，也可以避免由于大规模的单一栽培而诱发的特定病虫害蔓延，并且可以提升地力，增强生态系统的抗逆性。同时，生物多样性高的系统具有较强的恢复能力，一个物种非常稀少的系统则缺乏恢复力。另外，在物种多样的环境中，生态系统保持相对平衡，天敌的作用将得到很好的发挥，物种间的生存竞争提高了生物自身的生存和发展能力。

三、农业生产对生物多样性的影响

生物多样性为农业带来了广泛的利益，但农业生产活动通过土地农用、耕作、农用化学物质使用、过度放牧、动植物品种的单一化和基因工程技术的应用等，直接或间接地影响着农业生态系统内甚至系统外的生物多样性。

1. “荒地”开垦对生物多样性的影响

开垦“荒地”时，将生物的自然栖息地转变为农业用地会极大地减少的生物多样性，直接的表现就是一些生物赖以生存的栖息地的丧失。在土地农用过程中，自然生长的植物物种被少量的引进物种所取代（这些引进物种一般是非本地独有的，与其他地区生产的作物雷同），野生动物被迫迁徙，野生昆虫和微生物被农药毒死。一些暂未开发的野生种都带有大量已知和未知的优良基因，是自然界基因库的重要组成部分，是未来人类育种的重要基因源，但在土地农用过程中，这些基因会逐渐减少以致消失，这必然导致自然界的生物基础变窄。在土地农用过程中，暂未开发的野生种的自然栖息地的功能也会发生改变，尤其是湿地的农用问题。湿地作为一种特殊的生存环境，为许多生物提供了很好的栖息地和生存场所，湿地的农用必然会导致生物多样性的丧失。

不仅如此，人口和经济的压力以及公众生态意识的淡薄，导致了人类对自然界的掠夺性开发，如滩涂、湿地、草原、林地、荒地等的开垦，树木的砍伐，住宅的扩建等等。一些物种由于栖息、繁衍地的丧失而无法存活，同时由于自然栖息的减少，必然会引发自然界生态平衡的紊乱，这种紊乱反过来又刺激自然栖息地功能（如能源与养分的循环、水分的渗透与储藏功能）发生改变，更会引起一系列恶性的连锁反应，从而威胁到整个生态环境乃至人类自身的生存。

2. 常规耕作对生物多样性的影响

常规的农业耕作方法改变了土壤物理环境，如水分、空气、坚实度、空隙度和温度等，从而导致土壤生物的生境破碎、土壤野生生物的种群发生改变、生物多样性下降，尤其是其中大规模的机械耕作导致土壤动植物区系的变化，甚至某些物种的消失。由于长期的过垦、过牧、过采与不合理的耕作管理，使土壤被损毁，农用土地退化，以及生境丧失、退化与破碎化，进而导致农业生物物种多样性丧失。

此外，单家独户的农业分散经营，加上土地退化和非农业占用，导致了农业生态景观破碎，农田条块分割，不利于农业生产的统一管理（如灌溉、施肥及病虫去防治等），破坏了农业生态系统的完整性和连续性。另 方面，生境破碎化具有一定的生态学效应。根据岛屿生物地理学知识，物种的丰富度随岛屿面积的增大而明显增加。农田景观斑块（类似于岛屿）的过于破碎化、狭小化，致使某些物种需要的生存空间和食物资源减少，而且不利于物种的交流与繁殖，表现为单位面积生境的生物承载力下降，结果势必导致生物多样性的降低。

3. 农业产业化对生物多样性的影响

农业产业化主要体现为农业生产的专业化和商品化，大量以耐肥水、产量高、品质优等少数性状为特点的现代品种不断育成，为农业生产的专业化和商品化奠定了基础，但这些优良品种相对于丰富的地方品种毕竟是少数，而大规模的专业化和商品化生产又过分依赖少数几个作物类型和品种，忽略了对多种多样的地方品种的利用。因而造成遗传基础更狭窄，而且随着品种数的下降，与原品种相伴的共生细菌、捕食动物、植物以及其他一些在传统农业系统中通过漫长的进化而产生的一些物种消失了。

为便于农业产业化生产常进行单一化栽培和驯养，而随着农业生产专业化和商品化的发展，作物和畜禽种类与品种更趋向单一化。这样通过长期的人工栽培和驯化，人为地选择具有较高生产力但物种数量极其有限的农作物和家畜家禽品种，许多与之有亲缘关系的野生动植物则被人类淘汰或破坏，造成遗传基因与种质资源的消失，农业物种单一化程度增高。作物物种单一化栽培与驯养将会导致某些物种的专一性增强，对病虫害的防御能力和对环境变化的适应能力减弱，这些变异将会对农业生态系统的生产力、稳定性、持续性及抗逆能力产生重要影响。

种内丰富的遗传多样性是物种适应外界环境变化的物质基础，农业生产上应用的作物品种类型越丰富，抗逆能力就越强。相反，作物类型和品种的单一或稀少，系统稳定性下降，会使整个农业生产体系在灾害面前显得无能为力，易遭受一些近乎毁灭性的灾难，如毁灭性病虫害的大面积爆发。

4. 除草剂对生物多样性的影响

利用除草剂控制杂草，成本低、使用方便、效果突出，在现代农业生产中格外受青睐。但人们发现，长期使用除草剂会使植物中的多样性明显减少，而且邻近草地和林地的植物多样性也会受到影响，并对一些与植物种密切相关的动物、微生物的多样性产生很大的影响。如食草昆虫是鸟类食物的主要来源，以植物为食的食草昆虫数量与植物的种类和数量密切相关，当利用除草剂杀灭杂草的同时，因食物的减少，食草昆虫数量也大量下降，进而限制了鸟类的生存和繁衍。

研究表明，苹果园内果树行间保留1米宽的人工杂草带，蚜虫的天敌数量明显增加，在保留杂草带的试验区，蚜虫的数量与对照区（无杂草带，使用杀虫剂6～8次）无显著差别。事实上，田埂的植物多样性增加，害虫天敌的种类和数量也大大增加。农田长期保留一定数量的杂草与作物共存，对害虫的防治和土壤肥力的提高都有着积极的作用。

5. 农药对生物多样性的影响

杀虫剂、杀菌剂等农药在农业生产中的大量使用，不仅有效地防治了病虫害，还对非靶标生物产生了明显不良的影响。如呋喃丹、甲拌磷等杀虫剂不仅能够杀伤土壤害虫，对土壤蚯蚓和一些节肢动物也具有强的杀伤力。这样不可避免地会引起农业生态系统的污染，污染物沿着生态系统的食物链转移，使一些敏感物种种群减少或消失，而处于食物链高位的生命体，则会遭受更大的毒害风险。如颗粒呋喃丹的使用导致田边繁殖的鸟类大量的死亡，从而改变了施药地区鸟的种群。

此外，农药对害虫与非靶生物的毒杀是同时进行的，高毒农药的使用，会打破自然界中害虫与天敌（如天敌昆虫、蛙类、鸟类等）之间原有的平衡关系。而在农药用后，残存的害虫仍可依赖作物为食料，重新迅速繁殖起来，但以捕食害虫为生的天敌，在施药后害虫大量繁殖恢复以前，由于食物短缺，其生长受到抑制，因此，在施药后的一段时间内，就可能发生害虫的再度猖獗。例如，使用农药防止蚜虫时，食虫瓢虫、草蛉、食蚜蝇等大量被杀死，这些有益昆虫恢复生长的时间比蚜虫来的晚，就常引起施药后的大规模肆虐。在施有农药的环境选择下，还会引起新的变异，如抗药性昆虫的出现等，这不仅病虫害防治更加困难，还会对原有野生物种造成生存压力。因此，反复使用农药不仅使生态环境不断恶化，更使许多物种衰竭死亡甚至灭绝。

6. 化肥对生物多样性的影响

化肥的不合理使用也会影响到生物的多样性。据研究，施入农田的化学氮肥有一半以上不能被植物利用而流入环境，许多被污染的湖泊都是以水体富营养化为主要特征的，而从农田进入水体的化学氮磷肥是造成湖泊富营养化的重要原因，其直接后果只能是水生生物多样性的下降。化肥的不合理使用还会使原有生物的生存竞争能力发生改变，一定数量和种类的化肥会使一些植物生长的更加茂盛、健壮，生存竞争能力提高，这必然会压制另一些植物的生长和繁衍。而同样数量和种类的化学肥料，对另一些植物来说可能营养过剩或者肥力太高或不平衡，营养过剩会引起植物过旺生长（贪青徒长），在不良环境（如寒冬）到来时不能及时做出适应性调整；肥力太高或不平衡会抑制一些植物的生长，甚至杀伤一些植物。

不仅如此，土壤生态平衡及土壤生物也会受到化学肥料的影响，如氮素肥料的过量投入，改变了土壤的碳氮平衡（C/N比），必然会改变对C/N比有不同要求的微生物种群结构，一些微生物种类会因条件的不适而消亡。过度的依赖化肥，势必减少对土壤的有机肥料的投入，使土壤有机质水平降低，而有机质是土壤生命活动的基础，有机质含量的下降必然影响土壤动物和微生物的繁衍，使生物多样性受到影响。多种多样的微生物和小动物、旺盛的生命活动是土壤肥力水平高的标志，因大量使用化肥引起土壤板结、肥力下降、盐渍化加剧等问题就是土壤生物多样性受到破坏的很好明证。

7. 基因工程技术对生物多样性的影响

基因工程技术的最大特点就是打破了物种之间的遗传界线，使不同种属的物种之间进行较大规模的基因交流成为现实，直接或间接影响对某特定物种专一依赖的生物的生存，改变原生态环境的物种组成及物种的互惠共生关系，会对非目标物种造成伤害，可能导致一些共生类生物和寄生类生物的不适应或消亡。转基因生物由于获得了特殊的外源优势基因（如抗旱、抗寒、抗病虫等抗性基因），有更强的环境竞争能力，不仅会破坏原有种群的生态平衡，还会对原有野生物种造成生存压力，使部分消亡。

尽管基因工程作物的种植确实在起初一段时期降低了农用化学物质的投入，但随着基因抗病毒作物的发展，可能会出现更严重的病害，于是又需要开发新型的农药等物质，其结果只能是现有投入物的升级或总体用量的增加，从而更加速了对自然界生物多样性的破坏。由于基因工程只对其单一化方向发展，引起全球生物种群的变化，结果同样是传统品种减少，基因基础变窄（基因流失）。随着基因工程技术的发展，动植物及微生物间基因相互导入产生的物种逐渐增多，生殖隔离距离越来越小，其结果有可能会造成自然界物种的混乱。

转基因植物还会影响土壤生态系统内的各种生物。转基因作物的外源基因及其表达产物可通过根系分泌物或作物残茬进入土壤生态系统，土壤的特异生物功能类群以及土壤生物多样性都有可能因此而改变。外源基因的导入可能影响到植物分解速率和C、N水平，进而影响土壤生物、生态过程和肥力。向环境释放转基因植物，需要评价土壤微生物、动物类群和土壤生态过程。

转基因植物并非是自然界天然存在的物种，它对生态系统的影响就相当于一个外来种对某一生态系统的影响。由于遗传背景不同，基因会发生各种各样的相互作用，如基因的多效性、体细胞变异等，且转基因植物中基因的表达受环境等多种因素影响，因此转基因作物中有可能出现一些在常规育种中不曾遇到的新组合、新性状，作为“外来种”改变生物群落的结构和功能等，从而对生态系统产生影响。

8. 异地引种对生物多样性的影响

生物多样性不仅体现在物种数量，其物种间的差异也很重要。引入新的外来物种可能会增加当地物种的数量，但它并未增加总体上的生物多样性。相反，引入外来物种、破坏一块自然栖息地或引进不良的物种可能会损害那些可能比较稀少、已受到威胁或在区域分布上已当地化的本地天生物种（特有物种），这将会造成总体生物多样性的净损失。

在现代农林业的生产中，优良动植物品种的引进是一项重要的技术手段。但引种工作在获得丰厚利益的同时，也常带来一些新的问题及副作用，有的甚至是惨痛的生态灾难。在我国，由于盲目引入外来鱼种，致使一些引种地区淡水水域的生物多样性受到严重威胁，比如云南大理洱海在引进 13 个外来鱼种后，原有的 17 个土著鱼类中，就有 5 种处于濒危状态。其原因就是外来鱼与当地鱼种在生存空间和食物资源等方面进行激烈竞争，从而威胁到当地鱼种的生存。

在自然和农业土地开始利用的地区，一些常有的、为人类所利用的物种被引进来，它们取代了当地的或特有的植物和动物，不仅所引入的物种本身影响当地生物多样性，而且外来有害生物随着引种侵入，也会给当地资源带来巨大破坏。此外，野外引种后，剩下的自然区域往往会受到破坏，而这必然会影响原自然区域所支持的物种数量和类型。

9. 农业基础设施和生物防治与生物多样性

生物多样性还包括生态系统的多样性。为农业目的而对水的管理和利用也会极大地改变水流的时间、流量和速度，影响地下水的补充，并改变自然河流和水域状况。支持农业的基础设施（包括公路、灌溉系统及农用住房）建设对农业生态系统内外的环境会产生影响，也会极大地影响生物多样性。

生物防治充分利用了生物物种间的相互关系，是一种降低杂草和害虫等有害生物种群密度的有效方法。但生物防治应用不当，益虫也会变成害虫，并对生物多样性造成威胁。在新西兰，人们发现，一种用于防治果树毛虫的寄生蝇也以本地无害的蛾子为食。生物防治虽然避免了农药危害，是一种顺应自然的植保方法，但对生防技术的推广也应采取较为审慎的态度。

四、果园生物多样性保护

果树生产即要采用现代科学技术提高产量，也不应以破坏土壤肥力、损害生物资源和牺牲环境为代价。土壤、生物资源和环境都是生物多样性的重要组成部分，为保证果园的可持续发展，需要改进传统生产方式，在基因、物种与生态环境三个水平上对生物多样性加以保护，其中最重要的是防止生物资源的退化和损失。

1. 合理利用生态环境

在不同的生境下，耕作制度是多样的，它们是在经过人类长期栽培、选择和适应过程中形成和发展起来的。蔬菜、粮食、牧草、绿肥、果树、林木、水产、畜禽和野生生物及其遗传多样性之间的巧妙组合，构成了多种多样的生态系统与栽培景观。它们与区域环境相适应，自我维持能力强，所提供的产品数量虽不一定达到最高水平，但质量是上乘的，如果管理水平得到改善，产品的数量和质量就都有提高的潜力。

山区小流域里的果树和农作物常常由于与野生亲缘种和杂草亲缘种进行基因交换，具有丰富的物种资源，是果树和农作物生物多样性就地保护的最佳场所。小流域的存在并不是孤立的，它们的持续性与该流域远处表面看来毫无关系的天然植被或河流有着密切的关系，因此，在山区小流域果园和农田规划时，还要从整个流域或区域规划来考虑与它们密切相关的生存条件。

在陡坡发展农业会造成大量水土流失，降低水资源保护能力，破坏生物多样性，在陡坡地区就要退耕还林还草，用保护性的草或森林进行植被恢复，栽培果树前要等高撩壕和修筑梯田，并在梯田等各种裸地进行全绿化种植，以减少水土流失，增加固水能力，并提高果园生产力。这样做比把坡地改成水平地所花成本小得多，还能更好地防风，为野生动植物提供庇护。提倡在坡地果园种植庇荫树、防止侵蚀的屏障、绿色肥料和固氮物种等。

植被斑块的连通性对于物种的迁移、停留和扩展起着关键作用，对维持当地的物种生存、数量和多样性至关重要，而果园和农田的天然植被在很大程度上起着这种重要的连通作用。因此，应加强天然植被的恢复工作，这些恢复起来的天然植被可以成为重要物种的停留地，供作为天然害虫防治者和授粉媒介的野生动植物所用，还可以防沙治沙，保持水土，为果园和农田提供庇荫和防风保护，减少果树和农作物对杀虫剂的依赖，并有保护生物多样性和景观的价值。同样，沿堤坝、路边或农村未使用的地块，种植树木亦可满足当地的木材需求，减少对天然植被的压力，但是不要种植易遭虫害的单一树种。

2. 果树和作物类型和品种多样化

一个区域的环境是多种多样的，任何品种都不可能到处都能适应，本地品种仍有其自己的地位和要求，为了避免病虫害的影响并获高产。本地耕作制度是长期适应和发展而成的，不能轻易废弃，要在原有基础上予以改善和提高，重点研究和推广农林牧副渔各业综合经营等能够以地养地的耕作方式。不应把注意力只放在少数作物上，要使农田、果园、宅旁生态经济园、材用林、薪炭林、经济林、防护林、牧场、水库和渔塘等得到合理配置，协调发展。这样，才能达到生物多样性保护和持续利用的目标。

单纯以新型“高产”品种代替当地的品种会严重破坏生物多

样性和种质资源。很多新品种耗尽了土壤的肥力，还需要大量投入对环境有害的化学肥料和杀虫剂。因此，应该支持和引导农民继续栽培那些具有较高可持续性、需要较少化肥和杀虫剂的传统品种。过于依赖单一类型和品种，无论是在生态上还是在经济上都有风险，应鼓励多种作物的栽培模式，使特定作物所面临的风险最小化。提倡在果园进行多物种、多品种果树和作物混栽和间作。

3. 限制农药化肥的使用

过度使用杀虫剂会间接破坏生物多样性，杀死控制害虫的天敌和授粉昆虫，污染家畜和人类的食物链或水源。而有些害虫对杀虫剂产生抗药性后，甚至比以前的危害性更大。应保护繁殖地和控制害虫的天敌物种（如鸟类、蝙蝠、蜘蛛、鱼类和青蛙等）及授粉媒介（如蜜蜂、蛾、蝴蝶和甲虫等），减少对农药的依赖。燃烧农业废料会减少土壤的碳含量和肥力，削弱土壤的保水能力，并造成烟尘污染，杀死对土壤有益的微生物，进而破坏生物多样性。应控制燃烧，提倡通过堆腐转化为可使用的肥料，使有机物质返回土壤。提倡使用有机肥料，而不是化肥。

4. 采用有机农业的方式进行果园生产

从事有机农业生产可避免农药和化肥等农用化学物质对环境的污染，减少基因技术对人类潜在威胁。在生态敏感和脆弱区发展有机农业还可以加快这些地区的生态治理和恢复，特别有利于防治水土流失和保护生物多样性，实践证明，在常规农业生产地区开展有机农业转换，可以使农业环境污染得到有效控制，天敌数量和生物多样性也能迅速增加，农业生产环境可以得到有效地恢复和改善。

有机农业生产要求人们在开展农事活动的同时，要重新认识和处理人与自然的关系，重新定义杂草和害虫，在田间管理中强化生态平衡，注重物种多样性的保护。有机农业生产是通过不减少基因和物种多样性，不毁坏重要的生境和生态系统的方式，来保护利用生物资源，实现农业的可持续发展。在农业生态系统中，一些所谓的有害生物如杂草也非有百害而无一益，若将其数量控制在一定范围内，对于促进农田养分循环、改善农田小气候等有着重要作用。此外，在农业生产中，如果我们能采取合理的措施（如作物合理的间、套、轮作种植方式，减少耕作和采用适合的机械，有选择地使用农药和适度放牧，合理引种等），建立有机农业或生态农业生产体系，将能在发展果树生产的同时，有效地避免或减少农业活动对生物多样性的影响。

5. 实行复合种植和种养结合，人工构建果区生物多样性

生物多样性是生态系统稳定的基础。在自然生态系统中，各个因素均处于彼此协调、相互适应状态，保持着相对的稳定和平衡。当系统中某一因素改变（如害虫增加），另外几个抑制它的因素（如害虫的多种天敌）也随之变化，最后害虫因天敌、天敌又因食源限制而减少，使系统回复到新的平衡状态。要维持果园生态系统的稳定，在果园内不能仅仅栽培果树，还要栽培其他植物，养殖畜禽，实行复合种植和种养结合，并仿照天然物种和生物群落的复合关系，利用生物多样性全面持续控制农业有害生物，使生产果园和农田中尽可能具备三个多样性，即准生态系统多样性、准物种多样性和准遗传多样性。这要求在旱作中要有微水生生态、微湿地生态，在水作中有微陆生生态，田头地尾有不进行耕作的自然生态。例如，在旱地条件下，通过简单的挖塘贮水，蛙类成倍增加，可有效控制害虫暴发。

全面改变目前的单一种植模式，实行超常规带状间套轮作。要求大片果园和农田内，所有可互惠互利的作物，包括果树、粮油作物、饲料作物、蔬菜、药用植物及经济林木，还有绿肥和具

特定作用的培植植物等等，均以条带状间套轮作种植。间套轮作作物不是几种，而是十几种到几十种直至上百种，不再有果园、麦田、茶园等单一种植概念。根据“一种植物周围往往相伴着一定的其他生物”的规律，就可生成在一定程度上的物种多样性（或准物种多样性）。一个果园尽可能做到果树或作物基因多样，包括多品种混合种植或相间种植。同时在果园内不能仅仅发展种植业，还要发展养殖业，果树栽培与果园养鸡、养兔、养猪或养蚯蚓结合起来，实行复合经营。

6. 改善土壤生态环境，培育土壤生物多样性

（1）增加土壤有机质含量　种植绿肥，实行种草养畜积肥。给果园增施有机肥及秸秆还田等有机物，不仅肥田、增产，还可改良土壤结构，提高土壤蓄水、保墒、供水性能和化肥肥效，改善果品品质。目前，由于盲目大量施用化肥，忽视了有机肥和绿肥的利用，致使土壤板结，透气、保水、保肥性变差，土壤中的有机物的分解、合成受阻，土壤地力退化，最终导致化肥利用率降低。因此，要因地制宜广开肥源，通过拾、积、收、扫、垫等办法，在尽可能多渠道积造有机肥的同时，采取粪草高温堆肥、沤制绿肥等措施，着重提高有机肥质量和施用水平。有机肥在微生物作用下能分解有机酸，不仅可以中和土壤中的碱，改良土壤理化性能，增加团粒结构，提高土壤肥力。施用有机肥能使沙地壤土化，使黏地土壤质地变得疏松，改良盐碱地，为土壤生物的生存和发展提供优良的生态环境，而且为土壤生物的繁殖和发育提供充足的营养。

（2）实施配方施肥　平衡施肥才能保证土壤养分的平衡。不同的果树需要的各元素的多少不同，因此，需要针对不同作物制定不同的需肥比例。平衡施肥可以有效地提高化肥利用率，降低农业生产成本，达到增产增收的效果；平衡施肥还有利于提高农产品质量和保护土壤生态环境，维持土壤的生态平衡，培育土壤

的生物多样性。

(3) 改良土壤　对于轻度污染的酸性土壤，施用石灰物质和碱性磷酸盐，调节土壤的 pH 值，使多数重金属元素转化为难溶的氢氧化物和磷酸化物，降低它们在土壤溶液中的浓度，减少其对植物的危害。对于遭受重金属污染较为严重的日光温室土壤，可采用换土、客土、翻土等方法，彻底地改良温室土壤，也可在一定程度上改善土壤的生态环境，丰富土壤生物多样性。

(4) 合理耕作　进行合理的水旱轮作和不同作物之间的轮作，建立合理的轮作机制、耕作机制，减少由化肥带来的污染物进入土壤，把化肥对农业的污染降低到最低程度。对于严重污染的土壤，可利用生物修复功能，改种非食用性的花卉、林木、纤维作物等。还可种植一些非食用性的吸收重金属能力强的先锋植物，以降低重金属含量。利用植物的选择吸收的特性，减轻或消除重金属在土壤的积累，对保护土壤的生态环境、维护土壤的生态平衡和生物多样性，促进果品安全生产和可持续性发展具有重要意义。

7. 防止外来生物的入侵，加强本地物种的保护

危及引入地物种的外来种一般都具有繁殖率高、扩展蔓延速度快、对引入地适应性强等特点。其物种依靠自己的繁殖优势和扩张能力，可以在很短的时间内极大地扩大种群，挤入当地生态系统，占据重要生态位，扰乱原有的食物链和系统内的物流和能流秩序。原生地生态系统脆弱，或已出现生态位空缺，给外来种入侵创造了机会；同时，人为因素与物种的自然扩增本能会引发外来种的入侵。而为了自身的繁育和发展，任何物种都在努力抑制或吞食其他物种，扩展领地，占有自然资源，这样外来生物就会破坏当地生态系统的平衡，导致本地物种的丢失。

从整个农林生产系统看，为农业生产而引种时，一定要注意防止外来生物的入侵，加强本地物种的保护。

（1）**保持区系原生生态系统的稳定性，降低人为的破坏和干扰** 任何一个区系原生生态系统基本上属于稳定的生态系统，稳定的生态系统是维护区域经济可持续发展的重要前提。在一个稳定的原生生态系统中，各生态位是健全的，外来物种很难很快占据重要生态位，同时也会因"时滞期"效应而使生态系统能自身调整达到减少或降低入侵种的生态危害。现代生态学研究表明，物种多样性是保持生态系统稳定的基础，系统内的每一个物种都是生态系统中的重要一员，不能随意减少或增加。在系统内保持物种的相对稳定性和数量的均衡性，禁止盲目人为增加和减少物种或规模，防止引发系统内的代谢紊乱，因此在一定区域内，保持好区系原生生态系统的稳定性，降低人为的破坏和干扰是严格控制物种地理入侵，减少入侵种生态危害，维护区域经济可持续发展的首要对策。

（2）**加强生物物种资源引进、保护和管理工作** 科学合理的物种引进是促进区域经济发展，满足人类和社会发展的需要，不会对生态系统造成大的损害。因此，在物种引进上不能因噎废食，而是要以积极的态度来对待物种的引进工作，努力做好生物物种资源引进、保护和管理工作。

（3）**生态恢复区慎用外来种** 对于生态恢复区来说生态系统一般是比较脆弱的，生态恢复区在生态建设中要注重应用当地物种资源，减少或慎重应用引进物种。因为生态恢复区处于生态体系的建立和调整过程中，稳定性差，生态系统不完善，容易发生生态缺位现象。外来种的不科学引进会引起生态系统失衡，加剧生态系统的不稳定性。

（4）**加强国际合作，共同制订实现全球资源共享计划** 经济的全球化会使物种的交流增加，资源的交换和共享将是一种必然趋势，但是这就要充分考虑物种的分布和引进问题，使物种分布在其适宜而对人类、生态环境有益的范围内，而不是盲目的"人有我也有"的狭隘资源观，实现全球资源共享计划，是维护地球生物的多样性、减少生态危机的关键举措。

8. 利用生态学原理防治病虫害

详见“有害生物防治”章节。

主要参考文献和引用标准

范伟国，杨洪强．2009. 细说苹果园土肥水管理［M］．北京：中国农业出版社.

高世明，郭凤英，张学平．2008. 林下高效养殖种植生态模式实例［M］．北京：中国农业出版社．

管致和．1995. 植物保护概论［M］．北京：北京农业大学出版社．

何华勤，肖知亮，粱义元，等．2004. 福建省典型生态农业模式研究［J］．中国生态农业学报，12（2）：164 - 168.

河北农业大学，主编．1985. 果树栽培学总论（第二版）［M］．北京：农业出版社．

黄毅斌，翁伯琦．2001. 红壤山地生态果园的技术与实施效果［J］．福建果树（1）：1 - 6.

姜达炳．2002. 农业生态环境保护导论［M］．北京：中国农业科技出版社．

李博，等．2000. 生态学［M］．北京：高等教育出版社．

李文华，闵庆文，张壬午．2005. 生态农业的技术与模式［M］．北京：化学工业出版社．

刘振岩，李震三．2000. 山东果树［M］．上海：上海科技出版社．

李铁坚　主编. 2009. 自然养猪法［M］．北京：中国农业大学出版社．

罗新书，周长荣，李颖俊．1987. 幼龄果树栽培技术［M］．北京：中国农业机械出版社．

卿平勇，赵政阳，弓　弼．2006. 我国北方观光果园果树的景观设计［J］．西北林学院学报，21（3）：154 - 158.

邱凌．2001. “五配套”生态果园工程模式优化设计［J］．农村能源（3）14 - 16.

山东农业大学，等．2000．蔬菜栽培学总论［M］．北京：中国农业出版社．

沈隽，等．1993．中国农业百科全书·果树卷［M］．北京：农业出版社．

沈其荣，等．2001．土壤肥料学通论［M］．北京：高等教育出版社．

汪雅谷，张四荣，等．2000．无污染蔬菜生产的理论与实践［M］．北京：中国农业出版社．

王冬梅．2002．农业水土保持［M］．北京：中国林业出版社．

王立刚，屈锋，尹显智，等．2008．南方“猪—沼—果”生态农业模式标准化建设与效益分析［J］．中国生态农业学报，16（5）：1283-1286．

王兆骞，等．2001．中国生态农业与农业可持续发展［M］．北京：北京出版社．

吴忆明，吕明伟．2005．观光采摘园景观规划设计［M］．北京：中国建筑工业出版社．

席运官．2002．有机农业生态工程［M］．北京：化学工业出版社．

杨洪强，等．2009．多砧多抗果树苗木的培育方法（专利号200910229887.0）［P］．

杨洪强，等．2009．一种防堵塞的果园渗灌方法（专利号200910229886.6）［P］．

杨洪强，等．2009．一种果园渗灌灌水器（专利号200920253254.9）［P］．

杨洪强，等．2009．利用中间砧增强果树抗病性的方法（专利号200810139679.7）［P］．

杨洪强，接玉玲，申为宝，等．2008．果园隔行交替灌溉方法（专利号200810138044.5）［P］．

杨洪强，接玉玲，赵锦彪，等．2008．果园地下穴灌方法（专利号200810139677.8）［P］．

杨洪强，接玉玲．2008．无公害苹果标准化生产手册［M］．北京：中国农业出版社．

杨洪强，束怀瑞．2007．苹果根系研究［M］．北京：科学出版社．

杨洪强，等．2003．绿色无公害果品生产全编［M］．北京：中国农业出版社．

杨洪强，等．2009．无公害农业［M］．北京：气象出版社．

杨洪强．2005．有机园艺［M］．北京：中国农业出版社．

姚连芳，扈惠灵，刘遵春．2007. 果树在农业观光园中的应用［J］．河南农业科学，2007（7）：73-76.

苑瑞华．2001. 沼气生态农业技术［M］．北京：中国农业出版社．

张全国，刘圣勇，徐国强，等．2002. 孟州生态果园模式研究［J］．中国沼气，20（1）：38-40.

GB/T 15618—1995，土壤环境质量标准［S］．

GB/T 15773—1995，水土保持综合治理［S］．

GB/T 18406.2—2001，农产品安全质量 无公害水果安全要求［S］．

GB/T 3095—1996，环境空气质量标准［S］．

GB/T 4750—2002 户用沼气池标准图集［S］．

GB/T 5084—1992，农田灌溉水质标准［S］．

GB/T18407.2—2001，农产品安全质量 无公害水果产地环境要求[S].

NY/ T 465—2001. 户用农村能源生态工程南方模式设计施工和使用规范［S］．

NY/ T 466—2001. 户用农村能源生态工程北方模式设计施工和使用规范［S］．

NY/T 391—2000，绿色食品 产地环境技术条件［S］．

NY/T 393—2000，绿色食品 农药使用准则［S］．

NY/T 394—2000，绿色食品 肥料使用准则［S］．

NY/T 5012—2001，无公害食品 苹果生产技术规程［S］．

NY/T 5013—2001，无公害食品 苹果产地环境条件［S］．

图书在版编目（CIP）数据

生态果园必读/杨洪强编著．—北京：中国农业出版社，2010.3
（天下果品丛书）
ISBN 978-7-109-14381-4

Ⅰ．生…　Ⅱ．杨…　Ⅲ．①果树园艺②果园—管理　Ⅳ．S66

中国版本图书馆 CIP 数据核字（2010）第 025183 号

中国农业出版社出版
（北京市朝阳区农展馆北路 2 号）
（邮政编码 100125）
责任编辑　徐建华

中国农业出版社印刷厂印刷　　新华书店北京发行所发行
2010 年 5 月第 1 版　　2010 年 5 月北京第 1 次印刷

开本：850mm×1168mm　1/32　　印张：14.5
字数：369 千字　　印数：1～6 000册
定价：30.00 元